C/C++

实践进阶之道

写给程序员看的编程书

陈黎娟◎编著

中国铁道出版社
CHINA RAILWAY PUBLISHING HOUSE

内 容 简 介

这是一本 C/C++语言应用能力进阶的图书，总结了一个典型的学习者第 101 个小时开始的学习路线和心得，你值得拥有。

本书内容包括夯实 C 语言核心基础、提升你的编程功力、积累专业程序员开发经验、理解 C++精髓和以 C++为母语五个部分，内容丰富，集开发技巧、成长经验和学习资料于一体，具有很高的实用性和可读性，对于初级程序员和学习编程语言的大学生大有裨益，可以帮助其掌握 C/C++语言精髓，提高自己的程序设计水平。

图书在版编目（CIP）数据

C/C++实践进阶之道：写给程序员看的编程书/陈黎娟编著. —北京：中国铁道出版社，2018.5
ISBN 978-7-113-23758-5

Ⅰ.①C… Ⅱ.①陈… Ⅲ.①C 语言-程序设计②C++语言-程序设计 Ⅳ.①TP312.8

中国版本图书馆 CIP 数据核字(2017)第 214113 号

书 名：	C/C++实践进阶之道：写给程序员看的编程书		
作 者：	陈黎娟 编著		
责任编辑：	荆 波	读者热线电话：	（010）63560056
责任印制：	赵星辰	封面设计：	MXX DESIGN STUDIO

出版发行：中国铁道出版社（100054，北京市西城区右安门西街 8 号）
印　　刷：中国铁道出版社印刷厂
版　　次：2018 年 5 月第 1 版　　2018 年 5 月第 1 次印刷
开　　本：787 mm×1 092mm　1/16　印张：29.75　字数：724 千
书　　号：ISBN 978-7-113-23758-5
定　　价：79.00 元

作者序

希望能给你带来帮助

十多年前，我大学毕业。

十多年来，我一直从事开发工作。主要的开发工具是：C/C++语言。当然，还会使用一些其他的开发语言和平台。

十多年了，也积累了一些东西，决定抽空把自己技术上成长的路总结一下，希望能给你带来一定的帮助。

在大学的时候，我只不过是一个想努力学好每门功课，争取拿到奖学金的学生。

C语言对我来说，只不过是其中的一门功课，对功课的态度我都是一样的。

记得我的这门功课的考试得了 98 分。

不过，现在看来，这个分数毫无意义，只不过却跨出了认识这门语言的第一步。

如果说重要的课程，反而是后面的一门算法和数据结构课程，工作时间越久，越意识到这门课程的重要性。

算法和数据结构课程之后，又一次接触 C 语言是在毕业设计时。

毕业设计对我来说，有两个重大的意义：

一是编写了一个"大"程序，让我意识到要组织好代码，还得具有一些工程化的知识经验技巧规范。

二是编写了这么多代码，C 语言让我使用得更加熟练。

不过，当你知道得越多，接触到未知的东西就会越多，那个时候才明白，面对整个 C 类开发而言，我的 C 语言成绩应该只有 2 分。

毕业后，我经历了很多比大学毕业设计更加庞大的项目。

非常幸运的是，这些项目都是由浅入深，逐步走入我的工作中，这逐渐给了我成长的空间。

第一个阶段：这些项目，都是嵌入式在 ROM 中的小程序，它们让我学会了算法平衡，学会了设计，学会了调试……

第二个阶段：特点是这些项目都引入了嵌入式开发系统。项目的规模很大，系统的规模也相当大，需要很大的团队来支持、完成。这些项目让我达到了另外的台阶，基本上不再是个人独立完成项目，开始积累项目开发的经验……

总结一下，你会发现这些经验非常可贵，我要是早早就知道这些，工作中可能就会少犯很多低级错误，还有莫名的焦躁。

……

我平时也有记录工作笔记的习惯，这些经验都散布在我厚厚的几个笔记本中。

一直想，等我有空了，把这些总结一下，应该是非常有意思的事情。不过一直也没有时间。

直到有一天，和我一个同学聊天，他说起来目前的大学生就业形势。我知道很多公司都缺乏开发人才，而且能开出的工资远远高于网络上公布的平均数字。而这些工作的基本要求，就是熟练掌握 C 语言。实际上，我们读大学的时候，理工科大学生学习一门编程语言是一个基本要求，我想现在也是，所以，我觉得这个要求并不算高。大学生缺的，只是熟练程度和一些基本经验。

所以，我决定每周总结一点。希望能在你找工作的时候有所帮助，希望能对你的成长有一些帮助。

Emily

2018 年 3 月

C/C++的数组是从 0 开始编号，我们也从第 0 章开始吧！

作为职业程序员，在生活和网络中，学弟学妹们问得最多的两个问题是：收入如何？你是如何成为专业程序员的？对于第一个问题，我一般回答，收入还可以，关键是有时的成就感非常让人满足。而第二个问题还真不好回答。我只能说读书的时候，就有点儿喜欢编程，就业的时候，发现程序员职位的薪水比较高，工作了几年，就逐渐成了职业程序员了。要详细地说，基本上需要一本书的内容。这也是本书的缘起。

读者：理工科大学生

有一个现象，在职业程序员中，大学是计算机专业的并不多。这说明，一方面，计算机应用的迅猛发展，使得计算机应用人才缺乏；另一方面，不少理工科专业和计算机专业天然接近，成为职业程序员也不是一件很难的事情。

事实上也是如此，大多数理工类专业开设了不少程序设计的相关课程，只需要有一定的兴趣爱好，再加上一定的训练，可以比较轻松地成为专业程序员。因为计算机在各行各业的应用，对于理工科专业的学生来说，编程能力也是一个非常重要的技能。

所以，本书将理工科大学在校生和刚刚进入职场的新人，作为读者对象，希望会对这些人有所帮助。

定位：你的第二本程序设计图书

几乎所有理工类大学都会开设程序设计语言课程。每年也会有数百万人报名参加计算机等级的程序设计类考试。这是成功的第一步。但是，会基本语法，不一定会编写程序，不一定能运用到实际中去解决问题。

本书定位于理工科大学生的第二本程序设计图书，在已有的程序设计语言的基础上逐步提高，具备专业程序员的基础。花一点时间阅读本书，你就可以多拥有一项能力。从学生到职业程序员，在工作和生活等多方面都要有一定的转型和适应期。本书出版的最重要目的是帮助读者完成这个转型，帮助读者跨越几个技术学习上的台阶。

熟练掌握 C/C++的意义

掌握 C/C++的好处如下：

（1）C 语言和 C++基本上是使用量第一的开发语言，C/C++是现代程序设计之母，C#和 Java 等都是在 C++的基础上演化而来的，因此掌握了 C/C++，对学习 Java 和 C#会很有帮助。

（2）在 C/C++的提高学习中，会涉及计算机的数据结构、操作系统等知识，会提高自己解决问题的综合能力。程序设计的学习领域很多，范围非常广，新概念、新知识层出不穷。但只要你掌握的知识结构合理，综合能力高，学习这些新东西将非常容易。

（3）熟练掌握 C/C++，是很多单位招聘的基本要求，大多数理工科专业的在校大学生已经学习了 C 语言的基本语法，或者已经有了一定的编程基础，只需要再花一定的时间巩固掌握即可。

成为专业程序员的台阶

我们都知道，从学生到职场人士，有几个台阶需要跨越。回顾一下一个 C/C++程序员的成长过程：

第一个台阶，C 语言入门。简单来说就是能通过大学的 C 语言考试，或者通过计算机等级考试的二级 C。

第二个台阶，熟悉库函数。C 语言的不少功能是通过库来实现的，学习库函数实际上是熟悉 C 语言的重要阶段。

第三个台阶，能编写比较大一点儿的程序。通过编写千行内的程序，可以积累函数划分、调试经验，慢慢对 C/C++语言会用得非常熟练。

第四个台阶，能自己编写一些小的工具。这种训练能积累解决问题的方法。

第五个台阶，建立 Project 的概念，能把程序分解成几个代码文件。

第六个台阶，洞悉程序开发的真相。理解算法、数据结构、解决问题的方法，领域类知识等，这些比语法更重要。

第七个台阶，掌握宏、指针、内存管理、static 和 const 等专业 C/C++程序经常需要的关键用法。

第八个台阶，掌握 C++的精髓。C++虽然内容丰富，Core 和 C 语言也不大。这些内容，也是程序设计语言的精髓。

在跨越了这八个台阶之后，只需要再经历一些项目开发的强化训练，即可成为一个合格的 C/C++程序员。

掌握 C/C++的学习地图

结合十多年的 C/C++学习和成长经验，结合当前就业的需要，我们勾勒出一个在校大学生或职场新人的程序设计学习地图。

如何学习才能快速掌握 C/C++呢？程序员积累了丰富的经验并总结出了下面的学习经验。只要你跟随学习方案，每周抽出 3 个独立时间段进行上机实践，每次至少 2 个小时。一共大约需要 240 个小时的上机训练，即大约 40 周的自我训练。最多 2 个学期，你就能获得一个质的飞跃。再辅以其他适当的训练，即可成为一名合格的程序员。

学习阶段	学习内容和达到目标	上机实践
入门	基础语法练习，掌握常用数据类型的定义，三种程序结构，函数，数组，指针，结构体和文件等的用法	30 小时
提高	熟悉库函数： 掌握标准库函数的主要头文件和分类，至少掌握常用的 10 多个库函数	10 小时
	逐步编写大一点的程序： 至少要编写几个几百行代码的程序，学会自己组织编写函数，分配各个函数的功能模块	20 小时
	自己编写小工具： 结合一些典型应用，自己尝试编写一些小的工具软件，这是提高编程水平的一个窍门。也是编程的乐趣所在。一般来说，自己能独立编写三个小工具之后，即可慢慢体会到编程的奥秘，后面提高就快了。这是学习的一个关键点，也可以说是转折点	30 小时
	学会组织代码，懂得 Project 的意义： 每一个开发工具都提供了一个 Project 的代码组织方式，练习自己做一个 Project，掌握之后，即可说是掌握了所有开发工具的代码组织方式	10 小时
熟练	理解文件格式，数据结构和视图表现三者之间的关系： 任何一个专业应用程序，磁盘上的文件格式，内存中的数据结构和屏幕上的界面表现，都是非常重要的三个环节，如果能理解这三者之间的关系，并应用在程序开发中，可以说已经具备了专业程序员的基础	20 小时
	学习基本数据结构，掌握经典算法	30 小时
	接触语言的细枝末节，吸收积累代码编写经验： 对 C/C++来说，就是宏，指针和内存管理，这是三大难点。 是否会准确使用 const, static 等关键字语法，也是程序员和普通学生的区别	20 小时
	学习某一个库，编写一些综合应用： 对程序员来说，快速学习库、应用库，这是基本技能，通过一个库的学习和练习，可以积累很多经验和开发细节	30 小时
掌握 C/C++ 精华	掌握类和对象的基本语法，理解封装和虚函数等概念	10 小时
	理解多态的优点，会用 C/C++编写一些小的工具	20 小时
	了解 C/C++精髓之外的其他语法形式，用到的时候能拿来即用，理解设计模式。重构等现代开发概念	10 小时

根据学习地图和学习经验，我们设计了本书的内容。全书共分为 5 篇，下面分别介绍这五篇的内容安排。

第 1 篇 夯实 C 语言核心基础

本书定位的是读者的第二本程序设计类图书。所以，读者可能有以下三种情况：

（1）已经学习了一门《C 程序设计》之类的课程。第 1 篇，可被视作为一个 C 程序设计的浓缩，帮助你回顾了解 C 语言最核心的内容。

（2）正在学习《C 程序设计》的课程。第 1 篇可以作为教学辅导图书，一边学习教材，一边阅读本书，时刻提醒读者注意入门之初别纠缠于语法细节，起到帮助读者纠正学习方向的作用。

（3）学习了一门程序设计语言，是 VB 之类的非 C 程序设计语言。第 1 篇可以作为快速学习 C 语言的教材。当然，这些内容还远远不够，我们在网上提供了一个免费的 C 语言学习教材。

总的来说，第 1 篇主要是配合读者正在学习的 C 语言教材，帮助读者掌握 C 语言核心的语法。同时，帮助读者建立重要的程序设计概念。

第 2 篇 提升你的编程功力

按照学习地图，提供全书重要的学习概念和学习内容。

首先安排库函数的学习，通过学习库函数的应用，一方面熟悉语法，另一方面，建立起接口的观念，进一步通过自己编写个别库函数的训练，可以较快的提升编程能力。

其次是逐步编写大软件的项目和办法。教会读者如何编写自己的小工具软件，让读者在趣味中学习。

最后是让读者自己掌握软件运行时的数据结构、硬盘上的文件数据和用户看到的界面之间的奥秘。

当读者明白了这些奥秘后，就会知道自己需要掌握的知识、算法和数据结构，解决问题的方法。接下来，本书通过其他章节，将读者引入这些领域中，让读者得到初步的修炼。

可以说，这部分内容是本书的及格线。即使读者没有掌握本书的其他内容，只要能理解这部分内容，对读者提升对计算机的认识将会有非常大的帮助。

有了上面的基础，可以进入熟练掌握一些关键语法的阶段，这就是 static、const、指针、内存管理等。我们对这些内容会进行比较详细的讲解。要知道，这些内容一般都是存在于多本图书之中，而这些内容，又是 C/C++程序员必须掌握的语法内容，面试常考，偏偏理解起来又有一些难度。所以，编写时将其放在了熟悉语法，编写了几个小工具之后，作为提高训练之用。

第 3 篇 积累专业程序员的开发经验

掌握了 C/C++之后，也许会成为一个嵌入式开发程序员。毕竟，在信息时代，这样的工作岗位会越来越多。

为此，我们也花了一定的篇幅来介绍在跨越第一到第七个台阶之后的程序员。掌握哪些知识，可以成为一个合格的嵌入式程序员。要知道，嵌入式开发专业方面的人才需求极大，数学、物理、机电、仪器、计算机、电子等相关专业的学生，成为这个行业的主要人才来源，这就相当于给这部分同学，提供了一个就业出口。

第 4 篇 C++和类——面向对象的世界观

C++领域有很多经典名著，但这些图书都有一个统一的缺点：太厚。给初学者以恐惧感，不太容易看得完。

C++确实博大精深，编程模式多，涉及面广。比如，引入类和对象的概念之后，和前面的知识一交叉，可以有类和指针交叉：对象的指针，对象的内存分配等；类和数组交叉：对象数组；类和函数的交叉：方法和函数的区别，对象作为函数的参数等。引入任何一个新的概念，会引发连锁反应。更何况 C++引入的内容越来越多。因此很少有人敢称他掌握了 C++的全貌。

在实践中，我们会发现，经常用到的只是类、封装、继承、虚函数和多态等几个有限的 C++精华，这基本上是所有面向对象开发语言的最小核心子集。

接下来，我们以抽丝剥茧的方式，把这些 C++ Core 内容抽取出来，重点讲解，作为读者学习其他 C++程序设计教材的补充。

本篇内容和 C++教材结合起来学习是比较好的选择。一个全面，一个重点；一个重在语法细节的阐述，一个重在关键要点的把握；一个重在从语言学习的角度编写，一个从实践需要角度侧面叙述。一厚一薄，互相配合，学习起来更容易。

第 5 篇　以 C++为母语

并不是每一个读者，将来都会成为一个 C/C++程序员。

大多数现代的程序设计语言都和 C++有一定的亲缘关系，Delphi，Java，C#这些先后出现的面向对象的开发语言，在 C++的基础上，都有一些自己的独有的特点。对学习者来说，在 C/C++上的学习投资，完全可以用到这些语言的学习上。你的 C++功力越深厚，学习这些新的开发语言的时间就越短。

本篇简单讲述如何在已经掌握的知识基础上，快速学习这些带有面向对象开发特性的程序设计语言。强化每个现代人都必须掌握的学习能力。

后续学习与提高

有了前面的学习基础，还有两个学习与提高方向，一个是走 Java 或者 C#的通用程序员之路，另外一个是成为一名嵌入式程序开发人员。当然，建议你继续阅读更多的 C/C++著作，不断提升自己的"内功"，这对读者学习任何新的工具或者开发语言，都将会带来很大的帮助。

对于通用程序员之路，一般有三种选择，一个是以 Visual C++作为主要的开发工具，这在开发 Windows 相关系统类应用中比较多见，有了前面的基础，需要适当的 Visual C++项目开发训练。推荐训练之前学习《深入浅出 MFC》这本书。其次，是走 Java 或者 C#的开发之路，这方面的好书很多，有了本书的基础，读者可以先选择一本语法类，快速强化训练掌握语法，然后根据自己的情况选择合适的图书项目和技巧开发类图书。

对于嵌入式程序员就业分支，在学习本书的基础上，可以再开发一个实践项目，封闭开发 1~2 个月。每天至少 4 小时，总共需要至少 100 个小时。经过一个比较大的项目的操作过程，应该即可成为一个合格的嵌入式开发程序员了。

辅助学习材料

在图书封底左上方的二维码下载包中，我们精心放置了以下资料：

- 《C 语言百问百例》和《C++语言百问百例》两套电子书。
- 包含 14 讲视频的 C 语言高级教程。
- 包含 19 讲视频的嵌入式 LINUX 培训计划教程。
- 本书源代码。

局限性和副作用

虽然竭力回忆我们成长之初的一些代码编写经验，但非常遗憾，现在只记得刚开始的时候，编写一个程序，会有满屏的错误需要纠正。至于如何度过这一阶段，在这一阶段积累了哪些经验，现在几乎都不记得了。也就是说，早期时候的代码调试经验，本书基本不具备，因为现在编写代码一般都是一次性通过，很少有语法问题，有问题也是隐藏得比较深的运行漏洞。另外，每个人的学习过程差异也很大。我们的作者中，有的英语很好，一看错误提示，很轻松就能解决问题。有的则靠词典，一个一个地解决，C 语言编写了一学期，英语水平却提高了不少，这是一种积极的副作用。

其次，每一个专业的程序员，到一定的时候，都只专注于自己的问题领域。虽然我们也邀请了高校教师、其他领域程序员参与到本书的创作中来，但 C/C++应用面极广，难免有些见解有所偏颇，尽信书则不如无书，当你通过本书完成阶段性过渡后，需要放下本书，寻找新的帮助。

还有一种 C++程序设计学习观点，在面向对象时代，应该先建立面向对象的开发思想，直接学习 C++。假如工作需要进入嵌入式开发领域，再学习 C 语言。这种先建立面向对象，然后学习面向过程的思路，我们有一定程度的认同。一方面，我们都是先学习了 C 语言，然后再学习 C++，这方面经验比较丰富。另一方面，我们调研发现，绝大多数高校，依然是保持先学习面向过程的 C 语言，然后学习面向对象开发语言的教学过程，所以，本书按照大多数读者的学习模式设计。如果您恰好是先学习的 C++，我们建议您先从本书第 4 篇开始学起。

另外，本书的大多数作者没有在大学课堂教学的经验，有些讲解方法，可能没有考虑到读者当前的客观情况，如果你学习本书时有一些困惑，还请读者和我们联系。

多人智慧胜一人

对于 C/C++的学习，除图书之外，我们认为，不断的上机实践是尤为重要的。没有笨学生，只有懒学生。长期的坚持是非常重要的，这就看个人的毅力了。

一个比较好的建议是：如果你是在校的学生，建议你同时再找一个同学，和你一起学习 C 语言。根据经验，如果有两三个同样爱好的同学一起学习。可以互相竞争、互相促进。而且，有了问题大家互相交流，学起来特别快。

当然，更主要的是靠自己，只是有些时候，旁观者清，同学可能可以轻松地发现代码中的问题所在，而我们却要调试半天。

如果没有同学或学长一起学习，在网上找一两个牛人请教也特别重要。为了促进本书读者的学习，我们特地在网上提供了一个读者之间交流的 QQ 群：16900070。同时，在 QQ 群的共享文件中也提供一些免费的学习材料，作为本书的补充。欢迎读者在学习过程中下载使用。

不积跬步，难行千里

在十多年的程序设计学习与实践过程中，有一个同学的经历让我特别感慨："

大学时候有个同学，爱好编程。大四做毕业设计的时候，发现他水平比我们高一截。因为很多大程序编译和调试的经验，你不去干，是明显不会知道的。

有问题我一般都去问他，和他探讨，当然，水平太低的问题他也不感兴趣。

有一次我无聊说到这个开发提升过程，夸奖了他一下。他说，哪里，我只是把你们打游戏的时间，用来写代码了。

你想想啊，其实我平均一周去三次机房。一学期只有 20 周比较有空，两年也就 80 周，240 次上机。再说，我家条件也不好，也不能保证我有更多的上机费用。

两年前我发现学校机房的开放策略后，开始我只能去上机练习一下 DOS 命令，还有就是 C 语言书上的小案例。后来想开发一个压缩小工具，不断"折磨"自己，想代码，练习，上机去测试，查资料，代码越写越长，水平才慢慢提高的。

你以为我天生就明白 exe 文件的原理啊，我也是看了多少书，做了很多次试验才明白的。"

之所以感慨，因为他的水平提高经历没有什么特别的，就是坚持每周上机 3 次罢了。但万事贵在坚持，开始可能只能编写一些小程序，只能验证一下语法，但量变会产生质变，当你逐渐能快速地写出数千行代码的一个小项目，开发一个小工具。你就已经具备了专业程序员的潜质，你可以很轻松成为一个专业程序员了。

而这些不过是要求你按照一定的学习路线，一步一个台阶，坚持就是胜利。大多数时候，完美的学习计划和一时的热情，敌不过长期的坚持。

好了，现在方法有了，工具有了，学习材料有了。我们开始逐步来完成学习目标吧！

祝你成功！

编　者
2018 年 3 月

目　录

Contents

第 1 篇　夯实 C 语言核心基础

第 3 章　在 Visual C++中验证 C 程序

第 4 章　代码基本逻辑：顺序、选择和循环

第 5 章　加强对函数的理解

第 17 章　非绝对禁止者，皆可使用

第 18 章　程序员应该知道的指针技术

第 23 章　重载完善类方法

第 24 章　类的继承

第25章　虚函数产生多态性

第 5 篇　以 C++ 为母语

第 26 章　网络工具 Ping 的功能实现

第 27 章　C# 探索之旅

第 1 篇
夯实 C 语言核心基础

在这一篇中，我们将介绍 C 语言最核心和最基本的语法形式。当然，这些基础知识读者在自己的课堂上都能学到。那么为什么我们还要再介绍呢？主要基于以下理由：

一种面向计算机或数学的解释方法。C 语言和计算机如此的贴近，以至于很多特性让我们立刻能想到计算机指令和内存结构。所以，在讲解这些内容的时候，我们尽量通过这种可能更深入的讲解方式，提升读者对这些语法的理解。同时，也使我们的讲解不是那么枯燥。另外，计算理论本身建立在一些数学理论的基础之上，程序设计语言最早也是用来解决数学问题，C 语言中同样借用并外延了一些中学数学的概念。比如，函数，变量之类。所以，有时候我们的讲解，也采用了从数学概念引入过来的方法。

一种供参考的 C 语言学习方式。我们觉得，C 语言实际上是很小、很精巧的，它有一个核心语法子集，我们可以先掌握它，然后学习使用这些核心子集的组合功能，比如"数组作为函数参数"，"函数指针"之类。通过这种方法，即使你是 C 语法的熟悉者，也可以把自己的知识结构得到梳理。

我工作这么多年以来，偶尔还要查这些内容，希望这里提供一个最小子集方便大家查找。以前查找次数最多的是 scanf()的用法，几乎每次使用都查。因为在实际编程中，任何平台都不用它输入数据，但我在做程序模型的时候，每次都要用到。

现在单纯的 C 环境很少了，我们要熟悉 C++中的基本语法，特别是 C++新增加的输入/输出。

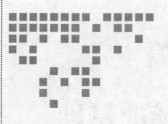

Chapter 1 第 1 章

Hello，C 语言

本章是 C 语言核心特性的导览。我们从专业的 C 程序设计角度来介绍让 C 语言从发明到现在如此受欢迎的关键特性，这也是职业的嵌入式开发人员最爱选择 C 语言的原因。本章既帮助读者梳理过去的知识，也介绍了很多信息量很大的专业知识。和很多技术类图书的第一章一样，你可以先阅读一遍，当你的 C 语言功力每进步一个层次，你都可以再回来翻看一下本章。

1-1 闭上眼睛细数 C 语言的特点

既然本书的定位是读者的第二本 C 语言类图书。那么，我们合上图书，简单来聊聊 C 语言的特点，也算是对 C 语言的简单总结，为后面的学习打下良好的基础。

C 语言精巧

相比现在比较大众化的、流行的 C++，Java 和 C#，C 语言实在是太小巧了。它的关键字少，语法简单，生成机器代码的效率和汇编语言差不多，所以成为底层开发人员的最爱。

这也是 C 语言生命力如此强大的重要原因。

另外，因为 C 语言的简洁，基本上只是 C++的一个子集。所以，人们也常常会选择 C 语言作为第一教学语言，学会了 C 语言，基本上来说就打开了一扇窗，对学习其他语言就会有很好的基础。

支持结构化程序编写模型

简单地说，结构化程序开发模型是源于一个科学家的发现。

他发现，任何程序都可以分解成顺序、选择、循环三种结构。

C 语言在对这方面的支持，可以说非常好，甚至有支持过分的嫌疑，在我们学习 C 语言的语法的第一阶段，基本上来说，你只要掌握了 main 函数的概念，然后会在 main 函数中定义数据变量，并且能在后面的过程中使用数据变量。能编写顺序、选择、循环三种结构，你就相当于掌握了最基本的 C 语言编程的技术了。

变量和语句是 C 语言的细胞

在 C 语言中，定义数据，编写操作数据的语句，得到我们想要的结果，是基本要求。

int、char 和 float 是三种基本数据类型。

一个语句就是一个机器动作：这个机器是指计算机的 CPU，电子设备也是人造的机器。

一个语句可以是定义数据；（有些图书说定义数据没有产生机器操作，不算语句，我个人认为大多数编译器会产生内存分配和赋予初值，也算语句。）

一个语句可以是给数据赋值；

一个语句可以是判断然后运算；

一个语句可以是某个函数的调用；

最有意思的语句是浪费一下机器时间，称为空语句，某些调试的时候常常要用到这种技巧。

数学运算和逻辑表达式是 C 语言的第一个难点

很多人说，有一定的数学基础是学习开发语言的基本条件。

其实，这有些夸大了，只要你是一个逻辑基本正常的人，就有机会成为一个程序员。你只要非常细致的研究一下逻辑运算，并在写代码的时候，注意保持正常逻辑就可以。

计算机其实是很傻的，理解不了人类可以轻松理解的数据计算。不仅是 C 语言中，其实几乎所有的程序设计语言中，只有相同数据类型的变量可以在一起做加减乘除运算。也就是说，int 型数据和 int 型数据一起运算，float 型数据和 float 型数据一起运算……强制数据类型转换和做除法的时候，我们还要多加小心，应考虑到分配内存的接受情况，其实机器只是在我们的要求限制下帮助我们运算，机器终究还是机器，还是很笨、很死板的。

函数是 C 语言赐给我们最有力的武器

掌握了最基本的 C 语法，我们下一个必须要明白的特点是 C 语言对函数的支持。虽然，不用函数模式，我们也能编写程序。但就像军队中分为各个等级一样，函数的出现，让程序更符合人类的思维模式。

我们编写了某个功能模块，只记得这个功能模块的功能即可。不用每次都重复编写。而且，我们可以调用别人写的函数模块，这使得程序开发的分工成为可能。

还需要指出的一个常见的谬误是，标准函数库并不是 C 语言本身的一部分。虽然它给我们带来了很多的方便，但精巧的 C 语言，自己是不会带上包袱的。函数库是各个开发工具自己实现的，编译后成为程序的一部分。

函数的定义如此重要，你能区别参数的概念，明确函数中定义的变量的使用范围了吗？

数组是我们第一次学习组织数据

相同类型的数据可以整合在一起使用，这是我们第一次在 C 语言中尝试学习组织数据。第一次学习的时候，相对而言，二维数组有些复杂，你可以跳过。

数组中数据的引用有两种方式，其中后面一种是指针的方式。指针方式有一个非常大的隐患就是可能会越界，然后程序跑飞。C 语言就像一个手动车床，越界这种事情，必须要我们自己来避免，它的编译器一般不会提醒我们。

指针是 C 语言的精华，但它是魔鬼发明的

C 语言之所以能在底层开发中获得如此多的应用，和它能轻松操纵内存中的数据有莫大的关系。而实现这个内存处理的设计就是指针。

简单来说，指针就是记录所指数据在内存中的位置。

所有的指针，记录的都是一个地址。

指针如此的方便，我们可以从一个地址获得一个变量数据，也可以获得这个地址前后偏移的数据（数组），还可以从这个地址调用一段程序代码（函数指针）。

但又要求我们必须明确，这个指针指向的是代码还是数据，一切都让程序员自己做主，仿佛整个机器都由我们自由掌控。

所以，在使用指针的时候，我们要尤其小心，要总结一些使用规范。

struct 是我们临摹世界的画板

小红的身高是 1.63m，体重是 56.3 公斤，今年 23 岁。

在机器里面，一个 float 数据定义小红的身高，另一个 float 数据定义她的体重，一个 int 数据定义她的年纪。不过，这种分别定义的方法，总感觉不是定义世界上任何对象的思维。C 语言提供了 struct，可以定义一个新的数据类型：people。

这种用已有的数据类型定义新的数据类型的方法，称为构造数据类型。

除了 struct 之外，还有 unin 等类型。

C 语言并不只是使用 int，float,double,char,viod 这几种类型。可以构造新的数据类型。

更绝妙的是，当定义了一个新的构造类型之后，在定义其他构造类型的时候，也可以大胆使用。

掌握基本概念的组合才是成为 C 语言高手的必经之路

三种语句，函数，数组，指针，结构体……这些概念。单一来学习都比较容易掌握，但当它们结合起来的时候，你还能掌握，你才是真正的 C 语言高手。

指针作为函数参数是函数的概念和指针概念的组合。

函数指针是函数概念和指针概念的交集。

数组作为函数的参数呢？

数组和指针的区别呢？

指向结构体的指针呢？

结构体中还定义了指向自己的指针了吗？

……

一个知识好掌握，两个知识好掌握，n 个知识都好掌握，n 个知识互相之间产生的关联，就需要掌握 n^2 个知识，你掌握了吗？

字符串是指针确认的

在 C 语言中，字符串是一个很特殊的学习工具。

它可以由字符数组定义，也可以由字符指针来使用。

更绝妙的是，在使用字符串的时候，可以通过函数库中几个经典函数来操作。

打开函数库中这几个函数的源代码，是最好的学习 C 语言编程知识和技能的源代码之一。还不好好利用一下。

"能否掌握 struct 和指针的结合决定你是否能够得到高薪。"

当然，这只是一个开玩笑的口号，但 struct 和指针两个基本概念的组合的确是所有数据结构的基础。所以，掌握它们的应用，能应用基本的数据结构和算法，就是高手的表现。这当然是本书的一个重点了。

你要知道，你现在正在使用的电脑，不知道有多少链表数据正在其中运行。

位运算是 C 语言底层开发的特色

不但可以操作任何一个数据，C 语言还可以操作任意一个数据位。

这基本上也是 C 语言"可怕"的地方之一。

而这个特色，也确实在一些底层开发中给我们带来了很多的方便和技巧。

本书中将会举一个充分利用每一个位的数据来简化程序开发的案例。

这个案例非常经典，本人的一次职场面试中就实际碰到。也许下一次碰到的，就是你了。

预处理命令是程序开发的脚手架

表面上，所有的预处理命令都不产生机器代码。

但却帮了我们的大忙：

帮我们定义新的数据类型；

帮我们把代码分割成几个文件；

帮我们定义常量；

帮助我们编写适应力强的代码；

帮我们调试……

你如果想成为一个专业的职业程序员，这是必须掌握的基本技能。

文件是一个序列

其实，文件是一种数据流思想，我们操作这个数据流，也是通过一些标准函数来实现的，小巧的嵌入式程序，并不需要这么大的文件操作，但这些应用思想在实际开发中却应用良多。

1-2 从基本概念开始

从机器指令到 C/C++，以及今日的 Java/C#，其发展过程基本上和计算机的历史相当。物竞天择，多年的演化和沉淀，存在到今天的编程语言，自然有其生存的道理。

在这个发展的过程中，有一条主线就是：随着计算机硬件的进步，编程语言不断地由适应机器的逻辑转化为适应人的逻辑。

顺序、选择和循环，这三种逻辑既有机器逻辑的影子，也有人类思维逻辑的影子，可以说介于两者之间。今天的高级语言，都含有这三种逻辑结构。所以，用程序语言控制电脑，从这里开始。

C/C++语言有许多经典的入门类图书。所以，我们也没有必要重复一次，这里总结了一般图书的基本语法放在本章供读者编程时查询使用。

1. 认识 C 程序基本结构

下面通过一个 C 程序案例，说明 C 程序的结构组成。

案例代码如下：

```c
#include <stdio.h>              /*包含需要用到的头文件*/

int max(int x,int y);          /*声明函数*/

int main()                     /*主函数开始*/
    {
    int a,b,c;

    scanf("%d,%d",&a, &b);          c=max(a,b);
                    /*让用户输入变量a和b的值；调用max函数，将得到的值赋给c*/
printf("max=%d",c);

return 0;                   /* 返回一个简单值，提醒系统运行结束 */
    }

int max(int x,int y)           /*定义函数，函数值返回为整型，x、y为形式参数*/
    {
    int z;                          /*函数中用到的变量z也需先定义*/
    if (x>y) z=x;
    else z=y;
    return  z;                      /*将z的值返回，通过max带回调用处*/
    }
```

下面三条关于程序的说明，如果你是第一次学习 C 程序，可以大致看一下，不要求一定要看懂：

（1）程序包括两个函数：主函数 main 和被调用函数 max。主函数 main 是每一个 C 程序都必须具有的，max 函数的作用是将 x 和 y 中较大者的值赋给变量 z，函数体用 { } 括起来。

（2）return 语句的作用是将 z 的值返回给主调用函数 main，返回值将通过函数名 max 带回到 main 函数的调用处。

（3）scanf 和 printf 都是 C 语言提供的标准输入输出函数，scanf 函数的作用是输入 a 和 b 的值；printf 函数的作用是按设置的格式输出有关量的值。

关键的是，我们可以从上面的代码中，总结介绍一下 C 程序的基本结构：

（1）C 程序是由函数组成的。一个完整的 C 程序至少包括一个主函数（main 函数），也可以包括一个 main 函数和若干个其他函数。

（2）每一个函数是由一个函数头和若干语句构成的。

（3）每个语句和数据定义的最后必须有一个分号，分号不可少。

（4）C 程序书写格式自由，一行内可以写几个语句，一个语句可以分写在多行上。

（5）C 语言本身没有输入/输出语句，输入和输出功能是由库函数来完成的。所以，举例程序中的开头有#include<stdio.h>。

（6）一个 C 程序总是从 main 函数开始执行的，而不论其在程序中的位置如何。

（7）可以用/*......*/对 C 程序中的任何部分作注释。/*……*/之间的部分只是供人们阅读代码作为参考，对计算机或者说编译程序而言，是透明的、看不见的。

接下来你还要学习下面这些基本知识以掌握 C 语言的核心。

2．理解标识符、关键字和保留字

C 程序代码语句继续细化下去，不过就是一个一个的符号。这些符号，也有一定的规则。要写文章，首先要学会写字，要编写 C 语言程序，首先要了解 C 程序中使用的符号。从上面的几个 C 程序例子可以看出，C 语言程序中，有些符号是 C 语言规定的符号，像 main、int、float、for、+、-、* 等，有些是编程者自己使用的符号，像 sum、i、x 等。那么 C 语言规定了哪些符号？自己使用的符号又需要遵照什么样的规定？在 C 语言中使用的单词分为六类：标识符、关键字、常量、字符串字面值、运算符、分隔符。空格符、制表符、换行符、换页符和注解等统称为空白符。空白符在程序中仅起间隔作用，编译程序可以对它们忽略不计。因此在程序中使用空白符与否，对程序的编译不发生影响，但在程序中适当的地方使用空白符将增加程序的清晰性和可读性。

所有的程序设计语言，都有这些规定。

为什么呢？

一方面是为了让程序的可读性更强，另一方面，也方便程序设计语言的编译器开发。

我们只需要多读一些优秀程序员写的代码，看看别人是如何定义变量函数的，如何使用这些规范的，养成好习惯即可。

3．搞懂 C 语言的常量

在程序运行时，其值不能被改变的量称为常量。如 5，3.14159，0.618 等。

符号常量可以使用一个标识符表示常量，例如：PI 表示 3.14159，RETIREMENT 表示退休年龄 60 等（C 语言中写作 #define PI 3.14159，#define RETIREMENT 60），这样的标识符称为符号常量，一般大写。符号常量使程序易于阅读和修改。例如，一个程序中多处用到退休年龄 60，当有一天退休年龄改为 65 岁时，修改这个程序就会很困难。使用符号常量，只需要将 #define RETIREMENT 60 改为 #define RETIREMENT 65 即可。

字符串常量严格地说，不是一种数据类型。只有常量，没有变量。一个字符串常量用双引号括起来："Hello,World!\n"。

4．变量是程序设计语言的关键

在程序运行时，其值能被改变的量称为变量。程序运行时，计算机给每个变量分配一定量的存储空间。每个变量必须有一个类型，如整型、浮点型等，它指明给这个变量分配多大量的存储空间；每个变量还必须有一个名字，如 x, y 等，它指明是哪个变量；一般，一个变量还要有值，值放在变量的存储空间内。

5．整理其他基本知识

你看 C 语言的代码：x=a+b；所以，有了 a 和 b 这样的变量之后，接下来需要有和数学一样的算术运算符才能构成语句，语言有三种规范，然后函数……这本书的定位是读者已经买过或者说上过一点儿 C 语言课程。所以，这里就不再详细讲述，读者可以通过后面章节的内容巩固线索，拿出你过去的书籍来学习。

1-3　掌握 C 语言核心，逐步扩张

最近有重新阅读《C++程序设计语言》和《C++语言的设计和演化》，有两个感觉：一方面，相对于 C++来说，C 语言简单容易；另一方面，C 语言又有很多缺陷、陷阱，比如：const int *i;和 int const *i;意思一样吗？int *ptr[3]是定义指向数组的指针，还是指针数组？……有时候要想一下才能明白，有时候还得上机测试才能搞清楚，而且还经常担心不同的系统是不是会有不同的解释。

对于 C 语言的学习来说，恐怕要采取这样的态度：首先学习"Core C"，了解语言的概貌，基础知识，基本类型，基本表达式和简单运算方法，三种结构，简单数组，函数，指针和文件，实例应该比较简单，没有什么特别的技巧，代码简单易读，更多地把 C 看成是一种通用语言（或者说学习程序语言通用之处），就是其他语言也会有这些特色来学习，打下良好基础，将来学习 C++、Java 或者 C#就更轻松。然后结合更多的编程实践，学习 C 语言中更多的精妙之处，比如宏定义，函数指针，字符串函数，指针高级用法等。

我想这样的教学思路，既方便读者快速掌握 C 最常用、最核心的部分，不侧重于细节。又能在实践编程中逐步提高，不但可以读懂别人编写的晦涩的 C 代码，又能在程序设计需要的时候使用合适的技巧。

不要光说不练，如果由我来编写一本"C 语言程序设计"的图书，我会如何呢？我想了一下，大致的结构应如下：

注：目录中标*的是提高部分，往往是 C 语言独有的特色，可以不讲，或者作为阅读和练习使用。

虽然本书的定位是进阶提升，而不是基础入门；但是我觉得下面这个目录仍有存在意义，它可以帮助读者用较快的速度和精炼的框架来梳理 C 语言的基础知识，为后面的提升学习打下基础。

第一讲：C 语言的特色：

1.1：概述

1.2：Hello World：讲述程序基本结构和基本编写方法

1.3：更进一步的 Hello World：明白函数是 C 程序的基本架构

1.4：有变量定义的 Hello World：更进一步地了解 C 语言的概貌和调试错误

注意：请用上面的目录去复习理解 C 语言，这种重构复习知识的方法，也许会让你有意想不到的收获。

1-4　C++时代的 C 语言学习

作为年纪大一点的 C/C++程序员，我们学习 C++的时候是在 20 世纪 90 年代，C++标准还没有完全确立，并且是先学习了 C 语言，所以现在编写程序还有一些不良的习惯，比如对标准库的使用。

工作了一段时间，看到一篇文章才知道，原来 C++中已经有 string 这样的标准类供我们使用，既安全又方便。我原来熟悉的那些 C 语言的字符串处理函数统统可以靠边站了，我所熟悉的那些指针与字符数组之间的关系的技巧也失去意义了，我担心的很多问题也可以不管了。回头看看 C 语言，不禁感慨，除了在嵌入式系统开发等少数几个领域，现在恐怕很少有人还在用纯 C 语言开发应用。

相信将来的计算机编程语言教学会采用先教学 C++，部分程序员因为需要，自己去学习 C 语言固有的特色。可是我们的大学教育还是 C 语言教学占据很大一部分，C++虽然有所加强，但远没有达到主要的教学语言的地位。

既然如此，在 C++地位完全超过 C 的背景下，现在学习 C 语言还有什么意义呢？我整理了一下，觉得在以下几个方面，可以让我们在学习 C 语言的时候安心一些。

1．理解算法

算法的重要意义不用多说，如果在编写程序的时候尝试用不同的算法实现，通过简单的 C 语言一样可达到对许多经典算法的理解，这个时候，简单的语言，可能反而能够让我们一下抓住核心。

2．从问题域到解题域

结构化设计的核心是分解思想，把一个大问题分解成几个小的模块。什么问题都可以无限分解，直到每一个小块都有解，理论上可以解决任何问题。

早期编程的学习，应该还有一个目标就是培养程序员解决问题的能力。所以，通过 C 的锻炼，得到的经验应该到处可用。

3．简单项目的开发方法

如果学习 C 语言只限于能够解答课本上的作业题，可能还不够，应该尝试写一些有成千上万行代码的项目。这个时候，对程序结构代码的管理和分布、测试和 Building 技术，应该能够有一些理解，这对任何项目都应该是相通的。

4．对未来学习的帮助

别的不说，数据结构，操作系统和编译原理这些课程，那些算法大多用 C-like 语句描述，虽然说只要英语好就能读懂，不过懂 C 语言毕竟要容易得多。另外，在很多领域，还有不少 C-like 的各种脚本语言，有比较好的 C 语言基础，多数一看就会，再加上简单的语法手册，基本上就可以理解了。

再说了，C 语言基本上可以看成是其他语言的基础。在 20 世纪 80 年代初期，C 语言早已成为 UNIX 操作系统的主要程序语言，而现在 C 语言更是广泛地介入大型计算机、个人计算机等领域。目前市面上许多的程序游戏、文字处理、绘图及数学运算等软件均是 C 语言的杰作。我们可以找到许多这样的源程序来研究，这类资料也大多是用 C 语言来描述的。

对于个人而言，学习一个程序语言也是一项重要的投资。学习 C 语言就好比您学英语一样，走到世界各地都"讲"得通，而且关于 C 语言的函数库的获取也较其他计算机语言容易。以现实的眼光来看，C 语言程序员的层次与待遇也比其他高级语言的程序员高，而且比较容易被 IT 企业聘用。

现在热门的 C++或者是 Java 等语言均是以 C 为基础，再加上面向对象的功能，语法与 C 极为相似。C 语言的投资回报相当高，值得您花时间去研究。当然，也别让它在您的履历表里缺席。要学好 C 语言，就从现在开始吧！

5．良好的编程习惯

这个不用多说，只要没有养成坏习惯的习惯就是好习惯。

6．掌握工具的能力

C 编程实践中不可能不和某一个 IDE 编译器联系起来，选定一个长期使用和研究的心得，对你使用其他工具也很有帮助。

7．还是有些其他好处的

（1）可能的高收入。如果你有志于嵌入式系统开发，精通 C 语言会让你将来很轻松过关或者一份收入不错的工作。

（2）为后续学习打好基础，数据结构，操作系统，无不需要。

（3）结合计算机原理等内容，对计算机体系结构理解得更深刻。为将来用任何开发语言做开发都有帮助。

如果你也恰好刚刚学习了 C 语言程序设计这门课程，或者正在学习，我们建议也同步找一本 C++程序设计的图书来看看。初步理解一些面向对象程序设计的理念，站在更高或者说知识面更广的角度来学习程序设计语言。当然，本书后面的章节也有涉及。

1-5　C++：更好的 C

今天的 C 程序员，也不可能只把自己的知识范围完全限定在 C 语言之中。毕竟 C++，已经存在了很多年，并且对 C 标准的变化也产生了很多的影响。

实际上，去除引入 class 等关键字，引入面向对象这种新的开发模式之外，C++对 C 语言还有很多不错的改进。即使在一些纯 C 的嵌入式开发环境中，也提供了对这些特性的支持。对于实际一线的开发工程师来说，有比较得力的功能我们就用，并不在意它是 C 提供的，还是 C++提供的。事实上也是如此，如果不是写这篇文章总结，我们中的个别作者并不知道这些功能是 C++时代才有的，我们只知道编译器中有这个好用的功能。下面来列举一下，哪些是 C++对 C 非常好的改进，后面在讲解的时候，不再特别区分 C 和 C++，不再具体说明，拿来就用，只要编译器提供支持。

新的注释模式

是"//"单行注释模式，任何一行代码，"// "之后均为注释。比起/* …… */ 注释单行，更简洁一些。

新的输入/输出方法

是 cin 和 cout 这种新的方法，有时候比 printf()用起来更简单。

大多数 C 语言图书都有比较详细地介绍，我们提供的免费阅读材料中也有，这里不再赘述。

const 的新功能

作为专业程序员，后面我们会详细地讲到。这里提醒读者，这是一个非常有用的功能，至少比#define 定义常量好用，很多面试题会考到。

变量的定义更加灵活

C 语言中，变量必须在函数的开头定义。

C++做出了改变，在任何时候，你都可以定义，只要满足先定义后使用的原则即可。

这有个非常好的用处，就是一些临时变量，可以随时定义。比如 for（int i=1;i<100;i++）这样的语句就会因此获利。

不过，这样也带来一些坏处，有些时候被滥用了，程序会显得比较怪异。

这个新功能，我们认为符合 C 语言，信任程序员自己能控制好的设计原则，应该值得推荐。

函数的重载

这对实现同一个功能的函数，采用相同的函数名，会起到非常好的效果。

带默认参数的函数

道理同上。

变量的引用类型

这个新功能，专业程序员用得太多了，后面会详细讲到。

新的内存分配函数 new 和 delete

功能和 malloc 和 free 一样，不过功能更加强大。

内嵌（inline）函数

比宏更安全，特别是与参数的时候。但有时候调用多次，效率会比较低。

作用域运算符

有时候，全局变量和局部变量相同，在某个函数中，访问全部变量 flag，就要用::flag，和函数中的局部变量 flag 区别开来。不过，总的来说，我们不推荐使用这个功能，还是全局变量和局部变量，不要使用相同的标示符比较好。不过也应知道这个功能，也能阅读别人的代码。

Chapter 2 | 第 2 章

建立起程序设计基本概念

要编写程序，并不是说有了 C 语言的知识就可以编写的，还有环境的知识。要知道，当年我是学习了好久的程序设计语言，通过阅读学校 VAX 机的使用说明，一年才明白 PC 机和小型机的区别。

最早的数字电子系统，都是通过逻辑电路实现需要的功能，当人们发现可以通过给通用数字电路编写不同指令代码实现不同功能的可编程的逻辑之后，软件就和硬件开始分家了。并且，因为硬件变得越来越容易实现，软件变得越来越重要。

2-1 软件与程序

软件与硬件是计算机系统必不可少的组成部分。

硬件包括执行代码的 CPU，存储代码的内存，硬盘等设备，基本上来说，我们看得见、摸得着的东西都是硬件。

软件的概念：软件包括使计算机运行所需的各种程序、数据及有关的文档资料。

例如，最常见的 Word 字处理软件。

下面的图 2-1 是 Word 运行的画面。实际上 Word 软件在计算机内容中是这样的：

Word 软件随 Office 办公软件套件一般安装在 C:\office 文件夹中，Winword.exe 是程序文件，在 Office 文件夹中。Word 软件除程序文件外，还有帮助文档及其他数据文件组成，它们都是这套软件的组成部分，如图 2-2 所示。

图 2-1　Word 运行界面

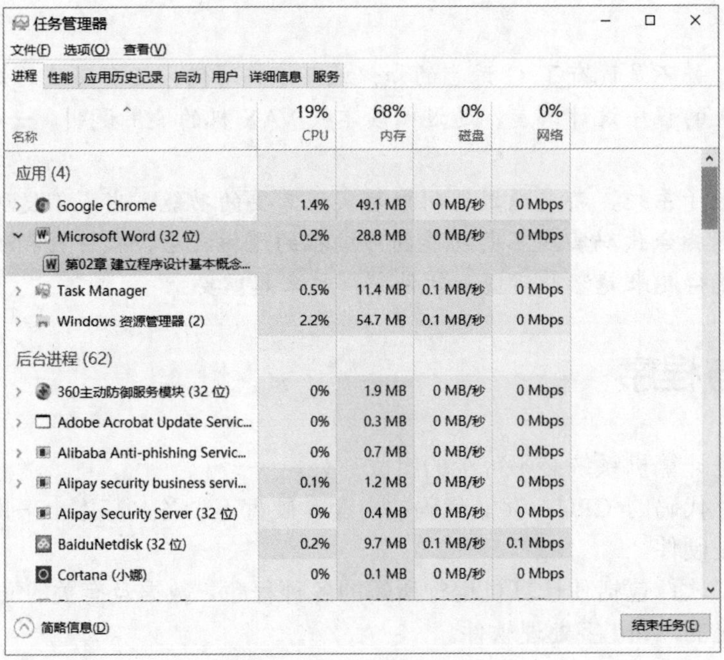

图 2-2　Word 软件的程序体现

2-2　程序与可执行文件

　　大家注意到，图 2-2 中的 Winword.exe 文件的扩展名为 exe，这是标记可执行文件的扩展名之一。可以把可执行文件称作程序。反过来也可以。

　　请记住，可执行文件的扩展名，一个软件至少有一个可执行文件才能够被普通用户使用。或者可以这样说：你使用 Word 软件，最起码得有 Winword.exe 可执行文件。

可执行文件是由计算机 CPU 可以识别的机器指令和数据组成的。可执行文件也有格式和规范，开发系统程序和病毒的程序员，对这个研究很多。

作为未来的程序员，你必须知道源程序都是所谓的 ASII 码，所谓的.exe 文件是二进制的，还知道它们的不同。

创建 C 程序时，将语句放在一个扩展名为 C 的源文件中，其实只是一个文本文件，里面是 ASII 码。假如程序编译成功，编译器将生成一个具有 exe 扩展名的可执行文件。如在第 5 段中所述。许多程序都使用包含常用的头文件（具有.h 扩展名，也是文本文件）。如果编译完程序后检查子目录，可发现一个或多个有 obj 扩展名的文件。这些文件称作目标文件，它包含计算机能理解的、以 0 和 1 的形式存在的指令，所以也是二进制的。但这些目标文件不能被执行，因为它们的内容相对.exe 文档来说不是很完整，还需要通过链接产生*.exe 文件。

比如，C 程序提供一些例行程序（比如 printf）来完成常用的操作，以减少程序中的语句数目。编译器对程序完成语法检查后，将生成一个目标文件。对于程序 first.c，编译器将生成一个名为 first.obj 的目标文件。接着，一个称为连接器的程序将目标文件中的语句和编译器提供的函数（例如 printf）连接起来，生成可执行文件。在大多数情况下，激活编译器来检查源代码，如果程序编译成功，编译器将自动激活连接器。

具体细节，可以在后面的章节和具体开发过程中慢慢体会。

2-3　程序与源程序

有时我们说的程序，指的就是源程序，也就是说"程序"这个概念可以指可执行文件，也可以指源程序。

什么是源程序呢？就是解决问题的特定方法和流程。它是由人可以很容易看懂的程序设计语言写成的。

下面的程序是 HTML 刚刚兴起的时候，苦于没有 HTML 编写工具，笔者尝试用 Delphi 编写的程序：简易 HTML 编辑器，如图 2-3 所示。

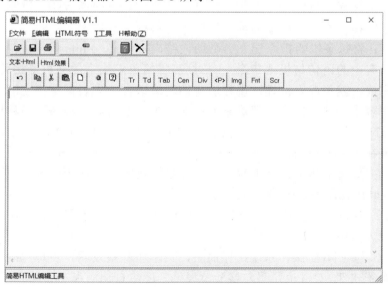

图 2-3　简易 HTML 编辑器

这个编辑器的源程序请看下图 2-4，是不是很像英语的逻辑化的表。

图 2-4　编辑器的源程序

2-4　源程序与程序设计语言

源程序就是用程序设计语言写成的解决各种问题的方法步骤。程序设计语言与自然语言十分接近，同时它又便于转换（编译）成机器指令（即可执行文件）。

程序设计语言像自然语言一样，有很多种，常用的有 BASIC、C、C++、FORTRAN、PASCAL、汇编语言等，就像自然语言有汉语、英语、法语一样。上面大家看到的源程序是由 C++语言写成的。

- 机器语言：程序是机器指令的序列，入乡随俗，使用机器指令编写程序，是人们最初和最自然的选择。机器指令的集合就是机器语言。机器语言是二进制的，不易被人理解，太难掌握；而且因机器而异，程序不易移植。

- 汇编语言：将每条机器指令配上一个助记符，如 Add，Jump 等形成简单汇编语言。简单汇编语言中的语句与机器指令一一对应。将简单汇编中的与机器相关部分分离出去，由系统完成，就形成宏汇编。现在所说的汇编语言，一般都是指宏汇编。汇编语言比机器语言容易一些，但也是很难掌握；而且因机器而异，程序不易移植。

- FORTRAN：第一个高级程序设计语言，20 世纪 50 年代由 IBM 发明，主要用于科学计算，现在仍有人使用。

- BASIC：主要用于初级计算机教育，在计算机发明后，得到大发展。微软公司靠它起步。Visual BASIC 就是微软开发的。

- PASCAL：专为计算机教育而发明的程序设计语言，对于促进结构化程序设计方法的普及有很大作用。

- C/C++：C 与 UNIX 操作系统结伴而生，贝尔实验室发明，目标代码效率高，可以用来编写系统软件。C++也是贝尔实验室发明，是在 C 语言基础上增加了面向对象特性，一度是使用最广泛的程序设计语言之一。

- Java：最新的面向对象程序设计语言，面向 Internet，Sun 公司发明，可以一次编程，随处运行。

2-5　程序设计的基本过程

表面上来看，程序开发的基本过程是编写代码；但是实际上，编写代码之前和之后，还有很多具体工作要做。

1．问题分析

问题分析是进行程序设计的基础，分析内容包括：问题的性质；输入/输出数据的类型、格式及设备；数学模型或常用方法。

2．关键算法的设计

算法是指为在有限步骤内解决一个具体问题而规定的意义明确的、解题步骤的有限集合，即指解题方案的准确而完整的描述。

算法的特征有：可行性、确定性、有穷性、有足够的原始数据。

3．设计数据结构

这基本上是和设计算法同步的工作，当然有些算法简单，不需要认真考虑这个问题。

数据结构是指互相有关联的数据元素的集合。分为数据有逻辑结构和数据的存储结构。

- 数据的逻辑结构：是指数据元素之间抽象化的相互关系。
- 数据的存储结构：数据的逻辑结构在计算机中的存储方式。

4．分解程序

用一些工具描述程序的整体情况，大致运行结构等。

- 控制结构：通常用流程图表示程序的控制结构。基本控制结构有顺序、选择、循环三种。
- 常用的流程描述工具：自然语言、算法描述语言、流程图、编程。

5．编码调试与运行

调试是指找出程序中错误的具体位置并改正错误。

程序的调试包括调试前的准备、程序的静态检查、程序的动态调试三个步骤。

6．程序设计的基本方法：

- 结构化设计：结构化程序设计要求把程序的结构限制为顺序、选择和循环三种基本结构。
- 模块化设计：把一个大程序按人们能理解的大小规模进行分解。
- 自顶向下、逐步细化的设计过程：将每一个复杂问题的解法分解和细化成由若干个模块组成的层次结构；将每一个模块的功能逐步分解细化为一系列的处理步骤，直到某种程序设计语言的语句或某种机器指令。

2-6　文件和目录

在 Windows 系统中，文件夹代替了开发中常说的目录，文件也经常会隐藏后缀形式，这里简单地强调一下。回到最原始的 DOS 状态。有了这些基础，读者将来在 UNIX/Linux 中调试程序，也没有问题。

1. 文件与文件名

（1）文件是存储在外部介质上的数据的集合。

（2）文件名是为了区分不同内容的文件，便于系统对它们进行管理和操作给每一个文件所起的名字。

（3）DOS 文件名的一般形式：文件标识符.扩展名

DOS 系统对文件标识符的规定：

文件标识符可以由 1～8 个 ASCII 码字符组成。这些字符可以是 26 个英文字母（大小写等价）、10 个数字符号、特殊符号（如"$"，"#"，"@"，"_"，"!"等）。特别要注意在文件名中不能用">"，"<"，"\"，空格等字符。

DOS 系统对文件扩展名的规定：

文件扩展名必须以小数点"."开头，后面可以跟 1～3 个字符。在扩展名中使用的字符规定与文件标识符相同。文件扩展名一般用于说明文件类型。

DOS 系统常用的文件扩展名如下表 2-1 所。

表 2-1　DOS 系统常用的文件扩展名

文件扩展名	说　　明
.COM	可执行二进制代码文件（命令文件）
.EXE	可执行程序文件
.OBJ	目标程序文件
.LIB	库文件
.SYS	系统专用文件
.BAK	备份文件
.DAT	数据文件
.BAT	批处理文件
.BAS BASIC	语言文件
.FOR FORTRAN	语言文件
. C C	语言源程序文件
.PAS PASIC	语言源程序文件
.PRG dBASE 或 FoxBASE	命令文件
.DBF dBASE 或 FoxBASE	数据库文件
.ASM	汇编语言源程序文件

2. 文件名通配符(*、?)

● "*"：代表从它所在位置起直到符号"."或空格前的所有字符。

● "?"：代表该位置上的所有字符。

以上这两个通配符，在现在搜索文件的时候，也会经常用到。

如下图 2-5 所示。

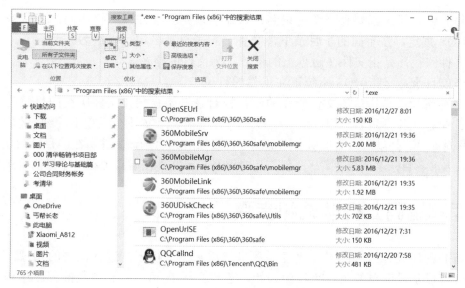

图 2-5 F 盘中的.exe 文件

3. DOS 的设备文件

DOS 系统下的设备文件名称及其所代表含义如表 2-2 所示。

表 2-2 设备文件名及其含义

设备文件名	说　明
CON	表示控制台（包括键盘与显示器）
PRN 或 LPT1	表示连接在第一个并行口上的打印机
LPT2	表示连接在第二个并行口上的打印机
LPT3	表示连接在第三个并行口上的打印机
AUX 或 COM1	表示连接在第一个串行口上的通信设备
COM2	表示连接在第二个串行口上的通信设备
NUL	虚拟设备（即实际不存在的设备）

4. 盘符

在 DOS 命令中，一般利用"盘符"指出被操作的文件或目录在哪一个磁盘上。"盘符"也称驱动器名。DOS 中常用盘符有（其中冒号:不能省略）：

A：表示软盘驱动器 A，简称 A 盘；

B：表示软盘驱动器 B，简称 B 盘；

C：表示硬盘驱动器 C，简称 C 盘；

D：表示硬盘驱动器 D，简称 D 盘……

在对文件或目录进行操作时，如果省略"盘符"，则默认为是当前盘。

5. 目录与路径

DOS 系统采用树状结构的目录来实现对磁盘上所有文件的组织和管理。

（1）树状目录结构的根部称为根目录，用"\"表示。根目录是在磁盘格式化时由系统建立的，在根目录下可存放若干文件或子目录。

（2）每一级子目录都要有一个目录名，其命名规则与文件标识符相同，但目录名一般无扩展名。DOS 规定，在不同的子目录下，文件名和子目录名均可以重名。

（3）文件路径：是指文件在磁盘上的位置。为文件的路径。

（4）当前目录：是指 DOS 系统正在工作的目录。

（5）绝对路径：是指从该文件所在的磁盘根目录开始直到该文件所在的目录为止的路线上的所有目录名（各目录名间用"\"分隔）。绝对路径表示文件在磁盘上的绝对位置。

（6）相对路径：是指从该文件所在磁盘的当前目录开始直到该文件所在的目录为止的路线上的所有目录名（各目录名间用"\"分隔）。相对路径表示文件在磁盘上相对于当前目录的位置。

2-7　理解编码上机调试和步骤

学习新的程序设计语言的最佳途径是尽早地用它编写程序，进行程序的调试，解决实际问题。读者可以从最简单的第一个程序开始，逐步介绍 C 语言基于函数的程序结构，变量与常量、算术运算、循环结构、基本输入输出标准函数，使读者了解一个 C 语言程序的基本框架和它的书写格式。至于有关语法规则细节，读者先不必深究，学到有关章节时自然会理解。通过介绍 Turbo C 或者 Borland C++或者 Visual C++集成开发环境的使用，要求读者掌握一个 C 程序的编写、编译、连接、调试、直到成功运行的全过程，并能够动手上机操作。突破了这一步，读者慢慢就能吸收各种语法的特点，慢慢就能走向成功。在这之前需要理解编译、链接这些基本概念。

C 语言是一种编译型的高级语言，描述解决问题算法的 C 语言源程序文件（*.c），必须先用 C 语言编译程序（compiler）将其编译，形成中间目标程序文件（*.obj)，然后再用连接程序（linker）将该中间目标程序文件与有关的库文件（*.lib）和其他有关的中间目标程序文件连接起来，形成最终可以在操作系统平台上运行的、二进制形式的可执行程序文件（*.exe)。所以从纸上写好的一个 C 语言源程序文字到可以在计算机操作系统平台上执行的可执行程序文件需要经过以下几个上机步骤，一般程序上机调试流程如图 2-6 所示。

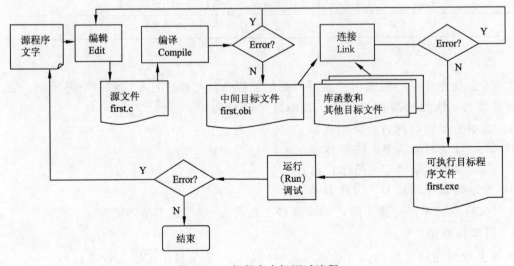

图 2-6　一般程序上机调试流程

（1）编辑（Edit）：用任何一种编辑程序将源程序文字输入计算机，形成源程序文件，这期间必须注意严格按照 C 语言的语法规则，特别注意编辑程序是否添加了格式字符，千万不可出现额外不允许的特殊字符，例如全角的关键字。

（2）编译（Compile）：将上一步形成的源程序文件作为编译程序的输入，进行编译。编译程序会自动分析、检查源程序文件的语法错误，并按两类错误类型（Waning、Error）报告出错行和原因。用户根据报告信息修改源程序再编译，直到程序正确后，输出中间目标程序文件。

（3）连接（Link）：使用连接程序，将上一步形成的中间目标文件与所指定的库文件和其他中间目标文件连接，这期间可能出现缺少库函数等连接错误，同样连接程序会报告出错误的信息。用户根据错误报告信息再修改源程序再编译、再连接，直到程序正确无误后输出可执行文件。

（4）运行（Run）调试：上步完成后，就可以运行可执行文件，得到运行结果。当然也可能由于解决问题的算法问题而使源程序编写具有逻辑错误，得到错误的运行结果。或者由于语义上的错误，例如用 0 做除数，出现运行时错误 （Division by zero）。这就需要检查算法问题，重新从编制源程序开始，直到运行结果正确。如何保证结果的正确性？需要设计出测试计划，进行全面、细致而艰苦的测试工作。

2-8　C/C++程序员成长经验

当你学习了一门基本语言，建立起这些程序设计的基本概念之后，你会逐步成长，甚至有时候会加速度成长。所以本章来回顾一下一个嵌入式程序员的成长道路。为后面的开发经验介绍定下一个基调。也希望这些经验能给读者一些激励和帮助。

算上大学开始的编码工作，我写程序已有十多年历史了，现在呢，也靠这个吃饭。据说十年磨一剑，我也希望我这十多年的编程经验对大家有所帮助。基本上经历了以下三个时期：

- **初期**：C 语言是一门课程，用来对付考试的。
- **中期**：C 语言是一个工具，用来帮助学习的。
- **现在**：C 语言是用来解决问题的。

差不多经历了从知道语法，熟练 C 语言，到用 C 语言解决一些工程数学或者其他教学的相关问题，并开始扩展自己的知识面。比如，链表学习的时候完全不知道它有什么用处，不过等到学到操作系统的时候便会明白，原来这么多进程在电脑中只不过是一张张链表罢了。如果你看懂了上面这一句话，其实你这门课基本上也就合格了。

第一阶段：C 语言的学习

C 语言是我的第二门编程语言功课。当时的大学课程设置可能和现在不同，入学会学习一门程序设计语言，根据专业不同，Pascal、Fortran、Basic 等都有。而且上机是在一个小型机的终端上进行。等这门课快结束的时候，刚刚有点儿感觉，就要考试了，这门课就结束了。基本上什么也没有学到，就知道使用键盘敲入字母字符了。

真正的 C 语言学习是大三的这门 C 语言课程。而且学校的机房开始流行 PC 机了，每台电脑上都有 Turbo C。基本上上一节课就会抽空去机房待一两个小时，调试一点程序。现在还记得第一个程序，有个字母打错了，半天找不到原因，编译提示的英文每个单词都认识，合起来的意思却看不太懂。自己还觉得和书上的一模一样，找了一个同学来看，原来是少了一个字母。

这个时候，只能说熟悉一下电脑的用法，那个时候还是 DOS，还要记忆各种命令。然后就是把书上的代码敲入 Turbo C 中，一一验证这些语法。感谢学校的一个规定，当时 C 语言考试，上机要占部分成绩。不然，以我对课程的态度，肯定只上课不上机了。当然，那个时候，不知道将来要靠 C 语言为生，只是把它当成一门课程来学习。

还好那个时候学校风气不错，大家都说，不会应用计算机，将来会有危险。对我们这个专业来说，会应用计算机，当然标准就是会利用计算机开发需要的程序了。

总结一下，第一个阶段，只是通过上机验证 C 语言的语法。不断地编写一些程序，熟能生巧。后来问过很多同事，都说有这个阶段。只不过他们有些人当时就很爱干这个，做起来兴致勃勃，我属于中间，感觉还不错，既不特别喜欢，也不像有些同学对计算机编程有畏惧心理。当时要知道熟练掌握 C/C++ 可以让我的工资快速加倍，我就肯定不是上课就去机房了，我有空就去，把 C 语言练习得无比熟练，就像我们说话一样，它其实也是一门语言，是一门和计算机交流的语言。

第二阶段：课程设计和毕业设计

感谢学校，当时教学改革，给我们这个专业开了一门叫作软件开发基础的课程。现在明白了，就是计算机专业的数据结构，操作系统和软件工程的三合一。

数据结构主要是链表、树等，老师要求我们用 C 语言实现，特别是课程设计，开始人生第一个超过 1 000 行的代码。

以前的学习，最多不过是 200 行的代码，当代码规模扩大后，你就感觉不一样了，慢慢地经验也不相同。现在看来，熟悉了基本语法之后，就是给自己题目，让自己编写越来越长的代码就可以了。

当时并没有这个认识，幸好还有两门课程的课程设计，给了我编写更长程序的机会，一门是复变函数，老师让抄写书上的一个算法用 C 语言实现，一门是信号与系统，很难也很有意思的课程，有个算法难得很，我都没有搞懂，只是到图书馆抄了一个代码来实现，慢慢地搞懂了。

说到这里，数字电路和计算机原理两门课程设计也同样精彩，后来硬件上能这么熟悉，全靠这两个课程设计时打下的基础。

然后就是毕业设计。我的系统比较简单。但好像代码也有一万多行，第一次编写这么大的项目，而且还要和别的同学衔接。真的有飞跃的感觉。当然，现在回头来看，这个代码也简单得很，而且幼稚，其中很多代码都是简单重复。比如两个文件，实现的功能都差不多，程序逻辑也差不多。对自己训练不多。只不过，当时那个阶段，需要不断地重复达到一个熟练的程度。

总结一下，这个阶段，才是真正的接触程序编码的阶段，虽然简单，但毕竟代码都是自己去想，自己去写的，即使抄袭，也是读懂了的，相比只是验证语法的第一阶段。其实是一个飞跃。

第三阶段：硬件开发和学习 C++

毕业的前两年，其实我很少用 C 语言开发东西，那时全是用单片机去实现。有段时间，还去管了一下智能仪器的现场生产。当然，后来没有想到，这些经历居然也是财富。

编写了几个项目，都是汇编语言，自己再笨，也发现了一点规律，其实这些系统都是一个输入：传感器；一个输出：LED；CPU 或者说微处理器的功能就是根据输入计算和控制，然后控制输出。其实看穿了都很简单。

然后开始想转型，想朝软件开发方面发展，大学没有学习过 C++。就买了两本书来自学。大学教育的目的不是教会你什么，而是教会你自己学习。当然，这个时候学习和读书不一样，不是为了分数，而是为了合理知识结构。

很快就用上了 C++的知识。有个项目，就是血压计的项目。原理很简单，就是传感器测试出一个人的血压，得到一个电压，把这个电压显示出来。将电压就变成人能理解的血压。系统里面的代码很简单，用汇编简单就能编写出来。

这个项目我查了很多医学文献和专利文档，形成算法的过程。这些数据汇总形成算法，C++就派上用场了，当然，用 C 语言也能实现，只不过当时 C++开发平台已经有很多库，用起来效率高很多。

总结一下，这个阶段主要是和硬件打交道。日子其实比较苦闷。但也积累了不少硬件方面的知识，没想到后来这成了我的一个优势，大多数开发人员不像我有硬件背景，大多数硬件开发人员又不像我有软件开发背景。特别是电子设备生产现场经验，有经验的人又没有开发经验。我就成了那个他们之间互相沟通的人。

第四阶段：中型项目开发经验

其实前面我碰到的项目都很小，后来机会来了我想转型，就换了一份工作。我居然获得了一个开发独立项目的机会，这个项目开发的时候，挺紧张的，还好可以查书。

这个项目使我明白了核心算法的重要性，还有学习能力的重要性。普通的代码，到一定的阶段大家都会编写。这个项目要用到一些新设备，很快就能掌握它们的功能和应用，学习能力显得尤为重要。项目的搭建，核心算法的确立，是项目的两个关键。

这个项目从基本上来说，只是一个前后台系统，还算简单。后面项目用到了操作系统。从此，我经历的项目都是用嵌入式操作系统实现的大系统。又进入了一个新的阶段。

总结一下这个阶段，学习能力，系统整体框架的搭建能力，核心算法的编写能力。慢慢就会显示出优势来。但实际上，痛苦往往在于调试。

第五阶段：大型项目开发经验

后来慢慢有机会参与一些大型项目的开发。当然，我个人只是参与其中很小的一部分。本来这个阶段想积累一些项目管理的经验，不过尝试了几次，看来自己不是这块材料，还是朝资深工程师这条路上走吧！

总结个人学习成长的道路

现在回头看看，当时自己也很幼稚，只不过是简单的语法，都要编写一个程序去验证一下。不过，这也说明学习和成长是一个有加速度的过程。

现在反而后悔那个时候，没有多多进行训练，打下更好的基础呢。我可能比别人笨，别人一周上机一次就够了，我多上机两次行不行。

时间久了，点滴的积累，成就了今天的熟练。当然，技术这个东西水很深，懂得越多，接触未知领域就越多。

我个人经历有限，见识也有限。

只是读大学的时候，完全不知道哪些课程将来有用，哪些课程将来无用。

我希望我的图书能帮读者把这些东西串一串，给读者一个比较清晰的认识。加上自己的上机自我训练，希望读者能找到满意的工作。

因材施教：使用两套教材

因材施教对我来说就是根据自己的情况，选用不同的教材。因为我有同时使用两本教材的习惯。

一般来说，老师在选购教材的时候，要考虑到绝大多数同学的情况。而作为一个学习的个体，你要考虑到你自己的情况，选购一本教材作为补充。

最经典的案例是《线性代数》，我们老师讲的那本非常浅，我自己选购了一本。

内容就刚好衔接上，深度广度厚度都够，我学得不亦乐乎，后来期末的时候，不用复习都考了高分。快毕业的时候，同学都来借这本书。因为他们考研要用。

当然大多数教材内容会互相重复。

比如学 Pascal 语言，老师推荐了一本，比较薄，只有基本知识。我又购买了一本，里面有 Object Pascal 的内容，这是面向对象的开发知识，一般的 Pascal 语言图书不讲。

开始我以自己购买的这本书为主来学习，发现好难。转头用老师推荐的图书，发现老师够牛，确实这本书在入门知识部分讲解得比较独到。

两本书合起来用刚刚好，这对后来我学习 C++毫不费力，起到了很重要的作用。

这个案例之后，我也开始习惯先找一些比较浅的书来读。然后再转为比较深、比较厚的图书，发现有时候学习效率比一开始就啃大厚书高很多。

印象最深刻是电子学的基础课程，我开始居然没有看懂，后来找了一本中专教材，轻松就看懂了。然后继续学习自己的专业教材，刚好互补。

所以，不要瞧不起图书馆里的一些老的、浅的图书，关键时刻挺有用。

工作后发现也有这样的情况。

比如，有一个项目我要用 PowerPC 这个芯片。也是买了两本图书来互补，看不懂这本，就拿起另外一本看。

现在网络已经非常方便了。我同时也在网上下载了很多 PowerPC 的相关材料来学习。

这样，逐步建立起了比较合理的知识结构，工作效率也提高了很多。

第 3 章

在 Visual C++中验证 C 程序

学校通常使用 Turbo C 做开发环境，建议读者多用 Borland C++学习。实际上，Visual C++ 也是一个不错的选择，更建议在掌握了 C 语言之后，通过了二级或者 C 语言期末考试之后，快速转移到更好的平台上。

3-1 选择 Visual C++的三个理由

学会一门程序设计语言，不一定就能应用这门语言在今后的工作和学习中。

为什么《C 程序设计》这门课程的考试都通过了，一旦需要编写一两段程序，总是非常痛苦。很重要的原因就是考试只考察纸面上的能力。其实，从纸面到实践，虽然有一定距离，但是比学习一门新语言轻松多了，任何一个人都能做到，基本上只要你会电脑。

本书的目的非常明确，就是让读者在已经有的 C 语言基础上，跨越到能够在特定的平台（Windows），使用特定的开发工具来开发自己的应用程序。根据个人的经验，首先掌握语言的精华，然后结合特定的开发工具，开发一些小的实例，逐步掌握程序设计的奥秘。

可是，在工具的选择上，真的很让人发愁……当年我学习 C 语言的时候用的 Turbo C 已经有点儿过时，学习 C++的时候用的 Borland C++勉强还可以用来作为学习工具，但是也没有当代程序开发工具的诸多特点，容易误人子弟。最后，我想还是推荐大家从学习 C/C++的时候就开始多使用 Visual C++作为学习工具。

理由有很多。第一， Windows 平台下的 C/C++语言开发工具，Visual C++牌子老，用户多，对大家将来的开发工作有利。学习的时候，就用和工作差不多的平台，可以快速融入开发团队，大家也容易沟通。第二，Visual C++具有很多现代化开发工具的特色，熟悉掌握了它，轻松就可以掌握其他开发工具的用法和特色。第三，过渡快，我们已经用 Visual C++来学习

C/C++语言了，一旦需要开始学习 Windows 应用程序开发，基本没有从头学习开发工具的障碍。

不过，不利的因素也有，Visual C++毕竟是一个强大的开发工具，功能很多，读者很容易迷恋其中的一些向导功能，虽然很快做出了像模像样的 Windows 应用程序，却因为基础没有打好，不能走得更远。

所以，读者如果有条件，应该在开始学习 C/C++语言的时候，就养成去上机检验所学程序语言的习惯，你可能会发现，多做这样一点点，提高反而非常快。

3-2　调试程序的五个步骤

写到这里，十几年前自己学习编程的日子突然回到眼前。当年，我不能算是一个聪明的学生，只不过特别爱好编程，为了能够掌握真正的程序员必须掌握的 C 语言，我的方法比较笨。我每写一个程序的调试过程大致如图 3-1 所示。

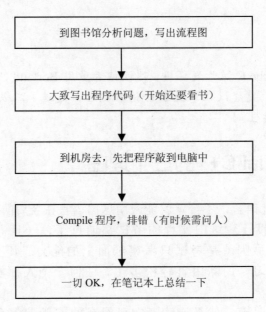

图 3-1　练习 C 程序时的一般过程

下面演示一下如何在 Visual C++中调试练习程序，基本的操作步骤如下：

（1）启动你的电脑中的 Visual C++，空空如也，什么都没有。首先得把程序输入系统中。

（2）单击"File/New…"命令，会出现一个对话框，若无例外，看到的是"Projects"页，不过我们不需要建立大的项目，只是做小小的调试，所以请单击"Files"选项卡。

我们的目的是编辑一个 C/C++程序。所以，选择"C++ Source File"，然后，单击"OK"，如图 3-2 所示。

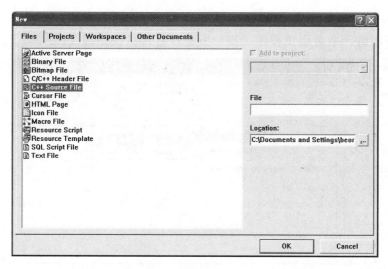

图 3-2　新建 C/C++文档

（3）输入第一个程序，当然是著名的"Hello，World"，用以检验程序和开发工具。将程序保存起来，好习惯是保存到专门的目录。需要注意的是，默认的文档后缀可能是文本，一定要把程序的名字改成 demo01.c 或 demo01.cpp，如图 3-3 所示。

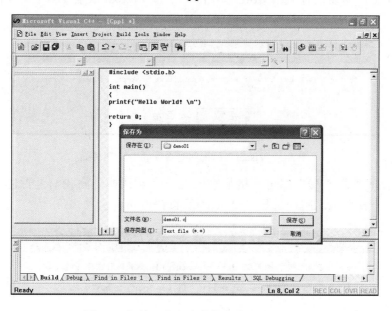

图 3-3　把输入的程序保存起来是个好习惯

输入时查错

很长一段时间，我输入#include 这个单词，基本上不经过大脑。因为每个程序的代码开始都需要，输入太多了。不过，有时候也会出错，因为动作太快，幸好 C/C++有很多关键字，在 Visual C++中显示是蓝色的，大家可以凭借这个特点，判断自己是否输入错误。另外，在输入程序的时候不断保存，也是一个好习惯。

（4）代码输入完毕，单击"Build"选项卡，图 3-4 中的"Compile…"，"Build"，"Start Debug"
等命令都可以开始编译或者调试程序。我一般喜欢直接按快捷键【Ctrl+F5】或【F5】键。

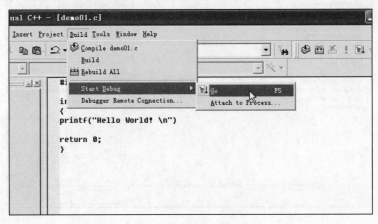

图 3-4　开始调试程序

（5）Visual C++会问我们是不是需要一个 Project，如图 3-5 所示，当然需要了，不然过不
去的。现代程序开发工具都是以一个项目的概念来管理开发程序中需要的所有文档，就好像
你把你完成某件工作需要的计划（Word 文档），预算（Excel 文档），图像资料等放在一个文
件夹中统一管理一样，大家需要要慢慢理解。

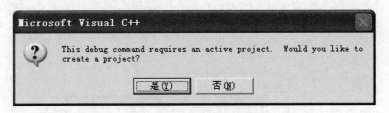

图 3-5　Visual C++询问是否需要一个 Project

图 3-5 中选择"是（Y）"即可，接下来还有一个对话框，问我们是否建立可执行文件，
如图 3-6 所示，一般来说，同样选择"是（Y）"按钮即可。

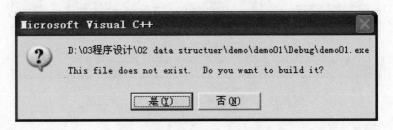

图 3-6　Visual C++请我们确认是否建立可执行文件

（6）这个时候，开发工具调用编译工具进行编译，一般来说，第一次写出的代码总有错
误，除非天才，我们总是通过犯错误、改正错误才得到提高，这是好事。

事实上，开发工具在把原始程序文件（如.c）转换成可执行文件（.exe）的过程要经过编
译成.obj，和库函数连接，最后才能产生一个.exe 的可执行文件，有的在调试阶段还产生很多
中间过程，不过在开始学习程序设计的时候，只需要理解是开发工具自动完成这个过程，这

个过程叫作"Building"就可以了。

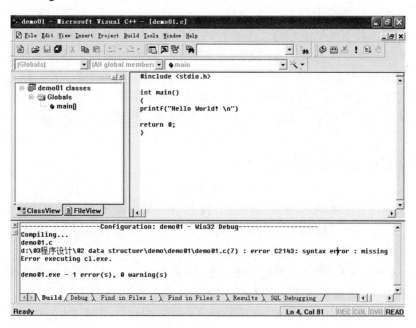

图 3-7　编译结果

编译结果很快就出来了，如图 3-7 所示，有错误"error C2143: syntax error : missing ';' before 'return'"，不明白什么意思。把光标移到错误提示处，按下"F1"，调出 MSDN（图 3-8）。解释一大堆，看了半天，再对照源程序才明白，是因为"return"前一句忘了加"；"号。

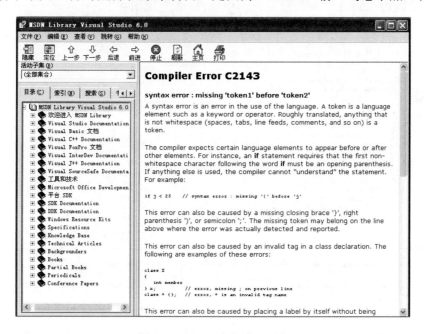

图 3-8　MSDN 查找错误所在

（7）修改了错误，再按下快捷键【Ctrl+F5】，或者单击工具条上的 ! 。程序通过，看到结果。

基本上这个步骤在开始学习 C/C++语言的时候够用了，不过，当你的程序越来越长，越来越复杂，错误提示可能毫无用处，这个时候，需要使用一些高级的技巧。

这些高级技巧大致有"单步运行"，"运行到光标处"和"观察变量值变化"等方法，Visual C++提供了非常多的功能和工具。这些，只要你有心，慢慢地试验，慢慢看帮助，逐步就可以掌握。英文帮助也有它的好处，当年我的资质应该是很一般，凭着一股热情看懂了 Borland C++ 大部分的功能用法，还提高了自己的英文阅读能力。

本书的附录中我们提供了 Visual C++使用简易参考，供大家阅读，查询，熟练。

3-3　编写 Console 应用

大多数 C/C++语言书的例子都太数学化，很难引起读者的兴趣，幸好，除了可以把 Visual C++作为学习工具外，还可以编写一些控制台应用，也不涉及 Windows 图形界面，使我们可以专注地练习 C/C++程序，而不觉得没有用处。

对我来说，Console 程序让人想起了遥远的 DOS 时代，一个"Copy /?"命令，使我们逐渐学会了所有的 DOS 命令。这里就让我们怀怀旧，编一个程序仿真一下。

在这个程序中，让我们初步体会一下 Visual C++应用程序向导（AppWazrid）的特点，让它帮助我们完成大量工作。

启动 Visual C++，选择"File/New…"命令。建立一个工程（Project），请 VC 帮助我们建立。

在图 3-9 中选择"Win32 Console Application"，右边"Project Name："输入"demo02"；"Location："可以切换到自己喜欢的位置。单击"OK"按钮。

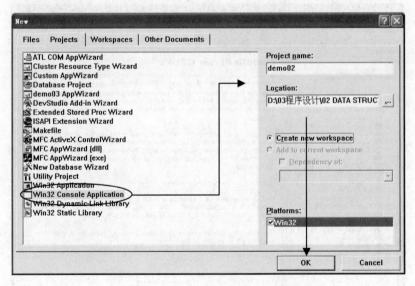

图 3-9　建立一个 Win32 Console Application

程序进入图 3-10 所示的画面，选择第二项，建立"A simple application"，其他三项程序与第二项的区别，大家稍后可自行测试。

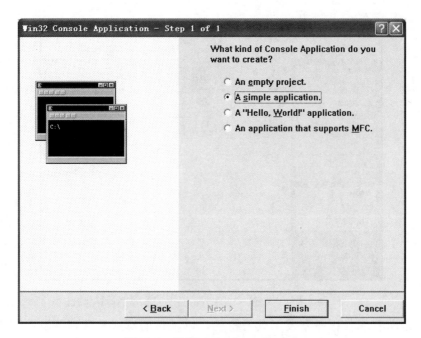

图 3-10　选择 A simple application

　　按下"Finish"按钮，在出现的消息对话框中确认即可，可以发现，Visual C++为我们生成了很多项目（Project）相关的程序文件。这些文件大多数是空的，这些是为编写大应用程序做的。最主要的是 demo02.cpp，main()出现了我们不知道的两个参数——argc 和 argv，如图 3-11 所示，它们的作用我们稍后就讲，现在切换到 Demo02 目录下可以发现，Visual C++自动生成的还有好几个类型的文件，如图 3-12 所示。

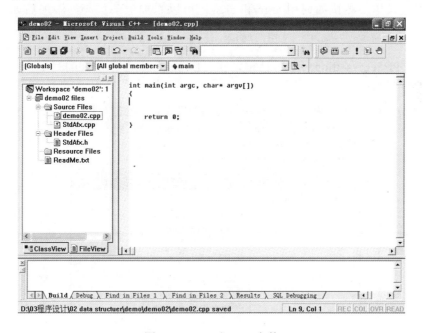

图 3-11　argc 和 argv 参数

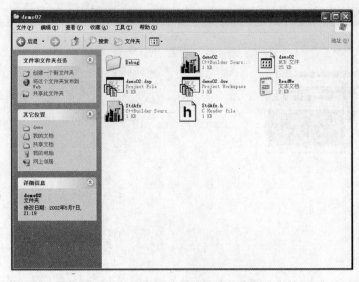

图 3-12 Visual C++自动生成多个类型的文件

这基本上是所有现代程序开发工具的特色，以项目的形式来管理开发，程序员开发的桌面状况都可以记录下来，下次打开这个项目，立刻能够返回上次结束时的状态。

体会 Porject 不是一两天的事情，有些好处恐怕要等到几个人组成一个小组开发时才能体会。我们还是回到讨论 console 程序所有的 argc 和 argv 两个程序参数上。

argc 和 argv 是为传递 console 应用程序的参数而用的，比如"Copy /?"有一个参数，"/?"；"copy file.doc /program"有两个参数"file.doc"和"/program"。程序员可以根据这些参数决定程序的功能。我们做一个小程序来详细说明。

程序目的与操作：测试如何用 argc 和 argv，可以添加一条代码，添加后如图 3-13 所示。

```
printf("%d\n %s %s\n", argc, "The argument is", argv[1]);
```

然后打开"Project /setting…"对话框，在"Debug"页面中，真的写上一个参数"参数"，当然，这只是为了测试。

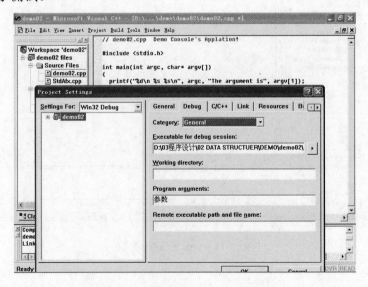

图 3-13 给程序加上一个 argument

然后运行程序，结果如下，如图 3-14 所示。

图 3-14　运行结果

可以很明显地看到，argc 的值是程序所带参数的数量，这个数量包含程序名本身，argv 则包含程序名和参数，而且是从 0 开始计算。

学习与练习：我们来做一个程序，实现的功能是删除指定的文件，目的有两个，一是演示如何使用一些 Windows API 函数，体会控制台应用程序的编写方法；二是体会图形化操作后面的后台实现。可以通过查找资料实现。

3-4　跨过调试程序的最初障碍

编写程序，最大的烦恼是出现一些问题，左思右想，都不知道该如何解决。

这很正常，我刚开始学习编程的时候，也有同样的问题，一个很小的错漏，自己会查上半天。

我问了很多专业程序员，他们几乎都有这样的经历，因为你没有任何经验。当时还不能去网络上问其他人，几乎也没有任何图书提供调试的经验。只能自己从各种角度去思考测试。

但是，你还是应该快速跨过最初的一些障碍，比如，我收到最多的读者来信请教程序调试问题，居然是在代码中包含了中文字符，这类问题仅从错误的英语提示来看，一般人还不能理解，例如：

发件人：xiefei

主题：调试错误

日期：2012 年 3 月 21 日 17:08

```
#include <iostream.h>
void main()
{
 int n=10;
 cout <<n|12;
 cout <<n;
}
```

您好，这个程序的错误是：error C2676: binary '|': 'class ostream' does not define this operator or a conversion to a type acceptable to the predefined operator

麻烦您帮我解答一下。

我是那天买书的那个学生，不知您还记不记得。

看英文出错的解释，读者把除法符号/给输入成中文符号了，编译器自然不认识。读者问题中，最常见是代码中使用了中文符号，然后编译器的提醒还都是英文的，自己可能不认识什么意思。这个初学者要注意，能给自己很大的烦恼，因为你不知道问题在哪里，你完全没有全角半角英文字符的概念。你犯过这样的问题不？

现今是互联网时代，大家可以在网上提问：45311828。这是本书热心读者提供的管理群，大家可以在里面交流，跨过最初的调试障碍；下面是一位读者的来信，提到两个程序的问题，比较有代表性，大家看一下。

发件人: "Jack"

主题：请您帮忙解决一下，谢谢。

日期：2012 年 3 月 22 日 18:19

这是书中的一个例题：由用户输入一个数，计算此数的平方及立方，并显示在屏幕上。

程序如下：

```
#include <iostream.h>
void main()
{
 int n;
 cout<<"请输入一个数: ";
 cin>>n;
 cout<<"此数的平方是: ";
    cout<<n*n;
 cout<<'\n';
 cout<<"此数的立方是: ";
 cout<<n*n*n;
}
```

以下是出现的错误：

```
--------------------Configuration: xf2 - Win32 Debug--------------------
Compiling...
xf2.cpp
G:\xf2.cpp(6) : error C2018: unknown character '0xa3'
G:\xf2.cpp(6) : error C2018: unknown character '0xbb'
G:\xf2.cpp(7) : error C2146: syntax error : missing ';' before identifier 'cin'
G:\xf2.cpp(8) : error C2018: unknown character '0xa3'
G:\xf2.cpp(8) : error C2018: unknown character '0xbb'
G:\xf2.cpp(9) : error C2146: syntax error : missing ';' before identifier 'cout'
G:\xf2.cpp(11) : error C2018: unknown character '0xa3'
G:\xf2.cpp(11) : error C2018: unknown character '0xbb'
G:\xf2.cpp(12) : error C2146: syntax error : missing ';' before identifier 'cout'
Error executing cl.exe.

xf2.obj - 9 error(s), 0 warning(s)
```

这是书后的一道题：设计一个程序，输入英里数和码数，可以转换成公里。

（注：1 英里≈1.609 公里，1 英里≈1760 码）

下面是我编写的程序：

```
#include <iostream.h>
void main()
{
 int m,n;
 cout<<"请输入英里数";
 cin>>m;
 cout<<"公里数是";
    m=1.609x;
     cout<<'\n';
 cout<<"请输入码数";
 cin>>n;
 cout<<"公里数是";
 1760n=1.609x;
 cout<<x;
}
```

以下是出现的错误：

```
--------------------Configuration: xf1 - Win32 Debug--------------------
Compiling...
xf1.cpp
G:\xf1.cpp(6) : error C2018: unknown character '0xa3'
G:\xf1.cpp(6) : error C2018: unknown character '0xbb'
G:\xf1.cpp(7) : error C2146: syntax error : missing ';' before identifier 'cin'
G:\xf1.cpp(8) : error C2018: unknown character '0xa3'
G:\xf1.cpp(8) : error C2018: unknown character '0xbb'
G:\xf1.cpp(9) : error C2146: syntax error : missing ';' before identifier 'm'
G:\xf1.cpp(9) : error C2059: syntax error : 'bad suffix on number'
G:\xf1.cpp(9) : warning C4244: '=' : conversion from 'const double' to 'int',
possible loss of data
G:\xf1.cpp(9) : error C2146: syntax error : missing ';' before identifier 'x'
G:\xf1.cpp(9) : error C2065: 'x' : undeclared identifier
G:\xf1.cpp(11) : error C2018: unknown character '0xa3'
G:\xf1.cpp(11) : error C2018: unknown character '0xbb'
G:\xf1.cpp(12) : error C2146: syntax error : missing ';' before identifier 'cin'
G:\xf1.cpp(13) : error C2018: unknown character '0xa3'
G:\xf1.cpp(13) : error C2018: unknown character '0xbb'
G:\xf1.cpp(14) : error C2059: syntax error : 'bad suffix on number'
G:\xf1.cpp(14) : error C2143: syntax error : missing ';' before 'constant'
G:\xf1.cpp(14) : error C2146: syntax error : missing ';' before identifier 'n'
G:\xf1.cpp(14) : error C2059: syntax error : 'bad suffix on number'
G:\xf1.cpp(14) : warning C4244: '=' : conversion from 'const double' to 'int',
possible loss of data
G:\xf1.cpp(14) : error C2146: syntax error : missing ';' before identifier 'x'
Error executing cl.exe.

xf1.obj - 19 error(s), 2 warning(s)
```

看到一堆英文是不是有点害怕？其实仔细看，都是英文半角字符给输入成中文全角字符了，所以，看到很多编译错误不要害怕，要大胆心细，一个一个去尝试解决，不会的先跳过去。

在 C 语言程序设计中有一个特色，那就是有错误，有警告。

上面的程序，就有 19 个错误，两个警告。不过对于初学者来说，你都当成是错误吧。尽量去调试，解决所有问题，养成好习惯。

在实际工程代码编写中，有些警告可以忽略，甚至有些不着急的漏洞，也要先忽略，应首先完成任务。

一般来说，当你读到这里，应该可以写出几个类似的程序了。我们先来做一个小小的测验，看看你是否能够在下面的程序中找出错误。

```
01    /* C3Code 2  有错误的程序 */
02    #include<stdio.h>
03    int main(void)
04    {
05      int num1=2;        /* 定义整型变量 num1，并赋值为2
06      int num2=3;        /* 定义整型变量 num2，并赋值为3 */
07
08      printf("I have %d cats.\n",num1); /* 调用printf()函数 */
09      printf("You have %d cats.\n",num2)
10      return 0;
11    )
```

语法错误（Syntax Error）

程序示例 3-1 在语法上犯了几个错误，通过编译程序编译，便可把这些错误检查出来。首先，你可以看到第 4 行，main()函数的主体以左花括号开始，程序中所有括号的出现都是成双成对的；所以第 11 行 main()函数主体结束时应以右花括号作为结尾，而程序示例 3-1 中却以右括号“）”结束。

在第 5 行的注释部分，注释的起始符号为“/*”，却没有注释结束符号“*/”。这两个注释符号也是需要成双成对地出现在程序中。除此之外，你还会发现在第 9 行的语句结束时，少了个分号作为结束。

当编译程序发现程序语法有错误时，会把这些错误的位置指出，并告诉你错误的原因，即可根据编译程序所给予的信息更正错误。将程序更改后重新编译，若是还有错误，再按照上述的方法重复调试，你的程序就会将错误一一订正，直到没有错误为止。上面的程序经过排错、调试之后执行的结果如下：

```
I have 2 cats
You have 3 cats
```

语义错误（Semantic Error）

当程序本身的语法都没有错误，但执行后的结果却不符合我们的要求时，此时可能是犯了语义错误。你会发现，想要找语义错误会比找语法错误难很多，因为这是编译程序无法找到的，必须靠操作者一步一步将程序翻过数次，把程序的逻辑重新想过之后才能找到。我们用一个简单的例子来加以说明。

```
01    /* C3Code3 语义错误的程序 */
02    #include<stdio.h>
```

```
03   int main(void)
04   {
05     int num1=2;        /* 定义整型变量 num1，并赋值为2 */
06     int num2=3;        /* 定义整型变量 num2，并赋值为3 */
07
08     printf("I have %d cats\n",num1); /* 调用printf()函数 */
09     printf("You have %d cats\n",num2);
10     printf("We have %d cats\n",num1-num2);
11     return 0;
12   }
/* prog 2-6 OUTPUT---
I have 2 cats
You have 3 cats
We have -1 cats
--------------------*/
```

你可以发现，编译程序在编译的过程中并没有找到错误，但是执行后的结果却是不正确的，这种错误就是语义错误。以上程序所犯的错误出现在第 10 行中，因一时手误，将"num1+num2"输入成"num1-num2"，虽然语法上是正确的，但是却不符合程序的需求，只要将错误更正后，运行程序就不会出现非预期的结果。

虽然笔者使用了一个简单的例子来说明语义错误的发生。但在实际中会出现语义错误的程序通常不会这么简单，必须逐步地检查程序的内容，查找发生语义错误的地方，使用这种地毯式的查找方式，虽然有些笨拙，但这是最彻底的方法。

运行错误（BUG）

如果违背了 C 语言的语法规则，编译器将在屏幕上显示错误消息，并且程序不能编译成功。随道程序越来越复杂，有很多时候程序可以完成编译，但是却得不到我们希望的正确结果。例如，下面的程序 one_line.c 在第二行上显示输出结果：

```
#include<stdio.h>
void main(void)
{
    printf("This is line one.");
    printf("This is the second line");
}
```

因为该程序没有语法错误，所以可以通过编译，但执行该程序后，它并没有在第二行上显示输出结果，而是将输出结果在第一行上显示出来，如下代码所示：

```
 This is line one.This is the second line.
```

当程序不能如我们所愿工作时，它就包含有逻辑运行错误（这几乎是难免的），必须试图找到并纠正该错误的原因。去除逻辑运行错误的过程称作调试。在后面部分将讲到几个在程序中寻找逻辑运行错误的技巧。现在最好的方法是打印一份源程序，逐行检查，直到找出错误为止。逐行检查程序称为桌面检查（deskchecking）。对于 one_line.c 来说，通过桌面检查发现第一个 printf 语句中缺少换行符"\n"。

3-5 Visual C++简易使用参考

刚刚开始的时候，使用最多的工具可能是代码编辑器，这里，我们让读者熟悉 Visual C++ 代码编辑器的功能，在第四篇会逐步教给读者更多的高级功能。

一般的程序开发工具往往也是一个很好的编辑器，大家想想，编译等工作往往都在 IDE 的后台运行，所以，界面友好的代码编辑器，往往容易受到程序员的喜欢。个人的体验是，用好一个开发工具，很多文字处理工具用起来也会得心应手。

对于程序员来讲，代码编辑器的基本要求一般有：能用颜色区别关键字，能帮助程序员快速找到需要查看的代码，能打印带行号的代码，能自动生产一些代码就更完美了……

Visual C++的代码编辑器提供了大量编辑功能，包括 Undo/Redo、可定制的快捷键命令和对 Win32 和 MFC 参考的快速访问。这些功能和其他开发工具大同小异，如果你已经非常熟悉，这部分内容可以快速浏览，如果 Visual C++是你第一个使用的比较大型的开发工具，我觉得可以仔细学习，用其他开发工具，如 Delphi 等都差不多。甚至可以这样说，这些用法和 UltraEdit、Word 等常规软件都差不多。

Visual C++编辑器是 Visual Studio 整体的一部分，而不是一个独立的程序，你只能从 Visual Studio 中访问该编辑器。Visual C++代码编辑器的一个很大的优点是展示了一个集成的开发环境的整体应该是什么样子。当编译器在源代码中发现错误时，它自动把编辑器的光标设置在第一个出错的语句上，准备让你改正错误。双击列表中的下一个错误，光标就会移动到源文件中的正确位置。编辑完后，只需单击 Build（建立）工具栏上的 Compile（编译）按钮，就可以把修订过的文本重新提交给编译器。Visual C++自动把新的源文件保存到磁盘上。

新建文档

在 Visual C++环境中，除了代码编辑器，还有其他几个编辑器。只需指出想编辑的文件类型，Visual C++将会根据文件类型自动启动相应的编辑器。只需给出文件类型，使用者不必管具体使用哪一个工具，这是一种面向文档的思想。如果想创建一个新文件，请单击 "File/New…"命令，Visual C++会按字母顺序列出可以创建的文件类型，如图 3-15 所示。

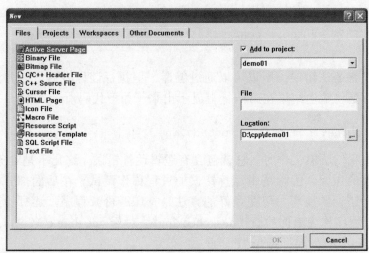

图 3-15 创建新文档

输入文件名，在列表中选定其类型，如 Active Server Page、C/C++ Header File、C++ Source File 或 Text File。单击"OK"按钮就会发现，代码编辑器以一个空文档窗口的形式出现在屏幕上。此时菜单和工具栏都基本不变。

Visual C++的菜单在各种编辑器中是通用的。虽然表面的菜单和工具栏基本不变，但在内部却因编辑的内容不同会有一些变化。对于不同的编辑器，Visual C++会自动激活可用的命令。例如，由于文本只对代码编辑器有效。因此，Find（查找）命令在使用代码编辑器时被激活，而呈现正常状态；而在使用图形编辑器时，因未被激活而呈现灰色。

Visual C++代码编辑器支持多文档操作，可以同时打开多个文档。再使用 New 命令，可以创建另一个新文档，系统自动默认文档名为 Text2 或 Cpp2。如果是满屏显示，则正在使用的文档名称显示在屏幕顶端标题栏中。可以通过按快捷键【Ctrl+F6】在已打开的文档间进行切换，也可通过从 Window 菜单中挑选所需的文件的名称来实现切换。

很多程序都有以上特点，我们在设计程序、用户的交互特点时，值得借鉴！

在 Visual Studio 之外编辑文本

Visual C++提供了一个功能非常强大的程序编辑器。但如果你喜欢使用另一个编辑器也可以。在环境之外的编辑器中工作，就需要更多的努力。你必须切换到编辑器，把光标移到编译出错的语句行，改正之后，保存文件，然后再切换回 Visual C++进行重新编译。

如果你决定用另一个代码编辑器来编写和维护源代码，你应该对 Visual C++环境做两个小小的改动。首先，如果你打算长期使用另外的一个编辑器，你可能会发现从 Tools 菜单中通过编辑器的专用命令来运行它更为方便。通过在 Tools 菜单中设置一个新的命令，你可以在环境内部启动编辑器。如果你的编辑器从命令行接受文件名，可以配置该命令，以方便编辑器在启动时自动加载源文件。

第二个改变是对默认设置的细小改动。在另一个编辑器中打开一个文件时，通常在 Visual C++中会打开同一个文件。这发生在编译和调试代码的过程中，因为调试器要加载源文件。当你在编辑器中改变并保存文件后，切换回 Visual C++来重新编译时，环境可以识别到打开的文件副本不再是当前的内容。默认情况下，系统会显示消息框，它提示你从磁盘上重新加载新的文件。你的回答通常会是 Yes，或者至少你不会很在意。为了防止每次你切换回 Visual C++时出现这个消息，在 Tools 菜单中单击 Options。选中 Automatic Reload Of Externally Modified Files 复选项，使编辑器自动加载发生改变的文件，而不再提示你。

打开文档

用下述办法可打开一个已经存在的文件：
- 单击标准工具栏中的 Open（打开）按钮。
- 按快捷键【Ctrl+O】。
- 选择 File 下拉菜单中的 Open 命令。
- 选择 File 下拉菜单中的 Recent File（最新文件）命令，再选择所需文件的名称。

前三种办法都会出现 Open 对话框，在该对话框中，可以通过浏览各个文件夹来寻找想要打开的文件。最后一种方法不需要对话框，系统自动列出最近编辑过的文件列表，称作 MRU 列表，从这个列表中可以直接打开所需要的文件。

在默认情况下，MRU 列表包含最近编辑过的四个文件，这四个文件并不只是代码编辑器编辑过的，也包含其他任意一种编辑器编辑过的文件。点击 File 下拉菜单，将鼠标光标放在 Recent File 命令行上，即可显示 MRU 列表。在表中挑选文件名，即可在相应的编辑器中打开文件。

改变 MRU 列表

在同时对几个文件进行操作时，使用 MRU 列表是很方便的。然而你会发现，即使对于一个很小的软件项目，也需要同时对四个以上的文件进行操作。这时 MRU 列表就显得有些不够用了。Visual C++允许扩展 MRU 列表，以使它可容纳更多的文件名。单击 Tools 菜单下的 Options 命令，然后按左、右箭头键选择 Workspace 项。在标有 Recent File List Contains（最新文件列表包含）的文本框中输入新值即可。

Workspace 选项还提供了另一种影响 MRU 列表外观的选项。如果希望 MRU 列表直接出现在 File 菜单中，而不是隐藏在下一级命令里，只需取消 Show Recently Used Items On Submenus（在子菜单上显示最近使用的项）选项即可。

如果所需的文件不在 MRU 列表中。那么必须使用 Open 命令，Open 对话框中的默认路径是当前软件所在的文件夹。

在选择要打开的文件时，按下【Ctrl】键再单击文件名，可以同时打开一组文件，每单击一次就多打开一个文件。如果想取消某个已打开的文件，只需再次按下【Ctrl】键，同时单击该文件名即可。选定文件后，单击 Open，即可将所有选中的文件分别打开成不同的文档。如果想打开的文件在其目录下是连续排列的。有一种更快的方法可以选中它们。先单击选中的第一个文件，再按住【Shift】键单击最后一个文件，这样，在这两个文件之间的所有文件都被选中了。如果想不要其中某个文件，只需按住【Ctrl】键的同时单击该文件即可。

在 Open 对话框中列出的文件并不是该文件夹下的所有文件，这是由于 Files Of Type（文件类型）组合框中有过滤设置。"过滤"是指只选择一组相关的文件。例如，系统默认的 C++ Files 过滤器将使 Open 对话框中只包含以 c、cpp、cxx、tli、h、tlh、inl 和 rc 为扩展名的文件。

在 Open 对话框中有一个 Open As Read-Only（作为只读文件打开）选项。这是一个很重要的选项，一旦它被选中，将不能对打开的文件做任何改变，而只能对其浏览、打印或将其复制到剪贴板上。通常使用 File 菜单下的 Save as 命令，将此只读文档以一个新名称保存，就可以解除只读限制。注意，此时原文件的只读属性并未改变，只是新文件中没有了只读限制。Visual C++还提供了一种设置，使得即使对于上面这种操作，系统也不允许进行。Tools 菜单下 Options 对话框中 Compatibility（兼容性）的选项卡下，有一个 Protect Read-Only Files From Editing（阻止编辑只读文件）选项，当它被选中后，只读文件将不能以新名称另存。

查看文档

通过按上、下、左、右箭头键或拉动滚动条，可以浏览文档。除此之外，通过一些其他办法可以更方便、更有效地浏览文档。Windows 把闪烁光标称为提示符（或插入符），因为它的功能与用来表示可输入新文本的 I 符号相似。光标一词在 Windows 中仍被保留，它被用来指代表示鼠标位置的箭头。在代码编辑器中移动提示符的快捷键，对于任何一个使用过 Windows 字处理器的用户来说，都是很熟悉的。表 3-1 列出了主要的提示符移动快捷键。

表 3-1　提示符移动快捷键

快捷键	插入符移动
左箭头，右箭头	向前或向后移动一个字符。如果提示符在最左端，则左移将移到前一行的末尾；如果提示符在右端，则右移将移到下一行的开头
上箭头，下箭头	向上或向下一行。如果目标行比当前行短，则移动后提示符的位置取决于提示符现在的具体位置
Ctrl+左箭头，Ctrl+右箭头	向前或向后移动一个单词。Visual C++编辑器将很多标点符号按独立单词对待。例如，必须按 7 次 Ctrl+右箭头，才能移过 "CAN'T/WON'T"
Home，End	移到一行的开头或末尾
Ctrl+Home，Ctrl+End	移到文档的开头或末尾
Page Up，Page Down	按照窗口中显示的行数来上下滚动文档。这里编辑器将重叠滚动一行，也就是说，当按下 PageDown 键时，当前屏幕最底部的一行将变成下一屏的最顶行。这个滚动间距是不能改变的

为了使程序代码显示空间尽可能大，选择 View 菜单下的 Full Screen（全屏）命令，或者按快捷键【Ctrl+V】，即可使标题栏、菜单、工具栏都消失，以便最大限度地腾出空间。如果要返回正常显示，只需按【Esc】键，或单击浮动的 Full Screen 工具栏即可。

在满屏状态下，由于菜单栏消失，如果要使用菜单命令，可先按【Alt】键，再按所需菜单的首字母即可。例如，先按【Alt】键，再按【F】键，即可激活 File 菜单，再按左、右箭头键，可激活相邻的菜单。

代码编辑器的文档窗口允许多窗格显示，可以将同一文档的一个、两个或四个不同部分同时显示在窗口上。当创建或打开一个文档时，多窗格功能自动生效。窗格分隔条最初显示为两个按钮，一个位于垂直滚动条的顶端，另一个位于水平滚动条的最左端。

要想设定某个窗格分隔条的位置，只需拖动该窗格分隔条到所需位置再释放即可。也可以通过选择 Window 菜单下的 Split 命令，一次设定两个窗格分隔条的位置。Split 命令设定两个窗格分隔条所决定的分割线在编辑窗口中交点的位置，移动鼠标，将此交点移到所需的位置上再单击，即可将两个窗格分隔条同时设定。由于各窗格没有自己的滚动条，因此，最有效的方法是将显示窗口划分为一上一下两个窗格。要想做此划分，只需要将垂直分隔条（即位于水平滚动条上的分隔条）移到最左端或最右端，直到其消失为止。通过单击窗格或按【F6】键，可从一个窗格切换到另一个窗格。

上面的两窗格显示对于上下划分的文档非常方便，但由于各窗格不能独立滚动，因此对于左右划分的文档就不太有效了。Window 菜单提供了另一个命令，它可以垂直视图的方式显示将一个文档分成两个或多个窗格。在代码编辑器只打开一个文档的情况下，单击 New Window（新窗口）命令，就会打开另一个包含同一文档的显示窗口。这并不是重新打开文件，只不过是在编辑器的工作空间中提供了原文档的第二个视图。这两个视图各有其滚动条及闪烁光标，这样就可以同时浏览文档的不同部分。此时，再单击 Window 菜单下的 Tile Vertically 命令，即可使两个浏览器实现左右显示。通过单击某个窗口，或按【F6】键，可实现视图之间的切换。也可以通过 New Window 命令再增加视图。尽管各视图之间相互独立，但它们都只能显示同一文档的内容。因此，在一个视图中对文档做的任何修改，都会立即显示在其他视图中。

括号匹配

Visual C++代码编辑器可识别包围 C/C++源代码块的括号对，这样，只按一次键，就可将插入符由一个括号处移到与此括号相对应的括号处。编辑器可区别三种不同类型的括号：小括号( )、大括号{}、方括号[]。

括号通常成对使用，用于源代码块的两端。每一对括号建立一个层次，并可能包含若干个次级层。下例就是一个用大括号来分层次的典型例子：

```
if （msg == WM_USER）
{                                            //起始层次 A
    for （i = 0; I < 5; i++）
    {                                        //起始层次 B
    ...
    }                                        //结束层次 B
}                                            //结束层次 A
```

当光标在任何一个括号旁边时，按快捷键【Ctrl+]】可将插入符移到与之对应的另一个括号处。按快捷键【Shift+Ctrl+]】可选定两括号之间的所有文本。

编辑器也把#if, #ifdef, #else, #elif 和#endif 这些条件编辑指令按括号对待。不过，相应的操作键是不同的。当插入符位于某个条件指令旁边时，按快捷键【Ctrl+J】可将它移到下一个指令旁。如果同时按下【Shift】键，则会在移动的同时选中这一区间的文本。

保存文档

当开始在一个文档窗口中输入文本时，一个"*"符号会显示在标题栏和 Window 菜单下已打开文档表中的文档名后。这表明此时该文档已被改变，它和原文件已不相同。Visual C++代码编辑器不能自动存盘，在输入源代码时，一定要养成定时存盘的习惯。存盘可采用以下方法：

- 单击标准工具栏上的 Save 按钮。
- 使用快捷键【Ctrl+S】。
- 选择 File 菜单下的 Save 命令。

保存文件时，文件名后的"*"符号将消失。当再次改变文本时，它又将出现。定时存盘主要是针对长时间编辑一个文档的场合。如果只是对源文件做一些小改动，再重新编译它，存盘就不那么重要了，因为在重新编译之前，系统会自动保存文档。

所有的文本编辑器都一样，第一次保存一个未命名的文档时，会出现 Save as 对话框，在这个对话框中，可以给出文件名及其扩展名。请将扩展名定为 CPP 或 C，因为代码编辑器只能通过扩展名判断文件内容，再依内容将其按 C++或 C 程序编译。如果不给出扩展名，Visual C++将自动设一个与在 New 对话框中选择的文件类型相近的扩展名。例如，如果从此对话框中选择 C++ Source File（C++源文件），则新文件名的扩展名将为 CPP。

> **头文件的命名**
>
> 对于头文件可以使用任意扩展名，因为在创建项目时，Visual C++只根据 "#include" 语句来搜索源文件。无论扩展名是什么，只要被#include 语句包含，它就会自动加入项目中，并显示在 Workspace 窗口中的 FileView 选项卡下的头文件表中。

在打开的文档中搜索文本

和 Word 的搜索功能差不多，这里不用详细讲解。

有一个技巧要告诉大家，可以通过设定是否区别大小写，或是否整词匹配，来使搜索更为精确。单击 Match Case（区别大小写）复选框，将设定一个区别大小写的搜索。在这个搜索过程中，编辑器只找出与目标串完全相同的字符串。例如，对于目标串 "abc"，区分大小写的搜索只找出 "abc"，而不区分大小写的搜索则会找出 "abc"、"ABC"、"Abc" 等。单击 Match Whole Word Only（整词匹配）复选框，可忽略包含于另一单词之中的目标串。例如，对于目标串 "any"，在整词匹配搜索中，编辑器只找出以完整单词形式出现的 "any"，而忽略掉类似 "company"、"many"、"anywhere" 之类的单词。

在 Find 对话框中，单击 Mark All（标记所有的）按钮，即可在每一个搜索到的目标处设置一个无名书签。当继续使用 Find 命令搜索其他目标时，这种设置能够回到前面的目标处。

Visual C++编辑器中一个有用的变化是增加了一个称为 Incremental Search（增量搜索）的命令，它使得搜索工作在输入目标串的同时就开始进行。在一个打开的文档中按快捷键 【Ctrl+I】，则 "Incremental Search："就会立即出现在屏幕左下角的状态栏中。在输入目标串的同时，编辑器开始搜索，通常不等输完，搜索就已完成。当编辑器找到正在寻找的字符串时，按【Enter】键，或一个方向键即可返回编辑模式。如要再次搜索同样的目标串，按【F3】键或单击适当的工具按钮即可。按快捷键【Shift+Ctrl+I】可改变搜索方向，以使编辑器从插入符所在位置向前搜索。

在已打开的文档中替换文本

如果想替换文档中的某些字符串，可选择 "Edit/Replace（替换）…" 命令。这个命令将给出一个类似于 Find 对话框的对话框，只不过这个对话框有两个文本框，需要两个字符串。第一个文本框中放置普通的目标字符串。第二个文本框中则要放置要用来替换的新字符串。如果将第二个文本框置空，则编辑器将把找到的所有目标串删除。为了有选择地搜索或替换，当编辑器找到目标串时，单击 Replace 按钮，系统将自动跳到下一个目标串处。单击 Find Next（查找下一个）按钮，系统将跳过这个字符串而不改变它。单击 Replace All（全部替换）按钮，将会一次性完成所有替换。可以只向前，或只向后搜索或替换，但不能在多个文件中搜索或替换。

如果在激活 Replace 对话框之前，已选中了超过一行的文本，则 Selection（选择）单选按钮将自动打开，这表明编辑器将把搜索或替换操作限制在所选章节之中。单击 Whole File（整个文件）单选按钮，将取消这一设置。虽然可通过在按下【Alt】键的同时向右下方拖动鼠标光标来选中一列字符串，但通常情况下，不能进行列的替换。如果选中一列字符串，Selection 单选按钮将不会打开。

在磁盘文件中搜索文本

给出一个目标字符串，Visual C++代码编辑器能找出某个文件夹下所有包含目标串的文件（包括位于子文件夹内的文件）。单击 Edit 菜单下的 Find In Files（在文件中查找）命令，这时出现的对话框需要指定目标串、文件类型以及搜索过程所在的文件夹。

通常，默认文件夹是当前软件所在的文件夹；如果想搜索其他文件夹，在 In Folder（文件夹中）框中输入其路径，或单击框旁的有三个点的按钮，寻找所需文件夹。Look In Subfolders（在子文件夹中查找）复选框决定编辑器是否在子文件夹中进行搜索。通常其默认值为打开。单击 Advanced（高级）按钮，可设定除子文件夹之外的其他文件夹，搜索也将在这些文件夹中进行。

如果已经设置好各项，单击 Find 按钮。当 Visual C++找到一个包含所给出的目标串的文件时，它把其文件名和路径列在 Output 窗口中，同时还列出此文件中第一个目标串的所在行，这便可以看到目标串在文件中是怎么用的。双击某个文件，可在代码编辑器中打开它。

在进行文件搜索之前，Visual C++首先保存任何在代码编辑器中打开而未保存的文档，这将确保所搜索的文件都是最新版本。可通过调整 Options（选项）对话框中 Editor 选项卡下的两个标有"Save Before Running Tools（在运行工具之前保存）"和"Prompt Before Saving Files（在保存文件之前提示）"的复选框来改变这一属性。关闭"Save Before Running Tools"复选框，将使 Visual C++在搜索前不保存文档，这样会使搜索在上次保存的文档中进行。如果希望在激活 Find In Files 命令之前，由自己决定是否保存文档，则关闭这两个选项。这将使编辑器在保存每个文档前先征求操作者的意见。

常规表达式搜索

我们见到的搜索对话框中，一般都包含一个标有 Regular Expression（常规表达式）的复选框。常规表达式是指有一个或多个特殊字符组成，用以表示一系列文本的字符或字符串。在 Open 和 Save as 对话框中，已有过类似的使用，例如，"*.CPP"表示以 CPP 为扩展名的任何文件。这里的星号就是一个常规表达式，它代表可组成有效文件的任何文本。

搜索中的目标字符串中所用的常规表达式则更为复杂，但是这样有助于更为精确地控制目标字符串。表 3-2 列出了系统默认的常规表达式。注意，只有当搜索对话框中的 Regular Expression 复选框打开时，编辑器才把这些字符按常规表达式处理，否则，将把它们当作一般字符处理。

表 3-2　系统默认的常规表达式

符号	含义	示例
.	任何单个字符	"..do"可以同 redo 和 undo 匹配，但不能同 outdo 匹配
[]	任意字符或括号内的字符	"sl[aou]g"可以同 slag，slog 和 slug 匹配
[^]	插入符后所示范围之外的任何字符	"sl[^r-z]g"包含 slag，slog，但不含 slug
*	没有或有更多的前一个字符	"re*d"包含 rd，red，reed
+	一个或多个前一个字符	"re+d"包含 red，reed，但不含 rd
^	一行的开头	"^word"只包含位于行首的 word
$	一行的结尾	"word$"只包含位于行尾的 word
\	下一个字符不是常规表达式	"word\$"只与 word$匹配，而不把$看作常规表达式

不必去刻意记这张表，简单了解即可。在所有的 Find 对话框中，通过组合框旁的一个小按钮来给出表的当前版本。单击此按钮，打开常规表达式菜单，然后就可以选择所需的常规表达式了。

用加号"+"可设计一个字符串。例如，考虑常规表达式[a-zA-Z]，它代表任何一个字母。如果再增加一个加号，意义就完全变了。加号的意义是"一个或多个这些字符"。因此，编辑器将[a-zA-Z]+看作为任意字符串，也就是任意一个单词。同样，常规表达式[0-9]代表一个数字，而[0-9]+则代表任意一个正数，无论其大小。

常规表达式搜索通常是区别大小写的。即使关闭 Find 对话框中的 Match Case 复选框，对常规表达式[0-9a-f]+的搜索也只能找到类似于 0x37ac 的字符串，而不能找到 0x7A4B。为了找到后者，必须将大写字母包含在常规表达式中，例如：[0-9a-fA-F]+。

3-6　从 Turbo C 到 Borland C++

学校一般都用 Turbo C 作为 C 语言的教学工具。

这么多年一直都没有改变。当然，对简单的语法学习来说，Turbo C 基本够用了。

不过，Turbo C 有两个致命的缺点，不太适合本书的读者。

（1）不支持鼠标操作。

（2）和现代的开发 IDE 差别较大。

幸好，　Borland 公司推出了 Borland C++不但完全兼容 Turbo C，完全避免了这些缺点。一方面，它的 IDE 界面支持鼠标的操作，减少了很多不必要的麻烦。另一个方面，它的 IDE 具备了现在绝大多数复杂 IDE 工具的雏形。

Borland C++，我们既可以提高 C 语言的学习效率，又可以为将来使用其他的 IDE 打好基础。实际上也是这样，我当年在大学使用了两年多的 Borland C++，可以说了解的非常清楚。

后来其他开发工具，老实说，都没有掌握得这么全面，但因为有了 Borland C++的基础。基本上其他开发工具，很快就能上手了。而且，因为当年狂看 Borland C++的帮助文档。全英文的啊，对后来的开发中啃全英文材料的帮助很大。

具体来说，从 Turbo C 转向 Borland C++，只需要记住两个小小的区别。

（1）使用 stdio.h 中的函数，需要申明#include <stdio.h>语句，这比 Turbo C 严格。

（2）main()函数，最好用规范的 viod main()，或者 int main()。

这两个方面，比 Turbo C 严格许多，其实，这是好事情，新的 C 语言开发工具，都有如此严格的要求。

基本上来说，Borland C 提供的菜单系统和我们今天使用的绝大多数菜单系统几乎完全一致。

首先对一个新手来说，Borland C++的 option 菜单下面提供了很多选项。不过安装过后，使用默认的选项就可以了。你也可以作为挑战，去一一阅读里面的含义，作为自己英语学习能力的锻炼。

其次，Borland C++提供的 Project 菜单，基本提供了现代的项目管理功能。

读者有了 Borland C++中项目开发的体会，相信会在这一基础上，很轻松地提高到另一个高度。

这里建议读者最少使用 Visual C++ 6.0，但考虑到某些学校的情况，个别还在用 Turbo C 2.0，所以，建议读者如果还在 Turbo C 环境，请在网上下载一个 Borland C++ V3.1 来使用，这样方便你在课程学习完毕后，及时过渡到 Visual C++或其他开发工具。

参照下面的示例，明明是一个今天标准的 C 程序，但在 Turbo C 2.0 中通不过，必须改成后面在今天看来是不标准的程序，如图 3-16 所示。

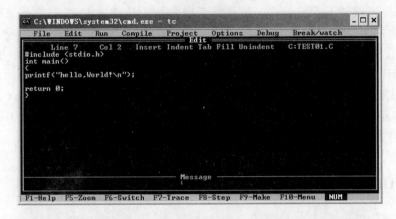

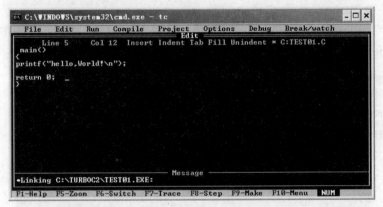

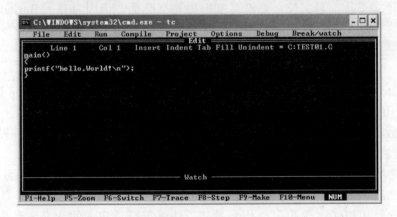

图 3-16　示例程序

3-7　理解函数库和头文件

很多 C 程序设计教材都没有告诉我们，C 程序除了语言本身，函数库是它的另外一大特色。C 语言的很多实现功能都放在了函数库中。所以，我们在编写一个简单的程序时，也常常要用到<stdio.h>或者<stdlib.h>两个头文件。

这就涉及 C 语言的头文件机制。

广义的头文件讲的每一个程序都使用一个或多个#include 语句命令指向 C 编译器包含使用的程序文件中的全部程序代码，不一定非得是*.h 格式，也可以是*.c 或者*.cpp 格式等，*.h 和*.Hpp 早已约定俗成。头文件也是 ASCII 文本文件，它的内容可以打印或在屏幕上显示出来。

头文件是一个很特殊的机制，以至于其他的编程语言常常向 C 语言学习。打开任何一个编译器的 include 文件夹，都可以看到很多.h 文件，仔细地分析这些文件可以学到很多。头文件中的函数带来了不少好处，后续章节会专门总结。

可以打印某个常用头文件的内容，比如 stdio.h。在 include 文件中可以找到 C 程序语句。当编译器在程序中遇到#include 语句，它将编译该头文件所包含的代码，如果把头文件的内容编辑输入源文件中，效果是一样的。头文件包含常用的定义，并提供有关编译器提供的函数的信息，比如 printf。现在可能觉得头文件的内容难以理解，但随着对 C 的进一步熟悉，可以打印并阅读所使用的每一个头文件——建议当成源代码图书来仔细阅读。头文件中包含许多有价值的信息和编程技巧，学习它们，将会使你成为一个更优秀的 C 语言程序员。

下面截取<string.h>的部分内容供大家参考。

```
/* Function prototypes */

#ifdef  _M_MRX000
_CRTIMP void *  __cdecl memcpy(void *, const void *, size_t);
_CRTIMP int     __cdecl memcmp(const void *, const void *, size_t);
_CRTIMP void *  __cdecl memset(void *, int, size_t);
_CRTIMP char *  __cdecl _strset(char *, int);
_CRTIMP char *  __cdecl strcpy(char *, const char *);
_CRTIMP char *  __cdecl strcat(char *, const char *);
_CRTIMP int     __cdecl strcmp(const char *, const char *);
_CRTIMP size_t  __cdecl strlen(const char *);
#else
        void *  __cdecl memcpy(void *, const void *, size_t);
        int     __cdecl memcmp(const void *, const void *, size_t);
        void *  __cdecl memset(void *, int, size_t);
        char *  __cdecl _strset(char *, int);
        char *  __cdecl strcpy(char *, const char *);
        char *  __cdecl strcat(char *, const char *);
        int     __cdecl strcmp(const char *, const char *);
        size_t  __cdecl strlen(const char *);
#endif
```

我们能够从头文件看到三方面内容，一是众多编译指示器命令，大家可以学习使用，至少能够看懂；二是一些重要的数据结构，比如 File 的结构；三（也是最重要的）是一些函数原型，我一般不记得函数的样子，调用的时候常常要打开头文件看看，另外就是翻看技术手册。比如《C/C++函数辞典》，这也是中国铁道出版社出版的一本书，很实用，主要是有头文件源文件中函数调用的举例，在编写程序的时候调用函数可以有帮助。

我们自己也要学会编写头文件，以把一些公共的定义提供给同事。注意，"xxx.h"表明调用从当前目录开始，<xxxx.h>表示从 include 中开始。当然，编译器中可以添加头文件路径。

就算你还处在 Turbo C 或者 Borland C++的学习环境中。还可以有以下方法使用头文件：

（1）帮助编译器查找头文件：当 C 编译器遇到一个#include 语句时，编译器把头文件的内容插入程序当中，如同我们自己把文件内容输入源文件中。当编译程序时显示一个错误消息说不能打开某个头文件的时候，首先应检查包含编译器文件的子目录，确认访问文件是否存在。如果发现访问文件，可以在 DOS 提示符下输入 SET 命令，如下所示：

```
C:\>SET  回车
COMSPAC=C:\WINDOWS;C:\TC
PROMPT=$p$G
TEMP=C:\TEMP
```

注意：在早期的程序中可能需要这样检查，而现在不需要这样检查，重要的是检查 TC 中的路径设置，如果 TC 中路径设置不正确，也会出现找不到包含文件的错误，如果环境没有包含一个 INCLUDE 入口，但在 autoexec.bat 中却未定义该入口，则需要亲自创建它，将它放入 autoexec.bat 文件中（autoexec.bat 文件是一个自动批处理文件，在电脑刚启动的时候会先加载自动批处理文件）

（2）加速编译：编译源文件时，C 编译器可能生成一个或多个临时文件，这些文件在编译器和连接器工作时存在，可以考虑把 TEMP 入口指向有最大硬盘剩余空间的硬盘。这样编译器在速度快的硬盘上存放临时文件，从而加速编译过程。假设 D 盘的剩余空间大一些，可以在 autoexec.bat 文件中加上 SET 命令，使 TEMP 入口指向 D 盘，如下所示：

```
SET  TEMP = D:
```

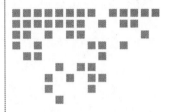

第 4 章

代码基本逻辑：顺序、选择和循环

　　顺序、选择和循环是程序设计中最基本的三种语句结构，你掌握了吗？

　　在 C 和 C++程序中，任何程序或函数从其执行行为的角度分析，都是由这三种基本结构组合而成的。以前的教材可能已经讲解过 C 代码中的情况，本章主要介绍 C++标准的输入/输出流下这三种结构的语法，你可以对比一下异同。在这之前，先介绍描述控制结构的工具——流程图，用它辅助可以帮助操作者弄清楚程序的逻辑。

4-1　流程图

　　通常，程序中的语句按编写的顺序一条一条地执行，称为顺序执行。如果在程序中，一条语句指定的下一个执行的语句不是紧邻其后的语句，则称为控制转移。程序中一般有 3 种控制结构，分别为顺序结构（sequence structure）、选择结构（selection structure）和循环结构（repetition structure）。

　　为了清晰地理解程序结构，一般用流程图来描述程序的结构和流程。基于 Microsoft Office Visio 的常见流程图的图例如图 4-1 所示

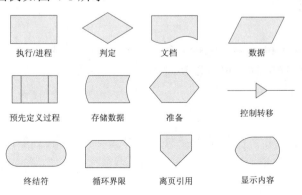

图 4-1　常见流程图的图例

程序流程图是人们对解决问题的方法、思路或算法的一种描述，是算法或部分算法的图形表示。流程图使用一些专用符号绘制，如长方形、菱形、椭圆和小圆，这些符号用箭头连接，称为流程。

4-2 顺序结构

顺名思义，所谓顺序结构，就是指按照语句在程序中的先后次序一条一条地顺次执行。顺序控制语句是一类简单的语句，上述的操作运算语句即是顺序控制语句，包括表达式语句、输入/输出等。这种结构的流程图完全由一组执行框组成，如图 4-2 所示。

【示例 4-1】 输入三角形的三边长，求三角形面积。

已知三角形的三边长为 a、b、c，代码如下。

```
#include<math.h>
int main()
{
    float a,b,c,s,area; //a、b、c分别为三角形的三边长，
area为面积
    cin>>a>>b>>c;                //输入三边长
    s= (a+b+c)/2.0;             //计算周长的一半
    area=sqrt(s*(s-a)*(s-b)*(s-c)); //计算面积

    cout<<"三角形三边长度分别为: "<<a<<", "<<b<<", "<<c<<endl; //输出三角形三边长
    cout<<"三角形面积为: "<< area<<endl;                      //输出三角形面积
    return 0;
}
```

程序的运行结果如下。

```
3 4 5（输入后按【Enter】键）
三角形三边长度分别为: 3, 4, 5
三角形面积为: 6
```

图 4-2 顺序结构流程图

4-3 选择结构

选择结构主要是由 if 和 switch 来控制的，单纯的 if 为单项选择结构，switch 为多项选择结构。当 if 与 else 搭配使用时，也可以实现多项选择的效果。

4-3-1 if 语句

if 语句是判断语句，用于判断某个条件是否成立，然后根据条件的值有选择地执行相应的语句。

1．if 语句基本形式

if 语句的语法格式如下。

```
if (条件表达式)
 语句
```

或：

```
if (条件表达式)
    {语句序列;}
```

参数说明如下：
- 条件表达式应该使用括号括起来。
- 如果条件表达式进行一次测试，且测试为真，则执行后面的语句。
- 当语句序列只包含一条语句时，该语句序列的花括号可以省略。

【示例 4-2】if 语句的基本用法（输入数值，如果大于 0，输出"正数"）。

```
#include<iostream>
using namespace std;
void main()
{
    int a;
    cin>>a;
    if(a>0)
      cout<<"正数"<<endl;
}
```

分析：当用户输入的数值大于 0 时，程序将输出"正数"到屏幕上；如果输入的数值不大于 0（即等于或者小于 0）时，则不进行任何处理。

2．if-else if 形式

if-else if 是多分支的选择结构，if 和 else 结合使用时的语法格式如下。

```
if (条件表达式1)
{
    语句序列1;
}
else if(条件表达式2)
{
    语句序列2;
}
……
else
{
    语句序列n;
};
```

如果"条件表达式 1"的判断结果为真，则执行语句序列 1；如果"条件表达式 1"的判断结果为假，继续往下执行"条件表达式 2"，如果为真，则执行语句序列 2；如果为假，则继续往下执行，依此类推。if-else 语句流程图如图 4-3 所示。

【示例 4-3】利用 if-else 语句对数值进行正负的判断。

代码如下。

```cpp
#include<iostream>
using namespace std;
int main()
{
    int a;
    cin>>a;           //输入a的值
    if(a>0)           //当a大于0时
        cout<<"正数"<<endl;
    else              //当a不大于0时
        cout<<"不是正数"<<endl;
    return 0;
}
```

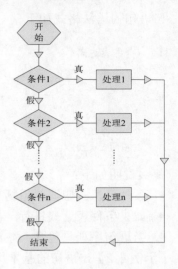

图 4-3　if-else 语句流程图

分析：运行结果将随着输入的数值不同而不同。当输入的数值为正数时，程序的输出结果为"正数"；当输入的数值为负数或 0 时，程序的输出结果为"非正数"。

4-3-2　switch 语句

switch 语句是多分支的选择语句，它和嵌套的 if 语句的功能类似，但是用 switch 语句更加直观。

switch 语句的语法格式如下：

```
switch (整数表达式)
  {

    case 常量表达式1:<语句序列1>;
    case 常量表达式2:<语句序列2>;
    ……
    case 常量表达式n:<语句序列n>;
    default: <语句序列n+1>;
  }
```

参数说明如下。

- default 语句是默认的。
- switch 后面括号中的表达式只能是整型、字符型或枚举型表达式。
- 在各个分支中加 break 语句可以起到退出 switch 语句的作用，否则将会遍历每一个分支。
- case 语句起标号的作用。标号不能重名。
- 可以让多个 case 语句共用一组语句序列。
- 各个 case（包括 default）语句的出现次序可以是任意的。
- 每个 case 语句中不必用花括号（{ }），而整体的 switch 结构一定要写一对{}。
- switch 结构也可以嵌套。

switch 语句流程图如图 4-4 所示。

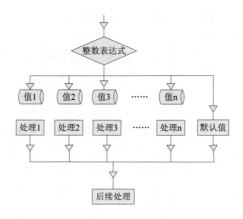

图 4-4   switch 语句流程图

【示例 4-4】利用 switch 判断用户输入的日期是星期几。

代码如下：

```cpp
#include<iostream>
using namespace std;
int main()
{
    int a;
    a=3;

    switch (a){
        case 1:cout<<"Monday"<<endl;        //当a=1时，输出"Monday"
        case 2:cout<<"Tuesday"<<endl;       //当a=2时，输出"Tuesday"
        case 3:cout<<"Wednesday"<<endl;     //当a=3时，输出"Wednesday"
        case 4:cout<<"Thursday"<<endl;      //当a=4时，输出"Thursday"
        case 5:cout<<"Friday"<<endl;        //当a=5时，输出"Friday"
        case 6:cout<<"Saturday"<<endl;      //当a=6时，输出"Saturday"
        case 7:cout<<"Sunday"<<endl;        //当a=7时，输出"Sunday"
        default:cout<<"error"<<endl;        //以上情况全不满足时，输出"error"
    }

    return 0;
}
```

程序的运行结果如下。

```
Wednesday
Thursday
Friday
Saturday
Sunday
error
```

分析：这个例子中很明显，程序不符合最原始的设计要求，原因是什么呢？这是 switch 语句的一个特点。在 switch 语句中，"case 常量表达式"相当于一个语句标号，表达式的值和某标号相等则转向该标号，在执行完该标号的语句后不会跳出整个 switch 语句，而是会继续执行后面的 case 语句。为避免这种情况，C++继承了 C 语言中的 break 语句，专用于跳出 switch 语句。将以上的程序稍加修改即可。

【示例 4-5】判断输入的日期是星期几（使用 break 语句）

代码如下。

```
#include<iostream>
using namespace std;
int main()
{
    int a;
    a=3;

    switch (a){
        case 1:cout<<"Monday"<<endl;break;    //当a=1时，输出"Monday"并中断选择语句
        case 2:cout<<"Tuesday"<<endl;break;   //当a=2时，输出"Tuesday"并中断选择语句
        case 3:cout<<"Wednesday"<<endl;break; //当a=3时，输出"Wednesday"并中断选择语句
        case 4:cout<<"Thursday"<<endl;break;  //当a=4时，输出"Thursday"并中断选择语句
        case 5:cout<<"Friday"<<endl;break;    //当a=5时，输出"Friday"并中断选择语句
        case 6:cout<<"Saturday"<<endl;break;  //当a=6时，输出"Saturday"并中断选择语句
        case 7:cout<<"Sunday"<<endl;break;    //当a=7时，输出"Sunday"并中断选择语句
        default:cout<<"error"<<endl;
                                       //default为最后一个语句，后面已经无分支
                                       //语句，所以可以不加break
    }

    return 0;
}
```

程序的运行结果如下。

```
Wednesday
```

分析：上面的程序中，当每个 case 语句后加上 break 后，程序的结果就达到了要求。在 switch 的使用中，一定需要注意与 break 的搭配使用。

switch 语句和 if 语句都允许程序从选项中进行选择。相比之下，if else 更为通用。if else 可以处理取值范围。

【示例 4-6】利用 if 语句根据成绩范围给出等级。

代码如下：

```
int grade;
if(grade>=90&&grade<=100)
    cout<<"A\n";
else if(grade>=80&&grade<90)
    cout<<"B\n";
else if(grade>=70&&grade<80)
    cout<<"C\n";
else if(grade>=60&&grade<70)
    cout<<"D\n";
else if(grade<60)
    cout<<"E\n";
```

```
else
    cout<<"error\n";
```

然而，switch 不能处理取值范围，switch 只能对确定的值进行条件测试。switch 语句中的每一个 case 标签都是单独的值。而且这个值必须是整数或者 char，因此 switch 无法处理浮点测试。另外 case 标签值必须是常量。如果是多个整数或者 char 的分支，使用 switch 比较简明和优雅。

4-4 循环结构

循环结构是程序中一种很重要的结构。其特点是，在给定的条件成立时，反复执行某程序段，直到条件不成立为止。给定的条件称为循环条件，反复执行的程序段称为循环体。C++提供了多种循环语句，可以组成各种不同形式的循环结构。

4-4-1 利用 goto 语句和 if 语句构成循环

goto 语句是一种无条件转移语句，其语法格式如下：

```
goto语句标号;
```

其中，语句标号是一个有效的标识符，这个标识符加上一个 ":" 一起出现在函数内某处。执行 goto 语句后，程序将跳转到该标号处，并执行其后的语句。另外标号必须与 goto 语句同处于一个函数中，但可以不在一个循环层中。通常 goto 语句与 if 条件语句连用，当满足某一条件时，程序跳到标号处运行。

【示例 4-7】计算 1+2+3+…+100 的值。

代码如下：

```
#include <iostream>
int main()
{
    int num,sum=0;
    num = 0;
loop:if(num <=100){          //此处定义了语句标号loop
        sum=sum+ num;        //累加值
        num++;               //num值加1
        goto loop;           //跳转到loop语句标号所在的语句，并执行该语句
    }
    cout<<sum<<endl;         //输出sum值
    return 0;
}
```

程序的运行结果如下。

```
5050
```

这里主要是给大家演示一种特别的程序循环方法。提醒一下，现代程序设计方法主张尽可能地限制 goto 语句的使用，因为它容易导致程序的混乱，使程序层次不清且不易读。可使

用 if、if-else 和 while 这样的结构来代替它，增强代码的可读性。在多层嵌套退出时，用 goto 语句比较合理。

4-4-2 while 语句

while 语句也是循环结构的一种，它可以通过判断条件是否成立来决定循环的继续和结束。while 语句的语法格式如下。

```
while(表达式) {
    语句序列;
}
```

其中，表达式是循环条件，语句序列为循环体。在循环中，首先计算表达式的值，当值为真（非 0）时，执行循环体语句，当值为假时就跳出循环体。while 语句流程图如图 4-5 所示。

【示例 4-8】利用 while 循环语句计算 1+2+3+…+100 的值。

代码如下：

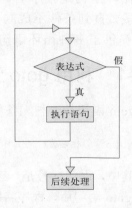

图 4-5 while 语句流程图

```
#include <iostream>
int main()
{
    int num=1,sum=0;
    while(num<=100)      //当num小于或等于100时，不断循环
    {
        sum=sum+num;     //累加
        num++;           //num加1，直到num值为100止
    }
    cout<<sum<<endl;     //输出sum值
    return 0;
}
```

程序的运行结果如下。

```
5050
```

分析：在本例中，num 是否大于 100 是循环是否继续的判断点。

注意：语句 "num++;" 是必不可少的。如果 num 值一直保持不变，那么 "num<=100" 永远成立，就会造成循环一直持续，无法停止。这种情况称为 "死循环"。

4-4-3 do-while 语句

do-while 语句是 while 语句的倒装形式，其语法格式如下。

```
do{
    语句序列
}while(条件表达式)
```

先执行循环体，再计算条件表达式的值。当条件表达式的值为真时，代表循环的条件成立，继续执行循环。当条件表达式的值为假时，代表循环的条件不成立，退出循环。do-while 语句是反复执行循环，直到循环的条件不成立。do-while 语句流程图如图 4-6 所示。

【示例 4-9】利用 do-while 循环语句来计算 1+2+3+…+100 的值。

代码如下：

```cpp
#include <iostream>
int main()
{
    int num=1,sum=0;
    do
    {
        sum=sum+num;        //将num值累加到sum中
        num++;              //num加1
    }while(num<=100);       //当num不大于100时
    cout<<sum<<endl;        //输出sum值
    return 0;
}
```

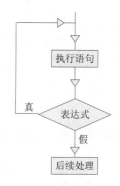

图 4-6 do-while 语句流程图

程序的运行结果如下。

```
5050
```

do-while 循环与 while 循环的不同之处在于，do-while 语句先执行循环中的语句，然后再判断表达式是否为真，如果为真，则继续循环；如果为假，则终止循环。因此，do-while 循环体中的语句至少要被执行一次。

4-4-4　for 语句

for 语句在循环结构中的运用最广泛，也最为灵活。它可以取代上面的两种循环语句。

1．for 语句的语法格式和执行步骤

for 语句的语法格式如下。

```
for(表达式1;表达式2;表达式3)语句
```

参数说明如下。

- "表达式 1"是对循环控制变量赋初值的过程，可以被省略。
- "表达式 2"是循环条件，它决定循环终止的条件。
- "表达式 3"一般是对循环变量进行控制，如对循环控制变量进行增量或者减量处理等。

for 语句的执行步骤如下。

（1）运算表达式 1。

（2）运算表达式 2。若值为真（非 0），则执行 for 语句中指定的语句，然后执行步骤（3）；若其值为假（0），则结束循环，程序跳转到步骤（5）。

（3）运算表达式 3。

（4）程序跳转到步骤（2），继续执行循环。

（5）循环结束，执行 for 语句后面的语句。

for 语句流程图如图 4-7 所示。

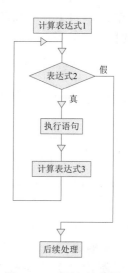

图 4-7　for 语句流程图

for 循环语句可以与其他循环控制语句进行互换，它等价 while 的循环格式如下。

```
表达式1;
while(表达式2)
{
语句
表达式3;
};z
```

for 语句有一个最常应用的格式如下：

```
for(循环变量赋初值;循环条件;循环变量增量)
    语句
```

循环变量赋初值总是一个赋值语句，它用来给循环控制变量赋初值；循环条件是一个关系表达式，它决定什么时候退出循环；循环变量增量定义循环控制变量每循环一次后按什么方式变化。这 3 个部分之间用";"分开。

【示例 4-10】小高斯的 for 循环语句实现方法。

代码如下：

```
for(num=1; num <=100; num ++)
  sum=sum+ num;
```

分析：先给 num 赋初值 1，判断 num 是否小于等于 100，若是则执行语句，之后 num 值增加 1。再重新判断，直到条件为假，即 num>100 时，循环结束。

2．for 语句使用时的注意事项

在使用 for 循环的过程中，需要注意以下几点。

（1）for 循环中的表达式 1、表达式 2 和表达式 3 都是可选项，即可省略，但";"不能省略，具体如下。

● 省略表达式 1，表示不对循环变量赋初值。

● 省略表达式 2，即没有循环条件，此时程序没有终止条件，循环进入死循环。

【示例 4-11】小高斯的 for 循环语句实现方法之二（省略表达式 2 的应用举例）。

代码如下：

```
for(num =1;; num ++) sum=sum+ num;
```

这段代码相当于以下代码。

```
i=1;
while(1){                //1为真，循环无法停止，为死循环
   sum = sum + num;
   num ++;
}
```

● 省略表达式 3，不对循环控制变量进行操作，这时可在语句体中加入修改循环控制变量的语句。

【示例 4-12】小高斯的 for 循环语句实现方法之三（省略表达式 3 的应用举例）。

代码如下：

```
for(num =1; num <=100;)
{
    sum=sum+ num;
    num ++;
}
```

● 省略表达式 1 和表达式 3。

【示例 4-13】小高斯的 for 循环语句实现方法之四（省略表达式 1 和表达式 3 的应用举例）。

代码如下：

```
for(;num <=100;)
{
    sum=sum + num ;
    num ++;
}
```

这段代码相当于以下代码。

```
while(num <=100)
{
    sum=sum+ num;
    num ++;
}
```

● 3 个表达式可以全部被省略。

【示例 4-14】当需要无限循环时，for 循环语句表达式全部被省略的应用举例。

代码如下。

```
for(;;)
```

这条语句相当于以下语句；但其没有下面语句更实用，因此推荐使用下面语句。

```
while(1)
```

（2）表达式 1 和表达式 3 在一般情况下是一个简单表达式，但其也可以是一个逗号表达式，即包含多个变量的操作。

【示例 4-15】小高斯的 for 循环实现方法之五（for 语句中的逗号表达式）。

代码如下。

```
for(sum=0,num =1; num <=100; num ++) sum=sum+ num;
```

（3）表达式 2 一般情况下是关系表达式或者逻辑表达式，但也可以是数值表达式或者字符表达式。当表达式 2 的值不为 0（逻辑真）时，执行循环体。

【示例 4-16】读懂奇怪的 for 循环（for 循环语句中的表达式 2 为特殊表达式时）。

代码如下。

```
char c;
for(;(c=getchar())!='q';); //取得用户输入的值，当输入不为字符'q'时，则执行循环体
```

分析：这段代码在执行时，会循环读取用户输入的数据。直到用户输入的值为'q'时，循环才会终止。但这种语句，我们只有在优化函数代码的时候使用，目的是为了更加简洁，在

今天的软件工程，不是很推荐的啦，读者第一遍学习的时候，可以略过。回头再来研究熟悉。

for 语句的使用较为灵活，读者可以随着学习的不断深入，对其使用方法逐步进行掌握和理解。

3. for 与 while

在 C++中，for 循环和 while 循环本质上是相同的，如下面的 for 循环：

```
for(初始化表达式;条件测试表达式;更新表达式)
{
  语句;
}
```

可以改写为：

```
初始化表达式;
while(条件测试表达式)
{
语句;
更新表达式;
}
```

同样，下面的 while 循环：

```
while(条件测试表达式)
  循环体
```

也可以改写为：

```
for(;条件测试表达式;)
  循环体
```

for 循环需要三个表达式，不过它们可以是空表达式，只有两个分号必不可少。

在无法预知循环的执行次数时，例如，求满足 $n^2-15n-36>0$ 的最小整数。比较便捷的方式是使用 while 循环。

【示例 4-17】利用 while 循环求满足 $n^2-15n-36>0$ 的最小整数。

代码如下。

```
int n=1;
while(1)
 if(n*n-15*n-36>0)
  break;
 else
  ++n;
 cout<<n<<endl;
```

提示：在设计循环时，请记住以下几条原则：

- 确定循环终止条件。
- 在首次测试之前初始化条件。
- 在条件再次测试之前更新条件。

for 循环的一个优点是，其结构内提供了实现上述三条原则的地方，因此有助于程序按照这个原则来进行编程。

4-4-5　break 语句

break 语句在 while、for、do-while 或 switch 结构中执行时，使得程序立即退出这些结构，从而执行该结构后面的第一条语句。

【示例 4-18】演示 break 语句的应用：计算 1+2+3+…+100 的值。

代码如下：

```
#include <iostream>
using namespace std;
int main(int argc, char* argv[ ])
{
    int sum =0;
    for(int n=1;;n++){        //利用for进行循环，注意循环终止条件为空
        sum+=n;
        if (n==100) break;  //当n为100时，终止循环
    };
    cout<<sum<<endl;
    return 0;
}
```

程序的运行结果如下。

```
5050
```

分析：在这个程序中，for 循环没有指定循环终止条件。这样会使循环成为死循环。此时在循环体内，可以用 break 语句使循环终止。break 语句流程图如图 4-8 所示。

通常 break 语句总是与 if 语句一起使用，满足条件时便跳出循环。在多层循环中，一个 break 语句只是跳出本次循环。

4-4-6　continue 语句

continue 语句在 while、for 或 do-while 结构中执行时跳过该结构体的其余语句，进入下一轮循环。

【示例 4-19】演示 continue 语句的应用：计算 1 到 100 的偶数之和。

代码如下：

```
#include <iostream>
using namespace std;
int main(int argc, char* argv[ ])
{
    int sum =0;
    for(int n=1;n<=100;n++){    //利用for语句进行循环
        if (n%2!=0) continue;   //如果n不为偶数，则继续下一个循环
        sum+=n;
    };
    cout<<sum<<endl;
    return 0;
}
```

程序的运行结果如下。

2550

分析：上面的程序中，当 n 不为偶数时（即 n 被 2 整除余数不为 0 时），则不执行下面的语句，而跳回循环开始处进行下一轮循环。continue 语句流程图如图 4-9 所示。

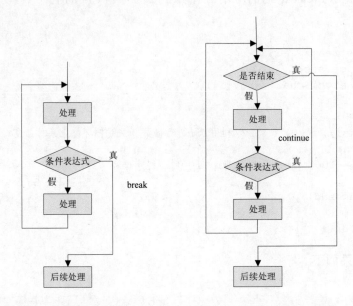

图 4-8   break 语句流程图   图 4-9   continue 语句流程图

continue 在循环语句中常与 if 条件语句一起使用，加速循环。

continue 语句和 break 语句的区别是：continue 语句只结束本次循环的执行，而不是终止整个循环，而 break 语句则是终止整个循环，不再进行循环条件判断。

4-5   本章综合实例

前面的案例都是单独使用，下面的案例综合了循环和选择结构，算是作为本章的一个小结。可以通过上机测试体会这个程序的编写方法。

4-5-1   综合实例 1：求某整数段区间中的素数，并输出

分析：本实例是求某整数段区间的素数，并未指出范围，所以范围需要提示用户输入。难点在于素数的判定，根据数学知识，简单的素数的判定规则为对于数字 n，如果其无法被任何从 2 到 $\sqrt{n}$ 的数整除，则其为素数（又称为质数）。

具体的操作步骤如下。

（1）建立工程。参照第 1 章建立一个"Win32 Console Application"程序，工程名为"Test"。程序主文件为 Test.cpp，Stdafx.h 为预编译头文件，Stdafx.cpp 为预编译实现文件。

（2）修改代码，建立标准 C++程序。删除 Stdafx.h 文件中的代码"#include <stdio.h>"，增加以下代码。

```
#include <iostream>
#include <math.h>
using namespace std;
```

（3）删除 Test.cpp 文件中的代码"printf("Hello World!\n");"，并在 Test.cpp 中输入以下的核心代码。

```
#include <iostream>
#include <math.h>                   //数学计算需要的头文件，其中含有sqrt()函数的原型
using namespace std;
int main ()
{
    int nStart=0,nEnd=0;         //整数区间的最小值和最大值
    int nCnt1=0,nCnt2=0;         //循环计数器
    int nSqrt;                   //存储平方根值
    int nNum=0;                  //计算出的素数个数
    cout<<"输入整数区间的最小值:";
    cin>>nStart;
    cout<<"输入整数区间的最大值:";
    cin>>nEnd;
    for(nCnt1=nStart;nCnt1<=nEnd;nCnt1+=2){//利用循环分别验证每一个数是否为素数
        nSqrt=sqrt(nCnt1);                 //sqrt()为求平方根函数，其原型在math.h中
                                           //以下循环是判断nCnt1是否能被2到nSqrt整除
        for(nCnt2=2;nCnt2<=nSqrt;nCnt2++)
            if(nCnt1%nCnt2==0)  break;     //如果能整除，说明为非素数，循环退出
        if(nCnt2>=nSqrt+1){
                                           //如果nCnt2>=nSqrt+1,说明nCnt1不能被2
                                             到nSqrt的数整除
            cout<<nCnt1<<" ";              //输出这个素数
            nNum=nNum+1;
            if(nNum%10==0)  cout<<endl;    //每输出10个素数，则进行换行
        };
    };
    cout<<endl;
    return 0;
}
```

（4）程序的运行结果如下。

```
输入整数区间的最小值:1
输入整数区间的最大值:300
1 3 5 7 11 13 17 19 23 29
31 37 41 43 47 53 59 61 67 71
73 79 83 89 97 101 103 107 109 113
127 131 137 139 149 151 157 163 167 173
179 181 191 193 197 199 211 223 227 229
233 239 241 251 257 263 269 271 277 281
283 293
```

4-5-2　综合实例 2：根据用户输入的年份判断年份是否为闰年

分析：本程序中，主要使用的是判断语句。判断闰年的规则为年份可以被 4 整除且不能被 100 整除或者能被 400 整除的，这样的年份称为闰年。

具体的操作步骤如下。

（1）建立工程。建立一个"Win32 Console Application"程序，工程名为"Test"。程序主文件为 Test.cpp，Stdafx.h 为预编译头文件，Stdafx.cpp 为预编译实现文件。

（2）修改代码，建立标准 C++程序。删除 Stdafx.h 文件中的代码"#include <stdio.h>"，增加以下代码。

```
#include <iostream>
using namespace std;
```

（3）删除 Test.cpp 文件中的代码"printf("Hello World!\n");"，并在 Test.cpp 中输入以下核心代码。

```
#include <iostream>
using namespace std;
#define IsLeepYear " is a leep year"          //定义提示语句
#define IsNotLeepYear " is not a leep year"    //定义提示语句
int main ()
{
    int year=0;
    bool bIsLeepYear = false;                  //是否为闰年的标志
    cout<<"输入年:";
    cin>>year;
    while(year<=0){                            //当year<=0,则输入有误
        cout<<"输入不正确,重新输入年:";          //提示重新输入
        cin>>year;
    };

    if (year%400==0||(year%4==0&&year%100!=0)) //判断闰年的表达式
        bIsLeepYear = true;                    //置闰年的标志为真
    if (bIsLeepYear == true)                   //判断置闰年的标志是否为真
        cout<<year<<IsLeepYear<<endl;          //输出提示
    else
        cout<<year<<IsNotLeepYear<<endl;       //输出提示
    return 0;
}
```

（4）程序的运行结果如下。

```
输入年:0
输入不正确,重新输入年:2008
2008 is a leep year
```

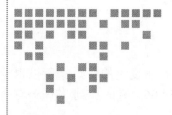

加强对函数的理解

函数是程序模块化的基础，系统生长的基础，程序员分工的基础，所以要用单独一章重点介绍。

在所有 C 语言基础知识中，指针是难点，也是精华，但函数是基石，是必须掌握的精髓。函数非常特殊，程序运行的入口是 main()主函数，程序也因为函数被分解成各个不同的模块。所以单独列出一章来特别讲解。主要内容包括：函数的定义和功用、函数的参数、库函数；提高的内容包括，数组作为函数参数等，但不在本章中讲述。读者可以在本书的其他篇章中找到，也可以在其他资料中后续学习。

5-1 函数的引入

还记得数学家高斯小时候的故事吗：老师让高斯他们计算从 1 加到 100 的值，高斯找到了一个巧妙的方法，很快就写出了答案，而他的同学还在老老实实的计算。

如果我们今天让计算机来计算，完全可以编写如下程序：

【示例 5-1】求从 1 加到 100 的值。

代码如下：

```
#include <iostream.h>

int main()
{
    int i,total;

    total = 0;
    for(i=1;i<=100;i++)
            total = total+i;
```

```
    cout<<"从1加到100等于: "<<total<<endl;

    return 0;
}
```

这个方法虽然老实而笨拙，但是计算机具有运算速度快的特点，所以也没有关系。但是如果老师怕各位同学互相抄袭，让有的同学从 1 加到 66，有的加到 77……这个程序的通用性就差了一点。

于是就有了下面的求从 1 加到任意一个数 n 的通用程序，使用 sum()函数来计算所有从 1 加到 n，只不过在主程序中，调用它来满足不同的需求。

【示例 5-2】求从 1 加到 n 的值。

代码如下：

```
#include <iostream.h>

int sum(int n)
{
    int i;
    int total = 0;
    for(i=1;i<=n;i++)
            total = total+i;

    return total;
};

int main()
{
    int n,total;
    cout<<"请输入想要计算的数:";
    cin>>n;
    total=sum(n);

    cout<<"从1加到"<<n<<"等于: "<<total<<endl;

    return 0;
}
```

在这个程序中，我们第一次地使用了函数这样的结构。这是 C 语言和大多数高级语言都提供的一种代码集成机制，可以把特定的功能集中由函数（function）来完成。

函数完成固定的、规划好的功能，在程序编写中如果需要使用这样的功能即可通过调用这个函数来实现。不管这个函数实现的功能有多复杂，调用它只需要很少的语句，而且调用形式（接口）是固定不变的。

C 语言中引入函数这样的结构有很多的好处，一是提高程序的通用性；提高代码的复用率；强化了程序的分工；还提高程序的可读性。

相比较而言，有人说 Basic 语言的一个语句就是一个函数，真的是很有道理。

函数的重要意义在于接口和实现的分家，这给开发大型程序、分工合作带来了可能。

程序员各自开发各自的模块，只需要约定好互相调用的接口即可。C 语言的函数就是起到接口的作用，我们只需要使用函数，而不需要知道函数的内部是如何实现的。例如上面的程序可以改用高斯先生的算法，如下面示例所示。

【示例 5-3】求从 1 加到 n 的值（高斯算法）。

代码如下：

```
#include <iostream.h>

int sum(int n);

int main()
{
    int n,total;
    cout<<"请输入想要计算的数:";
    cin>>n;
    total=sum(n);

    cout<<"从1加到"<<n<<"等于: "<<total<<endl;

    return 0;
}

int sum(int n)
{
    int total;
    total = ( n*(n+1) )/2;

    return total;
}
```

高斯先生果然聪明，采用他的算法，程序也可以简单很多。我们也很聪明，从两段程序的对比中会发现有很多不同：

（1）函数可以使用一个原型先声明，实现可以在其他任何地方；

（2）接口不变，实现变了，不影响程序的执行。

实际开发中也是如此，确定各个模块的接口后，在优化程序的时候，修改各个函数模块的内部实现即可，不用对整个系统"大动干戈"。函数的功能结合一定的程序设计方法，在求解问题的时候逐步细化，逐步到最简单的、最底层的函数，然后逐一实现，这给软件开发带来了极大的便利。

5-2　函数的基本概念

总结前面，可以发现函数定义的一般形式：

```
类型标识符 函数名（ [形式参数列表] ）
{
局部变量定义；
```

```
语句1；
语句2；
……
语句n；

return语句；
}
```

函数调用的一般形式：函数名（[实参列表]）；

调用一个函数非常简单，如前所见，只要输入正确的参数，一个语句就可以调用一个函数，而这个函数可能具备非常强大的功能。

在使用函数带来的巨大好处的时候，请回顾一下，你是否掌握了以下概念。

1．函数参数：形参和实参

在调用函数时，大多数情况下，主调函数和被调函数之间有数据传递关系。两者的数据传递是通过函数参数完成的。

这个概念也有些像数学中的函数的概念，$f(x)$中，x 是参数，输入不同的 x，$f(x)$的结果也不尽相同。

在 C 语言中，定义函数时函数名后面括号中的变量名称为"形式参数"/"形参"；在调用函数时，函数名后面的各种表达式称为"实际参数"/"实参"。

2．函数的返回值

在数学中 $f(x)$的结果要传递出来，在 C 语言中，提供的是差不多相同的机制，可以采用 return 语句的一个结果，这个结果被称为是函数的返回值。

不过我们要注意以下三点：

（1）C 语言中，可以有其他机制返回需要的数据，比如后面要讲的指针，还有 C++中开始提供的引用机制。

（2）对于比较专业的程序员来说，return 语句一般返回一个非 0 值或 0 值，用来表示程序的成功运行或失败，这在很多专业代码中经常见到。

（3）函数执行到 return 语句肯定结束，但 return 语句不一定只出现在函数的最后一行。

3．为什么要为被调函数做声明

这是一个和编译相关的语法形式。

什么是被调函数声明？其实就是示例 5-3 中 main()主函数之前的这句 int sum（int n）；提前声明了一个函数的定义形式。方便编译器的一种技巧。

当被调用函数的定义发生在主调函数之前，即可省掉函数说明。

最好的方法是在文件的开始就为所有被调函数做说明。

实际上，在源代码文件开始的#include 语句，往往就是引入其他库函数中的函数调用形式，只有在链接的时候，才会去寻找到具体的实现模块，然后把代码链接进来。

5-3 库函数

int sum(int n)是自定义函数，函数的功能是由自己决定的，也是由自己编写源代码的。printf 函数是库函数/标准函数，它是由编译系统提供的，函数的源代码未知，但并不妨碍我们使用它的功能。库函数有很多，可以通过软件手册和在线帮助获得它们的功能介绍和使用方法。

使用库函数时一般应把声明这个库函数的头文件包含进来，这是 C 语言的编译链接机制决定的。即在使用该函数的文件开头用类似下面的语句：

```
#include <stdio.h>
```

stdio.h 是一个文件，通常存放在编译器软件指定目录下的 include 子目录中。这个文件中声明了许多库函数的返回值类型和形参信息。

5-4　函数的嵌套调用

和传统的 Pascal 语言不同，C 程序不可以在一个函数的定义体内定义另一个函数。但可以在函数的实现体内调用其他函数。这就是函数的嵌套调用。

【示例 5-4】在 max3 函数中实现嵌套调用。

代码如下：

```
int max(int x,int y)
{
  return (x>y?x:y);
}
int max3(int x,int y,int z)
{
  int c;
  c=max(x,y);  /*在max3函数中又调用了其他函数*/
  return(max(c,z));
}

void main()
{
  int a-3,b=5,c=4;
  max3(a,b,c);
}
```

正是有了这样的机制，函数才成为独立的模块存在，我们也可以逐步实现程序的细节。

5-5　代码封装：模块化程序设计的起步

函数是一种将功能代码封装起来的机制。很明显，它最大的优点就是将代码模块化。这对现代程序设计具有非常重要的意义，设想如果没有函数机制，我们几乎无法写出功能复杂的代码。

1．便于调试

因为函数的模块化功能，首先可以保证各个函数的功能正确，然后再整体调试系统功能，使得程序调试可以由下至上，先各个模块，然后主程序，有章可循。

2．便于优化程序

当某个模块或者函数的运行效率不能达到预期的时候，可以集中精力修改，优化函数中的代码，无须变动系统其他部分代码。

3．便于程序进化

所谓程序进化，往往是因为需求的变化，程序需要添加新的功能。比如采用新的用户界面，而系统的执行功能不变，这时只需改动用户界面部分即可。

5-6　接口/实现思想的第一次体现

我们在现实生活中解决问题，往往需要分为"做什么"和"怎么做"两个部分。大多数时候，做什么是设计，怎么做是实现。

函数为我们提供了在程序设计时的抽象机制，可以首先解决做什么的问题，设计出程序的结构，通过函数机制做出接口，具体的实现可以逐步细化。

1．符合人类的思维习惯

"你先去银行取 3000 元钱，然后再过来……"，这是我们日常生活中最常见的语言句式。至于具体是去 ATM 机取，还是柜台取，如何输入密码，我们就不管了。我们只管调用"取钱"这个函数，具体实现细节，我们不用关心。

2．强化设计

有了函数机制，可以把重点放在设计需要哪些功能上，设计定义接口，具体的实现暂时不管，可以用一个空的函数代替。现实开发也常常是这样的，我们有时候做一些 demo 程序，基本架构出来之后，具体的很多函数实现中，一句代码都没有。

3．提高代码的可读性，可理解性

如果没有函数这种结构出现，一个程序从头写到尾，主次不分，层次不清，到处都是语句，基本上没有办法阅读。

4．产生分工

有些程序员因为经验的提升，解决问题的能力很强，改为专门设计，而另外一些程序员则专门编写代码。

5．出现了库函数设计工业

分工过后，当然有些人就可以专心于解决某一类问题，将解决方法以库函数的方式分享出来，供大家使用，提高工作效率。

5-7　总结一下：函数帮你编写更好的代码

很多《C 语言程序设计》书上一般都有这么一个题目：

"编写一个程序，实现两个数的四则运算。"

这是考察读者的多重选择分支程序的设计能力，熟悉语法的读者能够很快写出来：

```
#include <stdio.h>
```

```
int main()
{
float numberone,numbertwo,result;
char op;


printf("\n Please input the Number ONE:");
scanf("%f",&numberone);

printf("\n Please input the Number TWO:");
scanf("%f",&numbertwo);

while ((op = getchar()) != '\n')  printf("error!");

printf("\n Please input the OP:");
op = getchar();
// scanf("%c",&op);


switch(op)
  {
    case '+': result = numberone + numbertwo; break;
    case '-': result = numberone - numbertwo; break;
    case '*': result = numberone * numbertwo; break;
    case '/': result = numberone / numbertwo; break;
    default: printf("OP error!\n");
  }

printf("The result is:%f",result);

return 0;
}
```

　　其中：while（（op = getchar（））!= '\n'）　printf（"error!"）;这句是一个技巧，是为了吸收第二个数字输入后的回车符。

　　好了，这个程序运算基本没有问题，但这不是一个好的代码，好的代码必须有一定的抽象性和层次性，一般来说，至少会把核心的运算部分抽象出来。这就是函数和接口存在的意义。

　　请看修改之后的代码：

```
#include <stdio.h>

int calculator(float n1,float n2,char op,float *result);

int main()
{
float numberone,numbertwo,result;
char op;

printf("\n Please input the Number ONE:");
scanf("%f",&numberone);
printf("\n Please input the Number TWO:");
```

```
    scanf("%f",&numbertwo);

    while ((op = getchar()) != '\n')  printf("error!");
    printf("\n Please input the Opreate:");
    op = getchar();

    if(calculator(numberone,numbertwo,op,&result))
      printf("The result is:%f",result);
    else
      printf("OP error!\n");

    return 0;
    }

    int calculator(float numberone,float numbertwo,char op,float *result)
    {
    switch(op)
      {
        case '+': *result = numberone + numbertwo; return 1;
        case '-': *result = numberone - numbertwo; return 1;
        case '*': *result = numberone * numbertwo; return 1;
        case '/': *result = numberone / numbertwo; return 1;
        default:  return 0;
      }
    }
```

这个新的程序，体现出了用户界面和核心计算相分离的原则，把计算部分聚合到了一个新的函数 int calculator(float numberone,float numbertwo,char op,float *result)；中，在任何程序中都可以通过这几个接口调用它，现在编写的控制台程序，当变成 Windows 图形界面程序的时候，一样可以使用这个函数。

当然，这个案例比较小，看不出具体优势来，我们稍微做一个大一点的程序。现在，题目的要求变了：用户有很多四则运算要计算，用户自己想控制程序的开始和结束。这时抽象，接口，代码重复利用的优势就会显现出来。

5-8 对比 Pascal 语言和 C 语言中函数使用的差异

Pascal 语言往往作为一门程序设计的教学语言使用，现在在计算机奥赛中等教学领域也有一定的使用，读者将来也可能会用 Delphi 这种基于 Pascal 变化而来的快速开发工具，所以这里对比一下。

记得当年学习程序设计语言的时候。我们班也和现在的网络上一样，有喜欢 Pascal 语言的，有喜欢 C 语言的。两边争得不亦乐乎。其实 Turbo C 和 Turbo Pascal 在 Borland 的调教之下，功能相差无几。

其实我是先用 Turbo Pascal 再转入 Borland C++的。中途只是考试用了一下 Turbo C。

要说两种语言，我也是先亲近 Pascal 语言，后来爱上 C 语言的。

开始我喜欢 Pascal 语言的严谨，每一个语法都有严格的语法图示。Turbo Pascal 编译速度很快。后来更喜欢 C 语言一些，源于它们对函数处理的区别。

C 语言是不能在函数中定义一个函数的。虽然也可以嵌套。

但 Pascal 语言可以，可以在定义部分，定义一个这个函数使用的函数。

我仔细对比了之后，认为 C 语言这种做法使得 C 语言更简洁、更精巧。

原因如下：

（1）在函数体外定义一个函数，需要的时候，调用即可，显得更简洁，好理解。

（2）Pascal 语言的这个机制，给 Pascal 语言的学习带来困扰，理解这样的嵌套函数，也很费力。

实际上，我更喜欢 Turbo Pascal 提供的 unit 这个功能。

一个单元就是一个模块。在任何一个单元中，分为接口和实现两个部分。我们要用这个模块，只需要理解接口中的调用函数用法就可以了。

和 C 语言/C++的头文件的实现文件机制非常像。

但是，unit 单元文件编译后，对接口不可见，不像 C 语言，读一下头文件，基本上能掌握十之八九。

不可见，就需要另外提供开发文档给使用者，好像也不是很好。但是 unit 单元提供的这种接口/实现相分离的机制，一直给我留下了非常深刻的印象。

所以，Pascal 语言更适合作为教学语言，给刚刚接触结构化编程的学生建立严格代码规范的训练。可以避开 C 和 C++的一些简单陷阱，先专注于理解程序语法规则。而 C/C++适合作为以为开发技能的训练。当然，本书提供了一种思路，你可以先学习最核心的 C 语法，然后再学习 C 语言的一些技巧，跨过这些缺陷。现在直接用 C 语言作为教学的情况也多了起来，其实这是一件好事情，可以让学生直接接触工业级实际开发代码，对就业和直接上手都很有帮助，就是学习的时候，要注意 C 语言的学习台阶。

所以，读者们请多注意语言特性的区别，这个特性能有什么好的用处？甚至思考一下有些程序设计语言为什么要有这个特性？以及这个语言带给你开发程序上的实际意义。如果你都能对这些加以思考，并不断寻找答案，相信你会更上一层楼的。

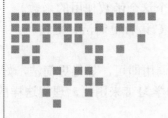

Chapter 6 | 第 6 章

总结：快速掌握 C 语言基础知识

在第一篇的最后，我们来重新审视一下 C 语言的核心知识，用一些程序员的视角帮助读者深刻理解 C 语言，然后再通过一些经典的案例，把 C 语言的核心知识串一串，关键是引入的数组形态。最后，如果你学习过一学期的 C 语言，再加上几百个小时的上机调试，你应该掌握了 C 语言和 C++ 程序设计语言的基本语法。基本上来说，所有结构化程序设计语言都没有问题。或者说，所有程序设计语言的基本知识核心，你都应该掌握了。

6-1　再次 Understand C

前面的章节，对 C 的语法做了一个概述，同时也提出了学习和实践的注意事项。下面让我们来对 C 语言做一个总结。

对于程序设计语言来说，十余年来我的体验可真不少。从古老的 FORTRAN，VAX 环境开始，Pascal，Basic，dBase，汇编，Object Pascal，Delphi 都有一定的体验，甚至还尝试过一点 C#，Java。可谓涉猎广泛。不过最钟爱的还是 C/C++。

从 C 语言开始，C++，Delphi，C#，这基本上是我的学习曲线。不过，最近我有所回归，一方面是工作的需要——做嵌入式开发，另一方面是基于对 C 语言的重新理解。

1. 六大特性构筑辉煌

究竟是什么让我们如此痴迷于 C 语言？为什么千千万万的程序员同时选择了 C 语言？

我总结了以下 6 个原因：

（1）小而简洁。

（2）高效率。

（3）足够的算法描述能力。

（4）强可移植性。

（5）结构化程序设计。

（6）信任程序员。

2．高级语言的最小子集

小而简洁是每次有人问我 C 语言特点的时候，想起的第一个回答。任何一个语言都是人类逻辑和机器逻辑的体现：机器逻辑只认识二进制的东西，不过还是可以简单地分为两类，代码和数据，代码演变成各种运算和 if，while 这些结构控制，数据演变成 int，char，float，然后引入数组和 struct 组成复杂数据。加上代码和数据在内存中都有对应的地址，于是就有了指针的概念。结合结构化程序设计便有了函数。

你可能会说，任何高级语言都有这些特性，可是你不知道，比如 Pascal 语言，函数就分为"procedure 和 function"两种。而且有一个变量定义方式：var i:integer。即在函数中要改变函数外面的一个变量定义的值，看看 C 语言：int fun（int *i）即可，函数的定义和指针的定义一结合，就有一个新的特性。所以我说 C 语言是高级语言的最小子集。

C 语言的额外功能基本上都是通过函数库来提供，很多特性，我们以为是 C 语言的，实际上我们错了，那是 ANSI C 规定标准库函数必须提供的。

3．一个非常"低级"的高级语言

C 语言能操作硬件，这让 C 语言在操作系统的开发，嵌入式系统等底层相关开发方面魅力十足，长盛不衰。当然，这也带来了很多语言的天生缺陷和烦恼，比较难理解。

4．C = 汇编++

道理同上，C 语言虽然难学，但比汇编好用，基本上程序效率和汇编一致，当然是硬件相关开发的不二选择。

5．不完美的 C 语言，完美的程序员

很多文献说"信任程序员"是 C 语言设计时的一个基本原则，而我的幽默理解是 C 语言设计者最后说：我就能做这样多，剩下的你们看着办吧！

6．告别语言崇拜，专注问题解决

小的时候我非常喜欢数学，喜欢它的原因我现在想想可能有两点非常重要：一个是数学的美，另一个是解决数学问题需要的工具非常简单，白纸和铅笔。

后来我爱好程序设计，可能也是这两个原因的延续：程序设计的美；简单的工具：C 和 PC，它们能让我很快能见到结果，这是人生智力延伸的最好体验。

因为喜爱，所以有些封闭。我也是大学宿舍里编程语言优劣的争论者——那个时候没有网络，所以还只限于几个同学之间的讨论。

不过，世界在变化。毕竟我们也有了很多编程语言和开发工具的体验，C/C++，特别是 C 语言，毕竟是手工编程时代的最好代表。C 语言的设计原则，"信任程序员"，一定会被"给程序员最好的帮助，让他们专注于解决问题"所取代。

6-2　把基础知识串起来

有一种比较好的学习方法就是学完之后，合上图书，勾画一下，自己是否已经完全掌握了这些知识。

对于 C 语言来说，核心的基础知识并不多，请大家按照这个顺序逐一检查，是不是已经

完全掌握了。

（1）理解最简单的 C 程序，学会在开发工具中基本的编写和编译代码。比如 HelloWord 这样的案例代码，完全可以自己编写编译通过，并成功运行。

（2）理解数据类型的分类，知道有 int，char，float 等数据类型。认识有变量的 C 程序，理解编译，链接的概念。

（3）会给变量赋值，会把变量通过 + - * % 等运算符号连接成表达式。

（4）会简单的输入和输出程序，会 printf()和 scanf()函数的最常用用法。

（5）会用关系运算符和关系表达式，理解逻辑运算符和逻辑表达式。碰到 if((!a)||(x==y)) 能计算出结果。

（6）三种循环程序结构都能熟练掌握，知道它们的区别。会使用 break 和 continue 语句。

（7）if 语句的三种格式，if(){ } ;if(){ }else{ };至少用得非常熟练；switch 语句当然也要会。

（8）函数的基本用法，会把一些代码封装到函数中。

（9）一维数组也要熟练掌握。还会习惯性检查边界是否溢出。

是不是真正掌握了 C 语言的基本知识，我们有一个测试办法，就是编写一个包含 C 语言所有基础知识的案例。

6-3 综合实例 1：打印 Fibonacci 数列

Fibonacci 数列（从数列的第 31 项开始，每一项都等于前面两项之和）是一个很有意思的题目，如果你对这方面的数学知识不太了解，可以上网查查。

打印前 30 个数字，现在我们来编写程序并打印。

```c
#include <stdio.h>
int main()
{
long int fibona1,fibona2;
int i;
fibona1=1; fibona2=1;
for(i=1; i<=15; i++)
  {
  printf("%12ld %12ld",fibona1,fibona2);
  if(0==i%2) printf("\n");
  fibona1=fibona1+fibona2;
  fibona2=fibona1+fibona2;
  }

return 0;
}
```

输出结果如图 6-1 所示。

之所以选用这个案例，是因为这个案例中包含了变量定义，循环语句，选择语句等基本知识。

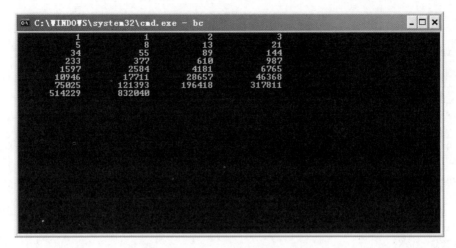

图 6-1　Fibonacci 数列输出结果

另外，在这个案例中，还有几个比较巧妙的地方，可以帮助我们思考复习 C 语言的基础知识。请思考以下问题：

（1）打印前 30 个数，为什么循环 15 次？循环结束的时候，fibona1 和 fibona2 分别是第几个 Fibonacci 数？

（2）本案例中，if 语句的作用何在？

（3）代码中 fibona1=fibona1+fibona2;　fibona2=fibona1+fibona2;都是 fibona1+fibona2 两个数字相加，为什么结果还不一样？

能给出正确答案，说明读者的 C 语言基本功已经过关了。

练习：请用另外两种循环结构（do...while 和 while...do）改写前面的案例。目的很简单，加强读者对各种循环结构的用法比较。

6-4　综合实例 2：把 Fibonacci 数列中的素数找出来

在原来代码的基础上，加入是否是素数的判断即可，当然，Fibonacci 中有一个偶素数 2 非常好判断，关键是那些奇数。代码比较简单。但为了复习函数的用法，特地改为获得 Fibonacci 数为一个函数。上面案例 1 的代码修改如下：

```c
#include <stdio.h>

long int getFibona(int i);

int main()
{
int i;
for(i=1; i<=30; i++)
  {
  printf("%12ld",getFibona(i) );
  if(0==i%4)printf("\n");
  }

return 1;
```

```
}

long int getFibona(int i)
{
long int f1=1,f2=1;
long int fibonaX ;
int w;

if( 1==i ) return f1;
if( 2==i ) return f2;
for(w=3;w<=i;w++)
 {
 fibonaX=f1+f2;
 f1 = f2;
 f2 = fibonaX;
 }

return f2;
}
```

现在我们达到了目的，把案例 1 变成了函数的调用格式。继续修改 main()函数，把系统变成判断 Fobonacci 数是否是素数，如果是，打印出来。

```
int main()
{
int i;
long int fibo;
long int k;
for(i=3; i<=30; i++)
  {
  fibo=getFibona(i);

  for(k=2;k<fibo;k++)
    {
    if(0==fibo%k) break;
    if(k==fibo-1) printf("%12ld",fibo);
    }
  }

return 0;
}
```

练习：在前面代码的基础上。把判断一个数是否是素数的代码也变成一个函数，主函数调用判断即可，简化主函数。

6-5 综合案例 3：在 Fibonacci 数列中加入数组的应用

成功通过了前面的案例和练习，可以这么说，你的基础知识是相当扎实的。继续修改前面的代码，加入应用数组的知识，完成复习所有的基础知识。

在现实应用中，经常要把 Fibonacci 数列存储起来然后再使用。当然，最简单的办法就是存储在一个 Fibonacce 数组成的数组中。

```
int main()
{
int i;
long int fibonacci[30];
long int k;
for(i=1; i<=30; i++) fibonacci[i-1]=getFibona(i);

for(i=0; i< 30; i++)
  {
  for(k=2;k<fibonacci[i];k++)
    {
    if(0==fibonacci[i]%k) break;
    if(k==fibonacci[i]-1) printf("%12ld",fibonacci[i]);
    }
  }

return 1;
}
```

在上面的代码中。for(i=1; i<=30; i++) fibonacci[i-1]=getFibona(i); 一个循环把 fibonacci[30] 数组的值确定。后面使用起来会方便很多。

接下来的 for 循环代码，完全是为了对比才放在一起的，为什么循环变量从 0 开始？如果你能回答这个问题，并完成了上面的代码，你的数组基础知识也算完全过关。

6-6   最后的综合性代码

程序中 Fibonacci 数列的长度是一个固定值，要求是 30，假如我们需要修改。代码中的每一处 30，如果都去修改，那太麻烦了。可以通过设定一个常量来解决这个问题。

前面练习中关于素数的判断，也可以修改成函数形式。这就产生了一个综合性的代码。

```
#include <stdio.h>
#define MAXFIBONUB 30
int isPrime(long int x);
long int getFibona(int i);

int main()
{
int i;
long int fibonacci[MAXFIBONUB];
long int k;
for(i=1; i<=MAXFIBONUB; i++) fibonacci[i-1]=getFibona(i);

for(i=0; i< MAXFIBONUB; i++)
  {
  if( isPrime(fibonacci[i]) ) printf("%12ld",fibonacci[i]);
  }
```

```
return 1;
}

long int getFibona(int i)
{
long int f1=1,f2=1;
long int fibonaX ;
int w;

if( 1==i ) return f1;
if( 2==i ) return f2;
for(w=3;w<=i;w++)
  {
 fibonaX=f1+f2;
 f1 = f2;
 f2 = fibonaX;
 }

return f2;
}
int isPrime(long int x)
{
long int k;

for(k=2; k<x; k++)
  {
  if(0==x%k) break;
  if(k==x-1) return 1;
  }
return 0;
}
```

在这个程序中，常量的定义和使用，变量的定义和使用，循环语句结构，选择语句结构，数组的定义和使用，函数。基本上达到了综合练习的目的。你确信自己能完全掌握并能自己编写吗？

这些基础知识除了 C 语言具备，其实任何一种语言，如果我们能写出这样一个程序来，基本上也就掌握了这种语言的基本语法了。

6-7 成为 C 程序员你还需要知道的事情

除了前面的基础知识，你还需要掌握这些 C 语言中比较专业的知识。

1．名字的重要性

在程序中经常发现许多以下画线开头的变量和函数名，例如：_dos_getdrive 或_chmod。一般只在 DOS 环境中才使用这样的变量和函数。如果编写的程序将在 DOS、Windows、Macintosh、UNIX 或其他一些操作系统下运行，最好不要使用这样的函数，因为它们很可能在其他系统中不能用。这样，当要把程序从 DOS 转移到其他操作系统上时，必须重新编程。

一个函数有两种命名(implementation)，一种是带下画线的(_chmod)，另一种是不带下画线的（chmod）。作为规则，应使用不带下画线的变量和函数，在本例中是 chmod。

2．C 语言区分大小写字母

当输入程序时，必须记住在 C 语言中大小写字母是区别对待的。作为一个规则，大多数 C 命令使用小写字母，大多数常量使用大写字母，而大多数变量使用的是大小写字母混合。在 C 程序中，小写字母的应用极为广泛。在下面的程序 uppererr.c 中，因为使用的是 Main，而非 C 程序中所用的 main，所以该程序不能编译成功：

```
void Main(void)
{
    printf("This program does not compile.");
}
```

当编译程序 uppererr.c 时，Turbo C 编译器将显示如下消息：

Link error:Undefined suymbol _main module TURBO_C COS.ASM

Turbo C 编译器返回的这条相对没有什么意义的消息是因为使用了 Main 的结果。在这种情况下，只需将 Main 改为 main，重新编译并执行该程序即可。

3．理解分号的作用

在 C 程序中，我们会发现分号经常被使用。C 程序中的分号有着特殊的意义。大家都知道，程序是计算机所要执行的指令集。使用这些指令时，必须用分号来分隔语句。随着程序变得越来越复杂，可能一行放不下一个语句。当 C 编译器检查程序时，它使用分号将相邻的语句分开。C 语言的语法定义了分号的用法。如果忽略了分号的用法，将会出现语法错误，程序不能通过编译。

另外，我们经常在某一行代码中直接用一个"；"号，甚至调试的时候，连续几行都是"；"号，这是为了期待一个程序延时 delay 的作用，简单来说，就是让程序 CPU 空转一下，等待一下，看一下会有什么情况发生。

4．进一步了解连接器

编译 C 程序时，另一个被称作连接器的程序将程序语句和预定义例程连接起来（编译器提供的），将目标文件转化为可执行文件。如同编译过程可检测到错误一样，连接程序也可能检测到错误。举个例子，在下面的程序 no_print.c 中，使用错误的 print 来代替 printf：

```
#include<stdio.h>
void main(void)
{
    print("This program does not link");
}
```

由于 no_print 程序并未违反 C 语法规则，它可以顺利通过编译，生成一个 OBJ 文件。但 Turbo C 却会因为未定义的 print 语句而显示如下的错误信息：

```
Error:Funcy\tion 'print'should have a prototype in function main()
```

因为 C 译器不提供名为 print 的函数，连接器不能生成可执行程序 no_print.exe。相反，连接器将显示如上所示的错误信息。编辑源文件有，改正错误，将 print 改为 printf，并重新编译、连接程序。

5．寄存器类型标识符

变量是与程序关联的内存单元的名字。定义一个变量时，C 编译器将分配内存以存储变量的值。当程序必须存储变量时，CPU 访问内存要占用一定的时间，有时可让编译器把变量存储在寄存器中（驻留于 CPU 本身中）以提高程序的性能。因为数值存储在寄存器中时，编译器存储该数值的速度大大加快，所以程序的执行速度也会更快。寄存器（register）类型标识符可通知编译器尽量把变量存储在寄存器中。因为 CPU 中寄存器的数目有限，编译器不可能让某个变量长期占用一个寄存器，所以编译器只能尽量把变量保存在寄存器中。下列语句说明了 register 类型标识符的使用方法：

```
void main(void)
{
    register int counter;
    register unsigned status_flags;
}
```

对于程序经常存储到的变量应当使用 register 标识符，例如程序每次循环都必须访问的变量 loop。

6．多赋值运算符

如前所述，C 使用等号（=）作为赋值运算符。一般情况下，C 程序在不同的行给变量赋值，如下所示：

```
count=0;
sum=0;
value=0;
```

如果想给多个变量赋相同的值，C 语言允许同时完成这些赋值操作，如下所示：

```
count=sum=value=0;
```

当 C 遇到多赋值运算符时，它是从右至左赋值的。作为一条规则，多赋值运算符只能用来初始化变量。如果在更复杂的操作中使用这种方法，将降低程序的可读性。例如下列程序将输入字符的大写形式赋给两个变量：

```
ltr_save=letter=toupper(getchar());
```

7．把变量的值赋给另一种类型的变量

类型定义了变量的可存储数值，以及计算机对该数据进行的操作。C 语言提供了四种基本数据类型（整型、浮点型、字符型和双精度型）。有时可能需要将一个整型变量的值赋给浮点型变量，或相反。作为一条普遍的规律，可以成功地把整型变量的值赋给浮点型变量。但如果要把浮点型变量的值赋给整型变量，那就得小心了。大部分编译器将截除浮点型数值的小数部分。而另一些编译器则可能进行四舍五入，而不是截尾（这意味着，当数值的小数部分大于 0.5 时，这两种编译器转换所得的数值将是不同的）。如果想确保程序把一个浮点型数转换成整型数的值每次都一样，需要使用 ceil floor 函数，这两个函数将在后面的部分讲到。

8. 赋给十六进制或八进制值

有些程序有时可能需要使用八进制或十六进制数值。这时，应告诉编译器用户将使用非十进制的数值。如果使用以 0（零）开头的数值例如 077，C 编译器将把它当作八进制看待。类似地，如果使用以 0x 开头的数值，例如 0xFF，编译器将把它当作十六进制看待。下列语句说明了如何使用八进制和十六进制常量：

```
int octal_value=0227;
int hex_value=0xFF0;
```

6-8　三小时你可以学会 FORTRAN

当你对一种开发语言的掌握达到一定的程度之后，学习另外一种开发语言或者工具，基本上不会浪费多少时间，关键是看你对程序设计语言规则的理解程度。一般来说，当你理解了顺序选择循环三种结构可以构成所有程序，理解了函数可以给程序分模块之后，基本上这些程序设计语言相通的规则你都理解了。当然，我所说得学会，是掌握基本的东西，有一些技巧性的东西特别是这个语言独有的东西，肯定需要一定的开发时间积累才能掌握。

因为工作和学习的需要，经常要用很短时间掌握一门语言，然后用到某个项目上。当你通过编写一些简单代码，测试了解了一门语言的三种结构和函数的定义与调用之后，基本上基于某个开发工具完成一些简单的项目，会没什么问题了。想要深入理解和应用，当然还要买一些资料来学习。下面介绍一下经历过的用很短时间掌握的开发工具。

大四的时候，有一天，一个老乡来找我，说她考研要考 FORTRAN，希望我帮她辅导一下，从所有的老乡口中，听说我特别会开发，讲问题还相当清晰，特意来找我。

其实我基本不认识她，一个是老乡的忙一定要帮，另外也是这番恭维有效果，我就找了个机房辅导她。

老实说，在这之前我学习过 FORTRAN。但因为是大一时科学计算相关的课程，早就忘了，我们学习 FORTRAN 的时候，还在小型机上，学校开这门课的目的，我后来分析，就是让学生理解计算机做科学计算的特点，或者熟悉键盘，相当于现在的大学计算机基础。PC 上的 FORTRAN 编译程序，从来没有接触过。

她也学过 FORTRAN，并且又复习了这么久。但就是不会上机调试。我当时想：高技术我不会，教你学会基本的调试，问题并不大。

我拿过她的 FORTRAN 图书。找了一个比较典型的完整程序，给她辅导：

我先把 FORTRAN 语言抽丝剥茧，把基本的东西掌握，后面你就在这个基础上复习就简单多了。

你也学过两门开发语言了。任何语言都有变量的定义，运算符，表达式这些基本的东西。

变量的定义太简单了，就是在内存中确立一个变量存储空间，运算符就是中学数学的东西。加上表达式就是基本语句了。

还有，为了程序模块化，一般的开发语言都提供了函数的机制。

我们就选择一个典型的程序，把 FORTRAN 语言最基本的东西都包含进去。

然后就按照书的目录，把这个程序用到书中的语法，一一和书中的内容对应讲解了一下。

这个复习结束，花了半个多小时。然后我说，现在我们把这个典型程序输入进去。再存盘。

等她输入完了。我问她说：对了，你是不是连最简单的程序都没有调试通过？

她说是。

哦，我说，那不行，我们要从最简单的入手。

然后我快速找了一个。存盘开始调试。你看书上写得很清楚，我们按照这个步骤来。

记得当时的 FORTRAN 编译器很奇怪，要 for1，for2 两次才成功。

中途出现一个错误报告，我十分欢喜，要的就是这个效果。问她这个错误提示是什么意思。

她说：好像说有个字符错了。

对嘛，只要你英语够好，怎么能不会编写程序呢？编写程序是最简单的活了。你现在去修改这个字符。

然后她便去修改了，后面的流程全部成功。

你看，其实开发程序特别简单。

你只是碰计算机不多，对书上写的流程，有些不明白。其实你英语这么好，就像读英文课文一样，没有比这个更简单的事情了。

现在你编译刚才的那个大程序。

呵呵，你看错误这么多，打字很不用心。快看错误提示。

"这个提示是什么意思呢？"

"很简单，关键你要学会查编译错误的意思。

你看书后面的这个附录。以后你碰到相似的问题就看后面就好了。"

"还有就是，有些错误是相关联的。

如果一个错误你解决不了，可以看下面一个。有时候解决了一个错误，很多错误再编译就没有了。因为计算机很笨的，不会提示你先解决关键错误。"

等她把这个程序调试出结果，我说：

"你把这个程序修改一下看看，加几句自己的东西。

其实这是一个提高的好办法，阅读和修改别人的程序。"

"还有，程序能编译通过运行。只能说程序没有错了，其实可能你自己的逻辑却错了。

本来你想调用这个函数打印一次，结果你把它整成循环了。就打印了很多次。

这种问题，属于没有得到你想要的结果，这才是最可怕的问题。因为你自己的脑袋要清楚。

要自己想到每个语句的结果，只有这样，时间久了，你的程序才不会出现这些问题。

到时候，编译工具会帮你查找语法错误，很容易就一次通过了。

当然，如果你只是为了对付考试，会编译就行了。"

最后，这位老乡在我的帮助下，学会了自己修改编写并调试简单的 FORTRAN 程序，只用了三个小时。

再后来，这位老乡考上了研究生。当然，FORTRAN 在考研中并不是最关键的三科之一。

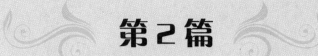

第2篇
提升你的编程功力

　　有一个朋友是嵌入式系统工程师，常常用C语言或者汇编编写程序。这样的工程师，常常为不同的芯片编程，需要适应不同的系统和语言，自称赋予芯片生命的人。有一天，请他谈谈程序设计之道。他说，我个人觉得程序设计一点儿都不难，在我的工作中，反而是非常简单的一环。你看，我的系统常常是三大模块，输入采集，算法处理，输出控制。大多数输入来自传感器，输出为控制电路或者显示屏，程序比较单调，电路的电气特性反而需要多加考虑。最重要的应该是核心算法，比如说我设计的交通控制设备，传感器传递来的汽车通过数据很容易成为内存中的几个变量，可是根据这几个变量，计算通过汽车总的最少等待时间反而是一个很复杂的数学模型。当然，输出控制红绿灯的显示就更简单了。一旦算法出来，编写程序反而是一个很自然的过程，我开始学习程序设计的时候也比较讲究程序语言编写的技巧，其实，根本没有多少花样可以玩的，最简单、最朴实的实现最可靠。如果说需要有什么特别的技巧，可能算法的优化算一个。程序语言就几个功能，不过是机器和人之间沟通的桥梁。机器不能理解我们的思想，但是我们懂得机器的语言。用最简单的话语描述，对人表述自己的思想时最有效，向机器表达也是这样。

　　本篇最初的目的是想向读者展示用一些技巧编写C程序，不过最后关头我放弃了。也许，用简洁的语言，描述程序语言的特性，让读者不拘束于任何一种编程语言，学会用程序表达自己的思路才是最关键的，这是自由控制电脑的第一步。在此基础上，不断编写更大的程序，学会项目管理，积累程序编写的工程类经验，是提升编程功力的关键。

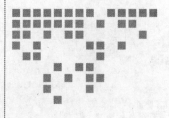

Chapter 7 第 7 章

逐步写出大程序

很多程序员都总结说，把课本上的练习都做完了之后，开始逐步尝试写一些比较大的程序，逐步积累了一些开发和调试的经验，这是成长路上非常关键的一步。这是很有道理的。书上的习题，只能让我们熟悉语法，或者说验证语法。而编写稍微大一些的程序，可以使我们熟悉函数的调用，学会分解模块，逐步走向程序员之路。

本章特意挑选了一个案例，从两个我们课本上常见的练习开始，发展成为一个比较大的程序。然后反过来进行总结，一个比较大的程序，我们是如何分解编写的。

7-1 准备案例 1：闰年的判断

一般的《C 语言程序设计》课本，都会有这么一个经典案例：判断一个四位整数年份是否为闰年。本书第 4 章也提到了这么一个案例，这里给出一个精简版本，作为本章讲解的基础。

我们知道闰年的判断方法为：如果年份能够被 4 整除但不能被 100 整除，或者年份能够被 400 整除，则该年为闰年。

能被 4 整除，但不能被 100 整除，我们可以得到条件：year%4==0 && year%100 !=0。能被 400 整除，代码就很简单了，year%400 ==0 。注意运算符不加括号的时候，有优先级的问题。根据这些分析，得到源程序代码如下。

```
#include <stdio.h>
int main()
{
  int year;

  printf("year=?");
  scanf("%d",&year);
```

```
if( (year%4==0 && year%100!=0) || year%400==0 )
  printf("Leap Year\n");
else
  printf("Non Leap Year\n");

return 0;
}
```

程序中使用逻辑运算符将闰年的判断规则组织成一个表达式，使得程序结构更加清晰简洁。这是这个案例的一个技巧。所以成为经典，几乎每本 C 程序图书都会讲到。为了使得这个闰年判断的功能在后面可以使用，可以把它变成一个函数。

```
int isLeapYear(int year)
{
    return (year%4 ==0 && year%100 != 0)||(year%400 == 0);
}
```

函数返回值为 1，是闰年，为 0，就是平年。

7-2　准备案例 2：这一天是星期几

另外一个经常被用来作为考试的题目：求某年某月某日是星期几。

这个题目的解题思路其实是计算到某年某月某日有多少天，然后整除 7，就很容易知道是那一天了。

具体计算分为三部分。先计算年，然后月，然后日，三者相加，就是总天数。

（1）先求年的代码

首先约定一些法则，用 Y、M、D 分别表示年、月、日，用数字 0~6 分别表示星期日~星期六。

平年一年有 365 天，即 52 周多 1 天。闰年为 366 天即 52 周多 2 天。首先考虑平年的情况，假设第 N 年的代码为 W，则第 N+1 年的代码为（W+1）%7，而第 N+K 年的代码则为（W+K）%7。这是因为从第 N 年到第 N+K 年共经过了 K 年，每过一年也就是过了 52 周余 1 天，经过 K 年也就是过了 52*K 周余 K 天，将多余的天数 K 加上第 N 年的代码 W 再对 7 取模，所得也就是第 N+K 年的代码了。

再考虑闰年的情况，从第 N 年到第 N+K 年间共有 K/4-K/100+K/400 个闰年，而每个闰年有 52 周余 2 天，要比平年多余了 1 天，即共多余了 K/4-K/100+K/400 天。把这些天也加进去，所以第 N+K 年的代码应为（W+K+K/4-K/100+K/400）%7。

再考虑两点：第一点是第 N 年是不是闰年。如果第 N 年是闰年，它本身就是 52 周余 2 天，而在上面是把它当作平年来计算的，少算了 1 天，应加上。所以在第 N 年为闰年时上式应为（W+（K+1）+K/4-K/100+K/400）%7。第二点是第 N+K 年是不是闰年。如果第 N+K 年是闰年，虽然它有 52 周余 2 天，但只有在计算第 N+（K+1）年的时候，才需要多加它那一天，而在算第 N+K 年的时候不需要多加这 1 天，因此必须将上式改为（W+（K+1）+（K-1）/4-（K-1）/100+（K-1）/400）%7。

再考虑第 N 年为公元元年时 W 的值。已知 2005 年 1 月 1 号为星期六，它的前一天为星期五，那也就是说 2005 年的代码就是 5，由此可得：

（W+（2005+1）+（2005-1）/4-（2005-1）/100+（2005-1）/400）%7=5

即（W+2492）%7=5

（W）%7=5

这样可求得 W=5。公式就变成了如下形式：

A=（5+（Y+1）+（Y-1）/4-（Y-1）/100+（Y-1）/400）%7

（2）计算当天是全年的第多少天

考虑平年，由于对阳历来说一年的每个月的天数是一定的，为 31，28，31，30，31，30，31，31，30，31，30，31。闰年时，三月以前和平年一样对待，如果在三月以后，在平年的基础上加一天。

这样，可通过公式（5+（Y+1）+（Y-1）/4-（Y-1）/100+（Y-1）/400+sum）%7 计算出当天是星期几了（sum 是每年的第多少天）。

具体代码如下：

```c
#include <stdio.h>
int isLeapYear(int year);

/*定义指针数组来存储多个字符串*/
char *week[] = {"Sunday", "Monday",      "Tuesday","Wednesday",
    "Thursday","Friday","Saturday"};


int main()
{
int y,m,d;
int sum,n,i;
int mouth[13]={0,31,28,31,30,31,30,31,31,30,31,30,31};

printf("请依次输入年,月,日(中间用逗号隔开):\n");
scanf("%d,%d,%d",&y,&m,&d);

sum=0;
for(i=1;i<m;i++)
    sum=sum+mouth[i];
sum=sum+d;

if(isLeapYear(y) && m>2) sum=sum+1;

n=(y-1+(y-1)/4-(y-1)/100+(y-1)/400+sum)%7;

printf("这天是%s\n",week[n]);

return 0;
}

int isLeapYear(int year)
{
    return (year%4 ==0 && year%100 != 0)||(year%400 == 0);
}
```

这样的代码，很快就能计算出是星期几的程序。

7-3　更高要求：万年历的编写

有了这些基础，我们有了新的要求，比如，在 Windows 窗口中，可以调出图 7-1 所示的图形，让我们很快查到每一月，每一天的情况。那么我们能不能编写一个程序，模拟这个情况呢？

图 7-1　日期和时间

这就是万年历的要求：

系统实现万年历的功能，并以交互的方式显示。适用于从公元一年一月一日至公元一万年之间所有日期的显示。在屏幕上任意输入某一年，系统可输出该年的年历；在屏幕上任意输入某年的某月，都会以一个二维数组的形式显示该月所有天数以及每天所对应的星期值；在屏幕上任意输入一个年、月、日，都会显示出该天是星期几。

同时，这个程序还有一些附加的功能要求，比如，我们要查闰年，计算星期几。总体来说，还要一个界面。

要求如下：

（1）系统主界面。

（2）查询某年某月某日（阳历）是星期几。

（3）某年是否是闰年。

（4）查询某月的最大天数。

（5）打印某年的全年日历或某年某月的月历。

选做功能：可探讨具有阴历功能的万年历。

有了前面的开发，我们发现，只需编写打印部分的代码就可以了。其他的都已经通过前面的练习开发了出来。所以，整个程序还是比较轻松。

至少，第一步，可以实现两个功能。代码如下：

```
#include <stdio.h>
int isLeapYear(int year);
```

```c
int foundLeapYear();
int printCalendar();
int isSunday();

/*定义指针数组来存储多个字符串*/
char *week[] = {"Sunday", "Monday",    "Tuesday","Wednesday",
    "Thursday","Friday","Saturday"};

int main()
{
int n;
while(1)
    {
    printf("\n");
    printf("万年历查询程序:\n");
    printf("1.查询某年某月某日是星期几\n");
    printf("2.查询某年是否是闰年\n");
    printf("3.打印某年的全年日历\n");
    printf("4.退出\n");
    printf("请输入要查询的选项:");
    scanf("%d",&n);
    switch (n)
        {
        case 1:  isSunday();  break;
        case 2:  foundLeapYear();  break;
        case 3:  printCalendar();  break;
        case 4:  printf("你选择了退出程序!\n"); return 1;
        default:  printf("你输入错误，请按要求输入!!!\n"); break;
        }
    }

return 0;
}

int isSunday()
{
int y,m,d;
int sum,n,i;
int mouth[13]={0,31,28,31,30,31,30,31,31,30,31,30,31};

printf("请依次输入年,月,日(中间用逗号隔开):\n");
scanf("%d,%d,%d",&y,&m,&d);

sum=0;
for(i=1;i<m;i++)
    sum=sum+mouth[i];
sum=sum+d;

if(isLeapYear(y) && m>2) sum=sum+1;

n=(y-1+(y-1)/4-(y-1)/100+(y-1)/400+sum)%7;
```

```
printf("这天是%s\n",week[n]);

return 0;
}

int isLeapYear(int year)
{
return (year%4 ==0 && year%100 != 0)||(year%400 == 0);
}

int foundLeapYear()
{
int year;
printf("\n请输入要查询的年份:\n");
scanf("%d",&year);
if(isLeapYear(year))
    printf("是闰年!\n");
else
    printf("不是闰年!\n");

return 1;
}


int printCalendar()
{
printf("\n我的功能还没有实现! \n");
return 1;
}
```

程序已经可以部分运行，只是部分功能没有实现。运行的结果如下图 7-2 所示：

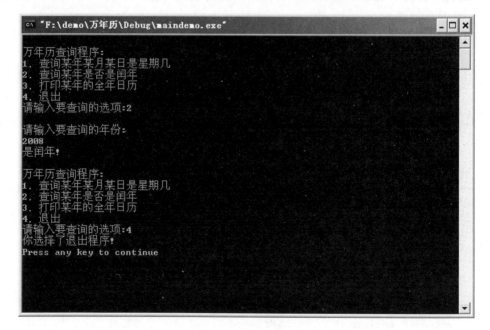

图 7-2　运行结果

在原有代码的基础上，基本上比较快地实现了整个程序的框架，并且程序已经基本可用。只剩下 `printCalendar()` 函数还是什么都不干，只有一个框架在这里，接下来实现这个函数即可。

7-4　再完善一下：打印某年日历

接下来我们来实现打印某年日历的功能。

思路相当简单：逐一打印出 1 月到 12 月的日历即可。

要打印每个月的日历，首先要知道每月的第一天是周几，还得知道每个月有多少天。还好，有了前面的经历，可以很轻松地知道如何计算。代码如下：

```
/*计算当天是星期几*/
int whatDay(int y,int m)
{
int n,i,s=0;
int mouth[13]={0,31,28,31,30,31,30,31,31,30,31,30,31};
for(i=1;i<m;i++)
    s=s+mouth[i];
if(isLeapYear(y) && m>2) s=s+1;

n=(y-1+(y-1)/4-(y-1)/100+(y-1)/400+s+1)%7;

return n;
}

/*查询某月最大天数*/
int howManyDay(int year,int month)
{
int s;
int a[13]={0,31,28,31,30,31,30,31,31,30,31,30,31};
s=a[month];
if(isLeapYear(year) && month==2)
s=s+1;

return s;
}
```

接下来就是最关键的，每月如何打印的函数了。这个要自己去调试，才能逐步实现比较美观的显示方式。最后实现的代码如下：

```
void printMonth(int value,int sum)
{
int n, i=0,j;
char *x[7]={"Sunday","Monday","Tuesday","Wenesday",
            "Thursday","Friday","Saturday"};
for(j=0;j<7;j++)
    {
    printf("  %s",x[j]);
    }
printf("\n");
while(i<value)  {printf("          ");i++;}
```

```
for(n=1;n<=7-value;n++)
    printf("        %d",n);

while(n<=sum)
    {
    if((n+value-1)%7==0)
        printf("\n");
    if(n/10>0)
        printf("        %d",n);
    else
        printf("        %d",n);
    n++;
    }
}
```

有了这三个函数的支持，最后打印全年的代码，很轻松就可实现了。

```
int printCalendar()
{
int year,value,sum,i;

printf("请输入查询日历的年份\n:");
scanf("%d",&year);

for(i=1;i<=12;i++)
    {
        printf("%d年%d月的日历:\n",year,i);
        value=whatDay(year,i);
        sum=howManyDay(year,i);
        printMonth(value,sum);
        printf("\n");
    }
return 1;
}
```

这个万年历的程序到这里也初步完善了。

请看最终运行结果如图 7-3 所示。

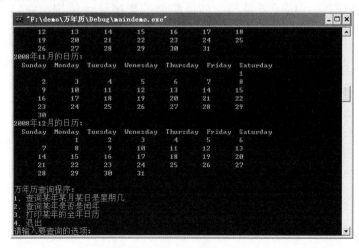

图 7-3　万年历最终运行结果

7-5 总结与思考：程序成长与模块化

这个程序特地采用了循序渐进的开发方式，意在向读者展示程序就是这样逐步长大的。但是，我们还要看到，程序的结构是如何模块化的。比如这个程序，模块可以总结如下：可以画出主函数之外的文件结构图，如图 7-4 所示。

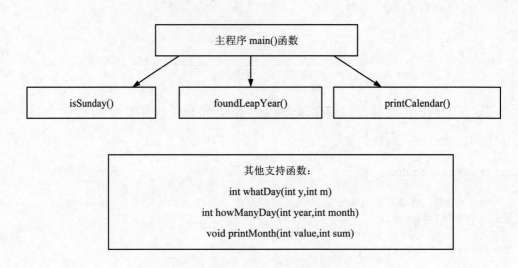

图 7-4　主函数之外的文件结构图

好了，通过这个总结，下一次再碰到一开始就要求编写出如下功能的万年历。我们就学会了自己分解模块，然后逐步实现各个模块的功能。其实，这就是从上到下，逐步细化的编程方法。

当然，实现了基本功能后，我们应思考，还有没有其他更好的实现方法。现在的实现是不是存在隐患。

另外，从这个程序中，我们可以总结出一种被称为"菜单驱动模式"的程序设计编写方法。可以发现，整个程序的编写都是一种统一的结构：显示菜单；根据用户的选择调用相关模块，直到用户选择退出。这可以说是一种最简单的程序设计结构，我们也是从这样最简单的程序结构中逐步成长，走向成熟的。

Chapter 8 第 8 章

自己动手编写小工具

兴趣是最好的老师，很多程序员回顾自己的成长经历都有这样的感叹。当年，还是在 DOS 时代，于是，编写一些小程序来模拟 DOS 命令，甚至替代一些 DOS 命令，就成了他们最大的乐趣。在 Windows 时代，这些练习依然是有其现实意义的，读者开始能编写一些包含几个函数的程序之后，要尝试编写一些小工具，供自己日常工作学习使用，也要积累出自己的函数库。记得自己当年开始学习编程，积累了不少工具，整合在一起，启动后是一个总的界面菜单，选用不同的工具，帮助自己实现不同的功能，读者同样也可以尝试一下。

8-1　DIR 命令今犹在

对于一个程序员来说，首先也要是一个电脑高手。DOS 命令现在仿佛离我们远去。实际上，大多数 DOS 命令已经化身为 Windows 下的命令行工具。使用黑白界面的命令行工具，对于我们来说也是应该掌握的基本技能。

启动 Windows 命令行非常简单，可以直接按下【Win+R】的快捷方式。然后在对话框中输入"cmd"后按回车键确定即可，如图 8-1 所示。

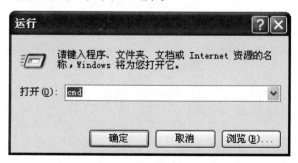

图 8-1　启动 Windows 命令行

想当初，"dir *.*"，"cd c:\dos" 这些命令，我们非常熟悉，现在在 Windows 中依然可以使用，如图 8-2 所示。

图 8-2 输入 DIR 命令

现在我们也来编写两个小工具，模拟一个最常用的 DOS 命令 DIR。最开始我们是在 DOS 下进行模拟。

8-2 DOS 版 DIR 命令

Borland 的 DOS 开发工具中提供了一些文件和目录操作的库函数。可以很轻松地根据阅读 dir.h 的相关文档写出一个最简单的 DIR 命令模拟工具。源代码在 OURDIR.C 中。代码如下：

```c
#include <stdio.h>
#include <dir.h>

int main(int argc,char *argv[])
{
struct ffblk ffblk;
int done;

if(argc>2)
  {
  printf("The input Error!\n");
  return 0;
  }
if(argc==1)
  {
  printf("Directory listing of *.*\n");
  done = findfirst("*.*",&ffblk,0);
  while (!done)
    {
    printf("  %s\n", ffblk.ff_name);
    done = findnext(&ffblk);
    }
  return 0;
  }
if(argc==2)
  {
  printf("Directory listing of %s\n",argv[1]);
  done = findfirst(argv[1],&ffblk,0);
  while (!done)
```

```
    {
    printf("  %s\n", ffblk.ff_name);
    done = findnext(&ffblk);
    }
    return 0;
    }
}
```

整个程序只有两个技巧：

（1）利用了主函数的参数。

C 语言中有关命令行参数涉及程序的主函数 main(int argc,char *argv[])这两个参数，其中：

● .int argc 表示命令行参数的个数（包括可执行程序名本身）

● .char *argv[]表示每个参数的具体内容

● .argv[0]为命令行中可执行程序名本身

● .argv[1]为命令行中第二个参数的内容，依此类推。

许多应用软件在运行时都带有命令行参数，比如前面提到的 DIR *.*，参数就是*.*，这个时候，argc=2，arg[]中存储的就是字符串"*.*"，这种用法是跨平台的，Visual C++中也可以用到。

（2）利用了 dir.h 中的库函数，findfirst 和 findnext。

当然，因为是 DOS 环境，程序需要在 Turbo C 或 Borland C 中调试。在 Borland C 中调试的情形，如图 8-3 所示。

图 8-3　在 Borland C 中调试程序

程序 Building 会得到一个 ourdir.exe。可以通过命令行窗口测试，输入 ourdir *.*，ourdir *.c 等命令。

看看是不是也可得到相似的窗口，如图 8-4 所示。

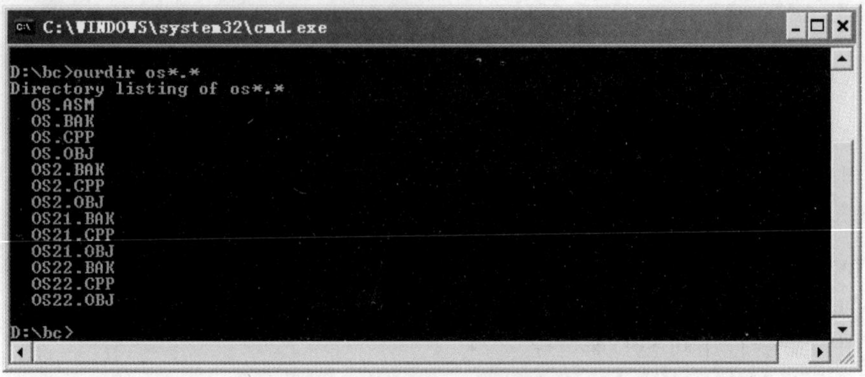

图 8-4　输入 ourdir *.*，ourdir *.c 命令

因为 DOS 下不支持多任务。如果文件夹下有很多*.c 文件，就不能同时打开查看内容。可以编写了一个小工具，同时打开某一个目录下所有的*.c 文件，按顺序每 20 行一屏显示给我们看，方便找到需要的代码。

这个小工具相当实用，一方面学习了 dir.h 中的函数调用，另一方面，综合了文件操作，字符串处理，选环，选择等多个领域的知识。对提升开发能力大有好处，如果你愿意，你也可以编写一个小工具尝试一下。

8-3　Windows 版本的 DIR

Windows 版本的 DIR，原理一样，也是通过 Visual C++提供的库函数_findfirst 和_findnext 的组合来实现，同样也利用了主函数的参数技巧。全部代码在 windir.cpp 中，代码如下：

```
#include <stdio.h>
#include <io.h>
#include <time.h>

int main(int argc, char *argv[])
{
struct _finddata_t file_info;
long hFile;

if(argc>2)
  {
  printf("The input Error!\n");
  return 0;
  }

if(argc==1)
  {
  printf("Directory listing of *.*\n");
```

```
        if( (hFile= _findfirst( "*.*", &file_info)) == -1L )
            printf( "No files in current directory!\n" );
        else
           {
           printf(" %s\n", file_info.name);
           while( 0==_findnext(hFile,&file_info) )
                printf(" %s\n", file_info.name);
           _findclose( hFile );
           }
        return 1;
        }


    if(argc==2)
       {
        if( (hFile = _findfirst( argv[1], &file_info )) == -1L )
            printf( "No %s files in current directory!\n",argv[1] );
        else
           {
           printf( "Listing of %s files\n\n",argv[1] );
           printf( "\nRDO HID SYS ARC  FILE %12c DATE %25c SIZE\n", ' ',' ');
           printf( "--- --- --- ---  ---- %12c ---- %25c ----\n", ' ',' ');
           printf( ( file_info.attrib & _A_RDONLY ) ? " Y " : " N " );
           printf( ( file_info.attrib & _A_SYSTEM ) ? " Y " : " N " );
           printf( ( file_info.attrib & _A_HIDDEN ) ? " Y " : " N " );
           printf( ( file_info.attrib & _A_ARCH )  ? " Y " : " N " );
           printf( " %-15s %.24s  %9ld\n",
               file_info.name, ctime( &( file_info.time_write ) ), file_info.size );

           while( _findnext( hFile, &file_info ) == 0 )
             {
             printf( ( file_info.attrib & _A_RDONLY ) ? " Y " : " N " );
             printf( ( file_info.attrib & _A_SYSTEM ) ? " Y " : " N " );
             printf( ( file_info.attrib & _A_HIDDEN ) ? " Y " : " N " );
             printf( ( file_info.attrib & _A_ARCH )  ? " Y " : " N " );
             printf( " %-15s %.24s  %9ld\n",
                   file_info.name, ctime( &( file_info.time_write ) ),
file_info.size );
             }
           _findclose( hFile );
           }
        return 0;
        }

    return 1;
    }
```

代码分为三部分：
- .用户出入参数超过 1 个（注意 argc 中包含程序文件名自己），报错。
- .不输入，默认为是以*.*方式查找所有文件。
- .输入 1 个，则按用户要求查找显示。

要看懂全部代码，还需要通过 msdn 提供的帮助来学习。

在 VC++环境中，可以通过两个函数来遍历指定目录下指定格式的文件。

```
intptr_t _findfirst(
   const char *filespec,
   struct _finddata_t *fileinfo
);
int _findnext(
intptr_t handle,
   struct _finddata_t *fileinfo
);
```

参数分析如下：

- 函数_findfirst()是查找给定目录下指定格式中的第一个文件，放回的是一个 long 的数值，msdn 上的解释如下：

If successful, _findfirst returns a unique search handle identifying the file or group of files matching the filespec specification, which can be used in a subsequent call to _findnext, or to _findclose. Otherwise, _findfirst will return -1 and set errno to one of the following values:

- 参数 filespec ：是输入参数，内容为磁盘的路径和文件格式，例如："d:\\file*.mp3"
- 参数 fileinfo：是保存的文件信息。定义如下：

```
struct _finddata_t
{
       unsigned    attrib;
       time_t      time_create;   /* -1 for FAT file systems */
       time_t      time_access;   /* -1 for FAT file systems */
       time_t      time_write;
       _fsize_t    size;
       char        name[260];
};
```

如果能找到第一个文件，那么就可以通过_findnext 来遍历这个目录，_findnext 在 msdn 上解释如下：

```
int _findnext(
intptr_t handle,
   struct _finddata_t *fileinfo
);
```

```
Parameters
handle
Search handle returned by a previous call to _findfirst.
fileinfo
File information buffer.
Return Value
If successful, return 0. Otherwise, return -1 and sets errno to ENOENT, indicating
thato no more matching files could be found.
```

我们来看一下执行情况，如图 8-5 所示。

图 8-5 程序执行结果

下面是到某个具体目录的执行情况，如图 8-6 所示。

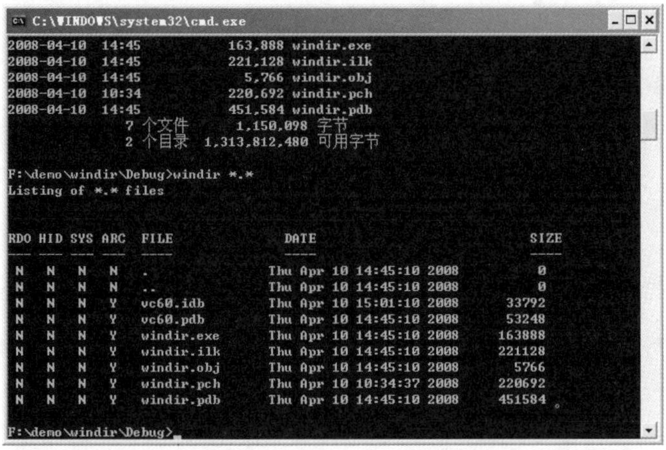

图 8-6 某个目录下的程序执行结果

如果我们要实现显示 C++ 源文件的理想呢？

后面的代码就比较简单了。只需添加显示 C++ 源文件的代码。

这里有个技巧，用 /CPP 参数开关表示，应搜索显示 C++ 源文件。

8-4 工具编写总结和练习

要完成一个工具，第一是要明白需求。其次是要学习掌握某项具体技术，比如上面案例 dir.h 中的接口，然后形成具体算法，最后才能编写应用工具。

笔者当年写了很多程序之后，发现自己经常重复编写一些函数。想重复利用这些函数，查找起来非常不方便。然后就编写了一个小工具，用这个小工具读/取我编写过的所有源代码 *.C 文件，然后判断代码中出现的函数模块，根据我的需要，要么显示函数头，要么显示函数头和后面两行（当时我有个习惯，在后面两行注释函数具有什么功能）。很快就能找到自己需要的函数，然后就不用编写很多函数了，慢慢优化，做出自己的函数库。

可见，学会编写代码之后，你还要学习计算机操作系统甚至硬件的相关技术。比如上面案例中的目录和文件相关技术。要解决问题，道理都是一样的，你要写出一个解决某类数学问题的程序，一样需要学习掌握这类数学问题的解法，比如判断一个数字是不是素数，要先会判断素数的技术，才能写出相关的代码。

读者可以练习模拟 CD 命令。或编写一个自己的函数查阅工具，实现上面所说的功能，制定一个目录，把这个目录中的*.C 文件都遍历一次，然后显示其中的函数头。

8-5　继续学习和提高

一般来说，在 Windows 界面下编写程序，还要学习 Windows 界面开发的相关技术，网络上这类图书已经有很多了，读者可以寻找适合自己的自行学习。

当你学习到一定程度，就可以编写大一些、功能更加强劲的代码了，本书也提供了具体案例，请见第五篇中的 MyPing 命令的讲解。

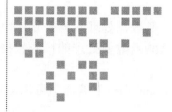

第 9 章
学会组织自己的代码

当程序越来越大之后，你就要开始有软件工程的概念了，慢慢学会分解代码，用开发工具提供的项目管理工具来组织管理代码。慢慢地，程序如何分模块，哪些函数放到哪些文件中，这些都需要自己慢慢积累经验。可以说是一个人提升编程功力必走的一步。

9-1 解决问题的基本方法和 C 程序的基本结构

有这样一个经典程序设计题目。说它经典，是看到有好多所学校都用它作为 C 程序设计的课程设计题目，所以我们就从这个程序开始来探讨。

题目：设计一个学生成绩排名程序，功能要求如下：

1. 记录学生的基本信息，具体要求如下：学号，姓名，C 语言成绩三项；

2. 程序运行时能够通过键盘对学生信息进行逐一录入，并保存到一个文本文件中；

3. 最后程序设计能够计算并显示总人数、最高分，最低分以及平均分。

分析问题的过程：要求记录学生学号、姓名、C 语言成绩三项，当然是用结构体最好了，于是出现以下代码：

```
typedef struct
{
    int  no;
    char name[12];
    float score;
}Student;
```

这就是在电脑中模拟现实需求的数据结构。

数据是程序的核心，这个时候数据如下：

```
Student  classStu[MAXNUM];
```

这就是我们所要的内容。

然后设计程序结构。很显然，输入数据需要一个函数，处理数据需要一个函数，把数据存储在文件中保存起来，即可变为另外一个函数。这些函数要处理的核心数据就是学生的资料。所以，学生的数据在程序中必须是全局变量。

根据以上这些分析，可以写出如下程序，并在 Visual C++下编译出可以运行的结果：

```c
/* 求平均分问题的第一个版本。*/

#include <stdio.h>
#include <stdlib.h>
#include <conio.h>
#include <string.h>

#define MAXNUM 60    /*最大存储的人数*/

typedef struct
{
    int  no;
    char name[12];
    float score;
}Student;

#define STUINFOLEN sizeof(Student)

Student  classStu[MAXNUM];
/*使用此一维数组来存储全班学生信息 */

/*输入单个的学生信息，参数index为存储学生数据的数组的一维下标*/
void InputStuInfo(int index)
{
    Student *ps = &classStu[index];

    fflush(stdin);
    printf("Input the no: ");
    scanf("%d",&ps->no);
    printf("Input the name: ");
    scanf("%s",&ps->name);
    printf("Input the score: ");
    scanf("%f",&ps->score);

    printf("You Have input: %d,%s,%f\n\n",classStu[index].no,
        classStu[index].name, classStu[index].score);
}


/*计算最高分，最低分以及平均分*/
void GetInfo(int num, float *max, float *min, float *aver)
{
```

```
    int i;
    float score, sum;

    if(max==NULL || min==NULL || aver==NULL)
        return;

    score = classStu[0].score;
    sum = *max = *min = score;

    for(i=1; i<num; i++)
    {
        score = classStu[i].score;
        sum+=score;
        if(*max < score)
            *max = score;
        if(*min > score)
            *min = score;
    }
    *aver = sum/num;
}

/*将学生信息保存到文件student.txt中去*/
void SaveToFile(int num)
{
    FILE *fp;

    fp = fopen("student.txt", "wb");
    if(fp == NULL)
    {
        perror("Create student.txt error");
        return;
    }
    fwrite(&classStu, STUINFOLEN, num, fp);
    fclose(fp);
}

int main( )
{
    int num, i;
    float max, min, aver;

    printf("Please input the num of student: ");
    scanf("%d", &num);
    for(i=0; i<num; i++)
        InputStuInfo(i);

    SaveToFile(num);
    GetInfo(num, &max, &min, &aver);

    printf("Total student num: %d\n", num);
    printf("Max score: %f\n", max);
    printf("Min score: %f\n", min);
```

```
    printf("Average score: %f\n", aver);

    return 0;
}
```

真是不错的程序，既考查了数组，指针，文件等用法，也使读者掌握了基础的如函数，循环等，这也是许多老师爱用这个问题做课程设计题目的原因。

9-2 用 Project 管理自己的代码

上面的问题已经解决了，可是我们知道，在编写一个程序之后，就可能要维护和利用这些代码，因为要在这个问题的基础上解决更多的问题，比如打印成绩单，同时统计这个学生其他学科的成绩等。

在现实生活中，要解决一个问题，程序的规模肯定要扩大，成千上万行代码的项目比比皆是。经常需要把程序分割在几个甚至是几十个文件中，用一个"Project"把它们管理起来，这样做有许多好处：方便代码管理、有利于程序的模块化、可以把程序让多个程序员同时编写、加快编译速度……

在 386 时代，我曾用 Borland C++ V3.1 编写了一个小程序，代码很快超过万行。采用 Project 的方式，可以使编译器每次只重新编译当天改动过的文件，速度很快，并不影响我的工作。不过，每天我都还是要 Building 一次，每次 Project 中的所有代码都要重新编译连接一次。每次时间都长达十几分钟，时间久了，大家都笑话我说，只要看到你在实验室里踱步，就知道你在编译程序。想想看，如果我做每一次测试都要十几分钟，编程将是一件多么痛苦的工作！

我们就从上面的小程序（学生成绩排名）开始，学习如何利用 Project 管理代码。

把主函数以外的函数存到文件 fun.cpp 中，数据定义放在 fun.h 中，如图 9-1 所示。

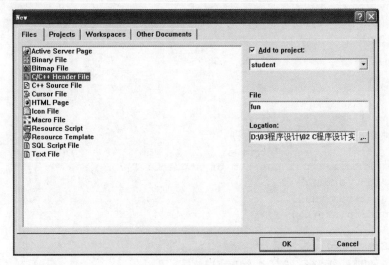

图 9-1 新建头文件

注意图 9-1 中一定要选中"Add to project:"

具体的代码经过调整如下：

```
/* file:   fun.h          */
/* 求平均分问题  Ver 2.0。 */

#define MAXNUM 60    /*最大存储的人数*/

typedef struct
{
    int  no;
    char name[12];
    float score;
}Student;

#define STUINFOLEN sizeof(Student)

extern Student  classStu[MAXNUM];
/*使用此一维数组来存储全班学生信息 */

extern void InputStuInfo(int index);
extern void GetInfo(int num, float *max, float *min, float *aver);
extern void SaveToFile(int num);


/* file:   fun.cpp         */
/* 求平均分问题  Ver 2.0。 */

#include <stdio.h>
#include <stdlib.h>
#include <conio.h>
#include <string.h>
#include "fun.h"

Student  classStu[MAXNUM];   /*使用此一维数组来存储全班学生信息 */

void InputStuInfo(int index)
{
省略……
}

void GetInfo(int num, float *max, float *min, float *aver)
{
省略……
}

void SaveToFile(int num)
{
省略……
}
```

```
/* file: student.cpp          */
/* 求平均分问题 Ver 2.0。 */

#include <stdio.h>
#include <stdlib.h>
#include <conio.h>
#include <string.h>
#include "fun.h"

int main( )
{
省略……
    return 0;
}
```

从图 9-2 中我们也可以看到，代码变成了由三个文件构成。

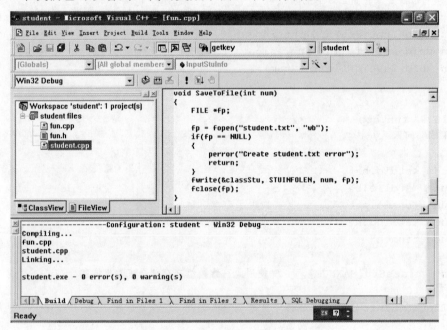

图 9-2   代码分解成三个文件存储

9-3   为自己的代码扩充功能

程序好像变得规范一点儿了，有点小项目的意思。现在我们在它的基础上来扩充功能，比如按照学号打印学生成绩，选出前 5 名的学生，或者后 5 名的学生。

还有就是要修正程序中的错误。当编写新功能的时候，打开 sutdent.txt，发现里面存储的东西并不是我们想要存储的。程序虽然能够运行，但却有错误，亲爱的读者，您发现了吗？

9-4 养成一些编码的好习惯

程序还是要拿来给人读的，因为你将来说不定就要用，而人的大脑不是计算机，也许会忘掉编写函数时的一些细节，也许将来你自己都读不懂你所写的程序，这就需要养成一些编码的好习惯。

1. 使用缩进来提高程序的可读性

编写程序时，提高程序可读性的最好方法之一是使用缩进。程序每使用一个花括号（例如在复合语句的开头），应考虑程序代码缩进两个或更多的空格。可以参考下面的程序：

```
#include<stdio.h>
void main(void)
{
    int age=10;
    int user_has_dog=0;
    if(age==10)
    {
        printf("Dog are important pets\n");
    if(!user_has_dog)
        printf("You should get a dalmatian\n");
    }
    printf(""Happy is a dalmatian\n");
}
```

只需通过检查缩进，即可迅速地找到相关程序语句（例如复合语句）。缩进对编译器来说毫无意义。对编译器来说，下面的程序 no_ind.c 和上例中的程序是一样的：

```
#include<stdio.h>
void main(void)
{
{
int age=10;
int user_has_dog=0;
if(age==10)
{
printf("Dog are important pets\n");
if(!user_has_dog)
printf("You should get a dalmatian\n");
}
printf(""Happy is a dalmatian\n");
}
```

明显可以看出，缩进使第一个程序很容易阅读和理解，而没有缩进的程序则很难。

2. 时常注释代码

作为一个规则，每次创建一个程序时都必须确信在程序中有注释来解释该程序的功能。简而言之，注释就是用来帮助阅读和理解程序的信息，随着程序长度的增加，程序变得越来越难以理解，因为我们最终可能创建成百上千个程序，所以不可能记住每个程序中每条语句的作用。如果在程序中包含注释，我们就不必去回忆程序的每个细节。因为注释会帮我们解释。

C 语言注释的方法是放在一对斜杠和星号之间，代码如下所示：

```
/*This is a compent*/
```

当编译器遇到注释开始符/*，它将忽略*/之间的所有文本。使用/*Comment*/的形式，一个注释可出现在两行或更多行上。下面的程序 comment2.c 说明了/*comment*/形式的注释和使用方法：

```
/*Program: comment.c
Write by :kris Jamsa and Lars klander
Data written:12-22-2012
purpose:Illusttrates the use comment in a program*/
#include<stdio.h>
void main(void)
{
    printf("Hello,World!");   /*显示一条消息*/
}
```

可以看出，程序的第一条注释有 4 行。当使用/*comment*/形式的注释时。必须确定每个注释开始符/*都有一个注释结束*/符与之对应。如果结束符遗漏，C 编译器将忽略程序的大部分，导致难以检测到语法错误。如果在一个注释内又嵌入了另一个注释（嵌套注释），C 编译器将返回一个语法的错误信息代码如下所示。

```
/*This comment has/*a second*/comment inside*/
```

C++中引入了一种新的注释方法，//注释符号，现在一般较新的 C 编译器也支持这种方法。你只需把下面的代码放到编译器中测试一下即可。

```
#include<stdio.h>
void main(void)
{
    printf("Hello,World!");   // 显示一条消息
}
```

如果不报错并能正确运行，你即可放心大胆地在计算式纯 C 的嵌入式开发的编译器中使用！

3．项目开发中的注释

一个程序如果没有任何注释，必须看完全部的程序代码才能了解程序到底在做什么？如果程序作者使用一些技巧来编写程序，也许您就需要花费数倍的时间了解程序的目的。如果在写程序的时候附上一些注释，在程序技巧的地方加上一些说明，这个程序代码就会很容易被了解。例如：在主程序和函数或子程序的开头附上简短的注释，可以在看程序代码的时候，立刻了解到该程序代码的目的。在使用技巧的程序行加上注释，则有画龙点睛之效。下面就是一些具体开发项目使用的程序注释方式，代码如下所示：

```
/* ======================================= */
/* 程序实例: procedure name                 */
/* 程序注释                                  */
/* ======================================= */
```

```
/* -----------------------------------*/
/* 子程序注释                          */
/* ----------------------------        */

void sub (int x, int y)
{
....
}

/* ----------------------------        */

/* 主程序                              */
/* ----------------------------        */
void main()
{

  int x = 10;                          /* 程序行注释 */
}
```

基本在每一个项目源代码文件的开头都有注释，这些注释文字一般是用来解释程序，子程序或函数的开头也有注释说明这个子程序和函数在做什么？除此之外，在重要程序行也会有程序行的注释。采用这样的注释方法来写程序，以便维护代码的时候更容易了解每一个文件和每一个函数的功能和目的。

4.提高程序的可阅读性

在程序中使用有意义的变量和函数名称可以增加程序的可读性。例如：将每一个子程序用 sub、sub1、sub2 这些没有意义的名称和 Swap、Primes 等函数名称，哪一种比较容易让人理解？变量名称 V4、V2、V3 和 Average、Sum、Total 或 Count，哪一种可以使人一目了然？在程序中使用好的变量或函数名称，甚至不需要看注释，只需要阅读程序代码即可了解到这些变量或函数是在做什么。

前面已经学习了如何通过在程序中增加注释以提高可读性。每次创建程序时，假定我们或别的程序员最终都会在某种程度上改写程序，那么在编制程序时使之容易阅读很关键。下面的程序 hardread.c 将在屏幕上显示一条消息：

```
#include<stdio.h>
void main(void){printf("Hello,World!,I Want talk about you!");}
```

尽管该程序可以顺利地通过编译并显示所需的信息，但它却是难以阅读的。一个好的程序不但能正常工作、更应该易于阅读和理解。创建可读性强的程序的关键是在程序中应包含解释程序正常工作过程的注释，并用空行来改善其格式。

5.尽量使用 for 语句的新特性

在 for 语句中定义使用循环变量，使得程序代码更加简洁，逻辑上也更好理解，可读性更强。虽然是 C++提供的这一新特性，但现在新一点的 C 编译器都支持。基本上不用担心这个问题。

6.使用有意义的变量名和函数名

在程序中定义变量时，应为变量选择能反映变量用途及意义的变量名。在变量名中可使用大小写混合的组合。如第 8 段中所述，C 编译器区分大小写，如果在变量名中使用大小写组合，必须确保自始至终大小写都是一样的。最好是开始时使用小写字母，这样可以减少因大小写混合而带来的错误。

在程序中申明的变量名称必须是唯一的。一般来说，变量名中的字符数量是没有限制的，变量名可以是字母、数字或下画线的组合，但是必须是以字母或下画线开头。下列语句给出了一些合法的变量的示例：

```
int hours_worked;
float tax_rate;
float _6_month_rate;        /*开始是用下画线，所以是正确的*/
```

C 预定义了几个对 C 编译器有特殊意义的关键字。关键字本身对编译器来说是有意义的，无须再定义。例如，float、int 和 char 都是关键字。

选择变量名（以及创建用户名函数）时，不要使用这些关键字。下面列出了这些关键字：

- auto default float register struct volatile
- break do for return switch while
- case double goto short typedef
- char else if signed union
- const enum int sizeof unsigned
- continue extern long static void

7. 尽量使用 const 型常量

const 关键字防止在对象赋值时产生任何副作用，如增量或减量。const 指针指向的对象可以更改，但指针本身不能更改，如下面一段代码：

```
const float pi = 3.1415926;     //定义常量
const maxint = 32767;           //单独用const与const int等价
char* const str1 = "Visual C++"; //常量指针
char const* str2 = "Visual C++"; //指向常量字符的指针
```

这时，下列语句是非法的：

```
pi = 3.0;               //错误，给常量赋值
i = maxint++;           //错误，更改常量的值
str2 = "New World";     //错误，更改指向常量字符的指针
```

8. 注意编译器的警告信息

当程序中包含一个或多个语法错误时，C 编译器将在屏幕上显示错误信息，而且不生成可执行程序。创建程序时，有时可能出现编译器在屏幕上显示一条或几条警告信息却仍然可以生成可执行程序文件的情况。例如，下面的 C 程序 no_stdio.c 中，没有包含头文件 stdio.h：

```
void main(void)
{
    printf("Hello,World!!");
}
```

编译该程序时，C 编译器将显示如下信息：

```
      Warning no_stdio.c:Function 'printf'should have a prototype in function
main().
```

当编译器显示访错误信息时，应立即判断出错误的原因并纠正它。尽管警告或许在程序执行时并不引起错误。但某些警告可能导致错误机会，这在以后很难调试出来。通过定位和纠正编译器警告产生的原因，我们将学习到有关 C 内部工作的知识。

最佳实践：

为了更好地利用编译器的警告，许多编译器允许设置所需的警告级别。不过如果你是一个初学者，可以先尝试看看所有的警告，等你有经验了，先忽略一些警告，然后调试代码的时候，再来仔细研究这些警告的价值。实际上，随着你解决了一些错误，很多警告自然就消失了。

9. 使用注释屏蔽语句

我们已经知道通过向程序中添加注释能提高程序的可读性。当程序变得复杂时，可使用注释来帮助调试（纠错）程序。只要编译器遇到注释开始符/*就开始忽略它之后的文本直到遇到*/结束。测试程序时，有时可能需要从中删除一个或多个语句，一种方法是简单地从文件中删除语句，另一种方法则是把这些不需要的语句作为注释，使之不起作用。下面的程序 nooutput.c 是将所有的 printf 语句作为注释：

```
#include<stdio.h>
void main(void)
{
    /*printf("This line does not appear.");*/
    /*This is a comment
     printf("This line does not appear ejther.");
    */
}
```

因为两条 printf 语句都是在注释内出现的，编译器将忽略它们。所以执行程序时不会有任何输出。随着程序的复杂化，用注释来屏蔽语句是非常方便的。如果使用嵌套注释，大部分编译器都会返回一个或多个语法错误信息。所以使用注释来屏蔽语句时，注意不要误用嵌套注释。

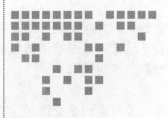

Chapter 10 | 第 10 章

读源代码，逐步体会算法的力量

要提升自己的编程功力，除了自己多编写程序之外，还要多阅读网络上各种经典的源代码，如果你学过了算法、数据结构和操作系统之后，UNIX，MINIX，LINUX 最早期的简单版本，也值得一读。

10-1 读函数源代码，学技巧

如果一开始就阅读一些大的系统源代码，肯定会有点儿吃力，我告诉你一个巧妙的办法，那就是阅读 C 语言函数库相关的源代码，这些代码量不大，随时都可以打开阅读一两个，还能加深你对 C 语言特性的理解。

要知道，这些代码可以说都是优秀工程师们千锤百炼优化而得到的结果，在代码效率、代码可读性、代码算法上几乎都达到了最优状态。

程序设计的技巧，只有多看程序才知道。

比如，C 语言中操作字符串的一些函数源代码，网络上也是完全公开的，最开始我们也是从 C 的函数库中学到了许多编程经验。

字符串是一个非常特殊的数组，它的特性是与众不同，以至于在很多地方有专门的讨论。很多人认为 C 语言中的难点是指针，对指针的理解直接关系到所编程序的好坏，所以，在这里列举了一些 C 编译器通常都有的标准函数的源代码，看过它们，担心会对指针和字符串有所了解。

1. strlen（计算字符串长度）

```
int strlen(const char *string)
{
int i=0;
while(string[i]) i++;
```

```
return i;
}
```

利用 while 的特性，代码简洁，令人惊叹。

在某种程度上是把字符数组当成字符输入。

2．strcpy（字符串拷贝）

```
char *strcpy(char *destination, const char *source)
{
while(*destinaton++=*source++);
return (destination-1);
}
```

逐一复制，直到结束。利用了 C 语言的先赋值再自加的特性。

3．strcat（字符串的连接）

```
char *strcat(char *target,const char *source)
{
char *original=target;
while(*target) target++;      // Find the end of the string
while(*target++=*source++);
return(original);
}
```

综合了前面两个字符串的精华，两个连续循环。

4．streql（判断两个字符串是否相等）

```
int streql(char *str1,char *str2)
{
while((*str1==*str2)&&(*str1))
{
str1++;
str2++;
}
return((*str1==NULL)&&(*str2==NULL));
}
```

我自己思考了一下编写这个函数的方法，对比之后发现，代码又啰唆又长，开销还大，利用了其他的存储空间，而上面的源代码把指针特性利用的淋漓尽致，让人叹为观止。

5．strchr（在字符串中查找某个字符）

```
char *strchr(const char *string,int letter)
{
while((*string!=letter)&(*string))
string++;
return (string);
}
```

和上面的函数一样，我用的算法也比较复杂，但理解了这些函数之后，我对指针的理解更上了一个台阶，慢慢走出 C 语言初学者的认识范围。

6. chrcnt（计算某个字符在字符串中出现的次数）

```
int chrcnt(const char *string,int letter)
{
int count=0;
while(*string)
if(*string==letter)count++;
return count;
}
```

你能理解*string 的意思吗？上面的循环停下来的条件是什么？理解了这个函数，你对指针和字符串的定义理解也就更加深刻了。

7. strcmp（判断两个字符串是否相等）

```
int strcmp(const char *str1,const char *str2)
{
while((*str1==*str2)&&(*str1))
{
str1++;
str2++;
}
if((*str1==*str2)&&(!*str1)) //Same strings
return o;
else if((*str1)&&(!*str2))  //Same but str1 longer
return -1;
else if((*str2)&&(!*str1)) //Same but str2 longer
else
return((*str1>*str2)?-1:1);
}
```

看看第一个循环语句，还有比这更简洁的代码吗？当然，最后一句虽然经典，但过于简洁之后，也许你还不明白意思，这种情况下，你就要去翻一翻你的第一本 C 语言书了。虽然这对你的编程没有影响，但要写出最有效率的语句，"?"的用法，在你成为专业程序员之后，还是应该掌握的。

10-2　体会算法的力量

网上总是有很多关于两种编程语言好的争论，这好像是程序设计爱好者必然要经历的历程，当年我们也常常在宿舍里争论，不过很快就意识到编程语言的相似性。程序设计，更重要的是在于对数据的组织和寻找最好的算法。

有一天，我把这个观点告诉一个刚刚开始学习程序设计的电脑爱好者。他抱怨说得太抽象了，需要具体一点。

其实，任何一种语言都有基本数据类型、数组、结构类型、函数或过程、文件、指针等语法内容，任何程序的结构仔细分解，到最后几乎都是由顺序、选择、循环三种结构组成。

对于算法的力量，这里有一个小小的实例，那就是求素数的问题。

任何对数论稍微感兴趣的人都会经常碰到这个问题，素数就是指能被自己和 1 整除的自然数。我们常常被要求，给出一个自然数 n，判断它是否是素数，或者求出所有比它小的素数。

对于判断一个自然数 n 是否是素数的问题，按照素数的定义，可以得到下面的解决问题的办法，让所有比它小的自然数来除，如果能被其中一个数整除，当然就不是素数，反之，自然数 n 就是素数。根据这个思路（算法），我们可以写出下面的程序代码。

【示例 10-1】判断一个自然数 n 是否是素数。

代码如下：

```c
#include <stdio.h>

int main()
{
unsigned int n;    //save user input number
unsigned int i;    //cycle number

printf("%s","plseae input the number n=:");
scanf("%d",&n);
printf("Calcing...\n");

for( i=2; i<=n-1; i++ )
    {
    if( n%i==0 )
        {
        printf("The number not a prime number!\n");
        break;
        }

    if( i==n-1 )
        {
        printf("The number %d%s",n," is prime number!\n");
        }

    }

return 0;
}
```

仔细观察这个程序，虽然实现了我们的要求，但却有两个很大的缺点：第一，如果 n 是素数，循环要执行的次数太多，差不多 $n-2$ 次；第二，循环中的第二个选择判断实在太多余，被执行的次数同样太多。

在 PC 机上测试这个程序，几乎是一瞬间的事情。实际上，当这个程序作为一个函数在一些场合应用时，希望采用最好的算法以节省计算机时间，这个程序就不是最优的了。

而在实际的数学中早就证明，一个自然数 n，只要不能被小于等于 n 的平方的素数整除，那么这个数 n 就是素数。所以，我们可以采用下面更简单的算法：

```c
#include <stdio.h>
#include <math.h>

int main()
```

```
{
unsigned int n;     //save user input number
unsigned int i;     //cycle number
unsigned int k;     // k=sqrt(n)

printf("%s","plseae input the number n=:");
scanf("%d",&n);
printf("Calcing¡-\n");

k=sqrt(n);   // product a warning:possible loss of data
for( i=2; i<=k; i++ )
    {
    if( n%i==0 ) break;
    }

if( i>k )
    {
    printf("The number %d%s",n," is prime number!\n");
    }
else
    {
    printf("The number not a prime number!\n");
    }

return 0;
}
```

对比两个程序，for 循环执行次数由最大 n 次快速下降到 sqrt(n)次，n 越大，越节省计算时间，这就让操作者体会到采用更好的算法的好处。这有点像课本里面说的数学家高斯小时候的故事：老师要求计算从 1 到 100 之和，大多数同学都用笔老老实实的计算，而高斯找到了一个比较好的算法，就很快就计算出来了。

我们说："一个自然数 n，只要不能被小于等于 n 的平方的素数整除，那么这个数 n 就是素数。"程序可以通过存储小于 sqrt(n)的素数，然后遍历存储来判断 n 是否是一个素数。这个算法，虽然循环执行的次数还小于 sqrt(n)次，不过却添加了计算和存储小于 sqrt(n)的素数的开销，太不值得。所以，并不是一个理想的算法。

写到这里，突然想起一个反推的智慧，就是证明素数无穷多的方法。

证明过程是由退一步开始的，先承认素数是有穷的集合，集合中所有素数的乘积加上 1，所得到的数一定不是这个有限集合中的数，而且这个有限集合中的任何一个素数都不能整除它，那么它相对这个有限的集合而言也是一个素数，这就说明素数不可能是有限多的，一定是无穷的。

这个证明方法，让人联想起小时候的一个数学题：说韩信点兵，若 5 人一排则多 1 个人，若 6 人一排也多 1 人，7 人一排还是多 1 个人。问韩信将军有多少兵。

答案有很多种，但是最简单、最快的计算方法是 5，6，7 的乘积加 1，就是 211。

那么，今天的题目就出来了，写出一个程序，帮韩信将军点点兵。当然，还有一个限制条件，就是韩信将军的兵士人数不能超过 1 万人，看看有多少种可能。

10-3　算法的三重境界

虽然都是算法，但是也有高下之分；本小节中将要讲述的两个示例都是关于面试的。只不过，第一个是别人面试的案例，我在整理本书的时候发现，把它编写了进来。第二个确确实实是我自己面试时碰到的，当我用英语简单地说出了这个算法之后，我成功通过了面试。并感慨良多。

好了，我们具体来谈谈这两个案例【示例 10-2】和【示例 10-3】吧！每个案例有三种答案，代表了三种境界，我给它们各取了一个名字：

- 一个合格学生的解答；
- 一个优秀学生的解答；
- 一个工程师的解答。

【示例 10-2】写一个函数计算当参数为 n（n 很大）时的值 $1-2+3-4+5-6+7-\cdots+n$。

看起来相当简单。

（1）合格学生的解答：

一般来说，任何一个 C 语言基础不错的学生都会做出来：

```
long fn(long n)
{
long temp=0;
int i,flag=1;
if(n<=0)
{
printf("error: n must > 0);
exit(1);
}
for(i=1;i<=n;i++)
{
temp=temp+flag*i;
flag=(-1)*flag;
}
return temp;
}
```

确实，这个程序执行结果肯定是没有问题的！但当 n 很大的时候我这个程序执行效率很低，会浪费很多时间。在嵌入式系统的开发中，程序的运行效率很重要，能让 CPU 少执行一条指令都是好的。

（2）优秀学生的解答：

为了更好地节省计算资源，答案如下：

```
long fn(long n)
{
long temp=0;
int j=1,i=1,flag=1;
if(n<=0)
{
printf("error: n must > 0);
```

```
exit(1);
}
while(j<=n)
{
temp=temp+i;
i=-i;
i>0?i++:i--;
j++;
}
return temp;
}
```

比起上一个程序，这个程序将所有涉及乘法指令的语句改为执行加法指令，既达到题目的要求，运算时间也缩短了很多！而代价仅仅是增加一个整型变量！

（3）工程师的解答：

不错，第二个程序确实在效率上有很大的提高！但是，你知道一个合格的工程师还有更加严格的要求，我们看一下工程师的答案：

```
long fn(long n)
{
if(n<=0)
{
printf("error: n must > 0);
exit(1);
}
if(0==n%2)
return (n/2)*(-1);
else
return (n/2)*(-1)+n;
}
```

对比一下，在 n 越来越大的时候，这三个程序运行的时间简直是天壤之别！

如果你数论学得好，了解这个算法，直接就可以写出第三个答案来。

【示例 10-3】在一个很小的内存空间中，将北京某电话局的 8 位电话号码排序。号码在10000 个以内。

（1）合格学生的答案。

在硬盘中找一个缓存空间，将10000个号码一一读入，先比较第一位，然后比较第二位……用一个排序算法。

（2）优秀学生的答案。

将电话号码由字符串转化为自然数，比如 38180675，转化后，存储空间由 8 位字节变成了 2 位字节，大大节省了存储空间，然后再进行排序。

（3）工程师的答案。

在内存中开辟一个顺序存储空间，第一个字节的第一位（bit）表示：10000000，第二位（bit）表示 10000001……，直到 99999999，组成一个向量。然后将所有"bit"置零，开始读电话号码，有一个电话号码就把相应的位置改为"1"，当电话号码读完的时候，在这个 bit 向量上就自然把所有的电话号码排序完了。

一个电话号码有 8 个字节，对应程序中一个 bit，空间减少了 64 倍。更关键的是，排序代码变得无比简洁。

感谢我过去的经历，我曾用 ucOS/-II 开发过程序，这个系统的优先级管理就是用的这个原理。当我面试碰到这个问题的时候，举一反三，显得非常简单。

这个案例我一直觉得是体现算法和数据结构魅力的最好案例。你掌握了吗？

好了，今天的作业题目是用一个函数实现两个函数的功能。

```
fn1(n)=n/2!+n/3!+n/4!+n/5!+n/6!
fn2(n)=n/5!+n/6!+n/7!+n/8!+n/9!
```

现在用一个函数 fn（int n,int flag）实现，当 flag 为 0 时，实现 fn1 功能，如果 flag 为 1 时，实现 fn2 功能。

提示：空间换时间的算法

答案：

定义一个二维数组 float t[2][5]存入{{2!,3!,4!,5!,6!},{5!,6!,7!,8!,9!}}然后给出一个循环：

```
for(i=0;i<6;i++)
{
temp=temp+n/t[flag];
}
```

10-4　那些 C 语言必须调试的陷阱

C 语言的缺陷和陷阱之多，可能是所有比较普及和比较成功的编程语言中少有的。

比如，在最简单的赋值语句中，你能一下子就判断出 X=-7 是何用意吗？

因为，简洁的 C 语言常常有很多简化，它可能是 X=X-7；也可能是把-7 赋值给 X。

如果你手边有一个编译器，立刻调试一下下面的程序，自然就会知道答案了。

```
#include <iostream.h>

int main()
{
    int X=9;
    X=+7;
    cout <<"X="<<X<<endl;

    X=-7;
    cout<<"X="<<X<<endl;

    return 1;
}
```

这个实例告诉我们，C 语言有些缺陷，表现在不同编译器中可能会有不同的结果，你必须进行测试。

这个实例还提醒我们，除了 i++;i--;这样一些明显的简化之外，最好不要用比较怪异的简化。

我还曾经碰到过这样的一些问题。在有些嵌入式开发工具中，有些结果无论如何也不正确，开始总是怀疑自己。后来想到一题多解，换用其他语句功能相同的语句，即可得到正确的结果。这样的事情发生多了，我开始怀疑是编译器的问题，因为这些编译器的开发人员自己可能并不开发嵌入式系统，也就是说，不是这个编译器的用户，他们可能不太了解某些 CPU 的特点，对寄存器和堆栈不足这样的情况可能不是很了解。

而他们在编写这些编译器的时候复制了别人的代码，这样出错的概率当然就会很大。有时候不要迷信你手里的工具，这点很重要。

所以，读者在阅读前人编写的 C 语言代码，体会精妙的算法和 C 语言的精巧之余，一定要注意到，由于 C 语言本身的特性，有些代码并不能直接使用，你自己也要总结和避开 C/C++ 语言的一些缺陷和陷阱。

当然了，本书在第三篇中会总结很多。所以，这里只是需要阅读的函数库源代码，体会各种算法的一个提醒。请读者继续在后续篇章中修炼。

第3篇
积累专业程序员的开发经验

编写一些小程序，通过这些小程序熟悉语法，了解常用数据结构和算法，提升 C++ 编程功力之后，差不多这个时候，你已经写了大概数万行代码，已经有了一些调试和解决问题的经验。这个时候，你要朝更高的目标前进，需要积累像专业程序员一样的开发经验。本章收集整理了一些专业程序员的开发技巧，让你可以对 C 语言的理解更上一层楼。

要知道，一般程序设计语言都靠近人的自然语言，但 C 语言是一个非常靠近机器语言的开发语言，长期被用来作为硬件层相关的开发，这使得 C 语言相对其他高级程序设计语言有很多缺陷和陷阱。应学会避免这些问题。这也是本篇的目的。C++ 来自 C 语言，就是在非面向对象的语法部分，也有了很多的改进，本篇也把这些语法特性当作 C 语言来处理，有些 C++ 类和虚函数，模板等高级特性，如果偶尔涉及，可以跳过不看，也可以先去学习一下 C++。毕竟本篇推荐的学习方法是先浏览一遍，然后在日常开发中钻研、理解、积累。

总的来说，这部分是让你具备专业程序员的 C/C++ 技能。当然，这些技巧都很分散，我们也在收集整理中，希望书中的技巧及想法能起到抛砖引玉的作用。

顺便说一下：本篇很多内容是很多开发公司面试考试的技巧。希望能帮助你成为专业程序员。

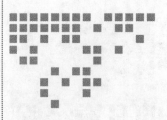

第 11 章

烦琐但很重要的变量和类型

变量是所有程序的基础，类型告诉编译器数据代表什么意思以及可对这些数据执行什么样的操作。例如 int 类型的数据可以执行加减法，而 bool 类型的数据不能进行加减法。这些都是数据类型规定的。

C++语言定义了几种基本类型：字符类型、整型、浮点型等，除此之外，C++还提供了可用于自定义类型的机制，如可自定义类类型。

变量和类型是 C++语言基础的概念，同时也是编程中最容易疏忽的地方。本章将介绍变量和类型的相关概念和编程陷阱。通过本章的学习，希望能帮助你对变量和类型有更加深刻的认识。

11-1　计算机是如何存储变量的

众所周知，计算机界一直存在这样的一个共识：编程=数据+算法。从这个共识我们可以看出，程序其实就是实现数据的处理，解决如何处理数据的问题。高级语言能处理的数据一般都放在内存中，程序如何高效地处理数据，这与数据在内存中的存储情况息息相关。特别是 C/C++语言，要想运用好它，就必须对数据在内存中放置及存放格式有详细的了解。数据在内存的放置包括两个部分：一方面是数据放置的位置，另一方面是数据放置的格式。

数据放置的位置，即是数据存储的区域。C++可执行程序的数据存储区域可分为只读数据区、全局/静态存储区、自由存储区、栈区、堆区五种。下面这段代码就涵盖了所有数据存储区域类型。

```
001  int g_init_var = 100;   // 初始化的全局变量g_init_var = 100
002  int g_uninit_var;        // 初始化的全局变量g_init_var
003
004  void Func(int i)         // 输出一个整数到屏幕
005  {
```

```
006     printf("%d\n", i);
007  }
008
009  int main(void)
010  {
011      static int static_var = 101;    // 初始化的局部静态变量static_var = 101
012      static int static_var2;         //  未初始化的局部静态变量static_var2
013
014      int   nNumber = 1;              //  初始化的局部变量nNumber = 1
015      int   nNumberB;                 //  未初始化的局部变量nNumberB
016      // 输出static_var、static_var2、nNumber、nNumberB的和到屏幕
017      Func(static_var+static_var2+nNumber+nNumberB) ;
018
019      char  *pszstrLG = "liuguang";   // 指向常量"liuguang"的局部指针变量pszstrLG
020      char  *pszStr2 = new char;      // 指向堆区的内存的局部指针变量pszStr2
021      delete pszStr2;
022
023      int  *pnNumber =  static_cast<int *>(malloc(sizeof(int)));
                                        // 分配在自由存储区的pnNumber
024      free(pnNumber);
025
026      return 0;
027  }
```

- 只读数据区：存储常量和恒值。例如：上述代码第 019 行的字符串"liuguang"就分配于只读数据区。存储于只读数据区的变量一般不允许修改。当然所有的东西都是相对的，你可通过一些非正常手段修改只读数据区。
- 全局/静态存储区：全局/静态存储区主要存储全局变量和静态变量，在 C 语言中，全局变量又分为初始化的全局变量和未初始化的全局变量，初始化的全局变量和静态变量存储在一块区域 data 区，未初始化的全局变量与静态变量存储在相邻的 bss 区，而在 C++ 中没有这个区分，它们共同占用同一块内存区。例如：上述第 001、002、011、012 行代码中所涉及的变量均分配在全局/静态存储区。
- 自由存储区：自由存储区是指 CRT（C 运行时库）通过 malloc，free 函数管理的内存。在部分编译器的实现上自由存储区和堆两块内存都是同一种管理方式，所以可统称为堆区。例如：上述代码第 023 行 pnNumber 变量对应内存块即是自由存储区。
- 栈区：栈区中存储的数据由编译器自动分配释放，主要存放函数的参数值、局部变量值等。其操作方式类似数据结构中的栈。栈区在分配数据时，地址自动对低地址增长。在程序执行过程中，栈可以动态的扩展和收缩。一个函数的栈空间大小一般为 2MB 大小。当然函数的栈空间大小可通过设置编译选项修改。在一个进程中，位于用户虚拟地址空间顶部的是用户栈，编译器用它来实现函数的调用。用户栈在程序执行期间亦可动态地扩展和收缩。例如：上述代码段中第 014 行、015 行的 nNumber 和 nNumberB 就分布于栈区中。
- 堆区：堆区是指那些由 new 分配的内存块，编译器不负责它们的释放。上述代码中第 020 行 pszStr2 所指的内存块就是分配在堆区。分配在堆区的变量由应用程序去控制，一般一个 new 就要对应一个 delete。如果程序员没有释放掉，在程序结束后，

操作系统会自动回收。堆区可动态地扩展和收缩。堆区可在程序运行过程中，根据需要动态的申请和释放。堆区的这种操作特性，可节省数据存储空间。

注意：

堆区分配数据虽然具有节省空间、使用方便灵活的优点。但是并不是说所有的变量都应该分配在堆区。堆区上分配数据有以下两个风险：

（1）频繁分配和释放内存，会造成内存空间的不连续，从而造成大量的碎片，使程序效率降低；

（2）分配的数据如果没有释放，很容易造成内存泄漏。这是 C++初学者普遍存在的问题。

C++中的所有数据都通过这五种数据类型实现数据的存储分配。这五种数据存储类型的内存布局如图 11-1 所示。

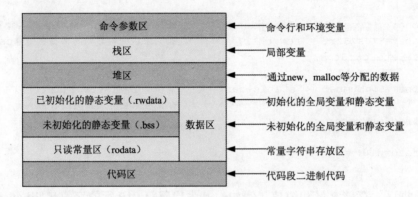

图 11-1　数据存储区域分布图

介绍了数据的存储位置，接着介绍数据的存储格式。因为任何数据都是以一定格式存储的，只有这样才能被 CPU 及编译器识别。所以，了解数据的存储格式也是掌握数据类型较为关键的部分。C++内置的数据类型有整型，浮点型。编程人员可自定义的类型有 class，struct 等。

1．整型值

整型值是我们在处理和操作最多的数据。它表示整数，字符型和布尔值算术类型合称整型。

字符类型有两种：char 和 wchar_t。char 主要存储机器基本字符集中任何字符相应的值，因此 char 通常是单字节。wchar_t 类型用于存储扩展字符集合，由于扩展字符集中的字符不能用一个字节表示，所以 wchar_t 通常是双字节。

int、short、long 类型都表示整型值，不同之处是存储变量所占的内存空间大小不同。short 类型一般为半个机器字长，int 占一个机器字长，long 占一个或两个机器字长。

整型存储说明：

- 整型与其在计算机存储中的表示方式密切相关。计算机以位序列存储数据，每一位存储 0 或 1，通常以 8 位块作为一个字节，32 位或 4 字节作为一个"字（word）"。
- 大多数的计算机将存储器中的一个字节和一个称为地址的数关联起来。要让存储器中某一地址的字节有意义，必须要知道存储在该地址的值的类型。

bool 类型表示 true（真）和 false（假）。可将算术类型的任何值赋给 bool 对象，0 值代表 false，非 0 值代表 true。除 bool 类型外，整型可以是有符号的（signed），也可以是无符号的（unsigned）。整型 int、short、long 默认都是带符号型。整型以二进制补码形式存储。其中正数等于原码，负数等于反码+1。例如：100 的原码为 0x64，在内存中存储的补码为 0x64。-1 的原码为 0x01，反码为 0xFE，在内存中存储的补码为 0xFF。

表 11-1 列出了所有整型值的类型、字节长度和可能的取值范围。

表 11-1　整型数据取值范围

整型类型	占用字节	取值范围
（signed）char	1	-128～127
unsigned char	1	0～255
（signed）short	2	-32，768-32，767
unsigned short	2	0～65535
（signed）long	4	-2，147，483，648-2，147，483，648
Unsigned long	4	0-4，294，967，295
（signed）int	4	-2，147，483，648-2，147，483，648
unsigned int	4	0-4，294，967，295
Bool	1	true/false

2．浮点类型

C++对浮点类型的数据采用单精度类型（float）和双精度类型（double）存储。float 数据占用 32bit，double 数据占有 64bit。无论是单精度还是双精度，在存储时都分为三个部分：

（1）符号位（Sign）　占用一个字节：0 代表正，1 代表为负。

（2）指数位（Exponent）:用于存储科学计数法中的指数数据，并且采用移位存储。

（3）尾数部分（Mantissa）：存储指数的底数 1.x 中的 x 部分，被称为尾数部分。

float 的存储格式如图 11-2 所示，指数位采用移位存储，偏移量为 127。采用图 11-2 所示的 float 数据十进制数值等于 $(-1)^{sign} *(1.Mantissa)*2^{(Exponent-1111111)}$。

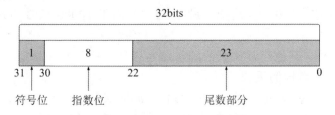

图 11-2　单精度浮点型（float）存储格式

double 的存储格式如图 11-3 所示，指数位采用移位存储，偏移量为 1023。采用图 11-3 所示的 double 数据十进制数值等于 $(-1)^{sign} *(1.Mantissa)*2^{(Exponent-1111111)}$。

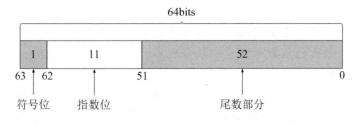

图 11-3　双精度浮点型（double）存储格式

浮点型格式说明：

- 浮点数计算时，sign、Mantissa 和 Exponent 必须为二进制形式。
- 对于指数部分，由于指数可正可负。对于 float 类型 8 位的指数位能表示的指数范围就应该为：-127～128。为保证指数位为正数，指数部分的存储应采用移位存储，存储的数据为元数据+127。对于 double 类型 11 位的指数位能表示的指数范围就应该为：-1023～1024。为保证指数位为正数，指数部分的存储采用移位存储，存储的数据为元数据+1023。

举例说明

（1）8.25f 的存储形式：首先将 8.25 进行二级制科学计数表示为 $1.0001*2^{11b}$。按照上面单精度浮点数存储方式，符号位为：0，表示正数；指数位为：10000010B = 11B+1111111B；尾数为：0001。所以 8.25f 在内存中的存储形式为 01000001000010000000000000000000B。

（2）120.5 double 类型的存储形式：首先将 120.5 进行二进制科学计数表示为 $1.1101101 *2^{110b}$。按照上面双精度浮点数存储方式，符号位为：0，表示正数；指数位为：100 0000 0101B = 110B+1111111111B；尾数为：1101101。所以 120.5 在内存中的存储形式为 0100000001011101101 0000000000000000000000000 00000000000000000000000。

最后，再介绍一些编程中经常遇到的陷阱。它们主要包括截断、类型转换等。

截断是 C++和 C 变量赋值最容易出现的陷阱。截断往往隐含着赋值越界的错误，这种错误会产生什么后果取决于所使用的机器。比较典型的情况是数据越界而变成很大的负数。代码如下所示：

```
char cValue = 128;
printf("cValue = %d", cValue);
```

这段代码的本意应该是输出 "cValue = 128"，但是实际上输出的却是 "cValue =-128" 这就是 C++语言具有的数据截断陷阱。产生这种现象的主要原因是 128 初始化 cValue 时，cValue 在内存中对应数据为 10000000B（对应十进制 128）。由于 10000000B 为补码形式，转换成原码即是-128。

除了截断陷阱以外，其他经常碰到的陷阱还有强制类型转换。如把一个 int 型变量转换为一个 char 变量会伴随着数据的丢失。

假设你定义一个 int 型变量 iValue = 0x2345；同时又定义一个 char 变量 cValue 并初始化 cValue=(char)iValue；最后 cValue 的值会是多少这是无法确定的。cValue 的值与字节序有关系，小端字节序下 cValue 等于 0x45，大端字节序下 cValue 等于 0x23。所以在实际编程过程中，应尽量避免非提升强制转换。因为非提升强制转换一般会伴随着数据精度的下降，严重情况下会出现模棱两可的现象。

请谨记

- 变量在不同语境下，其分配内存区域是不同的。静态变量和全局变量一般分布在全局/静态存储区，函数的参数和变量一般分配在栈中。new 和 malloc 申请的数据一般分配在堆中。
- 变量在定义和初始化时，一定要注意其取值范围。以防出现数据截断异常现象。同样数据在使用过程中应禁止降级强制转换，这种转换一般会降低数据的精度，严重时会出现模棱两可的现象。

11-2　确保每个对象在使用前已被初始化

关于"将对象初始化"，C++似乎反复无常。如果你定义了一个 int 变量，可以编写如下代码：

```
int x;
```

在某些语境下，x 保证会初始化为 0，但在其他语境下却不保证。如果你编写了下面这样的代码：

```
Class CPoint            // 二维点数据类
{
        int m_iX;       // 二维点的x坐标。
        int m_iY;       // 二维点的y坐标
}
….
CPoint pt;              // 声明一个点pt
```

Pt 的成员变量有时会被初始化（为 0），有时候不会。如果你是来自其他语言阵营的编程人员，请注意这点。

读取未初始化的对象会导致不确定的行为，在某些情况下，读取为初始化的对象会让你的程序终止运行，但在另外一些情况下会读入一些随机的 bits，最终导致不可预知的程序行为。这种现象一般表现为程序可正常执行，但是执行结果有时正确有时错误，无任何规律可言。

对于"对象的初始化何时一定发生，何时不一定发生"已经有了一些规则。但是不幸的是，这些规则都过于复杂，不利于记忆。通常如果你使用的是 C++中的 C 部分，由于对象的初始化可能会招致运行期的成本，那么对象就不保证会初始化。但 C++中的非 C 部分，这个规则会发生变化。对象一般会发生初始化。这就可以很好地解释了为什么数组不会发生初始化，而来自 stl 的 vector 却会发生初始化过程。

从表面上看，对象在使用前是否会被初始化，这是无法确定的。而最佳的处理方法是：永远在对象被使用之前将它初始化，对于无任何成员的内置数据类型，必须手动完成初始化。例如：

```
int I = 5;                      //  对int进行手动初始化
char *pszStr = "a c strig";     //  对指针进行手动初始化。
```

对于内置类型以外的任何其他东西，初始化的责任落到了对象的构造函数身上。其实规则很简单：保证每个对象在构造时初始化该对象的每个成员。

这个规则很简单，也很容易执行。但这儿容易混淆的是赋值和初始化。考虑 CPerson 类的构造函数实现，例如下面这段代码。

```
typedef enum tagSex             // 性别枚举类型
{
    MALE_SEX = 0,               //  MALE_SEX表示男性
    FEMALE_SEX,                 //  MALE_SEX表示女性
}Sex;
```

```
class  CPerson                    // CPerson类型实现人的描述：名字和性别
{
    std::string m_strName;        // 名字
    Sex    m_sex;                 // 性别
}

CPerson::CPerson(std::string &strName, Sex &sex) // CPerson类赋值型构造函数
{
    m_strName = strName;
    m_sex = sex;
}
```

这种实现会导致 CPerson 对象带有你所期望的值，但这种实现方法并不是一种最佳的实现方法。因为 C++规定对象中成员变量的初始化发生在对象的构造函数之前。所以 CPerson 构造函数中 m_strName 和 m_sex 都不是初始化，而是赋值。

C++对象的构造函数一个较佳的写法是使用成员初始化列表替换赋值动作，如下代码：

```
CPerson::CPerson(std::string &strName, Sex &sex)
:m_strName(strName)
, m_sex(sex)
{
}
```

这种构造函数和上一个构造函数最终的结果一样，但是效率更高。

赋值和列表初始化的区别：

- 使用赋值初始化对象变量时，在构造函数执行前会调用默认构造函数初始化 m_strName 和 m_sex，然后再立刻执行赋值操作。默认构造函数所做的一切都因此浪费了。通过初始化列表做法，避免了重复操作。所以第二种实现效率更高。

- 有些情况下，即使赋值和初始化列表两者效率一样，也得使用初始化列表。如果成员变量是 const 或 reference，它们就一定要初始化，因而不能被赋值。

- 由于 C++有着固定的初始化顺序：基类先于子类初始化，class 中的变量总是以变量声明的顺序初始化，和成员初始化列表顺序无关。因此在成员初始列中列出各变量时，最好以声明次序为顺序。

最后介绍 non-local static 对象初始化问题。为了说明 non-local static 对象初始化问题，考虑设计模式中 Singleton 模式的实现方法。

```
// CFileSystem文件系统类声明文件FileSystem.h
//  文件系统类声明
Class CFileSystem
{
public:
// 单例模式示例获得接口
    static CFileSystem * Instance();
char* GetRootName(); // 获得文件系统root名称
};
// CFileSystem文件系统类实现文件FileSystem.cpp
// 单例模式示例获得接口实现
static CFileSystem*Instance()
{
```

```
    static CFileSystem tfs;
    return &tfs;
}

// CFileSystem 单例模式使用文件main.cpp.
CFileSystem *pFileSystem = CFileSystem::Instance();
char *pszRootName = pFileSystem->GetRootName();
```

如果你熟悉多线程编程，也许你已经看出问题来了。Instance 静态函数不具有线程安全，在多线程情况下带有不确定性。这就是 non-local static 对象初始化问题。其实在多线程下"等待某事的发生"是一件非常麻烦、代价很高的事情。处理这个麻烦的事情的一种做法：在程序单线程启动阶段手动调用实现 non-local static 对象初始化。

既然这样，为避免在对象初始化之前过早地使用它们，你需要做三件事情：

第一，手动初始化内置类型对象，

第二，使用成员初始化列表初始化对象的所有成分，

第三，在初始化次序不确定情况下，加强你的设计，避免类似 non-local static 对象初始化的问题。

请谨记

- 为内置类型对象进行手动初始化，因为 C++ 不保证初始化它们。
- 构造函数最好使用成员初始化列，而不是在构造函数本体内使用赋值操作。初值列表列出的成员变量，其排列顺序应和它们在 class 中的声明次序相同。

11-3　局部变量和全局变量的差别

变量一般包含 4 种：全局变量、静态全局变量、静态局部变量和局部变量。按存储区域分，全局变量、静态全局变量和静态局部变量都存放在**内存的静态存储区域**，局部变量则存放在**内存的栈区**。

按变量作用域分，全局变量在整个工程（project）文件内都有效；静态全局变量只在定义它的文件内有效；静态局部变量只在定义它的函数内有效，只是程序仅分配一次内存，函数返回后，该变量不会消失；局部变量在定义它的函数内有效，但是函数返回后失效。

小心地雷

- 全局变量和静态变量如果没有手工初始化，由编译器初始化为 0。
- 局部变量是编译器永远不会帮你初始化的变量。如果没有手工初始化，局部变量的值为随机值。

全局变量是没有定义存储类型的外部变量，其作用域是从定义点到程序结束。省略了存储类型符，系统将默认为是自动型。静态全局变量是定义存储类型为静态型的外部变量，其作用域是从定义点到程序结束，所不同的是，存储类型决定了存储地点，静态型变量是存放在内存的数据区中的，它们在程序开始运行前就分配了固定的字节，在程序运行过程中被分配的字节大小是不改变的。**所谓静态，就是这个意思。**只有程序运行结束后，才释放所占用的内存。自动型变量存放在堆栈区中。堆栈区也是内存中的一部分，该部分内存在程序运行中是重复使用的。

函数的形参变量是大家所熟悉的，形参变量只在被调用期间才分配内存单元，调用结束后立即释放。 这一点表明形参变量只有在函数内才是有效的，离开该函数就不能再使用了。这种变量有效性的范围称变量的作用域。不仅对于形参变量，C 语言中所有的变量都有自己的作用域。变量说明的方式不同，其作用域也不同。 C++语言中的变量，按作用域范围可分为两种，即局部变量和全局变量。

11-3-1　首先理解函数中的局部变量

局部变量也称为内部变量。局部变量是在函数内做定义说明的。其作用域仅限于函数内，离开该函数后再使用这种变量是非法的。例如：

```
/*函数f1*/
int f1(int a)
{
int b, c;
……
}
main()
{
int m, n;
}
```

在函数 f1 内定义了三个变量，a 为形参，b、c 为一般变量。在 f1 的范围内 a、b、c 有效，或者说 a、b、c 变量的作用域仅限于函数 f1 内。

局部变量说明：

- 主函数 main 定义的变量也只能在 main 中使用，不能在其他函数中使用。同时，main 中也不能使用其他函数中定义的变量。**因为 main 也是一个函数，它与其他函数是平行关系**。这一点是与其他语言不同的，应予以注意。
- 形参变量是属于被调函数的局部变量，实参变量是属于主调函数的局部变量。
- 因为变量作用域的缘故，允许在不同的函数中使用相同的变量名，它们代表不同的对象，分配不同的单元，互不干扰，不会发生混淆。
- C++增加的一个特色：**在复合语句中也可定义变量，其作用域只在复合语句范围内**。

可以通过参考下面这段代码来理解上面关于局部变量的说明。

```
001  main()
002  {
003     Int  i=2, j=3, k;
004     k=i+j;
005     {
006        int k=8;
007        if(i==3)
008        {
009           printf("%d\n", k);
010        }
011     }
012     printf("%d\n%d\n", i, k);
013  }
```

本程序在 main 中定义了 *i*, *j*, *k* 三个变量，其中 *k* 未赋初值。 而在复合语句内又定义了一个变量 *k*，并赋初值为 8。应该注意，这两个 *k* 不是同一个变量。在复合语句外由 main 定义的 *k* 起作用，而在复合语句内则由在复合语句内定义的 *k* 起作用。因此程序第 4 行的 *k* 为main 所定义，其值应为 5。第 7 行输出 *k* 值，该行在复合语句内，由复合语句内定义的 *k* 起作用，其初值为 8，故输出值为 8，第 12 行输出 *i*, *k* 值。*i* 是在整个程序中有效的，第 7 行对*i* 赋值为 3，故输出也为 3。而第 9 行已在复合语句之外，输出的 *k* 应为 main 所定义的 *k*，此*k* 值由第 4 行获得为 5，故输出也为 5。

11-3-2　其次理解函数外的全局变量

全局变量也称为外部变量，它是在函数外部定义的变量。 它不属于哪一个函数，它属于一个源程序文件。其作用域是整个源程序。在函数中使用全局变量，一般应做全局变量说明。只有在函数内经过说明的全局变量才能使用。全局变量的说明符为 extern。 但在一个函数之前定义的全局变量，在该函数内使用可不再加以说明。 例如：

```
int s1, s2, s3;                  // 外部变量，存放三面的面积。
int vs( int a, int b, int c)     // 计算正方体的体积和三面的面积。
{
int v;
v=a*b*c;
s1=a*b;
s2=b*c;
s3=a*c;
return v;
}
Int main()
{
int v, l, w, h;
printf("\ninput length, width and height\n");
scanf("%d%d%d", &l, &w, &h);     // 输入正方体的长，宽，高。
v = vs(l, w, h);                 // 计算长方体的体积和三面面积。
printf("v=%d s1=%d s2=%d s3=%d\n", v, s1, s2, s3);
}
```

本程序定义了三个外部变量 *s*1、*s*2、*s*3 存放三个面积，其作用域为整个程序。函数 vs 求长方体的体积和三个面积， 函数的返回值为体积 *v*。主函数完成长宽高的输入及结果输出。由于 C 语言规定函数返回值只有一个，当需要增加函数的返回数据时，用外部变量是一种很好的方式。本例中如不使用外部变量，在主函数中就不可能取得 *v*、*s*1、*s*2、*s*3 四个值。而采用了外部变量，在函数 vs 中求得的 *s*1、*s*2、*s*3 值在 main 中仍然有效。因此外部变量是实现函数之间数据通信的有效手段。

全局变量说明：

- 对于局部变量的定义和说明，可以不加区分。对于外部变量则不然，外部变量的定义和外部变量的说明并不是一回事。外部变量定义必须在所有的函数之外，且只能定义一次。其一般形式为：

[extern] 类型说明符 变量名，变量名… ;

其中方括号内的 extern 可以省去不写。

例如：int a，b;等效于：extern int a，b;

- 外部变量说明出现在要使用该外部变量的各个函数内，在整个程序内，可能出现多次，外部变量说明的一般形式为：

extern 类型说明符 变量名，变量名，…;

外部变量在定义时就已分配了内存单元，外部变量定义可作初始赋值，外部变量说明不能再赋初始值，只是表明在函数内要使用某外部变量。

- 外部变量可加强函数模块之间的数据联系，但是又使函数要依赖这些变量，因此使得函数的独立性降低。从模块化程序设计的观点来看这是不利的，因此在不必要时，尽量不要使用全局变量。
- 在同一源文件中，允许全局变量和局部变量同名。**在局部变量的作用域内，全局变量不起作用。**

11-3-3 掌握变量在内存中的存储方式

本小节内容较深，读者可以在第一遍阅读的时候，先阅读到第二节为止，能掌握局部变量和全局变量的区别就好，然后可以在学完了本书之后，理解了变量在内存中的动态分配之后，再回头阅读本节。

变量的存储方式可分为"静态存储"和"动态存储"两种。静态变量通常是在变量定义时就分定存储单元并一直保持不变，直至整个程序结束。动态存储变量是在程序执行过程中，使用它时才分配存储单元，使用完毕立即释放。典型的例子是函数的形式参数，在函数定义时并不给形参分配存储单元，只是在函数被调用时，才予以分配，调用函数完毕立即释放。如果一个函数被多次调用，则反复地分配、释放形参变量的存储单元。

从以上分析可知，静态存储变量是一直存在的，而动态存储变量则是时而存在时而消失。我们可以把这种由于变量存储方式不同而产生的特性称**变量的生存期**。生存期表示了变量存在的时间。生存期和作用域是从时间和空间这两个不同的角度来描述变量的特性，这两者既有联系，又有区别。一个变量究竟属于哪一种存储方式，并不能仅从其作用域来判断，还应有明确的存储类型说明。

在 C++语言中，对变量的存储类型说明有以下四种：

- auto 自动变量
- register 寄存器变量
- extern 外部变量
- static 静态变量

自动变量和寄存器变量属于动态存储方式，外部变量和静态变量属于静态存储方式。在介绍了变量的存储类型之后，可以知道对一个变量的说明不仅应说明其数据类型，还应说明其存储类型。因此变量说明的完整形式应为：存储类型说明符、数据类型说明符、变量名、变量名…

例如：

- static int a，b; 说明 a，b 为静态类型变量
- auto char $c1$，$c2$; 说明 $c1$，$c2$ 为自动字符变量

- static int *a*[5]={1，2，3，4，5};　　　说明 *a* 为静整型数组
- extern int *x*，*y*;　　　　　　　　　　说明 *x*，*y* 为外部整型变量

变量根据定义位置的不同，具有不同的作用域，作用域可分为 6 种：全局作用域、局部作用域、语句作用域、类作用域、命名空间作用域和文件作用域。

1．从作用域看

全局变量具有全局作用域。全局变量只需在一个源文件中定义，即可作用于所有的源文件。当然，其他不包含全局变量定义的源文件需要用 extern 关键字再次声明这个全局变量。

静态局部变量具有局部作用域，它只被初始化一次，自从第一次被初始化直到程序运行结束都一直存在，它和全局变量的区别在于全局变量对所有的函数都是可见的，而静态局部变量只对定义自己的函数体始终可见。

局部变量也只有局部作用域，它是自动对象（auto），它在程序运行期间不是一直存在的，而是只在函数执行期间存在，函数的一次调用执行结束后，变量被撤销，其所占用的内存也被收回。

静态全局变量也具有全局作用域，它与全局变量的区别在于如果程序包含多个文件的话，它作用于定义它的文件中，不能作用到其他文件中，即被 static 关键字修饰过的变量具有文件作用域。这样即使两个不同的源文件都定义了相同名字的静态全局变量，它们也是不同的变量。

2．从分配内存空间看

全局变量、静态局部变量、静态全局变量都在静态存储区分配空间，而局部变量在栈中分配空间。全局变量本身就是静态存储方式，静态全局变量当然也是静态存储方式。这两者在存储方式上并无不同。这两者的区别虽在于非静态全局变量的作用域是整个源程序，当一个源程序由多个源文件组成时，非静态的全局变量在各个源文件中都是有效的。而静态全局变量则限制了其作用域，即只在定义该变量的源文件内有效，在同一源程序的其他源文件中不能使用它。由于静态全局变量的作用域局限于一个源文件内，只能为该源文件内的函数公用，因此可以避免在其他源文件中引起错误。

说明：

- 静态变量会被放在程序的静态数据存储区（全局可见）中，这样可以在下一次调用的时候还可以保持原来的赋值。这一点是它与堆栈变量和堆变量的区别。
- 变量用 static 告知编译器，自己仅仅在变量的作用范围内可见。这一点是它与全局变量的区别。从以上分析可以看出，把局部变量改变为静态变量后是改变了它的存储方式即改变了生存期。把全局变量改变为静态变量后是改变了作用域，限制了它的使用范围。因此 static 这个说明符在不同的地方所起的作用是不同的。应予以注意。

请谨记

- 若全局变量仅在单个 C 文件中访问，可以将这个变量修改为静态全局变量，以降低模块间的耦合度；
- 若全局变量仅由单个函数访问，可以将这个变量改为该函数的静态局部变量，以降低模块间的耦合度；
- 设计和使用访问动态全局变量、静态全局变量、静态局部变量的函数时，需要考虑重入问题，因为它们都放在静态数据存储区，全局可见；

- 如果我们需要一个可重入的函数，那么，一定要避免函数中使用 static 变量（这样的函数被称为：带"内部存储器"功能的函数）；
- 函数中必须要使用 static 变量情况:比如当某函数的返回值为指针类型时,必须是 static 的局部变量的地址作为返回值，若为 auto 类型，则返回错指针。

11-4 掌握变量定义的位置与时机

变量是 C/C++ 代码的重要组成部分，几乎所有的 C/C++代码都存在变量的影子，既有内置类型的，也有自定义类型的。虽然变量很常见，但合理和高效的使用它们也有一定的技巧。掌握这些技巧，在合适的时机把变量定义在合适的位置，会使提供的代码更具可读性和高效性。

C89（C 语言官方标准）中规定，在执行任何语句之前，在块的开头声明本语句块使用的所有局部变量。否则此语句块将无法通过编译。而 C99 和 C++则没有如此规定，即在首次使用之前，可在块的任何位置声明变量。这个从一定程度上降低了定义一个不适用的变量的概率。

或许你认为不会愚蠢到定义一个不适用的变量，但话不要说得这么绝对。考虑下面这个函数的实现。

```
// 从字符串指定位置处，提取后续字符串。
string GetSubStr(const string &str, size_t iPos)
{
    string strSubStr;
    if (str.size() < iPost)
    {
        throw logic_error( "iPos is too larger!");
    }
    strSubStr = str.substr(iPos);
    return strSubStr;
}
```

可以看出，上述这段代码对象 strSubStr 并未完全被使用。如果函数抛出异常，你得付出strSubStr 构造和析构的代价。所以最好延迟 strSubStr 对象定义，直到真正需要 strSubStr 时在定义：

```
// 从字符串指定位置处，提取后续字符串。
string GetSubStr(const string &str, size_t iPos)
{
    if (str.size() < iPost)
    {
        throw logic_error( "iPos is too larger!");
    }
    string strSubStr;
    strSubStr = str.substr(iPos);
    return strSubStr;
}
```

但是上面函数实现依然不是最优的，strSubStr 虽然被定义了，但是你未对它进行任何初始化。也就是说，在赋值之前 strSubStr 已经进行了 default 构造初始化。

更受人欢迎的做法是直接通过初始化的方法实现，跳过毫无意义的 default 构造过程：

```
// 从字符串指定位置处，提取后续字符串。
string GetSubStr(const string &str, size_t iPos)
{
    if (str.size() < iPost)
    {
        throw logic_error( "iPos is too larger!");
    }
    string strSubStr(str.substr(iPos));
    return strSubStr;
}
```

关于变量的位置，建议变量定义得越 "local（距离使用位置越近）" 越好，尽量避免变量作用域的膨胀。通过这种方式可以有效减少命名污染问题。同时可以提高代码的可读性和执行效率。尽量延后变量的定义，直到非得使用变量前的那一刻。同样应尽量尝试延后变量定义，直到延迟到可给变量初始化位置。因为这样可以避免构造（和析构）非必须对象。还可以避免毫无意义的 default 构造行为。

命名污染就是来自不同模块的全局变量或外部函数的名称重复，从而导致链接失败，或链接后产生错误的执行结果（链接器在静态函数库查找符号时，将按顺序查找静态函数，找到某个匹配的符号后，就不会查找其他函数库中是否含有相同的符号名）。大型项目一般由多个开发人员并行开发，由命名污染造成的程序运行错误是很难被发现的。因此，在开发之前就要采取必要措施来避免此类问题。在 C++中通常采用的措施有：命名空间、延迟变量定义的位置等。

还有一个特殊的地方需要注意，那就是循环。如果变量定义在循环体内使用，那么把它定义于循环体内还是循环体外呢？也就是下面两种应用模式哪个更好？

```
// 方法A：变量定义在循环体外
ClassA obj;
for (int i = 0; i < n; i++)
{
    Obj = 与i相关的某个值;
}

// 方法B：变量定义在循环体内
for (int i = 0; i < n; i++)
{
    ClassA obj = 与i相关的某个值;
}
```

方法 A 和方法 B 两种应用模式，操作代价可总结如下：

方法 A：1 个 ClassA 构造 + n 个赋值操作 + 1 个 ClassA 析构；

方法 B：n 个 ClassA 构造 + n 个 ClassA 析构。可以看出，当 n 很大时，如果赋值操作代价较高方法 B 较好，如果构造和析构代价较高时，方法 A 比较好。

请谨记

- 在定义变量时，请三思而行。掌握变量定义的位置和时机。尽量延迟变量定义的位置，只有到了那种不得不定义时才定义变量。
- 减少变量名污染，提高代码的可读性，减少变量的作用域。

11-5　引用难道只是别人的替身

引用是已经多次讨论的概念了，引用只是初始化物的别名。对应用唯一的操作就是将其初始化。一旦引用初始化结束，引用就是其初始化物的另一种写法罢了。引用变量没有地址，甚至它们可能不占用任何存储空间。

注意事项

（1）声明引用的引用、指向引用的指针、指向引用的数组都是非法的。

（2）引用不可能带有常量性和挥发性，因为别名不能带有常量性和挥发性。用关键字 const 和 volatile 修饰引用会造成编译错误。

（3）const 或 volatile 修饰引用类型，不会造成编译错误，但是编译器会默认忽略这些修饰。

```
 int  a = 12;
 int &ra = a;
 int &p = &ra;          // p 指向a的地址
 a = 42;                // ra 和a的值都变成42了
int &&rri = ra;         // 错误
int &*pri;              // 错误
int &ar[3];             // 错误
```

我们一直在说引用就是别名，既然是别名，总得是"某个已存在东西"的别名。并且这个东西必须真实存在才行。其实引用不只是简单变量名的别名，任何可作为左值的复杂表达式都可以作为引用的初始化物。只要类型确定，有明确的内存地址，可作左值，就可初始化引用。引用和函数相结合时，有以下几种功能：

如果一个函数返回一个引用，这说明此函数的返回值可重新赋值。经常使用的 STL 库中所有的下标操作基本上都是这样返回引用的形式。例如 vector 数据类型的下表操作声明：

```
template <class T,  class Alloc = alloc> // vector STL模版类声明
class vector
  {
public:
typedef T  value_type;  // 数据类型
typedef value_type  reference;
typedef size_t      size_type;
typedef value_type* iterator;
…….
protected:
iterator start;
public:
iterator begin() { return start;}
reference operator[] (size_type n) { return *(begin() + n);
  }
```

引用的另一个用途，即是让函数在其返回值之外多传递几个值。例如：

```
typedef  int  failure;
char *FindStr(const char *pszMainStr, failure &reason);
```

另外一个需要特别注意的地方是，指向数组的引用保留了数组的长度信息。而指针不会保留数组的长度信息。例如下面的代码，Array_Test1 函数可记住实参必须是长度为 3 的数组，而 Array_Test2 却无法记录。导致长度为 2 的数组也可作为实参传给函数。

```
// 引用形式数组测试函数
void Array_Test1(int (&array)[3])
{
    array[2] = 3;
}
// 非引用形式数组测试函数
void Array_Test2(int array[3])
{
    array[2] = 3;
}

int _tmain(int argc, char* argv[])
{
    int n3[2] = {2, 4};
    Array_Test1(n3);   //   错误"Array_Test1"：不能将参数 1 从"int [2]"转换为"int (&)[3]"
    Array_Test2(n3);   //   可正常编译通过
}
```

最后，讨论一下常量引用（const reference）。为了阐述常量引用的特殊之处，参见以下代码：

```
int &rInt = 12;        // 错误
const int &rInt = 12;  // 正常编译通过
```

可以看出常量值不能给普通引用初始化，但是常量值可以给 const 引用初始化。

小心地雷
- 如果初始化值是一个左值（可以取得地址），则可以初始化引用，没有任何问题；
- 如果初始化值不是一个左值，只能对 const T&（常量引用）赋值。且赋值过程包括三个阶段：首先将值隐式转换到类型 T，然后将这个转换结果存放在一个临时对象中，最后用临时对象来初始化引用变量。
- 在这种情况下，const T&（常量引用）过程中使用的临时对象会和 const T&（常量引用）共存亡。

上面代码中，引用 rInt 指向编译器隐式分配内存并创建的匿名 int 类型临时对象。对 rInt 引用的任何操作都会影响匿名临时变量，而不会影响常量 12。同时编译器也会确保这样的匿名临时对象会将生命期扩展到初始化后的引用存在的全部时域。这无形之中也开启了变量或者对象临时生命期问题的万劫不复之门。我们来看一下下面这段代码：

```
short s = 123;
const int &rIntegrate = s;
```

```
s = 321;
const int *ip = &rIntegrate;
printf("rIntegrate = %d, s = %d\r\n", rIntegrate, s);
printf("ip = %d, &s = %d", ip, &s);
```

输出结果为：

```
rIntegrate = 123, s = 321
ip = 2030760, &s = 2030784
```

可以看出，rIntegrate 引用的初始物并不是 s，而是常量引用初始化过程中隐式使用的匿名对象。接着，我们看一下 const 引用作为函数形参存在的问题。看下面这段代码：

```
const int& GetMax(const int &a , const int &b)
{
    return ((a > b)?(a): (b));
}
```

乍一看，此函数完全无害：函数功能很简单，即返回两个参数中的一个。引发问题的是哪个 return 语句。因为 a，b 都是 const 引用，在函数参数实参传值时，函数首先会生成两个临时对象将实参的值复制到临时对象中，然后用两个临时对象初始化 a，b。现在问题也许你已经明白了：函数返回临时变量的引用了。

请谨记

- 若非必要请不要使用 const 引用。因为 const 引用有时会伴随着临时对象的产生。
- 在函数声明时，请尽量避免 const 引用形参声明，使用非 const 引用形参替代，以防因返回 const 引用生成的临时变量而导致程序执行错误。

Chapter 12 | 第 12 章

理解数组和指针

数组和指针是 C++语言提供的两类复合类型。数组可保存某种类型的一组对象；指针就是通常所说的地址。它们的区别在于数组的长度是固定的，一旦创建，就不允许添加新的元素了。指针可以像索引一样指向每个数组元素。

数组是 C/C++语言的基础。几乎所有的程序都使用数组。指针是 C/C++语言的精髓，在 C 语言中指针可方便实现内存的操作。正因为如此，C 语言才被众多的嵌入式开发人员青睐。所以，优秀的程序员一定要理解和掌握指针。

12-1 理解指针的本质

指针是 C/C++中最为重要的概念，因此也是 C/C++区别于其他程序设计语言的主要特征。正确的使用指针类型数据，可以帮助我们有效地处理复杂的数据结构，直接处理内存地址。然而如果不恰当的使用指针则会带来安全性的问题，例如会导致内存泄漏、内存悬挂、野指针（不安全指向）等问题的出现，严重威胁到软件系统的稳定性和安全性。

12-1-1 指针变量和变量的指针

C++标准规定：存放地址的变量称为指针变量，变量的地址称为变量的指针。可以看出，指针变量是一种特殊的变量，它不同于一般的变量，一般变量存放的是数据本身，而指针变量存放的是数据的地址。

一个变量有两种访问方式，它们是"直接访问"和"间接访问"，通过地址可以找到所需要的单元，因此这种访问是"直接访问"方式。另外一种访问是"间接访问"，它首先将想要访问单元的地址存放在另一个单元中。访问时，先找到存放地址的单元。从中取出地址。然后才能找到需访问的单元。再读或写该单元的数据。在这种访问方式中使用了指针。

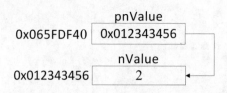

图 12-1 指针变量和变量内存关系

如图 12-1 所示。我们看一下这个例子，假设程序中声明 1 个 int 型变量 nValue，其值为 2。系统为变量 nValue 分配的首地址为 0x012343456。同时声明一个 int 型指针变量 pnValue（地址为 0x065FDF40）。如果直接按照地址 0x012343456 找到 nValue 的存储单元对 nValue 进行访问，称为直接访问。如果首先通过 pnValue 分配的地址找到 pnValue。然后根据 pnValue 找到 nValue 变量在内存中的存储单元，从而对 nValue 进行访问。这种访问方式称为"间接访问"。

说明

- 指针变量也是变量，只是指针变量存储的是变量的指针。
- 指针变量存放的是变量的指针，在 32 位系统中指针的宽度为 32 位（即 4 字节）。所以在 32 位系统中，指针变量的大小是 4 字节，无论是什么类型的指针变量。

定义一个指针变量的一般形式如下：

类型名称 *指针名称1, *指针名称2, ….;

例如：

```
char *pszName ;      // 定义一个char型的指针
int  *pnOld;         // 定义一个int型指针
```

一个指针变量有两个属性，一个是它的值（即地址），另外一个是它的类型。

我们先说一下"地址"。地址值是有大小范围的，其上下限是$[0, 2^n)$，即从"0"到"2 的 n 次幂减 1"，其中 n 是机器地址线的数量。通常这个 n 值不会与 CPU 的字长一致，但实际使用地址值时 n 都会取 CPU 字长为基准，在不同的硬件平台上，指针变量占用的内存单元数量与其地址值的范围大小成正比，即指针变量占用 n 个内存位（bit）。

指针的另外一个属性是数据类型，实际上指针的这个类型表示指针所指向的变量的数据类型，而不是指针自身的类型。这个类型有两个作用：

- 指示编译在解引用时从内从中读取几个字节，指针指向下一个元素内存跳变几个字节。
- 指示编译在进行指针类型转换时如何进行类型检查和匹配。

如下面这段代码：

```
int  nValue = 0xFF00;
// 强制类型转换，确保类型匹配（第二点作用的体现，以通过类型检查）
char *pszValue = reinterpreter_cast<char *>(&a);
// 指示编译器只获取一个字节数值（第一点作用的体现，以取出正确的数据）
cout << *p << endl;
```

本例运行结果是 0，即只取出了低十六进制位一个字节的数值。

12-1-2　空指针和 void 指针

C/C++中有两类特殊的指针。它们是空指针和 void 型指针。空指针是一种特殊的指针，它的值为 0。C/C++语言中用符号常量 NULL 表示这个空值，并保证这个值不会是任何变量的地址。空指针可以给任何指针赋值。所以空指针一般用于判断指针是否合法。

void 指针又称通用指针，void 指针可指向任何的变量。C 语言允许直接把任何变量的地址作为指针赋给通用指针。但有一点需要注意 void*不能指向由 const 修饰的变量。

小心陷阱

● 一个指针变量定义了，应确保其初始化。以防此指针悬空变成野指针。

● 如果一个指针变量被 delete 释放后，确保其被赋值为 NULL。防止此指针变量变成野指针。

● 如果一个函数形式参数可接收所有类型的指针，请将此函数的形参声明为 void *。如 C 语言内存操作系列函数（memmove、memcpy、memcpy）就是这类函数。

● 禁止使用 void *指针操纵其所指向的对象。因为 void *操作对象时无法确定对象的类型。

同其他变量一样，指针变量也需要初始化。对指针进行初始化或赋值可以采用以下四种方式：

（1）使用 NULL 指针进行初始化。因为 NULL 可以给任何指针变量初始化。

（2）使用类型匹配的对象的地址。

（3）另一个对象之后的下一个地址。

（4）同一类型的另一个有效的指针。

如下面这段代码：

```
int iVal ;
int iZero = 0;
const int piVal = NULL;
int *pi = iVal;      // error: 用一个整型变量初始化pi是错误的
pi = iZero;          // error: 用整型值0初始化pi是错误的
pi = piVal;          // ok:   通过const int 指针初始化int指针是合法的。
pi = NULL;           // ok:   直接通过恒值0初始化int指针是合法的。
pi = &iVal;          // ok:   使用int型对象地址初始化int型指针是合法的。
```

说明：

● 由于指针的类型用于确定指针所指向的对象的类型，因此初始化或赋值时必须保证类型匹配。

● 指针用于间接访问对象，并基于指针的类型提供可执行的操作。也就是说，int*指针必须指向 int 型变量，不能指向 double 或其他。否则基于指针进行的间接操作都是未定义的。

● 绝对不能把一个整型值，赋值给一个指针（NULL 除外）。

指针变量支持解引用，算术操作等基本操作。解引用操作符返回对象的左值，利用这个功能可实现指针所指向的对象的值。

```
char *pszBye= "good bye";
printf("pszBye = %s", pszBye);
*pszBye = 'H';
```

```
printf("pszBye = %s", pszBye);
```

算术操作可实现指针的移动，如果指针指向一个数组，通过指针的算术操作在指向数组某个元素的指针上加上（或减去）一个整型数值，即可计算出指向数组另外一个元素的指针值。

```
int  ia[] = {1, 2, 3, 4};
int *pa  = ia;       // pa 指向ia[0]
int *pa2 = pa + 4;  // pa2指向ia[4]
```

小心陷阱

- 指针算术操作仅支持两种形式。第一种形式：指针 +/- 整数，如上述实现指针的移动。第二种形式：指针–指针，这种形式只有当两个指针都指向同一类型的元素时，才允许一个指针减去另一个指针。
- 绝不允许出现指针+指针 这样的算术运算。不能对 void *指针进行算术操作，因为 void *类型为空类型，指针无法判定到底跳动几个字节。

12-1-3 const 修饰指针

最后，我们讨论 const 修饰指针。const 指针有两种类型，一种是指向 const 对象的指针，另一种是 const 指针。指向 const 对象的指针 const 修饰对象，不允许用指针修改指针所指向的对象。const 指针中的 const 修饰指针，通过指针可实现所指向对象的修改，但不允许指针的值发生变化。

对于指向 const 对象的指针，通常把一个 const 对象的地址赋给一个普通的，非 const 对象的指针会导致编译错误。例如：

```
const double dValue = 3.14;
double *pdPtr = &dValue; // 错误的初始化方式，不允许把const对象指针赋给非const指针。
double  dVal = 23;
const double *pcdPtr = &dVal;// 正确的赋值方式，但不允许修改dVal的值。
```

同样不能使用 void *指针保存 const 对象的地址，必须使用 const void *类型的指针才能保存 const 对象的地址。但允许把一个非 const 对象的地址赋值于一个指向 const 对象的指针。

说明

- 指向 const 对象指针有两种形式，第一种为：const 类型 *指针；第二种为：类型 const *指针。在 C/C++中这两种形式是等价的。
- 请注意这一点：不能保证指向 const 对象的指针所指向的对象一定不可修改。如果你把指向 const 的指针理解为"自以为指向 const 的指针"，这样也许更好一点儿。

const 指针顾名思义就是指指针的值不能修改。和其他 const 量一样，const 指针必须在定义时就进行初始化。const 指针不能保证其所指向的对象是否可通过 const 指针修改。它的声明形式如下：

```
类型  * const 指针;
```

还有一种指针就是指向 const 对象的 const 指针。这种指针既是 const 指针，又是指向 const 对象的指针。它的声明形式如下：

```
const 类型 *const 指针;
```

总结：

如何区分 const 指针，指向 const 对象的指针，指向 const 对象的 const 指针，是 C++初学者都会遇到的难题。在 C/C++中遵循如下准则：如果 const 在*的左边说明此指针为指向 const 对象的指针，如果 const 出现在*的右边说明此指针为 const 指针。

小心指针和 typedef 的陷阱，时刻明白 typedef 不是字符串替换。例如：

```
typedef string *pstring;
const pstring pcstr;
```

这里 pctr 是一个 const 指针，而非指向 const 对象的指针。

请谨记

- 指针指地址，指针变量指存放地址的变量。指针的类型并不是指针本身的类型，而是指指针所指对象的类型。
- 使用 const 修饰指针，const 出现位置的不同，指针的属性也不同。如果 const 位于*左方，则说明指针指向的对象为 const 对象。如果 const 位于*的右方，则说明指针为 const 指针。
- 在 32 位系统下，指针变量的大小是 4 字节。无论此指针变量是什么类型。

12-2　论数组和指针的等价性

数组和指针是 C/C++语言的一对"欢喜冤家"。两者有时可等同看待，有时不能等同看待。这是让所有 C++新手颇为头痛的一件事。

一般情况下，即使是一个 C++开发新手也都明白，"所有作为函数参数的数组名总是可以通过编译器转化为指针"。也正因为如此，才导致了数组和指针的混乱局面。《C 专家编程》对指针和数组的等同情况进行了总结。如图 12-2 所示。

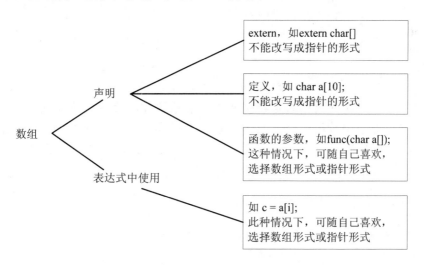

图 12-2　数组和指针等价示意图

在 C/C++中，数组和指针的关系颇为特殊，有点儿像文学中诗和词的关系：诗和词都是文学形式之一，存有不少的相同之处，但是在表现手法上又各有不同。

什么时候数组和指针等价？

C 语言标准对此做出如下说明：

规则 1：表达式中的数组名（与声明不同）被编译器当作一个指向该数组首元素的指针。

规则 2：下标总是与指针的偏移量相同。

规则 3：在函数形式参数声明中，数组名被编译器当作指向数组首元素的指针。

"表达式中的数组名"就是指针，如果把规则 1 和规则 2 合在一起，可以得出结论：对数组下标的引用总是可以写成"一个指向数组起始地址的指针加上偏移量"。按照这个结论，假设我们声明如下：

```
int  a[10] = {1, 2, 3, 4, 5, 6, 7, 8, 9, 10};
int  *p = NULL:
int  i = 2;
```

可通过下面任何一种方式访问 a[i]，且都是等价

```
第一种                      第二种                      第三种
p = a;                     p = a;                     p= a+I;
p[i];                      *(p+i);                     *p;
```

然而，事实上对数组的应用，例如 a[i]在编译时总是被编译器改写成*(a+i)这种指针的形式。编写过类[]操作符重载的都会了解这一情形，在[]操作符重载时，程序基本上都是返回*（指针+偏移）这种形式。

"作为函数参数的数组名"等同于指针，这是规则 3。当数组名作为实参传递给函数时，编译器进行了两步处理：（1）数组不会发生复制；（2）使用数组名称时，数组名会自动转化为指向第一个元素的指针。

例如，可通过下面三种方式指定数组形参：

- ```void Print_Val(int *) {/**/}```
- ```void print_Val(int []) {/**/}```
- ```void print_Val(int [10]){/**/}```

最佳实践

通常在函数声明或定义时，将数组形参直接定义为指针要比使用数组语法定义更好，这种做法可以明确表示：函数操作的是指向数组元素的指针，而不是什么数组。

除此之外，如果采用数组语法定义时，如果函数定义时包含了数组长度会特别容易引起误解。因为数组长度在函数内部是毫无意义的，编译器会忽略数组形参指定的长度。

下面是一个因数组长度引起误解的例子：

```
void PrintVal(const int ia[10])
{
// 这段代码假设数组ia包含10个元素。但实际上并非如此。
for (int i = 0; i < 10; i++)
{
     cout << ia[i] << endl;
}
}
```

```
int main()
{
int I = 0;
int ia[2] = {1, 2};
PrintVal(&i);  // 由于&i是int *，因此这句代码可以编译通过
PrintVal(ia);
}
```

可以看出，虽然 PrintVal 假定所传递的数组长度至少应包含 10 个元素。但是 C++没有任何机制限制这个假设。所以导致 PrintVal(&i);和 PrintVal(ia);这样的代码可以编译通过。

但问题也就随之出现了，PrintVal 假定接收的数组长度至少为 10 个元素。但是 main 函数中传递的实参数组元素个数均未达到 10 个。所以这两个调用都是错误的。

为什么 C/C++语言在函数参数传递时把形参当作指针呢？C++采用这种处理方式主要出发点是出于效率的考虑。

在 C++中，所有非数组形式的数据实参均以传值的形式（对实参作一份复制并传递给调用的函数，函数不能修改实参的实际变量的值，而只能修改传递给它的那份复制）调用，然而如果数组传值时复制整个数组，无论在时间上还是在空间上的代价都是巨大的。如果数组中存放的是类对象，在复制时会附带着类复制构造函数的调用，开销就更大了。

不仅如此，函数的形参采用传址调用方式还可以简化编译的实现。还有一举两得的效果。类似的，函数的返回值也不能是一个数组，而只能是指向数组的指针。

最后，数组和指针何时等价进行一下总结：

（1）采用 a[i]这种形式访问数组，编译总会把其“改写”成像*（a+i）这种指针访问。

（2）指针始终是指针，任何时候也不会改写成数组，但可采用数组下标方式访问指针。

（3）作为函数的形式参数，一个数组的声明就是一个指针，一个指向数组第一个元素的指针。

请谨记

- 作为函数形参时，指针和数组等价，数组会退化为一个指向数组首元素的指针。
- 数组名（与声明不同）被编译器当作一个指向该数组首元素的指针，而且是 const 指针。
- 无论采用 a[i]或*（a+i）形式访问，编译器在编译时均会改写成*（a+i）指针形式访问。

12-3　再论数组和指针的差异性

C++程序新手最常听到的说法之一就是“数组和指针是相同的”。然而不幸的是，这种说法并非完全正确。我们先以字符串数组和指针为例对比一下两者的差异。

12-3-1　字符串数组与字符指针的区别

char *a 和 char a[]是否等价？它们涉及了两个问题：数组不是指针，char *a 和 char a[]编译器是怎么分配内存的。

先看第一个问题，指针不是数组，数组定义 char a[6]表示请求预留 6 个字节的空间，并命名为 a。也就是通常所说的内存中有一个叫 a 的位置，这个位置可以存放 6 个字符。而指针

char *a 则表示请求一个位置放置一个指针，并命名为 a。这个指针可以指向任何位置、任何字符、任何连续的字符串，或者哪儿也不指。

可以通过 hello world 的例子说明内存分配。

```
char a[] = "hello world";
char *p = "hello world";
```

- p 的类型为 char *，p 指向一个常量字符串"hello world"。"hello world"分配于只读数据区，所以"hello world"不可修改。P 分配于栈区。
- a[]的类型为字符串数组。分配于栈区，并初始化为一个 12 个字符的数组存放"hello world"。所以"hello world"可以修改。
- p 和 a[]的数据初始化结果如图 12-3 所示。通过图 12-3 你一定明白了这其中的端倪。

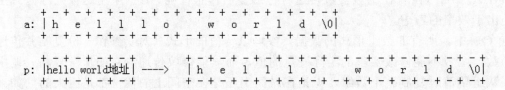

图 12-3　数据内存初始化

接着，总结一下指针和数组的差异。指针和数组的差异包括两个方面，第一个方面是两者含义上的区别，第二个方面是计算容量方面的区别。下面我们分别看它们。

数组对应着一块内存区域，而指针是指向一块内存区域。其地址和容量在生命期中不会改变，只有数组的内容可以改变；而指针却不同，它指向的内存区域的大小可以随时改变，而当指针指向常量数据时，它的内容是不可以被修改的，否则在运行时会报错。

```
#include<stdio.h>
#include<stdlib.h>
#include<string.h>
int main(void)
{
    char *s1="hello world"; // s1 为指向"hello world"的指针。
char  s2[]="123456";         // s2 为一个数组。数组中存储的是字符串。
strncpy(s1, s2, 6);
printf("%s %s\n", s1, s2);
return 0;
}
```

这段代码可编译通过。但是在运行时抛出异常。原因就在于企图改变 s1 的内容，由于 s1 指向常量字符串，其内容是不可修改的，因此在运行时存在问题。

除此之外，在计算容量时，使用 sizeof 可计算出数组的字节数，而 sizeof 却无法计算出指针所指向内存的字节数。sizeof（指针）的结果永远是 4（32 位操作系统）。还有在进行参数传递时，数组会自动退化为同类型的指针。

小心陷阱

- 数组名不占用内存空间，它用来标识这块内存。可以把数组名理解为常量指针。绝对不能修改数组名的地址。

- 指针是变量，它占用 4 字节内存空间。变量名标示它占用的这块内存空间。

可以看出在某些应用场景中，指针就是指针不是数组，而数组也不能等同于指针。

12-3-2　当编译器强行把指针和数组混合

我们经常抱怨程序无法运行了。这其中也有指针和数组的原因。下面是一个 extern 数组声明的例子。

```
// d.c 文件
char a[] ="abcd"; // a 的ascii码0x61, b的0x62, c的0x63, d的0x64
void PrintA()
{
    printf("d.c文件a数组地址=%d", a);
}

// main.c文件
extern void PrintA();
extern char *a;

int main()
{
    PrintA();
    printf("main.c文件a数组地址=%d", a);
}
```

这段代码的输出如下：

```
d.c文件a数组地址=107A08C
main.c文件a数组地址=64636261
```

从表面上看，d.c 文件 PrintA 函数确实输出了 a 的地址，而 main.c 中输出的值貌似是数组中存储的数值。我想你应该明白为什么你的代码无法正常运行了。代码中实现的和你期望的是两码事。

我们分析一下为什么会出现这样的问题？先看编译的编译过程。

（1）extern char *a 是一个外部变量的声明，它声明了名称为 a 的字符指针，编译器看到此声明会明白不必为这个指针变量分配空间了，因为它已经在别处定义了。

（2）然后，main.c 文件所有对指针 a 的引用都化为一个不包含类型的标号，具体地址定位留给连接器完成。

（3）main.c 编译得到一个中间文件 main.o，连接器遍历此文件，发现有未经定位的标号，于是它搜索其他*.o 中间文件，试图寻找到一个匹配的空间地址。

（4）经过搜索，连接器找到了一个分配的空间名称为 a 的位置（即 d.c 定义的那个字符数组）。但是连接器并不知道它们的类型，仅发现它们的名称一样，于是它就把 extern 声明的标号连接到数组 a 的首地址上，于是连接器把指针 a 对应的标号替换为数组 a 的首地址了。

也许你已经发现这其中的问题：由于在 main.c 声明的 a 是一个指针变量而不是数组，连接器的行为实际上是把指针 a 自身的地址定位到了 d.c 定义的数组首地址之上了，而不是把数组的首地址赋予指针 a。所以 main.c 中的指针 a 的内容实际上变成了数组 a 首地址连续 4 字节表示的地址。

根据上述分析，main.c 的指针 a 的初值将会是 64636261（小端 CPU），这显然不是我们期望的，所以运行出错也就理所当然了。

小心陷阱

- 明确区分定义和声明，声明说明的不是自己，而是描述其他地方创建的对象。它允许文件（作用域）可使用这个对象。
- 数据的定义与声明应该保持一致，禁止出现定义采用数组，而声明采用指针这种形式。

请谨记

- 不要把数组混为一谈，否则你会为之付出惨痛代价。数组标示一块区域，数组名称不占用内存。指针指向一块区域，指针会分配内存。你可以把数组名称当作一个 const 指针。但它绝非 const 指针那么简单。
- 使用数组定义变量，声明此数组供其他地方使用时，一定要保持声明和定义一致，不能把数组声明为指针。

12-4 充满疑惑的数组指针和指针数组

指针是 C 语言的精髓所在，同样也是 C++语言的重要组成部分。如何高效地运用指针也从一个层面反映了 C/C++语言的掌握水平，数组指针和指针数组是指针的高级应用，它们是指针和数组的组合应用。有些 C++程序员从事软件开发好多年还无法区分指针数组和数组指针。

（1）数组指针

可译为指向数组的指针。即指向数组首元素地址的指针。一维数组指针定义形式为：

```
类型（*数组标示符）[数组长度];
```

其中数组长度为所指向的数组长度，而非数组标示符的长度。例如：

```
int (*p)[10];  // p即为指向数组的指针，又称数组指针。
```

（2）指针数组

可译为存放指针的数组，数组的每个元素均为指针。一维指针数组定义形式为：

```
类型 *数组标示符[数组长度];,
```

其中，数组长度存放指针的个数。例如：

```
int* p[10];     // 指针数组，表示：数组p中的元素都为int型指针。
```

现在分析上述两种定义的差别。通过 "int *p[10];" 定义语句可定义一个指针数组。因为优先级的关系，所以 p 先与[]结合，说明 p 是一个数组，然后再与*结合说明数组 p 的元素是指向整型数据的指针。元素分别为 p[0]，p[1]，p[2]，...，p[7]，相当于定义了 10 个整型指针变量，用于存放地址单元，在此 p 就是数组元素为指针的数组，本质为数组。如果使用定义方式 "int (*p)[8];"，p 先与*号结合，形成一个指针，该指针指向的是有 10 个整型元素数组，p 即为指向数组首元素地址的指针，其本质为指针。

现在讨论数组指针的用法。数组指针的用法可参考以下代码。

```
void main()
{
int aiVal[2][2] = {{1, 2}, {3, 4}}; //  定义一个2*2的二维数组
int *piVal[2] = NULL;               //  定义一个数组指针
piVal = a;                          //  命piVal指向aiVal数组
}
```

将上述代码在 VS2010 编译器 Debug 模式下运行。aiVal 内存布局如图 12-4 所示。aiVal 和 piVal 调试信息如图 12-5 所示。

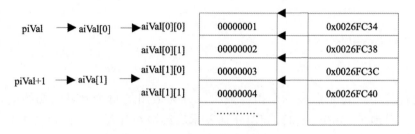

图 12-4　aiVal、piVal 内存布局图

监视 1		
名称	值	类型
⊟ ● aiVal	0x0026fc34	int [2][2]
⊞ ● [0]	0x0026fc34	int [2]
⊞ ● [1]	0x0026fc3c	int [2]
⊟ ● piVal	0x0026fc34	int [2]*
● [0]	1	int
● [1]	2	int
⊞ ● &aiVal[1][0]	0x0026fc3c	int *
⊞ ● &aiVal[0][0]	0x0026fc34	int *
⊞ ● piVal+1	0x0026fc3c	int [2]*
⊞ ● aiVal+1	0x0026fc3c	int [2][2]

图 12-5　aiVal、piVal 调试信息

从调试图我们可以看出，piVal 的类型为 int[2]*。piVal++实际上 piVal 的地址是增加 2*sizeof(int)个字节。二维数组 aiVal 其实由两个一维数组 aiVal[0]和 aiVal[1]组成。piVal+1 指向 aiVal[1]数组，piVal 指向 aiVal[0]数组。

也许你已经看出数组指针声明的元素数是和执行的数组元素个数是相同的。当然这需要必须相同吗？我们再看下面这个例子，代码如下。

```
char (*pszVal)[2] = NULL;
char szVal[3] = {1, 2, 0};
pszVal = szVal;         // error C2440："="：无法从"char [3]"转换为"char (*)[2]"
```

在 C++中，int (*p)[5]表示一个指向二维数组的指针变量，该二维数组的列数必须为 5。而指针数组 int*p[5]表示一个指针数组，它有 5 个下表变量，p[0]，p[1]，p[2]，p[3]，p[4]均为指针变量。通常可用一个指针数组来指向一个二维数组。指针数组中的每个元素被赋予二维数组每一行的首地址，因此也可理解为指向一个一维数组。例如，下面的程序用一个指针

数组指向二维数组每一行的首地址。

```
#include <stdio.h>    //头文件
#include <stdlib.h>

int main()
{
    int a[3][3]={{1, 2, 3}, {4, 5, 6}, {7, 8, 9}};//声明并初始化
    int *p[3]={a[0], a[1], a[2]};
    int i;

    for(i=0;i<3;i++)            //循环输出
    {
        printf("%d %d %d\n", *p[i], *(p[i]+1), *(p[i]+2));
    }

    system("pause");
    return 0;
}
```

在上面的程序中，首先定义一个指针数组，并为数组的每个元素赋初始值，使其指向二维数组每一行的首地址。a[0]、a[1]、a[2]分别表示二维数组 a 每一行的首地址。数组元素 p[0] 的值为二维数组 a 中第一行的首地址，因为数组 p[0]是一个指针，所以 p[0]加上或减去一个整数 n 时，指针将指向后 n 个或前 n 个相同类型的元素。p[0]+0 的值将是二维数组 a 第一行第一列的地址，p[0]+1 的值是二维数组 a 第一行第二列的地址，p[0]+2 的值是二维数组 a 第一行第三列的地址，如图 12-6 所示。得到指针所指向元素的地址后，使用运算符*即可得到该地址的值。所以，程序将输出二维数组 a 中每一行的三个元素。

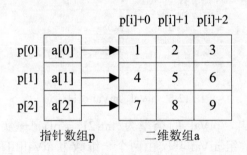

图 12-6　指针数组

小心陷阱

- 在数组指针中，声明的维数表示指针数组的元素数。而不是指针本身的元素数。
- 指针数组的每个元素均为指针。指向的数据类型为声明时的类型。声明时的元素数即是指针数组的元素数。
- 数组指针可用于二维数组元素的操作，只要数组指针声明的元素数和二维数组第二维元素数一样，二维数组名可直接赋值于数组指针。

请谨记

明确辨别指针数组和数组指针。不要将其混为一谈，指针数组表示声明的变量是一个数组，数组中的元素为指针。而数组指针则表示声明的变量为一个指针，此指针指向一个数组。

第 13 章

常见更要谨慎的字符和字符串

字符和字符串是我们最常见的。几乎每个应用程序都会用到字符和字符串，在 C++中，字符串由一系列的字符组成，最后用一个特殊的字符 '\0' 表示字符串结束。

由于字符串在内存中以二进制数据存储，字符串占用多大存储空间，一个字符占用几个字节，这些都是编程中最容易出问题的地方。当然这其中还涉及字符的编码问题。这些都是本章讨论的重点。

最后，本章将从字符编码开始字符和字符串的讲解过程，希望后续介绍的字符串陷阱能对你有所帮助。

13-1 关于字符编码的讨论

字符编码其实就是一种映射规则。由于计算机只能理解二进制，在屏幕上看到的英文、汉字等字符都是二进制转换后的结果。按照何种约定将字符存储在计算机中，如 'a' 用什么表示，称为"编码"；反之，如何将存储在计算机中的二进制数值解析显示出来，称为"解码"。

字符集是指一个系统支持的所有抽象字符的集合。字符是各种文字和符号的总称，包括各国家文字、标点符号、图形符号、数字等。在计算机系统中，字符编码指的是一套规则，将字符转换为计算机可以接受的数字系统的二进制数值。常见的字符集主要有：ASCII 字符集、Unicode 字符集、GB2312 字符集等。

1. ASCII 字符集

ASCII（American Standard Code for Information Interchange，美国信息交换标准代码）是基于拉丁字母的一套电脑编码系统。它主要用于显示现代英语，其扩展版本可勉强显示西欧语言。它同时也是现今最通用的单字节编码系统。

ASCII 字符集主要包括控制字符（回车键、退格、换行键等）；可显示字符（英文大小写字符、阿拉伯数字和西文符号）。

ASCII 编码：将 ASCII 字符集转换为计算机可以接受的数字系统的数的规则。使用 7 位（bits）表示一个字符，共 128 个字符；但是 7 位编码的字符集只能支持 128 个字符，为了表示更多的欧洲常用字符对 ASCII 进行了扩展，ASCII 扩展字符集使用 8 位（bits）表示一个字符，共 256 个字符。

说明：

ASCII 及扩展 ASCII 码，最多只能编码 256 个字符。因此使用 ASCII 可支持的字符集是有限的。例如 ASCII 就不能对汉字、日文、韩文等进行编码。

2．Unicode 字符集

由于 ASCII 码存储字符个数有限。为了消除 ASCII 的缺陷，使各种语言可统一编码。双字节编码就应运而生了。在双字节字符集中一个字符可由 1 个或 2 个字节组成。这就是 UTF 编码，即通常所说的 Unicode 码。

Unicode 码包括 UTF-8，UTF-16，UTF-32 三种标准。

- UTF-8 在编码时字符编码为 1～4 个字节。其中，值在 0x0080 以下的字符压缩成 1 个字节，主要存放美国使用的字符；值在 0x0080-0x07ff 间的字符使用 2 个字节存储，主要存放欧洲及中东地区语言字符；0x8000 以上使用 3 个字节存放，主要存储东亚地区的语言；而迭代对使用 4 个字符存储。
- UTF-16 编码占用 2 个字节，最多可编码 65536 个字符。Microsoft Windows 采用 UTF-16 这种编码形式，因为这种编码可存储全球大部分语言字符。而且在节省空间和简化编码这两目标之间，提供了一个很好的折中方案。
- UTF-32 编码的每个字符都占用 4 个字节。一般在应用程序内部使用这种编码。由于这种编码效率不高，在网络通信、文件保存时使用很少。

在 Microsoft Windows 操作系统中，如果不进行特殊说明。一般所说的 Unicode 编码均指 UTF-16 编码。而 Linux 流行的编码方案则是 UTF-8。

在 Windows 上从事软件开发的人员，我强烈建议在应用程序开发时使用 Unicode 的字符和字符串。原因如下：

（1）使用 Unicode 有利于应用程序的本地化。使用 Unicode 只需要一个二进制文件，即可支持所有语言。

（2）Unicode 可提升应用程序执行效率，代码执行速度快，占用的内存更少。Windows 系统内部所有的操作都采用 Uncode 字符或字符串进行处理。所以，如果你的应用程序采用 ASCII 字符或字符串，操作系统则会被迫分配内存，将 ASCII 字符或字符串转化为 Uncode 字符或字符串。否则操作系统无法处理。

（3）使用 Unicode 可提升程序的兼容性。例如，采用 Uncode 编码的应用程序易与 COM 组件、.NET Frame 集成。

Windows 程序开发注意事项：

- 在应用程序设计时，最好将应用程序转换为支持 Unicode 的形式，即使当前并不计划立即开始使用 Unicode。
- 将文件字符串理解为字符的数组，而不是 char 或字节的数组。
- 使用 TCHAR 通用数据类型，表示文件字符和字符串。

- 注意与字符串相关的计算的差异。Unicode 下字符数和字节数是不同的，而在 ASCII 下字符数和字节数是等同的。如果需申请一块内存，要记住内存是以字节为单位分配的，而不是以字符为单位。这意味着必须调用 malloc(nChars *sizeof(TCHAR))，而不是调用 malloc(nChars)。
- 尽量避免使用 printf 系列函数，尤其不要使用%s 和%S 字段进行 ASCII、Unicode 字符串相互转换。

3．GB2312 字符集

GB2312 字符集是对 ASCII 的中文扩展，它兼容 ASCII。编码规定如下：编码小于 127 的字符与 ASCII 编码相同，当两个大于 127 的字符连在一起时，就表示一个汉字，前面的一个字节（称之为高字节）从 0xA1 用到 0xF7，后面一个字节（低字节）从 0xA1 到 0xFE，这样我们就可以组合出大约 7000 个简体汉字了。

GB2312 或 GB2312—80 是中国国家标准简体中文字符集，全称《信息交换用汉字编码字符集•基本集》，由中国国家标准总局发布，1981 年 5 月 1 日实施。GB2312 编码通行于中国大陆；新加坡也采用此编码。中国大陆几乎所有的中文系统和国际化的软件都支持 GB2312。

最后需要重申的是：无论是从事 Windows 编程，还是 UNIX 编程。字符和字符串都是软件开发人员不可绕过的。只有明确理解了字符和字符编码，才能编写出优秀的应用程序。更好地支持应用程序的本地化。

请谨记

- 理解字符和字符编码的机制是编写出优秀应用程序的前提。在 Windows 下无论你是否打算使用 Unicode，都尽量将程序转换成支持 Unicode 的形式。
- Windows 系统底层全部采用 Unicode 编码，而 Linux 采用 UTF-8 编码。

13-2 请牢记字符串结束标志为 '\0'

在 C 语言中，并没有字符串这种数据类型，其通过使用字符数组来保存字符串。C 语言字符串其实就是一个以 null（'\0'）字符结尾的字符数组。null 字符表示字符串的结束。对 C 字符串的操作需要通过<string.h>文件中定义的字符串处理函数实现。例如：

```
// szWelcome字符串的初始化
char szWelcome[11] = "huanying";

// szWelcome字符串的赋值
strcpy(a, "nihao")

//获取字符串szWelcome的长度，不包括'\0'在内
strlen(szWelcome);

// 屏幕显示szWelcome字符串。
printf("%s", szWelcome);
```

在 C 语言中，也可以通过字符指针来访问一个字符串：通过字符指针指向存放字符串数组的首元素地址访问字符串。例如：

```
char *szWelcome = "nihao";
```

```
printf("%s",a);
```

小心陷阱

- 只有以 null 结束的字符数组才是字符串，否则只是一般的字符数组。
- C 字符串可以利用 "=" 号进行初始化，但初始化之后，不能利用 "=" 对 C 字符串进行赋值操作。

在 C++ 中，除了具备 C 语言的字符串，还有 string 字符串类型，C++特有的数据类型，string 类把字符串封装成了一种数据类型 string，可以直接声明变量并进行赋值等字符串操作。C 字符串和 C++ string 数据类型的区别见表 13-1。

表 13-1　C 字符串和 C++ string 区别

区别 ＼ 对象	C 字符串	C++string
所需的头文件名称	<string>或<string.h>	<string>或<string.h>
为什么需要头文件	为了使用字符串函数	为了使用 string 类
如何声明	char name[20];	string name;
如何初始化	char name[20] = "Smith";	string name = "Smith";
必须声明字符串长度吗	是	否
怎样实现字符串赋值	strcpy(name,"John");	name = "John";
其他优点	更快	更易于使用，优选方案
可以赋一个比现有字符更长的字符串吗	不能	可以

在 C 语言中，null 是字符串的唯一结束标志。我们定义一个字符数组，如果没有在结束的位置赋值为 '\0'，当你把此字符数组当作字符串使用时，将出现无法预测的后果。为了说明的更加明确。我们看下面这个例子。假设存在一个字符数组：char szName[] = {'1', '2', '3'};，szName 附近的内存布局如图 13-1 所示。

'1'	'2'	'3'	34	50	0

图 13-1　szName 附近的内存布局

如果由于我们的粗心大意，把 szName 当作字符串处理，求取 szName 字符串的长度。针对上述内存映射 strlen(szName) = 5，并不是我们期望的 3。这就是 null 带给我们的陷阱。现在我们分析为什么会产生这样的错误？首先看一下 strlen 的函数实现，strlen 计算字符串数组，其实就是从字符串起始地址开始查找 null，直到找到 null，然后计算从字符串开始地址到 null 有多少字节。明白了 strlen 的原理，现在 strlen(szName) = 5，我想你也应该明白了。

```
// 字符串长度strlen计算实现
int strlen (const char * str)
{
    int length = 0;

    while( '\0' != *str++ )
    {
```

```
        ++length;
    }

    return( length );
}
```

小心陷阱

- strlen 计算的字符串长度是不包括 null 在内的字符串长度。null 是字符串的必要组成部分，但不占用字符串的长度。
- 定义一个字符串，一定要确保此字符串以 null 字符结尾。否则关于字符串的任何运算操作，都将是错误的、无法预知的。
- 通常所说的字符串地址，仅指字符串的首元素的内存地址。

明白了 null 在字符串中的重要作用。接着继续分析一下 strlen 和 sizeof 的关系。我们先考虑下面这段代码。

```
// 计算szName字符串长度和占用内存空间大小，对比两者的差异。
char szName[] = "Steve Jobs";

printf("strlen(szName) = %d\r\n", strlen(szName));
printf("sizeof(szName) = %d\r\n", sizeof(szName));
```

这段代码的输出如下：

```
strlen(szName) = 10
sizeof(szName) = 11
```

sizeof 计算 szName 占用的内存字节数，strlen 仅计算从指定地址开始到 null 结束的字节数。通过上述实验我们可以看出，标示字符结束的 null 字符时占用内存空间的，其长度为 1。所以在为字符串分配内存空间时，不能仅仅分配字符串长度大小的空间，同时需要考虑为 null 分配空间。

小心陷阱

- 在创建动态字符串数组时，通过 new 或 malloc 申请内存时，一定要考虑到 null 也占用的空间。以防字符串因为无 null 结束符，导致无法预测的错误。

请谨记

- C 语言中不存在字符串数据类型，其通过一个以 null 结尾的字符数组实现。通常所说的字符地址其实仅仅是指其首地址，而字符串真正占用多大内存，这些完全依靠 null 结束符确定。
- 在实际编程中，C++的 string 字符串数据类具有 C 字符串所具有的所有功能，同时具有易于使用的优点。在字符串操作过程中，建议使用 string 替换 c 字符串。

13-3　请务必小心使用 memcpy()系列函数

我们都知道，memcpy、memset、memcmp 等内存操作系列函数可帮助我们完成数据的初始化、数据的复制、数据的复制等工作。但你知道为什么可以这么做吗？

究其原因，主要是因为在 C 语言中，无论是内置数据类型、还是自定义数据类型都是 POD

对象。对于 POD 对象其内存模型都是可知的、透明的。

什么样的数据对象是 POD 对象？在 C++中，习惯把传统的 C 风格的 struct 叫作 POD（Plain Old Data）对象。一般来说，POD 对象应该具备以下特征：

（1）对于 POD 类型 T 的对象，不管这个对象是否拥有类型 T 的有效值，如果将该对象的底层字节序列复制到一个字符数组中，再将其复制回对象，那么该对象的值与原始值一样。

（2）对于任意的 POD 类型 T，如果两个 T 指针分别指向两个不同的对象 obj1 和 obj2，如果用 memcpy 库函数把 obj1 的值复制到 obj2，那么 obj2 将拥有与 obj1 相同的值。

简而言之，针对 POD 对象，其二进制内容是可以随便复制的，在任何地方，只要其二进制内容在，就能还原出正确无误的 POD 对象。对于任何 POD 对象，都可以使用 memset()函数或者其他类似的内存操作函数。下面我们来看一下 POD 对象、使用 memcpy 等函数的例子：

【示例 13-1】POD 对象的复制。

代码如下：

```
#include "stdafx.h"
#include <cstring>

// PERSON（人）数据类型为POD数据类型
typedef struct tagPERSON
{
// 名称
char    szName[16];
// 年龄
int     nAge;
// 性别 是否为男性
bool    bGender;
}PERSON;

// PERSON  信息打印函数。
void PrintInfo(PERSON * p)
{
printf("%s,%d,%s/r/n", p-> szName , p-> nAge , (p-> bGender ? "男" : "女"));
}

int main()
{
// POD对象可以使用初始化列表
PERSON p1 = {"佟湘玉", 28, false};
PERSON p3 = {"白展堂", 26, true};
PrintInfo (&p1);
PrintInfo (&p3);

// 将p1转储为char数组
char    szBytes[sizeof(PERSON)];
memcpy(szBytes, &p1, sizeof(PERSON));
PERSON p2  = {0};
memset(&p2, 0, sizeof(PERSON));
PrintInfo (&p2);

// 将char数组还原为p2，并打印输出
memcpy(&p2, szBytes, sizeof(PERSON));
```

```
PrintInfo (&p2);

//  将p3复制至p2，并打印输出
memcpy(&p2, &p3, sizeof(PERSON));
PrintInfo (&p2);

return 0;
}
```

但对于 C++中的非 POD 对象，我们再使用 memset 等函数就无法奏效了。这是因为对于 POD 对象来说，可以通过对象的基地址和数据成员的偏移量获取数据成员的地址，这是 POD 对象遵循的最基本的内存布局假设。但是 C++标准中并未对非 POD 对象的内存布局做任何的假设，不同的编译器在实现非 POD 对象内存布局是采用不同的布局方案。这是 memset 系列函数无法奏效的根本原因。

接着，我们来分析 C++为何引入非 POD 对象。究其原因，还是 C++最主要的特征（动态的多态）引起的。支持动态的多态的类都存在虚函数，而虚函数实现的机制在于虚函数表，没有虚函数表动态的多态无法运行。而这个虚函数表必须放在类对象体中，也就是和类对象的数据存放在一块。这就导致了类对象中的数据并不采用连续的方式存储，被分割成不同的部分。所以，针对非 POD 对象，贸然的使用 memcpy 和 memset 等函数往往会导致不可预料的后果。

请谨记

- 区分哪些对象是 POD，对于 POD 对象你可以大胆的使用 memcpy 和 memset 函数。但对于非 POD 对象，建议不要使用 memcpy 和 memset 等函数。
- C++中的对象可能是 POD 的也可能是非 POD 的。因此在 C++中使用 memset 和 memcpy 等函数要千万小心。

13-4　正确使用字符串处理函数

大家在遇到字符串处理的问题时，我想大部分应该归属于缓冲区溢出错误（其是字符串处理的典型错误）。缓冲区溢出错误已成为针对应用程序乃至操作系统的各个组件发起安全攻击的媒介。所以 Microsoft 在 C 运行库中新增了很多安全函数。应该尽量多使用这些新函数来防止应用程序在处理字符串时发生的缓冲区溢出问题。但这并不是指使用安全的字符串处理函数就可以避免缓冲溢出攻击。安全函数的使用在某种方面只是降低了缓冲区溢出的攻击，安全函数在特定情况下，本身也可能被缓冲区溢出攻击。

说明：

使用安全字符串函数仅仅可降低缓冲溢出攻击的可能性，并不会消除缓冲溢出攻击。也就是说，无论是否使用安全字符串处理函数缓冲溢出攻击一直是无法避免的。建议使用安全字符串处理函数，这样可降低缓冲溢出攻击的概率。

为了提高 strcpy 系列函数的安全性。在 Windows 操作系统中，所有字符串处理函数都对应一个新的版本——前面名称相同，最后添加了一个后缀_s（代表 secure）。例如：

```
//C运行库现有的字符串复制函数
PTSTR _tcscpy (PTSTR strDestination, PCTSTR strSource ) ;
//新增的安全字符串复制函数
```

```
errno_t _tcscpy_s(PTSTR strDestination, size_t numberOfCharacters ,PCTSTR
strSource ) ;
```

除此之外，还有 memcpy_s，memmove_s，wmencpy，wmemove_s 等函数。这类函数为了达到安全目的，应检查以下项目：

- 指针是否为空。
- 整数是否在有效范围内。
- 枚举值是否有效。
- 缓冲区是否足以容纳结果数据。

如果这些检查中有一项失败，函数就会设置局部与线程的 C 运行时变量 errno，然后返回一个 errno_t 值来指出成功或失败。然而，这些函数并不实际返回（如果有自己的处理函数是可以返回的）。在 debug build 运行环境下，会调用 Debug Assertion Failed，然后终止应用程序（即利用断言），但如果是 release build，则程序自动终止。

你可能听说过缓冲区溢出攻击。的确是，使用不安全的字符串处理函数会引起缓冲区溢出攻击。strcpy()类函数的缓冲区溢出攻击在于这类函数不检查输入的长度，导致第一个参数在堆栈中分配的大小不足，导致后面堆栈的地址被覆盖。由此达到修改后面地址代表的变量和堆栈中返回的程序调用地址达到修改程序流程的目的。strncpy()类函数加强了对第二个参数的长度检测，使得其在第一个参数里只保持复制指定数字长度的内容来保证不发生缓冲区溢出的攻击。

但是，在一些函数中，对给定地址的字符串处理和长度计算并非以其数组或结构的大小计算，而是以 null 字符计算的，在 strncpy()中，如果第二个参数字符串长度大于第一个参数字符串的长度，虽然复制到第一个字符串的长度只有指定的数目，但是有些函数对其的引用可能就不是这样看待了，例如：

```
char a[2] = {0};
char b[] = "1234";
strncpy(a, b ,2);
```

假设，此时函数的堆栈缓冲区内容如下：

```
SP-----> a<1>: "1"
         a<2>: "2"
         b<1>: "1"
         b<2>: "2"
         b<3>: "3"
         b<4>: "4"
         b<5>: NULL
         len: 2
         ret addr: 0X....   (指向strncpy下一条指令的地址)
```

那么，如果此时对 a 字符串进行操作，会有出现什么意想不到的结果呢？我想它会让你大失所望，例如：

```
printf("%s", a);
```

结果：打印出"121234"这样的字串。当然这并不是字符串溢出攻击，仅此我们也可以看出，无论安全字符串处理函数，还是非安全字符串处理函数，它们都存在风险。

现在我们可以得出这样的结论：无论安全字符串处理函数还是普通字符串处理函数。在某些特殊环境下，它们都是不安全的。但是关于字符串的处理是任何系统工程都必需的。我们如何编写出安全的字符串操作呢？这正是本文后续部分讨论的重点。

我们可以考虑是否可以申请一个足够大小的字符串缓冲空间，将其作为字符串操作的目的空间。在大部分情况下，这种假设是成立的。我们在申请目的字符串空间时，首先计算源字符串的长度，然后申请一个长度至少大于（源字符串长度+1）的缓冲空间。然后对此目的缓冲区进行操作。我们来看下面这个例子，程序示例代码如下：

```
//  字符串复制函数，自定义实现。
char * vg_strcpy(char *pszSrc)
{
int nLength = strlen(pszSrc);
char *pszDest = new char [nLength+1];

memset(pszDest, 0, nLength+1);

strcpy(pszDest, pszSrc);

    return pszDest;
}
```

这种实现确实完全避免了缓冲溢出的可能，但是引入了新的问题。在函数中申请内存，如果此函数作为公共库，供其他程序员使用，如何判断此函数在实现时申请了内存呢？答案是他们不可能知道。所以问题也就出现了，会存在内存泄漏的风险。

我们来看这样一个字符串操作方案：

（1）允许用一个整数界定目标地址空间尺寸。

（2）当目标地址空间长度 nD 小于源字符串长度 nS 时，应该只复制 nD 个字节。

（3）任何情况下，目标地址空间均应该以 "\0" 结束，保持一个合法的字符串身份。因此，得到的字符串最大长度为 nD-1。我们来看下面这个字符串的复制实现：

```
//  采用新方案的字符串复制函数实现。
void xg_strncpy1(char *pD, char *pS,int nDestSize)
{
memcpy(pD,pS,nDestSize);
*(pD+nDestSize-1)='\0';
}
```

可以看出这种实现确实避免了内存泄漏的风险，同样也避免了缓冲区溢出的问题。所以建议采用类似这种字符串操作方案。在存在系统程序执行错误和程序异常时，优先保障系统正常运行。

请谨记

- 在进行字符串操作时，请打起十二分精神。因为无论你采用安全的字符串处理函数，还是普通的字符串处理函数。风险基本上是一样的。

- 字符串操作时，如果存在程序执行错误和程序异常时，优先保障系统正常运行，即使执行的结果是错误的，也要降低代价。

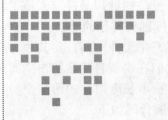

表达式和语句中的陷阱

语句类似于自然语言中的句子，语句是 C++程序的重要组成部分。可以这么说，没有语句也就没有程序的存在了。语句又包含各种各样的表达式，如算术表达式、逻辑表达式等。本章的讨论对象就是表达式和语句。

本章着重探讨 C++表达式和语句在使用中容易被忽视的陷阱。希望通过本章的学习，使您对 C++语言中的语句和表达式有一个更为深刻的认识。掌握语句和表达式使用中不为人知的秘密和陷阱。

14-1 运算符引发的混乱

C++和 C 确实紧密相连，C++从 C 那儿继承了很多的东西。其中也包括一套含义模糊不清的运算符。也正是由于这套运算符，加上 C++灵活的语法，才导致了很多程序员使用 C++运算符时的混乱。按照产生混乱的原因，可分为：粗心导致的混乱，优先级带来的混乱，结合性带来的混乱。

1. 粗心导致的混乱

由于 C++运算符的灵活性，某些粗心的程序员编辑出了出人意料的代码。下面代码就给我们展示了一个典型的例子。

```
if (nValue = 0)
{
 // 如果nValue等于0，进行某些操作。
}
```

显然，程序员的本意是要写出 if（nValue == 0）。但不幸的是，由于他的笔误导致上述语句未能达到程序员期望的效果，但它却是合法的。编译器在这种情况下，不会给出任何错误提示。这段代码的执行步骤如下，首先将 0 赋值于 nValue。然后 if 判断 nValue 是否为 0。但结果是，if 条件判断始终为 false，导致大括号的程序语句永远无法被执行。这就是我们通常所说的"="和"=="混乱错误。

明白了"="和"=="的混乱错误，接着介绍如何避免这种错误。避免这种错误其实很简单，将 0 和 nValue 的位置交换即可实现。代码如下：

```
if (0 == nValue )
{
 // 如果nValue等于0，进行某些操作。
}
```

此时如果你写成 if(0=nValue)，编译器会直接报出编译错误，编译失败。所以可以看出，这种错误其实可以通过良好的代码风格避免。

除了"="和"=="运算符混淆以外，还有其他几对容易混淆的运算符号，它们是"&（按位与）"和"&&（与）"，"|（按位或）"和"||（或）"。对于这两类运算符，能够避免错误的只有细心了。

2．优先级导致的混乱

在 C++中引入不同层级的运算符优先级通常是一桩好事，因为这样可以不必使用多余的、分散注意力的括号，继而把复杂的表达式简化。如 iostream 的设计初衷是允许工程师使用尽可能少的括号。

```
cout << "a+b=" << a+b <<endl;
```

由于加法运算的优先级比左移运算符要高，所以我们的解析过程是符合期望的：a+b 计算求值，然后把结果发送给 cout。

但并非所有的运算结果都如你期望。下面的代码就给我们展示了因优先级导致的混乱。

```
cout << a ? f() : g();
```

这是 C++中唯一的一个三元运算符给我们带来的麻烦，由于三元运算符的优先级低于左移运算符。所以按照编译器的理解，编译器首先让 cout 左移 a 位，然后把这个结果用作三元运算符所需的一个判断表达式。可悲的是，这段代码居然是完全合法的！（具体为何合法，这涉及 cout 的隐式转换符 operator void *，此隐式转换符首先将 cout<<a 转换为 void *，然后判断这个指针是否为空将其转化为 true 或 false）。

针对这种情况，可通过括号进行强制优先级切换实现。

```
cout << (a?f():g());
```

但我还是建议采用 if 形式实现。因为这种形式有着清晰、又易于维护的优点。

```
if (a)
{
    f();
}
else
{
    g();
}
```

除了三元运算符之外，在实际程序编写时还应该注意"，"运算符与"->*"运算符。由于它们特殊的优先级往往会导致程序偏离最初的设想。

3．结合性导致的混乱

优先级决定表达式中各种不同的运算符起作用的优先次序，而结合性在相邻的运算符具有同等优先级时，决定表达式的结合方向。

结合性分为 left-to-rigth 和 right-to-left 两种方式。在 C++中，大部分的运算符采用 left-to-right 这种方式，而采用 rigth-to-left 结合方式的仅有"="、"+="、"−="、"*="、"/="、"%="、"&="、"^="、"|="、"<<="、">>=" 11 种赋值操作符。需要特殊说明的是，C++中没有非结合的运算符。

关于结合性的经典示例当属"连续赋值"表达式。

```
a = b = c;
```

b 的两边都是赋值运算，优先级自然相同。而赋值表达式具有"向右结合"的特性，这就决定了这个表达式的语义结构是"a = (b = c)"，而非"(a = b) = c"。即首先完成 c 向 b 的赋值（类型不同时可能发生提升、截断或强制转换之类的事情），然后将表达式"b = c"的值再赋向 a。我们知道，赋值表达式的值就是赋值完成之后左侧操作数拥有的值，在最简单的情况下，即 a、b、c 的类型完全相同时，它和"b = c; a = b;"这样分开来写效果完全相同。

简单总结一下：

- 一般来讲，对于二元运算符▽来说，如果它是"向左结合"的，那么"x▽y▽z"将被解读为"（x▽y）▽z"，反之则被解读为"x▽（y▽z）"。注意，相邻的两个运算符可以不同，但只要有同等优先级，上面的结论就适用。再比如"a * b / c"将被解读为"（a * b）/ c"，而不是"a * （b / c）"
- 一元运算符的结合性问题一般简单一些，比如"*++p"只可能被解读为"* （++p）"。

最后我们讨论一下"++"的结合性。"++"分为前置和后置。为了解释"++"的特殊结合性，我们看一下 strcpy 的代码实现。

```
char* strcpy( char* dest, const char* src )
{
char*p = dest;
while(*p++ = *src++);

return dest;
}
```

首先，解引用运算符"*"的优先级低于后自增运算符"++"。所以，这个表达式在语义上等价于"* （p++）"，而不是"(*p) ++"。

依据 ISO/IEC 9899:1999：后自增表达式的结果值就是被自增之前的那个值，这个结果值被确定之后，操作数的值会被自增。而这种"自增"的副作用会在上一个"序列点"和下一个"序列点"之间完成。

按照 ISO 标准"while(*p++ = *src++) ;"可以这么解释：while 当中的条件变量是个赋值表达式，左侧操作数是"*p++"，右侧操作数是"*src++"，整个表达式的值将是赋值完成之后左侧项的值。而左右两侧是对两个后自增表达式解引用。既然解引用作用于整个后自增表达式而不是仅作用于 p 或 src，那么根据标准，它们"取用"的分别是指针 p 和 src 的当前值。而自增的副作用只需在下一个序列点之前完成。

除此之外还有另外一种说法，后自增"x++"相当于一个逗号表达式："tmp = x, ++x, tmp"。相对来讲，还是标准中的说法为编译器的实现（特别是优化）留下了更多空间，但上面的这种"说法"却更便于人的理解，而且和正确的用法在最终效果上是一致的。

4．结合性和优先级的总结

- 优先级决定表达式中各种不同的运算符起作用的优先次序，结合性在相邻的两个运算符具有同等优先级时，决定表达式的结合方向；
- 后自增（后自减）从语义效果上可以理解为在做完自增（自减）之后，返回自增（自减）之前的值作为整个表达式的结果值；
- 准确来讲，优先级和结合性确定了表达式的语义结构，不能跟求值次序混为一谈。

请谨记

- 不要混淆"="和"=="、"&（按位与）"和"&&（与）"，"|（按位或）"和"||（或）"这三对运算符之间的差异，使用良好的代码规范能避免由此而带来的麻烦。
- 除非你肯定运算符的优先级和结合性是你期望的。否则最好用括号设置你期望的优先级。以防由此而引入不确定的麻烦。

14-2　表达式求值顺序不要想当然

上一节讲述了运算符的优先级和结合性规定了表达式中相邻两个运算符的运算次序，但对于双目运算的操作数，C++没有规定它们的求值顺序。例如，对于表达式：

```
exp1 + exp2;
```

先计算 exp1 还是 exp2？不同的编译器会有不同的做法。在数学上，对于双目运算符，不论先计算哪一个操作数，要求最终计算结果一样。在 C++中，如果计算一个操作数时，该计算会改变（影响）另一个操作数，会导致因操作数的不同计算次序，产生不同的最终计算结果。对于因操作数计算的次序不同产生不同结果的表达式为带副作用的表达式。在计算时影响其他操作数的值，引起副作用的运算符称为带副作用的运算符。

++/--及各种赋值运算符作为带副作用的运算符，有时会导致表达式求值具有不可预知性。例如：

```
int  x=1;
int  y = (x+2)*(++x)
```

对于 y 的赋值表达式（x+2）*（++x），先计算 x+2，y 的值为 6。若先计算++x，由于修改了 x+2 中 x 的值，y 的值为 8。

表达式求值顺序不同于运算结合性和优先级。请看下面这个经典例子，代码如下：

```
i = ++i + 1;  //  未定义的行为
```

这个表达式通常是说行为未定义，其实这个表达式（expression ）包含了三个子表达式：

```
e1 = ++I;
e2 = e1 + 1;
i  = e2;
```

而这三个子表达式没有顺序点，而且++i和i = e3都是有副作用的表达式。由于没有顺序点，语言不保证这两个副作用的顺序。所以最终导致此表达式行为未定义。

更加可怕的是，如果i是一个内建类型，并在下一个顺序点之前被改写超过一次，那么结果是未定义的。对于本例来说，

如果：

```
int  i = 0x1000fffe;
i = ++i + 1;      // 未定义的行为
```

你也许会认为i结果是加1或加2，其实它的结果可能是0x1001ffff。它的高字节接受了一个副作用的内容，而低字节则接受了另一个副作用的内容。更糟糕的是，如果i是指针，那么将很容易造成程序崩溃。

每个表达式都产生一个值，同时可能包含副作用，比如：它可能修改某些值。规则的核心在于顺序点。它是一个结算点，语言要求这一侧的求值和副作用（除了临时对象的销毁以外）全部完成，才能进入下面的部分。

在两个顺序点之间，子表达式求值和副作用的顺序是不确定的。假如代码的结果与求值和副作用发生顺序相关，我们称这样的代码有不确定的行为。假如在此期间对一个内建类型执行一次以上的写操作，则是未定义行为。而未定义行为带来最好的后果是让你的程序立即崩溃掉。

然而为什么要这么做呢？因为对于编译器提供商来说，未确定的顺序对优化有相当重要的作用。比如，一个常见的优化策略是"减少寄存器占用和临时对象"。编译器可以重新组织表达式的求值，以便尽量不使用额外的寄存器以及临时变量。更加严格来说，即使是编译器提供商也无法完全彻底序列化指令（比如无法严格规定读和写的顺序），因为CPU本身有权利修改指令顺序，以便达到更高的速度。

正是由于编译器执行这种策略，才导致求值顺序无确定性的存在。而求值顺序主要包括以下三个方面。

第一是函数参数的求值顺序，第二是操作数的求值顺序，第三是特殊运算的求值顺序。

1. 函数参数的求值顺序

为了说明函数参数求值顺序的不确定性，对函数的执行结果的影响，我们需要研究下面这段代码的执行情况。

```
int  g_iVal = 1;     // 全局变量g_iVal
int  ValAddFirst()   // 针对全局变量操作的第一个函数
{
   g_iVal += 1;
    return g_iVal;
}
Int  ValAddSec()     // 针对全局变量操作的第二个函数
{
    g_iVal += 1;
    return g_iVal;
```

```
}

int main()
{
    printf("g_iVal's value is %d, before calling any function, g_iVal);
     printf("g_iVal's value is %d, after ValAddFirst and %d after ValAddSec,
ValAddFirst(),ValAddSec() );
    return 0;
}
```

按照前面的讨论，函数参数的求值并没有固定的顺序，所以，printf()函数的输出结果可能是 2、3，也可能是 3、2 。在这种条件下，ValAddFirst()和 ValAddSec()到底谁先被调用，这是一个只有编译器才知道的问题。

为了避免这一问题的发生，有经验的工程师会保证凡是在参数表中出现过一次以上的变量，在传递时保证不改变其值。即使如此也并非万无一失，如果不是足够小心，错误的引用同样会使努力前功尽弃，你可以看下面这个例子，代码如下：

```
int para = 10;
int &rPara = para;
int f(int para1, int para2);
int result = f(para, rPara *= 2);
```

这个例子依然存在函数求值问题存在，因为 f()在实际调用时，实参是 f(10,20)还是 f(20,20)无法确定。对于上述问题，可以推荐下述实现形式：

```
int para = 10;
int f(int para1, int para2);
int result = f(para, para*2);
```

2．操作数的求值顺序

操作数的求值顺序也不固定，例如下面的代码：

```
a = p() + q() * r();
```

三个函数 p()、q()和 r()可能用 A_3^3 种顺序中的任何一种计算求值。而乘法运算符的高优先级只能保证 q()和 r()的返回值首先执行相乘，然后再加到 p()的返回值上。所以，就算加上再多的括号依旧不能解决问题。

幸运的是，我们可使用显式的、手工指定的中间变量解决这一问题，从而保证固定的子表达式求值顺序：

```
int para1 = p();
int para2 = q();
a = para1 + para2 * r();
```

这样，上述代码就为 p()、q()和 r()三个函数指定了唯一的计算顺序：p()→q()→r()。

3．特殊求值顺序

虽然操作数存在着求值顺序不确定问题，但在 C++中，有些运算符从诞生之日起便有了明确的操作数求值顺序。它们是逻辑与（&&）、逻辑或（||）条件（?:）、逗号（,）。

C++规定，先计算逻辑与（&&）和逻辑或（||）的第一个操作数，根据第一个操作数的求

值结果再决定是否需要第二个操作数求值。

对于&&运算符，如果第一个操作数计算结果为 false，就不需要计算第二个操作数了。对于||运算符，如果第一个操作数计算结果为 true，就不需要在计算第二个操作数了。这就是通常所说的短路求值现象。

除此以外，条件（?:）、逗号（,）运算符也规定了操作数的计算次序，其他运算符没有规定操作数的计算次序，计算次序由具体的编译器决定。因此在含这些运算符的表达式中，避免在操作数中引入带副作用的运算符。

小心陷阱

- 逻辑与（&&）、逻辑或（||）、条件（?:）、逗号（,）这四种 C++标准规定的求值顺序，只作为内置运算符有效。
- 如果你自定义的数据结构重载了上述四种运算符，这四种运算符将失去 C++标准规定的计算求值顺序。
- 表达式求值顺序不同于运算结合性和优先级。

请谨记

表达式计算顺序是一个很烦琐但却很有必要的话题。

- 在函数实参调用时，时刻注意你的调用形式是否存在求值顺序的问题，小心陷阱。让你的函数不要依赖计算顺序。
- 针对操作符优先级，建议你多写几个括号，这样可以把你的意图表达得更清晰。但对于操作数的求值顺序问题，你的这种做法。对操作数的求值顺序无任何影响。在这种情况下，建议你使用显示的、手工指定中间变量的手段解决。

14-3 switch-case 语句的陷阱

switch-case 语句主要用在多分支条件的环境中，在这种环境中使用 if 语句会存在烦琐而且效率不高的弊端。switch-case 语句的一般使用格式如下：

```
switch(expression)
{
case const expression1:
......
case const expression2:
......
default:
......
}
```

在执行过程中，expression 的值会与每个 case 的值比较，实现 switch 语句的功能。关键字 case 和它所关联的值被称作 case 标号。每个 case 标号的值都必须是一个常量表达式。除此之外，还有一个特殊的 case 标号--default 标号。

如果 expression 值与其中一个 case 标号匹配，则程序将从该标号后面的第一个语句开始依次执行各个语，直到 switch 结束或者遇到 break 语句为止。如果没有发生与之匹配的 case 标号（并且也没有 default 标号），则程序会从 switch 语句后面的第一条语句继续执行。

14-3-1　正确使用 break 语句

初学者往往对 case 语句后的执行不太理解，建议每个 case 语句之后，都增加 break 语句。不然，你小心下面的陷阱。

小心陷阱

- 关于 switch 一般存在这种误解：以为程序只会执行匹配的 case 标号相关的语句。实际上并非如此，该标号只是程序会执行的起始点，程序会从该点执行，并跨越 case 边界继续执行其他语句，直到 switch 结束或遇到 break 语句为止。
- break 语句的使用是 switch-case 语句的核心。因为在大多数情况下，在下一个 case 标号前面必须加上一个 break 语句。

请看一下下面代码，考虑下面这段键盘输入的执行处理实现，结果恐怕会让你意外。

方案 1：

```
int iInputChar = 0;
// 读取键盘输入
iInputChar = GetInputFromKeyBoard();

// 根据键盘输入执行对应操作
switch(iInputChar)
{
case CTRL_C:
// 执行复制操作
DoCpyWork();
case CTRL_V:
// 执行粘贴操作
DoPasteWork();
case CTRL_F:
// 执行查找操作
DoFindWork();
default:
 ;
}
```

我们先思考一下方案 1 这段代码导致了什么结果，假设键盘输入了一个【Ctrl+C】，我们会发现 DoCpyWork()、DoPasteWork() 和 DofindWork() 都被执行了一遍。这也许会让你吃惊，本意是执行 DoCpyWork() 函数的，实际上三个函数却都执行了。

我们再看方案 2，在每个 case 语句结束时都添加一个 break 语句。代码如下：

方案 2：

```
int iInputChar = 0;
// 读取键盘输入
iInputChar = GetInputFromKeyBoard();

// 根据键盘输入执行对应操作
switch(iInputChar)
{
case CTRL_C:
```

```
// 执行复制操作
DoCpyWork();
    break;
case CTRL_V:
// 执行粘贴操作
DoPasteWork();
    break;
case CTRL_F
// 执行查找操作
DoFindWork();
    break;
default:
 break;
}
```

针对方案 2，如果键盘输入【Ctrl+C】，你会发现程序确实仅执行了 DoCpyWork()函数。因此我们可以看出，break 语句在 switch-case 中的关键核心作用。

小心陷阱

对于 switch 结构，漏写 break 语句是常见的一种错误，在编程过程中我们应引以注意。

最佳实践

尽管 C++标准中，并没有要求在 switch 结构的最后一个标号之后指定 break 语句。但是，为了安全起见，最好在每个标号后提供一个 break 语句，即使最后一个标号也不例外。这样如果因为某种特殊需要在 switch 的最后一个标号后面又添加一个新的标号，则不用在前面添加 break 语句了。

虽然我们一直在强调 break 的重要性。但不得不说有这样一种情况，你确实希望在 case 标号后省略 break 语句，允许程序向下执行多个 case 标号。例如下面这段统计元音总数的代码。

```
// 统计元音的总数
int iVovelCnt = 0;
// ...
switch(chChar)
{
case 'a':
case 'e':
case 'i':
case 'o':
case 'u':
++iVovelCnt;
break;
}
```

实际上每个 case 标号不一定要另起一行。为了强调每个 case 标号表示的是一个要匹配的范围，可以将它们全部在一行中列出。这种写法更能体现操作者的本意。

```
// 统计元音的总数
switch(chChar)
{
case 'a': case 'e': case 'i': case 'o': case 'u':
++iVovelCnt;
```

```
    break;
    }
```

最佳实践

故意省略 break 是一种特别罕见的用法，因此在这种形式的代码附近，请务必添加一些注释，说明其运行逻辑。

14-3-2　case 标号和 default 标号的正确使用

讨论完了 break 的使用问题，我们接着讨论 switch-case 使用的其他问题。这些问题包括内部变量的定义、case 标号和 default 标号。

在 switch-case 结构中，只能在最后一个 case 标号或 default 中定义内部变量：

```
case  TRUE:
    // error：不能采用这种形式定义变量
    string  strFileName = GetFileName();
    break;
case FALSE:
    ...
    Break;
```

指定这种规则是为了避免出现代码跳过变量定义和初始化的情况。

我们分析这个规则存在的原因：一般如果定义了一个变量，此变量便从此定义点开始有效，直到所在的语句块结束。如果在两个 case 中间定义一个变量，那么对于定义变量的 case 标号的后面其他标号都可以使用这个变量。但是如果 switch 从那些后续 case 标号开始执行呢？这是显而易见的，可能这个变量还没有定义就使用了，这是我们不想见到的。为了实现在 case 中可以定义变量，可以引进语句块思想实现。在该语句块中定义变量，从而保证这个变量在使用前进行定义和初始化。而出现这个语句块该变量就非法了。

```
case  TRUE:
{
    // OK：case标号中定义一个变量
    string  strFileName = GetFileName();
    break;
}
case FALSE:
    ...
    break;
```

最佳实践

在 case 语句块中，最好不要定义变量，所需的变量应在 switch 之前进行定义和初始化。如果必须定义变量，请谨慎而为。采用语句块方式实现内部变量的定义。

default 标号提供了相当于 else 子句的功能，如果所有的 case 标号和 switch 表达式的值都不匹配，并且 default 标号存在。这时 switch 将执行 default 标号后面的语句。例如：

```
// 统计元音的总数及其他字符的个数
switch(chChar)
{
```

```
case 'a': case 'e': case 'i': case 'o': case 'u':
++iVovelCnt;
break;
default:
    ++iOtherCnt;
    break;
}
```

最佳实践

对于那些哪怕没有语句在 default 标号下执行的环境中，定义 default 标号依然是有用的。定义 default 标号可明确告诉读者，这种情况已经考虑到了，只是没有什么可以执行的。

注意

default 标号不能单独存在，它必须位于语句之前。如果 switch 以 default 结束，而 default 分支没有什么任务需要执行，那么 default 标号后面必须添加一个空语句。

最后，讨论一下 case 标号，这里需要说明的是：除了 default 标号外，其他 case 标号必须是整型常量表达式。所以 case 标号不能是浮点数、变量。例如，下面这种使用形式就是错误的。

```
// 不正确的标号
case  3.14159:  // 非整数
case  iVal:     // 非长整数
```

除此之外，还有一点需要注意的是，任何两个 case 标号不能具有相同的值，这是为编译器所不容的。在编译时会导致编译错误。

请谨记

● 在使用 switch-case 结构时，在每个 case 标号分支语句最后，请务必添加一个 break。如果在某些特殊情况下 break 不再需要了。建议你在此处添加注释进行说明。

● 除 default 标号外，每个 case 标号必须是一个常量表达式。且不能存在两个 case 标号相同的情形。

14-4 a || b 和 a&&b 的陷阱

||和&&是 C++中的逻辑或和逻辑与操作符。对于逻辑与操作符当且仅当 *a* 和 *b* 都为 true 时，其结果才为 true。对于逻辑或操作符当且仅当 *a* 和 *b* 都为 false，其结果才为 false。

||和&&是 C++中特殊的两个操作符。在求值过程中，仅当 *a* 不能确定表达式的值时，才会求解 *b*。也就是说仅当下列情形时，必须确保表达式 *b* 是可以计算的：

在逻辑表达式中，*a* 的计算结果是 true。如果 *a* 的计算结果为 false，则无论 *b* 的值是什么，逻辑表达式的值都为 false。当 *a* 的值为 true 时，只有 *b* 的值为 true 时，逻辑与表达式的值才为 true。

在逻辑或表达式中，*a* 的计算结果为 false。如果 *a* 的计算结果为 true，则不论 *b* 的值是什么，逻辑表达式的值都为 true。当 *a* 的值为 false 时，逻辑或表达式的值取决于 *b* 的值是否为 true。

注解

逻辑与和逻辑或操作符总是先计算其左操作数，然后再计算其右操作数。只有在仅靠左操作数无法确定该逻辑表达式值时，才会求解其右操作数。我们称这种求值策略为"短路求值"。

||和&&的陷阱包括两个方面：一方面是"短路求值"。另一方面是与"|和&"的混淆。首

先讨论短路求值的陷阱，之后再进行"|和&"使用混淆讨论。

14-4-1 陷阱一：短路求值

一般都认为"短路求值"会给我们带来益处，短路求值到底能给我们带来了什么好处？看一下下面这段代码。

```
string s("Expression in C++ is composed......");
string::iterator it = s.begin();
// 将s中第一个单纯中的小写字符切换成大写字符
while(it != s.end() && !isspace(*it))
{
*it = toupper(*it);
it++;
}
```

在这段代码中，while 循环判断了两个条件，它首先检查 it 是否已经到达 string 类型对象的结尾，如果不是，it 指向其中的一个字符。只有此检验条件成立时，系统才会计算逻辑&&操作符的右操作数，即保证 it 确实指向一个真正的字符后，才判断该字符是否为空格。如果遇到空格，或者 s 中没有空格而已经到达 s 的尾端时，循环结束。

在 C++程序中，这段代码可以正常工作得益于&&的"短路求值"。但如果没有"短路求值"，如果整个表达式都被求值，程序会在循环的最后一次迭代中遇到一个错误。分析其中的原因：由于 i 等于 MAX_ELEMENTS，所以表达式 item[i]就等价于 item[MAX_ELEMENTS]，而这是一个数组下标越界操作错误。幸亏 C++没有采用这种求值方式，而采用了短路求值方式避免了这种错误的存在。

我们再来看一个利用短路求值的判断的例子，考虑下面这段代码：

```
if ( ( denominator ! = 0 ) && ( ( item / denominator ) > MIN_VALUE ) )
{
// 执行设定的动作。
}
```

对于这个例子：如果在 denominator 等于 0 时求整个表达式的值，那么位于第二个操作数处的除法就会产生一个除零错误。由于仅当第一部分为真时才去求第二个部分的值，因此当 denominator 等于 0 时第二部分不会参与计算，因此不会产生除零错误。

但实际并非仅仅如此。如果"短路求值"使用不当，会带来致命的缺陷。我们来看下面这个例子。

【示例 14-1】没想清逻辑，代码死循环。

代码如下：

```
// 索引自加函数
bool IncIndex(int &iIndex)
{
iIndex++;
return true;
}
```

```
int main()
{
int iIndex = -1;

while (iIndex < MAX_INDEX_VALUE && WhileBody(iIndex))
    {
    // 执行和iIndex相关联的操作。
    DoSomething(iIndex);
    }

}
```

这段代码期望的运行结果如下：如果 iIndex 小于 MAX_INDEX_VALUE，执行 WhileBody 函数和 DoSomething 函数。否则仅执行 WhileBody 函数。但实际的结果却不是这样，由于&& 的短路求值，导致如果 iIndex = -1 时，（iIndex <MAX_INDEX_VALUE）为 true，WhileBody 不会执行，iIndex 永远为-1。最终导致 while 为死循环。这是我们应该引起注意的。

14-4-2　陷阱二：逻辑运算混淆使用

&&、||与&、|的混淆也是经常碰到的使用错误，而且这种错误一般很难被发现。

逻辑与&&表示的交集运算，只有两个同时成立时结果才为真。逻辑或运算表示的是并集，只要有一个条件成立，结果就为真了。逻辑与和逻辑或都具有短路求值特性。

位与操作（&）需要两个整数操作数，在每个位的位置，如果两个操作数对应的位都为 1，则操作结果中该位为 1，否则为 0。位或操作（|）也需要两个整数操作数，在每个位的位置，如果两个操作数对应的位只要有一个为 1，则操作结果中该位为 1，否则为 0。

通过上面的讲解可以看出：

首先位操作符和逻辑操作符的第一个区别是||和&&操作符具有短路性质，如果表达式的值根据左操作数就可以决定了，它就不再对右操作数进行求值，与之相反，|和&操作符两边的操作数都需要进行求值。

其次逻辑操作符用于测试零值和非零值，而位操作符用于比较它们的操作数中对应的位。看下面这个例子。

```
if (a < b && c >d)
if(a < b & c > d).
```

因为关系操作符产生的或是 0 或是 1，所以这两条语句的结果是一样的。

然而&&和&的差异并非如此简单，我们继续看下面这段代码：

```
int  i = 1;
int  j = 2;

int main()
{
printf("i & j = ");
if (i & j)
{
printf("TRUE\n");
}
```

```
else
{
printf("FALSE\n");
}

printf("i && j =");
if (i && j)
{
printf("TRUE\n");
}
else
{
printf("FALSE\n");
}

return 0;
}
```

你可以思考一下两者的具体差异，这段代码的输出结果如下：

```
i & j = FALSE
i && j = TRUE
```

原因是：如果 *i* 和 *j* 都是非 0 值，*i* && *j* 语句的值为真，但 *i* & *j* 语句的值却是假，因为 *i* 和 *j* 执行的是位模式，没有一个位在两者中的值都为 1。

小心地雷

常犯的错误是把位与操作（&）和逻辑与操作（&&）混淆了。同样地，位或操作（|）和逻辑或操作（||）也很容易混淆。在编程过程中使用到&&和||时一定要小心，明确区分此处是使用&&（||）还是使用&（|）。

请谨记

- 逻辑与&&和逻辑或|| 都具有短路求值的特性，在使用时需注意，如果你使用正确会给你带来益处，如果你使用不当可能会给你带来致命的陷阱。
- 明确区分逻辑或（与）和位或（与）的差异。

14-5 "悬挂" else 引起的问题

"悬挂" else 问题，应该是我们很熟悉的一个问题了。此问题并不是 C/C++所独有。即使有多年软件开发经验的资深程序员也经常深受其害。

我们首先来理解一下，什么是"悬挂" else 问题？为了使描述更加形象、读者更容易理解；我们来看下面这段代码。

```
#include <stdio.h>

int main()
{
int x = 0;
int y = 1;
if(x == 0)
```

```
if(y == 0)  printf("x == 0 && y == 0\n");
else
printf("x!=0\n");
return 0;
}
```

这段代码的本意应该是：对于 x=0 这种情形，如果 y=0 输出"x==0 && y==0"，否则程序不做任何处理。对于 x!=0 这种情形，程序输出"x!=0"。

但是，这段代码实际执行情况也许会让你大惊失色。原因在于 C++从 C 继承了这条规则：else 始终与同一对括号内最近的未匹配的 if 结合。按照这条规则，上面这段代码实际被执行的逻辑应该是这样的：

```
int x = 0;
int y = 1;
if(x == 0)
{
if(y == 0)
{
   printf("x == 0 && y == 0\n");
}
else
{
printf("x!=0\n");
        }
    }
return 0;
```

从这段代码可看出：如果 x 不等于 0，程序将不会做任何处理操作，直接 return0;。如果要得到原本由代码缩进所体现的编程者的本意，程序应该修改成这样：

```
int x = 0;
int y = 1;
if(x == 0)
{
if(y == 0)
printf("x == 0 && y == 0\n");
    }
else
{
printf("x!=0\n");
}
return 0;
```

可以看出，现在 else 与第一个 if 结合，即使它距离第二个 if 更近也是如此。因为这时第二个 if 已经被一对大括号"封装"了。

现在我们对"悬挂"else 问题已经彻底了解吧，然而如何避免这些问题呢？我们先把这个问题放到一旁，看一下 Bash Shell 语言的 if-else 实现方式。Bash Shell 脚本语言在 if 语句后使用了收尾定界符来显示地说明 if 语句结束。我们来看下面这段脚本代码：

```
#!/bin/sh
if [ ${SHELL} = "/bin/bash" ]; then
if ["$LOGNAME" != "root"]; then
```

```
        echo "you need to be root to run this script" >&2
    fi
else
echo "your login shell is not bash but ${SHELL}"
fi
```

像上述这种 fi 强制首尾符完全避免了"悬挂"else 问题，而付出的代价仅仅是程序稍微变长了一点儿。

在 C++中，可以通过宏定义达到 Bash Shell 所达到的效果。考虑下面这种实现方式：

```
#define IF      {if(
#define THEN    ) {
#define ELSE    } else {
#define FI      }}
```

这样，上例中的 C++程序可改写成：

```
IF  x == 0  THEN
IF  y == 0  THEN
printf("x == 0 && y == 0\n");
FI
ELSE
printf("x!=0\n");
FI
```

这种方案确实解决了"悬挂"else 问题，但如果你是一个未接触过 Bash Shell 脚本语言的新手，我想当你看到这段代码时，你肯定会抓狂；因为新手一般不熟悉宏替代，会被前面一堆 #defin 给吓到。然而，我们可这么总结这种方案：它所带来的问题比它所解决的问题更糟糕。

那么，对于"悬挂"else 问题有更好的解决方案吗？答案是有的。解决这一问题的最佳方案是优秀的编码风格。也就是在 if 和 else 之后加上一对大括号，不论 if-else 之间有几条语句，也不论 else 后有几条语句。编码解决方案如下：

```
int x = 0;
int y = 1;
if(x == 0)
{
if(y == 0)
{
printf("x == 0 && y == 0\n");
}
    }
else
{
printf("x!=0\n");
}
return 0;
```

问题迎刃而解。

请谨记

良好的编程风格不仅可以给人惬意的感觉，让人赏心悦目。更重要的是，在某些情况下可以避免编程陷阱，如"悬挂"else 问题。

Chapter 15 第 15 章

函数的秘密

函数是 C/C++语言中重要的组成部分之一，地位等同于数组、内置类型。可以这么说：没有函数 C/C++语言程序将无法运行，因为每个程序都要有一个入口 main 主函数。通过函数，相同功能的代码段可独立到一个地方，提高代码的可重用性，降低代码的耦合性，增强程序的安全性。如何设计和实现函数，不仅关系到代码的正确性，同时还关系到代码的执行效率。函数是使用最多的 C/C++语言特征，同时也是陷阱最多的地方。本章也许可以帮助你避开这些陷阱。

15-1 禁止函数返回局部变量的引用

局部变量和引用是每个 C++程序员都不会陌生的两个概念。是使用最多也是出现问题最多的两个概念。引用是被绑定变量或对象的别名。局部变量，顾名思义就是在局部范围内有效的变量。

引用是 C++语言区别 C 语言新引入的重要扩充，引用是被绑定变量或对象的别名，就像我们小时候的乳名和上学时的学名一样，无论母亲叫你乳名还是学名指的都是你。假设定义一个变量如下：

```
int nNumber = 5;
int &refNumber = nNumber;
```

nNumber 是 5 对应 4Bytes 内存的标识名称（对应你的乳名）。refNumber 是 nNumber 的引用或别名（对应你的学名）。

局部变量由 C 语言继承而来。那些在某一范围内有效，超过此范围就无效的变量（即变量不存在），都称为局部变量。假设有一段语句如下：

```
{
    int a = 3;
```

```
    a += 2;
}
```

在大括号内，笔者定义了一个变量 a，在 VC++ 2010 IDE 编译器上。笔者做了这样的实验。在大括号外部使用变量 a。结果编译器抛出一个编译错误：error C2065: "a" 未声明的标识符。此处 a 即为讨论的局部变量。

然而，当局部变量和引用相遇会发生什么事情呢？让我们拭目以待。

首先看一下经常使用的复数四则运算 C++ 实现和测试代码。复数 CComplex 类的实现和测试代码，笔者的实现代码如下：

```cpp
class CComplex                   // 复数类实现
{
public:
    CComplex(double dReal = 0, double dImagin = 0) : m_dReal(dReal),
m_dImagin(dImagin){}
    virtual ~CComplex(void){}
    inline friend const CComplex& operator+ (const CComplex& lhs, const CComplex&
rhs);
    inline friend const CComplex& operator- (const CComplex& lhs, const CComplex&
rhs);
    inline friend const CComplex& operator/ (const CComplex& lhs, const CComplex&
rhs);
    inline friend const CComplex& operator* (const CComplex& lhs, const CComplex&
rhs);
private:
    double   m_dReal;          // 实部
    double   m_dImagin;        // 虚部
};
// 复数加法运算
inline  const CComplex& operator+ (const CComplex& lhs, const CComplex& rhs)
{
    CComplex result(lhs.m_dReal+rhs.m_dImagin, lhs.m_dImagin+rhs.m_dImagin);
    return result;
}
// 复数减法运算
inline  const CComplex& operator- (const CComplex& lhs, const CComplex& rhs)
{
    CComplex result(lhs.m_dReal-rhs.m_dImagin, lhs.m_dImagin-rhs.m_dImagin);
    return result;
}
// 复数除法运算
inline  const CComplex& operator/ (const CComplex& lhs, const CComplex& rhs)
{
    double dDenominator = lhs.m_dImagin*lhs.m_dImagin+rhs.m_dImagin*
rhs.m_dImagin;
    CComplex result((lhs.m_dReal*rhs.m_dImagin+lhs.m_dImagin*rhs.
m_dImagin)/dDenominator,
    (lhs.m_dImagin*rhs.m_dReal-lhs.m_dReal*rhs.m_dImagin)/dDenominator);
    return result;
}
// 复数乘法运算
```

```
inline  const CComplex& operator* (const CComplex& lhs, const CComplex& rhs)
{
    CComplex result(lhs.m_dReal*rhs.m_dImagin-lhs.m_dImagin*rhs.m_dImagin,
lhs.m_dReal*rhs.m_dImagin+lhs.m_dImagin*rhs.m_dReal);
    return result;
}
    // 测试代码
CComplex complexA(1, 2);
CComplex complexB(2, 2);
CComplex complexC = complexA + complexB;
const CComplex& complexD = complexA + complexB;
```

我想你会说，上述代码的运行结果是 complexC== complexD，但事实是这样的吗？将上述代码在 GCC 或 VC++ 上运行一下。也许会让你大失所望。笔者在 VC++2010 版本上运行的结果是 complexA = (-9.2559631349317831e+061) – (9.2559631349317831e+061)i，complexD = 3 + 4i。如果你足够细心，你可能会发现 VC++2010 抛出一个警告：warning C4172: 返回局部变量或临时量的地址。这是为什么呢？

我们分析一下函数 operator+调用的过程到底发生了什么？函数首先构造了一个名称为 result 的局部变量，然后生成 result 的别名并作为函数返回值返回。最后局部变量 result 生命期结束被销毁。而此时 result 的别名还存在。在 C++标准中，临时变量消失后，临时变量的引用是没有定义的。所以编译器的警告就产生了。

至此问题根源已经找到了，为了加深理解，我们来看一下编译层次。这样可以加深你对局部变量引用的理解。

注意：

为保证函数执行后程序可找到正确位置继续执行，需要对当前操作的上下文进行保护。为保证此目标的实现。函数在调用时，函数的输入参数、返回值、局部变量都放到先进后出的堆栈上存储。

当发生函数调用时，编译器首先把函数的输入/出参数压入堆栈，指令寄存器 IP 压入堆栈（作为函数返回出口地址），然后是基址寄存器，接着是函数的局部变量。当函数返回时执行弹出操作，其顺序正好与压入堆栈的顺序正好相反（首先释放堆栈中的局部存储变量，然后是基址寄存器，IP 寄存器地址和函数的输入/输出变量），同时把压入堆栈的 IP 寄存器地址作为函数的出口地址并退出函数。

所以可看出函数所有局部变量都是分配到堆栈上，当函数退出时堆栈也就释放了，分配局部变量的内存被操作系统重新收回。而函数局部变量所在的内存段具体变成什么，编程人员无法确定（这和编译器的实现有关，一般 Windows 系统下的 VC++默认保持原样）。

分析到这儿，也许有读者会说，那还不简单：返回局部变量的引用不行，在函数中 new 生成一个对象，然后返回生成对象的引用，问题不就解决了。代码实现如下：

```
inline  const CComplex& operator+ (const CComplex& lhs, const CComplex& rhs)
{
CComplex *presult = new CComplex(lhs.m_dReal+rhs.m_dImagin,
lhs.m_dImagin+rhs.m_dImagin);
    return *presult;
}
inline  const CComplex& operator- (const CComplex& lhs, const CComplex& rhs)
```

```
    {
        CComplex *presult = new CComplex(lhs.m_dReal-rhs.m_dImagin,
lhs.m_dImagin-rhs.m_dImagin);
        return *presult;
    }
    inline  const CComplex& operator/ (const CComplex& lhs, const CComplex& rhs)
    {
        double dDenominator = lhs.m_dImagin*lhs.m_dImagin+
rhs.m_dImagin*rhs.m_dImagin;
        CComplex *presult = new CComplex
(lhs.m_dReal*rhs.m_dImagin+lhs.m_dImagin*rhs.m_dImagin)/dDenominator,
(lhs.m_dImagin*rhs.m_dReal-lhs.m_dReal*rhs.m_dImagin)/dDenominator);
        return *presult;
    }
    inline  const CComplex& operator* (const CComplex& lhs, const CComplex& rhs)
    {
    CComplex *presult = new CComplex
(lhs.m_dReal*rhs.m_dImagin-lhs.m_dImagin*rhs.m_dImagin,
    lhs.m_dReal*rhs.m_dImagin+lhs.m_dImagin*rhs.m_dReal);
        return * presult;
    }
```

首先说明一下,这种实现引用已释放内存的问题确实解决了,测试程序可以运行正常。但你别高兴得太早了。代码新引入的问题并不亚于返回一个局部变量的引用。返回 new 生成变量的引用,存在三个缺点:

(1) CComplex 的 operator 系列函数,只申请内存不释放内存。容易造成内存泄漏。增加了用户的使用风险。

(2) 内存申请和释放不在一个模块中。影响模块的完整性和单一性,破坏了函数的内聚性。

(3) 如果你编写的程序是以库的形式提供给别人调用,那问题就更多了。别人如何知道你在函数中申请了内存而帮你释放内存呢?我想使用人员是不会帮你释放你申请的内存的。因为代码实现违背了一个 C++的经典原则:谁创建、谁释放原则。

所以,返回 new 生成对象的引用,也不是可取的方法。

请谨记

● 函数返回时,保证返回数据超出函数范围后依然有效。像返回局部变量的引入就是不靠谱的事情。

● 函数返回时,返回 new 生成的对象,同样不是一个可取的方法。因为这样的代码层次混乱,会让代码上层使用人员苦不堪言。

15-2　函数传值、传指针及传引用的效率分析

C++规定函数参数传递有三种:.传参数的值(称值传递,简称传值),.传参数的地址(称地址传递,因为地址就是指针,所以简称传指针),.传参数的引用(称引用传递,简称传引用)。

首先看值传递函数是怎么实现的?为了更形象地描述这一过程。笔者以函数 GetMemory 为例,详细描述函数值传递的调用过程。GetMemory 的代码实现如下所示:

```
char * GetMemory(int nNumber)
{
    char *pStr = new char[nNumber];
     return pStr;
}
int main()
{
    char *pHello = NULL;
    pHello = GetMemory(100);
    strcpy_s(pHello,  "Hello, Meimei");
    delete[] pHello;
    pHello = NULL;
}
```

值传递函数调用过程可分为三步：

（1）在堆栈创建形参副本及局部变量；

（2）函数执行；

（3）函数退出，释放副本和临时变量。值传递函数调用过程如图 15-1 所示。

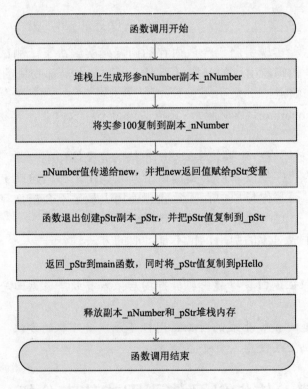

图 15-1　值传递函数调用过程

小心陷阱

- 在副本生成时，如果数据类型为类类型，函数会调用类的构造函数进行类对象构造和数据复制。

- 在堆栈释放副本时，如果数据类型为类类型，函数会调用类的析构函数进行类对象数据的释放。

函数的值传递了解完毕后，接着我们再来看一下函数的引用传递。笔者同样以函数为例，描述引用传值函数调用和执行过程。

```
void GetMemory(char* &pStr, int nNumber)
{
    pStr = new char[nNumber];
}
int main()
{
    char *pHello = NULL;
    GetMemory(pHello, 100);
    strcpy_s(pHello, "Hello, Meimei");
    delete[] pHello;
    pHello = NULL;
}
```

引用传值函数调用过程同样可分为三步：

（1）在堆栈创建引用形参，普通形参副本及局部变量；

（2）函数执行；

（3）函数退出，释放(引用)副本和临时变量。

引用传值函数调用如图 15-2 所示。

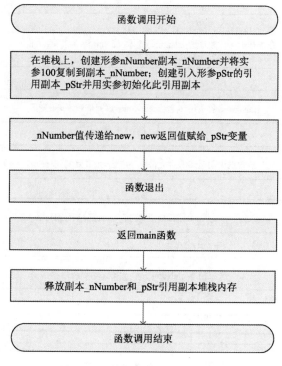

图 15-2　引用传值函数调用过程

小心陷阱

引用传值过程中，即使引用形参为类类型，在副本创建和释放时也不会发生构造和析构函数调用。

讲述了传值调用和传引用调用后，我们来看传指针调用。

```
char* GetMemory(int *pnNumber)
{
    char* pStr = new char[*pnNumber];
    return pStr;
}
int main()
{
    char *pHello = NULL;
    int  nNumber = 100;
    pHello = GetMemory(&nNumber);
    strcpy_s(pHello, "Hello, Meimei");
    delete[] pHello;
    pHello = NULL;
}
```

指针传值函数调用过程亦可分三步：

（1）在堆栈创建指针形参，普通形参副本及局部变量；

（2）函数执行；

（3）函数退出，释放副本和临时变量。指针传值函数调用过程如图 15-3 所示。

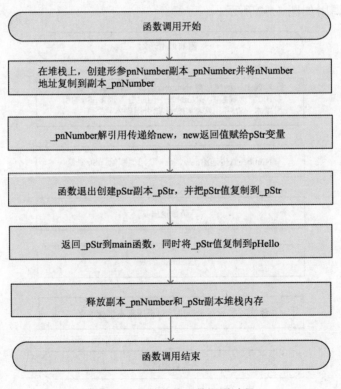

图 15-3 指针传值函数调用过程

小心地雷

● 指针副本即使为类指针，也不会调用类的构造函数，因为创建的不是类对象，而是类指针。

● 指针的解引用就是通常所说的间接寻址。指针的解引用就是获取指针变量中内存地址处的数据。

下面我们从差异和效率两个方面来分析一个三种调用格式。

1. 差异分析

至此，函数的三种调用模式都已经讲述完了。三者之间的差异可以总结如下：

（1）值传递（pass-by-value）过程中，被调函数的形式参数作为被调函数的局部变量处理，即在堆栈中开辟内存空间以存放由主调函数传进来的实参值，从而成为实参的一个副本。值传递的特点是被调函数对形式参数的任何操作都是作为局部变量进行，不会影响主调函数的实参变量的值。如果想通过传值方式实现两个数据的交换。这种做法是不正确的。例如：

```
void swap(int a, int b);  // 函数功能：实现两个数据的交换功能
int main()
{
int a = 1;
int b= 2;
swap(a, b);
return 0;
}
```

（2）引用传递（pass-by-reference）过程中，被调函数的形式参数虽然也作为局部变量在堆栈中开辟了内存空间，但是这时存放的是由主调函数放进来的实参变量的地址。被调函数对形参的任何操作都被处理成指针间接寻址，即通过堆栈中存放的地址访问主调函数中的实参变量。正因为如此，被调函数对形参所做的任何操作都影响了主调函数中的实参变量。

（3）指针传递（pass-by-pointer）是传值调用的特例，即传的值为主调函数变量的地址。被调函数的形式参数同样在堆栈中为局部变量开辟内存空间，被调函数对局部变量的任何操作都会作用在主调函数变量的地址之上。因此被调函数通过局部形参所做的任何操作都会影响主调函数中的实参变量。

2. 效率分析

分析了函数的三种调用差异，根据函数三种参数传递的差异，接着分析一下函数三种参数传递的效率。三种参数传递的效率可以总结以下四点：

（1）从执行效率上讲（这里所说执行效率，是指在被调用的函数体内执行时的效率）。因为传值调用时，当值被传到函数体内，临时对象生成以后，所有的执行任务都是通过直接寻址的方式执行，而指针和大多数情况下的引用则是以间接寻址的方式执行，所以实际的执行效率会比传值调用要低。如果函数体内对参数传过来的变量进行操作比较频繁，执行总次数又多的情况下，传址调用和大多数情况下的引用参数传递会造成比较明显的执行效率损失。

（2）函数的传值调用会比函数传地址和传引用效率高。但从整个程序执行角度考虑，传值调用未必就是效率最高的解决方案。假设有这样一个函数，其实参是大小为 10000 的数组，每个数组成员为一个类对象。函数在被调用过程中，会发生 10000 次的构造函数调用以生成局部变量副本。例如下面这段代码：

```
CComplex Sum(vector<CComplex> vecComplexNumber) // Vector向量求和函数
{
    CComplex Sum(0, 0) ;
    vector<int>::iterator iterNum = vecComplexNumber.begin();
    for (; iterNum != vecComplexNumber.end(); iterNum++)
    {
```

```
            Sum+= (*iterNum);
        }
        return Sum;
}
```

说明：可以想象，这种情况下这个函数的执行效率是非常低的。但事实上这种"傻"事，我们是经常干的。而且有时我们还在自鸣得意。这种情况下建议你选择传址或传引入方式实现。

（3）关于函数的调用还有个特殊的地方，就是多态情况，如果形参是父类，而实参是子类，在值传递的时候，临时对象构造时只会构造父类的部分，是一个纯粹的父类对象，而不会构造子类的任何特有的部分，因为只有虚的析构函数，而没有虚的构造函数，这点是需要注意的。如果想在被调函数中通过调用虚函数获得一些子类特有的行为，这是不可能实现的。

（4）关于函数的健壮性，值传递比使用指针传递要安全得多，因为你不可能传一个不存在的值给传值参数或引用参数，而使用指针可以，很可能传来的是一个非法的地址（没有初始化，指向已经 delete 掉的对象的指针等）。所以使用值传递和引用传递会使你的代码更健壮，具体是使用引用还是使用传值，最简单的原则就是看传递的是不是内建的数据类型，对内建的数据类型优先使用值传递，而对于自定义的数据类型，特别是传递较大的对象，优先使用引用传递。

请谨记

- 三种函数的调用方式各有各的好处，一般引用和指针效率相仿。传值调用效率依使用环境而定。
- 对内建的数据类型优先使用值传递，而对于自定义的数据类型，特别是传递较大的对象，优先使用引用传递。

15-3   内联函数会像宏一样替换吗

内联函数是 C++语言新引入的概念。其目的是为了提高函数的执行效率。宏是 C++从 C 继承而来的，宏同样可以提高代码的执行效率，减少函数执行过程中的调用开销。两者既有相同点也有不同点。

内联函数和宏的功能非常类似，在讲述内联函数之前，我们有必要回顾一下宏。下面代码是一个求两个整数和的宏。

```
#define Sum(nNoA, nNoB)  ((nNoA)+(nNoB))
```

然而，C++语言为什么要引入宏呢？这主要是因为函数在调用过程中，在函数调用之前要保存当前函数执行的现场（即上下文环境）。而函数执行结束时又需要恢复执行前的现场。函数执行时有一定的时间和空间开销。这将在一定的情况下影响函数的执行效率。而宏只是在预处理时把宏代码展开，不需要保存现场和恢复现场。所以从执行效率而言宏比函数的执行效率要高。这也是 C 语言中大量使用宏的原因。

同其他事物一样，宏也有两面性。也有不尽如人意的地方。有时还让程序员痛苦不堪，例如宏所展现的二义性。

注意：
宏不能访问对象的私有成员；宏很容易引起二义性。

内联函数是 C++语言为提高函数执行效率而引进的一种特殊函数。使用宏遇到的负面效果，可完全通过使用内联函数加以解决。内联函数具备宏的效果，同时具备函数的功能。必须要说的是，内联函数是真正的函数，但它使用时会像宏一样展开。减小了普通函数执行时保存现场和恢复现场的时刻开销。因此你可以像使用普通函数一样使用内联函数，而不必担心像宏处理时产生的那些问题。例如宏不进行参数检查而内联函数会进行参数检查。

我们首先看一下普通内联函数的实现方式。下面代码是笔者实现的求取两整数和的内联函数。

```
int Sum(int nNoA, int nNoB);        // 两整数求和内联函数声明
inline int Sum(int nNoA, int nNoB)
{
      return (nNoA+nNoB);
}
```

注意：

内联函数 inline 关键字必须和函数定义在一起才会有效。同时内联函数的代码行数不能太多。

除了普通内联函数，类亦可定义内联函数，且类中的内联函数远比普通内联函数更常用。类的内联函数有两种形式：隐式内联和显式内联。

（1）首先看一下 CTime 类的隐式内联实现。

```
// CTime类隐式内联函数实现，Time主要显示当前时间
Class CTime
{
public:
    CTime()
    ~CTime();
    void Show() { cout << m_nTime;}
private:
    time_t m_nTime;
}
```

（2）了解了类的隐式内联函数实现后，我们再来看一下 Time 类的显式内联实现。

```
// Time.h   CTime类实现头文件 CTime类显式内联函数实现
Class CTime
{
public:
    CTime()
    ~CTime();
    void Show();
private:
    time_t m_nTime;
}
// Time.cpp   CTime类实现cpp文件 CTime类显式内联函数实现
#include<Time.h>
CTime::CTime() {}
CTime::~CTime() {}
inline void CTime::Show()
{
```

```
    cout << m_nTime;
}
```

注意：

在类声明中实现的成员函数自动成为 inline 函数这种方式为隐式内联。也可以通过 inline 关键字将内联函数的函数体放到类声明之外，这种方式为显式内联。我个人更倾向于第二种内联实现方式。因为把成员函数的实现放到类的声明中虽可带来书写上的方便。但不是一种良好的编程风格。

宏和内联函数的基本实现已讲完了。下面主要讲述两者之间的共同点和不同点及使用技巧。

总结

宏和内联函数的相同之处：

- 宏和内联函数都可以提升代码执行的效率。
- 宏和内联函数都以代码展开的形式进行代码替换。减少函数调用的开销。
- 两者均适用于代码量较小的函数。如果代码量过多。宏展开会占用大量内存，会降低程序执行速度；对于内联函数，编译器可能会将之视为非内联函数使用。
- 使用宏和内联函数的地方都会发生代码复制，过多地使用宏和内联函数会浪费内存空间。

宏和内联函数的不同之处：

- 宏使用时很容易出现二义性，内联函数可以很好地解决宏使用过程中出现的二义性。
- 内联函数是函数，使用内联函数时会进行函数的参数检查。而宏不会。
- 宏是由预处理器对宏进行文本替换，而内联函数通过编译器进行替换，且它是真正的函数，会对参数类型进行检查，更加安全。
- 内联函数可以调试，而宏定义是不可以调试的。

通过内联函数和宏的相同点和不同点的总结，我们可得出下面的结论。一般情况下建议通过内联函数来替换宏实现。这样可以进行参数检查，消除宏的二义性问题，同时也不会降低宏的效率。

注意：

不是在所有情况下使用内联函数都是好的。assert 断言就是一个例外。assert 是仅在 Debug 版本起作用的宏，它用于检查"不应该"发生的情况。为了不在程序的 Debug 版本和 Release 版本引起差别，assert 不应该产生任何副作用。如果 assert 是函数，由于函数调用会引起内存、代码的变动，那么将导致 Debug 版本与 Release 版本存在差异。所以 assert 不是函数，而是宏。

内联函数有这么多优点，是不是可以无限制的使用内联函数呢？答案当然是不可能的。在程序设计过程中其主要作用的函数还是以普通函数为主，内联函数只是在一些特殊情况下为提升效率而使用的辅助策略。

使用技巧

（1）当出现下列情形时，函数不适合声明为内联函数：

- 函数体代码太长。一般如果函数体代码行数在 5 行以下，可声明为内联函数。如果函数体代码太长，使用内联函数导致内存开销代价过高。
- 函数体包含循环语句。执行包含循环语句的函数体代码的时间要比函数调用的开销大。
- 函数为递归函数。递归函数涉及嵌套，内联函数是无法嵌套展开的。一般情况下内联递归函数会转化为普通函数执行。

（2）构造函数和析构函数的内联。

类的构造函数和析构函数一般会让人错误地认为内联函数更高效。要当心构造函数和析构函数可能会隐藏一些行为，如"偷偷地"执行了基类或成员对象的构造函数和析构函数。所以不要随便地将构造函数和析构函数的定义体放在类声明中。

（3）函数是否 inline 由编译器决定。

无论是显式内联还是隐式内联，都仅仅向编译器提一个 inline 建议。编译器最终是否进行 inline 由编译器自己决定；任何编译器都可以在优化程序时对程序进行 inline 处理。编译器会通过启发式算法决定是否值得对一个函数进行 inline，同时要保证不会对生成文件的大小产生较大影响。

请谨记

- 不是所有函数都适合声明为内联函数。即使声明为内联函数编译器也不一定就会对此函数进行 inline。
- 只有那些代码行数 1~5 行，不包含循环，递归的函数才有可能最终 inline。

15-4　函数重载需考虑什么

一词多义是我们都熟悉、司空见惯的东西。一个词语在不同的语境中具有不同的意义。正因如此才促成了语言的丰富性。下面介绍的函数重载就和一词多义非常类似，函数重载就是自然语言一词多义在编程语言中的映射。

15-4-1　准确理解函数重载

函数重载是指在同一作用域内，可以有一组具有相同函数名，不同参数列表的函数，这组函数被称为重载函数。重载函数通常用来命名一组功能相似的函数，这样做能减少函数名的数量，避免名字空间的污染，对于程序的可读性有很大的好处。

说明：

- 函数重载和重复声明的区别
- 两个函数声明的返回类型和形参表完全匹配，第二个函数判定为第一函数的重复声明。
- 两个函数的声明形式参数表完全相同，但是返回类型不同。第二个函数声明判定为错误。

首先来看一个例子，体会一下函数重载带给我们的编程舒适感。

【示例 15-1】实现一个打印函数，既可打印 int 类型，也可打印 string 类型。

代码如下：

```
#include<iostream>
using namespace std;

void Print(int nValue)                          // 在屏幕上打印一个整数
{
    cout << "print a integer :" << nValue << endl;
}

void Print(string strValue)                     // 在屏幕上打印一个字符串
```

```
{
    cout << "print a string :" << strValue << endl;
}

int main()
{
    cout << "print a integer and a string." << endl;
    Print(12);
    Print("hello girl!");
    return 0;
}
```

上面的代码实现中，Print 函数会根据 Print()的参数决定是调用 Print(int)还是 Print (string) 函数。Print(12)会调用 Print(int)函数。Print("hello girl")会调用 Print(string)函数。

现在对函数的重载有了一个大致地了解。下面我们来看一下 C++为什么要引入函数重载，函数在调用过程中怎么确定调用呢？

15-4-2　为什么引入函数重载

C++引入函数重载主要有这几个方面的考虑：

（1）以编程和阅读代码友好性的角度，试想如果没有重载机制：同一功能的函数必须取不同的函数名称。如上例，必须取 Print_int、Print_string 这样的名称以区别两个函数。

（2）类的构造函数和类名相同，就是说构造函数都同名。如果没有函数重载机制，要想实例化不同的对象，相当麻烦。

（3）操作符重载，本质上就是函数重载，它大大丰富了已有操作符的含义，方便使用，如+可用于连接字符串等。

注意：

警惕函数重载的滥用。并不是所有看似可以用函数重载的地方，选择函数重载就是较佳选择。某些情况下使用不同的函数名称可以提供较多的信息，程序易于理解。此处建议不要滥用函数重载。

15-4-3　如何处理函数重载

编译器处理函数重载，主要解决函数命名冲突、函数调用匹配两个关键问题。函数命名冲突顾名思义就是重载函数具有相同的函数名称，编译器如何区分它们？函数调用匹配即编译器在连接过程中如何判定调用哪个重载函数。我们首先看一下命名冲突，然后再来看函数调用匹配。

（1）函数命名冲突。

为了更好地讲述函数命名冲突问题，我们首先来看一下示例 15-1 代码的汇编代码（Windows 下 MingGW 编译器）：

void Print(int nValue)对应汇编代码：请注意它的函数标签名称为__Z5Printi。

```
00000012 <__Z5Printi>:
void Print(int nValue)              // 在屏幕上打印一个整数
{
  12:   55                    push    %ebp
```

```
13:    89 e5                    mov    %esp, %ebp
15:    83 ec 08                 sub    $0x8, %esp
  cout << "print a integer :" << nValue << endl;
18:    c7 44 24 04 00 00 00     movl   $0x0, 0x4(%esp)
1f:       00
20:    c7 04 24 00 00 00 00     movl   $0x0, (%esp)
27:    e8 00 00 00 00           call   2c <__Z5Printi+0x1a>
2c:    8b 55 08                 mov    0x8(%ebp), %edx
2f:       89 54 24 04              mov    %edx, 0x4(%esp)
33:    89 04 24                 mov    %eax, (%esp)
36:    e8 00 00 00 00           call   3b <__Z5Printi+0x29>
3b:    c7 44 24 04 00 00 00     movl   $0x0, 0x4(%esp)
42:    00
43:    89 04 24                 mov    %eax, (%esp)
46:    e8 00 00 00 00           call   4b <__Z5Printi+0x39>
}
4b:    c9                       leave
4c:    c3                       ret
```

void Print(string strValue)函数对应汇编代码：请注意它的函数标签名为__Z5PrintSs。

```
0000005e <__Z5PrintSs>:
void Print(string strValue)            // 在屏幕上打印一个字符串
{
 5e:    55                       push   %ebp
 5f:    89 e5                    mov    %esp, %ebp
 61:    53                       push   %ebx
 62:    83 ec 14                 sub    $0x14, %esp
 65:    8b 5d 08                 mov    0x8(%ebp), %ebx
   cout << "pint a string :" << strValue << endl;
 68:    c7 44 24 04 4d 00 00     movl   $0x4d, 0x4(%esp)
 6f:       00
 70:    c7 04 24 00 00 00 00     movl   $0x0, (%esp)
 77:    e8 00 00 00 00           call   7c <__Z5PrintSs+0x1e>
 7c:    89 5c 24 04              mov    %ebx, 0x4(%esp)
 80:    89 04 24                 mov    %eax, (%esp)
 83:    e8 00 00 00 00           call   88 <__Z5PrintSs+0x2a>
 88:    c7 44 24 04 00 00 00     movl   $0x0, 0x4(%esp)
 8f:       00
 90:    89 04 24                 mov    %eax, (%esp)
 93:    e8 00 00 00 00           call   98 <__Z5PrintSs+0x3a>
}
 98:    83 c4 14                 add    $0x14, %esp
 9b:    5b                       pop    %ebx
 9c:    5d                       pop    %ebp
 9d:    c3                       ret
```

可以看出，Print 函数编译之后名称就不是 Print 了。这样命名冲突问题也就解决了，呵呵。但是函数编译时名称会发生变化。变化机制又是怎样的呢？从上面的两个函数的变化规律可知：前面的__Z5 可能是返回类型，Print 为函数名称，i 表示整型 int。Ss 表示字符串 string。事实也是如此。于是可以得出下面的结论：全局重载函数名称变化机制映射关系为：返回类型+函数名+参数列表。

说了这么多，我们来重新看一下函数重载的定义。好像到现在我们还从未提及作用域。下面我们来看一下 C++中更具一般性的函数重载过程。首先将上述代码改成下述形式。

```cpp
#include<iostream>
#include<string>
using namespace std;

class CPrint
{
public:
void Print(int nValue)                            // 在屏幕上打印一个整数
{
    cout << "print a integer :" << nValue << endl;
}
void Print(string strValue)                       // 在屏幕上打印一个字符串
{
    cout << "pint a string :" << strValue << endl;
}
};
int main(int argc,  char* argv[])
{
    CPrint printInstance;
    cout << "print a integer and a string" << endl;
    printInstance.Print(12);
    printInstance.Print("hello girl!");
    return 0;
}
```

你可以在 MingGW 编译器下查看一下上述代码对应的汇编代码。CPrint::Print(int nValue) 函数汇编后对应__ZN6CPrint5PrintEi。CPrint::Print(string strValue) 函数汇编后对应__ZN6CPrint5PrintESs。根据上面的映射猜想，可总结出更为准确的映射机制为：作用域+返回类型+函数名+参数列表。

（2）函数调用匹配。

现在接着讲述函数调用匹配问题。为了实现最佳的重载函数调用匹配。编译器按照实参类型和相应形参类型的转化等级，将函数调用匹配分为 4 个等级，它们分别如下：

● 精确匹配，实参和形参类型完全相同。

● 类型提升实现函数匹配。

● 通过标准转换实现匹配。

● 通过类类型转换实现匹配。

有了函数调用匹配规则后，编译器会通过以下三个步骤可以确定重载函数的调用匹配：

① 根据函数名称选择候选函数集；

② 从候选函数中选择可用函数；

③ 从可用函数集中确定最佳函数。

注意

● 内置类型的提升和转换可能会使函数匹配产生意想不到的结果。这个是设计重载函数需要注意的地方。

- 在调用重载函数时尽量避免强制类型转换。
- 对应传值调用的函数,形参 const 与否对重载函数匹配无任何影响,只有在形参为传址或传引用调用时两者才会存在差异。
- 重载函数定义时尽量避免枚举常量。因为枚举类型在提升时依赖于机器,造成程序的可移植性下降。

请谨记

- 合理利用重载函数会给程序可读性带来好处,但不合理的重载函数不但对代码可读性没有帮助,还会污染名字空间。
- 设计重载函数时尽量避免存在多个函数满足同一个实参匹配,这样会导致重载匹配的二义性问题。

15-5　不要让 main 返回 void

和 C 程序一样,每个 C++程序都包含一个或多个函数,且必须有一个函数,其名称为 main,而且每个函数都要由一定功能的语句序列组成。程序执行时,操作系统通过程序入口 main 函数,调用 main 函数开始程序的运行,程序执行完毕后返回一个值给操作系统。在大多数系统中,main 函数的返回值说明程序的退出状态。如果 main 函数返回 0,代表 main 函数成功执行完毕,程序正常退出,否则代表程序异常退出。

15-5-1　理解 main 函数的定义形式

有些C++的编程人员,特别那些有 C 基础的 C++程序员经常会写出如下格式的main 函数:

```
void main()
{
    // some codes….
    return;
}
```

在简述上述代码存在问题之前,我们首先来看一下上述代码在 VC++和 GCC 两种编译器中的编译运行情况。

在 VC++ 2010 编译器可正常编译、连接和执行。编译信息如下所示:

```
1>------ 已启动生成: 项目: main, 配置: Debug Win32 ------
1>生成启动时间为 2012/11/30 21:23:25。
1>InitializeBuildStatus:
1>　正在对 "Debug\main.unsuccessfulbuild" 执行 Touch 任务。
1>ClCompile:
1>　所有输出均为最新。
1>　main.cpp
1>　main.vcxproj -> C:\Users\liuguang\Documents\Visual Studio
2010\Projects\main\Debug\main.exe
1>
1>生成成功。
```

```
1>
1>已用时间 00:00:02.84
========== 生成: 成功 1 个, 失败 0 个, 最新 0 个, 跳过 0 个 ==========
```

在 Linux 环境下，采用 GCC 编译器编译 main.cpp 文件。编译信息如下所示：

```
root@ubuntu:/home/liuguang# g++ main.cpp -o main
main.cpp:2: error: `main' must return `int'
```

可以看出同样的 main.cpp 程序在 VC++中可以正常编译，在 Linux 下 GCC 中无法编译通过。为什么同样的代码会出现两种不同的结果呢？难道 C++程序不能在 Windows 和 Linux 下跨平台运行。

有一点必须要明白：在 C/C++标准中从来就没定义过 void main()这样的 main 函数形式。定义 void main()这种形式的 main 函数是不符合 C++标准的。

说明：

C++之父 Bjarne Stroustrup 曾提过这样一句话：在 C++中绝对没有出现过 void main() {/* */} 的函数定义，在 C 语言中也是如此。

main 函数的返回值应该为 int 类型，不应该是 void 或者其他类型。C 和 C++都是这样规定的。C99 标准中规定，只有下面两种 main 函数定义方式是合法的、正确的。

```
int main(void);
int main(int argc, char *argv[]);
```

在 C++03 标准中也给出了如下两种 main 函数的定义方式：

```
int main(void);
int main(int argc, char *argv[]);
```

可以看出虽然 C/C++标准中均未定义 void main（）这种形式的 main 函数，但是像 VC++这种市场占有率极高的编译器还依然支持 void main()这种形式。然而并不是所有的编译器都支持这种形式。GCC 就是一个例子。

15-5-2　main 函数的返回值作用

理解了 main 函数的定义形式，接着看一下 main 函数的返回值有何作用？可以采用下面的方法加以验证。

首先，编写一个 mian.cpp 文件，文件内容如下所示：

```
int main()
{
    return 0;
}
```

在 Linux 中，通过命令：g++ main.cpp -o main 编译可生产 main 可执行文件。然后执行命令：chmod 777 main 添加文件可执行权限,最后执行命令：./main && echo "indicate main retrun 0"输出 indicate main retrun 0 语句。

修改上述程序：

```
int main()
{
    return -1;
}
```

再次执行上述测试，则无输出。

最后在 Windows 上修改上述程序：

```
void main()
{
    return ;
}
```

再次运行上述测试，测试结果为输出 indicate main return 0 语句。

可以看出，命令 A&&B 中的&&类似于 C++中的并操作。如果 A 命令正常执行，接着执行 B 命令。如果 A 命令执行出现异常，则 B 就不执行了。通过上述分析可知：如果 main 返回 0 表示程序正常结束，如果 main 返回-1，则标志程序未能正常返回。

15-5-3　void main()形式函数的风险隐患

讲到这儿基本上可以告一段落了。总结一下 void main()形式函数存在的风险隐患。

如果坚持使用 void main()形式的非标准形式 main 函数。当程序有一个编译器移植到另一个编译器时，要承担错误风险。因为在一个编译中编写的返回类型为 void 的 main 函数移植到另一个编译器时，可能无法编译成功。

有些情况下，main 函数的返回值是其他操作的输入值。在这种情况下，返回 void 更是一个不智之举。无论 main 函数怎么处理 main 函数都以正常执行处理。

注意：

由于 C 语言历史发展原因，一些老的 C 标准可以支持 main（）这种无返回值得函数定义。这是因为在早期的 C 语言中只有 int 一种数据类型，不存在 char、long、float、double 等这些内置类型。既然只有 int 这样一种类型，所以 main 就不必表明返回值了。例如：《The C Programming Language，Second Endition》中使用的就是 main()。

为保证 C 语言兼容以前的代码，标准委员会做出了如下规定：不明确返回值的，默认返回 int 类型。C99 则要求对应无返回类型的 main 至少要抛出一个警告。

15-5-4　"好坏难定"的准则

最后，说明一下 C++中一个"好坏难定"的准则：

C++中的 main 函数的 return 语句作用在于离开 main 函数，并将 main 函数的返回值作为参数调用 exti 函数。如果函数的结尾没有 return 语句，其效果等同于 return 0。也就是说，如果 main 函数的执行到结束时没有遇到 return 语句，编译器会默认隐式地为你添加 return 0;，其效果等同于 return 0；语句。

为什么说它好坏难定呢。这主要是因为它能让你省去手动敲入几个字符的麻烦，但是，这种默认操作会让某些程序员忽视编译器替它所做的工作。在思维上形成一种错误的意识：main 函数可以无返回值。同时在应用此规则时，还需要注意下面两点：

（1）main 函数的返回类型必须为 int，并不是 void 或者其他类型，此规则仅仅对 main 函数适用。

（2）但是本人不推荐大家适用上述规则，建议加上 return 0；杜绝那些不必要的误解。

请谨记

- 在 C/C++标准中，main 函数的返回类型仅有 int 这种类型，不存在 void 或者其他类型。
- 某些编译器 main 函数返回 void 或其他类型，这是不符合 C++标准的。即使可以通过编译也存在很多问题：如可移植性问题等。

15-6　尽量拒绝使用变参函数

有时候，需要函数参数的个数可根据实际情况来确定。C++语言完全继承了 C 语言所提供的参数个数可变的函数形式。这种参数个数可变的函数原型是：

```
type funcname(type para1, type para2, …);
```

说明：

这种形式的函数定义要求至少有一个普通形式参数，同时后面的省略号（…）不能省略，它是函数必要的组成部分。这种形式的函数包括 scanf()、printf()函数。

我们都用过 printf 函数，而且熟悉类似 printf 形式的函数的用法，但是论及可变参数的实现原理，可能没有几个人懂。在标准 C 语句中定义了专门对应可变参数的列表，其中包含一个 va_list 声明，一组宏定义 va_start、va_arg、va_end。它们的定义如下：

```
// VC++ 2010 stdarg.h
#include <vadefs.h>
#define va_start _crt_va_start
#define va_arg _crt_va_arg
#define va_end _crt_va_end

// VC++ 2010 vadefs.h
#ifndef _VA_LIST_DEFINED
#ifdef _M_CEE_PURE
typedef System::ArgIterator va_list;
#else
typedef char *  va_list;
#endif /* _M_CEE_PURE */
#define _VA_LIST_DEFINED
#endif

#ifdef __cplusplus
#define _ADDRESSOF(v)   ( &reinterpret_cast<const char &>(v) )
#else
#define _ADDRESSOF(v)   ( &(v) )
#endif

#if  defined(_M_IX86)
#define _INTSIZEOF(n)   ( (sizeof(n) + sizeof(int) - 1) & ~(sizeof(int) - 1) )
#define _crt_va_start(ap,v)  ( ap = (va_list)_ADDRESSOF(v) + _INTSIZEOF(v) )
```

```
#define _crt_va_arg(ap,t)      ( *(t *)((ap += _INTSIZEOF(t)) - _INTSIZEOF(t)) )
#define _crt_va_end(ap)        ( ap = (va_list)0 )
```

说明：

定义_INTSIZEOF(n)是为了使系统内存对齐；va_start(ap，v)使 ap 指向第一个可变参数在堆栈中的地址，va_arg(ap,t)使 ap 指向下一个可变参数的堆栈地址，并用*取得该地址的内容；最后通过 va_end 让 ap 不在指向堆栈。如图 15- 4 所示。

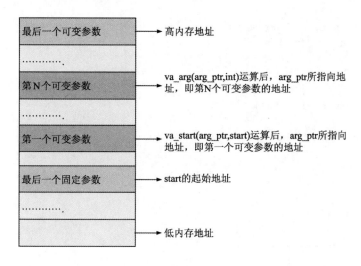

图 15-4　可变参数堆栈内存布局

具体分析如下：

- va_list 是用来保存宏 va_start、va_arg 和 va_end 所需信息的一种类型。为了访问变长参数列表中的参数，必须声明。va_list 类型的一个对象定义：typedef char * va_list;

- va_start 访问变长参数列表中的参数之前使用的宏，它初始化用 va_list 声明的对象，初始化结果供宏 va_arg 和 va_end 使用；

- va_arg 展开为一个表达式的宏，该表达式具有变长参数列表中下一个参数的值和类型。每次调用 va_arg 都会修改用 va_list 声明的对象，从而使该对象指向参数列表中的下一个参数；

- va_end 该宏使程序能够从变长参数列表用宏 va_start 引用的函数中正常返回。

为了增进理解，下面讲解一个可变参数函数实现。希望这个示例可增进读者你对变参函数的理解。在 C 的 printf 中不支持 C++的 std::string，示例实现一个支持 std::string 的 printf。

【示例 15-2】实现一个支持 std::string 的 printf。

代码如下：

```
// 字符屏幕打印函数。
void Puts(const char *pstr)
{
  while(*pstr)
    putchar(*pstr++);
}

// Printf函数支持可变类型为
// %c->char
```

```
// %d->int
// %s->char*
// %S->std::string
// Bug: 不支持转义符
// 处理%%等出现问题
void Printf(const char *_Format,....)
{
    va_list arg_ptr;
    va_start(arg_ptr,_Format);
    const char *pWork = _Format;
    while(*pWork != '"0)
    {
        if(pWork == _Format)
        {
            if(*pWork != '%')
            {
                putchar(*pWork);
            }
        }
        else
        {
            if(*(pWork-1) == '%')
            {
                switch(*pWork)
                {
                case 'c':
                {
                    char cvalue = va_arg(arg_ptr,char);
                    putchar(cvalue);
                    break;
                }
                case 'd':
                {
                    int ivalue = va_arg(arg_ptr,int);
                    char buffer[32];
                    _itoa(ivalue, buffer, 10);
                    Puts(buffer);
                    break;
                }
                case 's':
                {
                    char* psvalue = va_arg(arg_ptr,char*);
                    Puts(psvalue);
                    break;
                }
                case 'S':
                {
                    std::string pstringvalue = va_arg(arg_ptr,std::string);
                    Puts(pstringvalue.c_str());
                    break;
                }
                default:
                    putchar('%');
```

```
            putchar(*pWork);
        }
    }
    else if(*pWork != '%')
    {
        putchar(*pWork);
    }
    }
    pWork++;
    }
    va_end(arg_ptr);
}
```

由于将 va_start、va_arg、va_end 定义成了宏，所以它显得很愚蠢，可变参数的类型和个数完全在该函数中由程序代码控制，它并不能智能地识别不同参数的个数和类型。

有人会问：printf 中不是实现了智能识别参数吗？那是因为函数 printf 是从固定参数 format 字符串来分析出参数的类型，再调用 va_arg 来获取可变参数的。也就是说，想实现智能识别可变参数的话是要通过在自己的程序里做判断来实现的。例如，在 C 的经典教材《The C Programming Language》的 7.3 节中就给出了一个 printf 的可能实现方式（有兴趣的读者可以查阅）。

参数个数可变具有很多优点，为程序带来了很多方便。但同时也存在很大的隐患。下面我们仔细来看一下：

（1）缺乏类型检查，"省略号的本质就是告诉编译器'关闭所有检查，由程序员接管，启动 reinterpret_cast'"。这种强制类型转换，违反了"类型安全性"。

va_arg（argp, type）宏不支持下述 type,如下所示。

- char、signed char、unsigned char；
- short、unsigned short；
- signed short、short int、signed short int、unsigned short int；
- float。

在 C 语言中，调用一个不带原型声明的函数时，调用者会对每个参数执行"默认实际参数提升（default argument promotions）"。该规则同样适用于可变参数函数——对可变长参数列表超出最后一个有类型声明的形式参数之后的每一个实际参数，也将执行上述提升工作。提升工作如下：

- float 类型的实际参数将提升到 double；
- char、short 和相应的 signed、unsigned 类型的实际参数提升到 int；
- 如果 int 不能存储原值，则提升到 unsigned int。

然后，调用者将提升后的参数传递给被调用者。所以，可变参函数内是绝对无法接收到上述类型的实际参数的。

（2）由于禁用了语言类型检查功能，所以调用时必须通过其他方式告诉函数所传递参数的类型，以及参数的个数。这种方式需要手动完成，既容易出错误，又不安全。

（3）可变参函数不支持自定义类型。而自定义数据类型在 C++ 中占有重要地位，致使下面这种应用是错误的。

```
// 人的C++类实现
class CPerson
```

```
{
public:
  CPerson();
  virtual ~CPerson();
  // *操作符重载。
  operator char *() const { return strName.c_str();}
private:
  string strName;   // 人的名称
  int    m_iAge;    // 人的年龄
};

CPerson xiaoming;
printf("xiaoming's name is %s", xiaoming);  // 错误：这种实现不会调用，*重载操作符。
```

请谨记

对于可变参函数，由于编译器对函数原型检查不够严格，所以很容易产生问题，并且很难发现。同时也不利于写出优秀的代码。实际中应尽量避免可变参函数。

15-7   为何降低函数的圈复杂度

关于代码质量， 每个人有每个人的评价标准。但有一点是可以肯定的：清晰简单的代码，代码质量较高；扩展性较好的代码，代码质量较高。自从计算机产生后，人们就不停地研究如何客观评价代码质量的方法，即某种可定性分析代码是否存在风险。令人高兴的是，现在已经有了不少方法可定性的分析代码质量，本书要讨论的圈复杂度就是一个代码复杂度的定性计算方法。

所谓圈复杂度是一种代码复杂度的衡量标准，中文名称叫作圈复杂度，简称 CC，其由 Thomas McCabe 于 1975 年定义。

在软件测试的概念中，圈复杂度"用来衡量一个模块判定结构的复杂程度，数量上表现为独立现行路径条数，即合理地预防错误所需测试的最少路径条数，圈复杂度大说明程序代码可能质量低且难于测试和维护，根据经验，程序的可能错误和高的圈复杂度有着很大关系"。所以可以得出这样的结论，圈复杂度高的函数其产生错误的概率也会很高。

说明

- 简单地说，函数的圈复杂度就是统计一个函数有多少个分支（if, while, for,等等），如果没有分支，其复杂度为 1，每增加一个分支复杂度加 1。这里需要注意的是：无论这些分支是并列还是嵌套，统统都加 1。
- 从一个非常简单的角度来理解，一个函数的圈复杂度相当于至少需要多少个测试用例才能对这个函数做到全路径覆盖。

一般而言，圈复杂度用来评价代码复杂度，以函数为单位，数值越大表示代码的逻辑分支越多，理解起来也更复杂。圈复杂度可以作为编码及重构的重要参考指标，以指导撰写可读性高的代码。有关圈复杂度的计算，《代码大全 2》给出了下述方法：

（1）圈复杂度 CC 由 1 计数，一直往下通过程序；

（2）一旦遇到以下关键字或其同类的词，CC 就加 1：if、while、repeat、for、and、or

（3）switch-case 语句的每一种情况都加 1。

条件语句、循环语句都是逻辑分支语句。if else、switch-case、for、while 都代表逻辑分支。

一个逻辑分支，就代表两条可能执行路径。可能执行路径数目的增长，相对于逻辑分支的个数来说，是指数增长。比如一个 method 有 n 个逻辑分支，那么可能执行路径数目就是 2 的 n 次方。

降低函数的复杂度是提供软件质量的一个重要手段。一般情况下有 9 种技术可直接降低函数的圈复杂度。它们是提炼函数、替换算法、分节条件表达式、合并条件式、合并重复的条件片段、移除控制标记、将查询函数和修改函数分离、令函数携带参数、以明确函数取代参数。

关于这 9 种的降低函数复杂度的方法，可以通过阅读其他资料获取详细描述，这儿仅简单介绍两种：提炼出函数和以明确立及取代参数。

15-7-1　提炼函数的方法

首先介绍提炼函的数方法，假设有这样一段代码可被组织并独立出来。这段代码以一个函数呈现，给人感觉比了凌乱。且圈复杂度也较高，代码如下：

```
void PrintOwing(double dPreviousAmount)
{
    Enumeration e = Orders.elements();
    double outstanding = dPreviousAmount * 1.2;

    // 打印信息
    printf("**************************");
    printf("********Customer Owes*****");
    printf("**************************");

    while (e.hsMoreElents())
    {
        Order each = (Order)e.nextElement();
        outstanding += each.getAmount();
    }

    // 打印详情
    printf("name:%s", szName);
    printf("amount:%d",outstanding);
}
```

使用提炼函数降低函数圈复杂度。将这段代码放进一个独立函数中，并让函数名称解释函数的用途。具体代码实现如下所示：

```
void PrintOwing(double dPreviousAmount)
{
    PrintBanner();
    double outstanding = dPreviousAmount * 1.2;
    outstanding = GetOutstanding(outstanding);
    PrintDetails(outstanding);
}

void PrintfBanner()
{
        // 打印信息
    printf("**************************");
    printf("********Customer Owes*****");
```

```
    printf("**************************");
}

double GetOutstanding(double initialValue)
{
    double result = initialValue;
    Enumeration e = Orders.elements();
    while (e.hsMoreElents())
    {
        Order each = (Order)e.nextElement();
        result += each.getAmount();
    }
    return result;
}

void PrintDetails(double outstanding)
{
    // 打印详情
    printf("name:%s", szName);
    printf("amount:%d",outstanding);
}
```

对比两者实现，我想与第一种相比，第二种会给你一种清晰简单的感觉。第一种会给你鱼龙混杂的感觉。

15-7-2 以明确函数取代参数

接着再介绍一种以明确函数取得参数降低圈复杂度的方法。我们来看下面这段代码，此函数实现完全取决于参数值采取不同的反应：

```
// 设置键值
void SetValue(string strName, int iValue)
{
    if (strName == "height")
    {
        m_iHeight = iValue;
    }
    else
    {
        m_iWidth = iValue;
    }
}
```

如果采用针对该参数的每个可能值，建立一个独立函数方式。我们看下面的实现代码，这种实现明显比上一个实现看起来舒服多了：

```
void SetHeight(int arg)
{
    m_iHeight = arg;
}

void SetWidth(int arg)
```

```
{
    m_iWidth = arg;
}
```

最后，再介绍一种依靠 C++语言多态取代条件式，降低函数圈复杂度的实现方式。此方法的精髓在于依靠 C++的语言机制降低复杂度。这应该是我们大力提倡的一种实现机制。

```
// 获得运行速度。
double GetSpeed()
{
    switch(nType)
    {
    case EUROPEAN:      // 欧洲速度，计算方法
        return GetBaseSpeed();
        break;
    case AFRICAN:       // 非洲速度，计算方法
        return GetBaseSpeed() - GetLoadFactor();
        break;
    case NORWEGIAN_BLUE:
        return GetBaseSpeed()*0.7;
        break;
    }
}
```

上面这段代码是通过条件判断实现，根据不同的类型选择不同的行为。如果将整个条件式的每个分支放进一个子类的重载方法中，然后将原始函数声明为抽象方法。多态继承关系类和图 15-5 所示。这种机制将 if 判断转化为子类的函数重载，既简化了代码的实现，同时也降低了函数的复杂度。

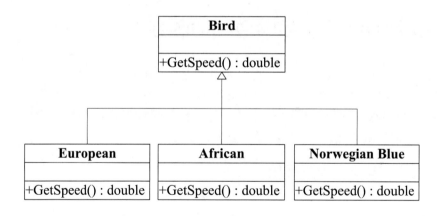

图 15-5　多态继承关系图

请谨记

- 降低函数的圈复杂度是提供编码质量的一个重要手段，掌握降低函数圈复杂度的 9 种实现方式。
- 在降低函数圈复杂度的所有方法中，推荐依靠类函数重载多态机制降低函数圈复杂度的方法。

第 16 章

正确使用预处理

预处理是 C++程序编译的第一个步骤,预处理主要在源代码编译之前进行一些文本性质的操作。具体包括注释删除、插入被#include 包含的文件内容、定义和替换有#define 指令定义的符号、以及确定代码部分内容是否应根据一些条件编译指令进行编译等。

本章主要讲述 C++编译器预处理所进行的不为人知的事情以及其存在的陷阱。通过本章的学习,可帮助你理解讲述编译器预处理。

16-1 使用#define 定义字面值和伪函数

#define 是 C 语言提供的宏定义命令,其主要目的是:在编程时,为程序员提供一定方便,并能在一定程度上提高程序的执行效率。#define 将一个标示符定义为一个字符串,该标示符被称为宏,被定义的字符串称为替换文本。宏定义一般有两种形式:一种是简单宏定义(即字面值),另一种是带参数宏定义(即常说的伪函数)。

16-1-1 简单宏定义(字面值)

简单的宏定义形式为:

```
#define <宏名> <字符串>
```

例如:

```
#define PI  3.1415926
```

说明:

● 一般宏名用大写字母表示,但这并非规定,也可用小写。从编码一致性、可读性角度考虑,强烈建议宏名统一用大写字母表示。

- 使用宏名代替一个字符串，可以减少程序中重复书写某些字符串的工作量，同时也避免由于疏忽导致的字符串书写错误问题。
- 宏定义是用宏名代替一个字符串，进行简单的置换，并不做正确性检查。如写成：

#define PI 3.l4l5926（把 1 错写成了 l），在预编译时，不会做任何语法检查；在编译宏展开后的源程序时，才会发现语法错误并报告。

- 宏定义不是 C 语句，不必在行尾加分号，如果加了分号，将连同分号一起被替换。例如：

```
#define PI 3.1415926;
area = PI * r * r;
```

宏展开后该语句：

```
area = 3.1415926; * r * r;
```

- 在程序中，如果#define 出现在函数外面，宏的有效范围为宏定义之后到本源文件结束，通常宏定义写在文件开头，在此文件范围内有效。另外，用#undef 可终止宏定义的作用域，这样可以灵活控制宏定义的作用范围。
- 在进行宏定义时，可以用已经定义的宏名，可进行层层置换，但对于用引号括起来的字符串内的字符，即使与宏名相同，也不可进行替换。
- 宏定义是专门用于预处理的专用名词，它与定义变量的含义不同，只做字符替换，不分配内存空间。

16-1-2　#define 和 const 定义的恒值常量对比

在 C 语言中，通过简单的宏定义恒值常量，是 C 语言中定义恒值常量的唯一手段。但是在 C++中这不再是唯一了，C++的 const 也可定义一个恒值常量。例如：

```
const int PI = 3.1415926;
```

然而，const 定义的恒值常量比#define 定义的恒值常量存在很多优点。具体可总结如下：

（1）const 定义常量是有数据类型，而#define 定义的常量无数据类型。

（2）通过 const 定义的常量，编译器可对其进行静态类型安全检查，而#define 宏定义的常量只是简单的字符替换，没有类型安全检查，且有时还会产生边际效应。边际效应举例如下：

```
#define N 100
#define M 200 + N
```

当程序中使用 M*N 时，你期望的结果是：100 *（200+ N），而实际结果是:100 * 200 + N。而 const 常量就没有这样的问题。

（3）有些调试程序可对 const 进行调试，但无法对#define 进行调试。

（4）当定义局部变量时，const 作用域仅限于定义局部变量的函数体内。但#define 其作用域不限于定义局部变量的函数体，而是从定义点到整个程序的结束点。但可用#undef 取消其定义，从而限定其作用域范围。

（5）const 定义常量，并不能起到强大的作用。const 还可以修饰函数形式参数、返回值和类的成员函数等。从而提高函数的健壮性。因为 const 修饰的东西必须受 C/C++的静态类型安全检查机制的强制保护，可以防止意外的修改。

16-1-3　带参数的宏定义（伪函数）

带参数的宏定义定义形式为：

```
#define <宏名> (<参数表>) <宏体>
```

例如：

```
#define MAX(x,y)  (x)>(y)?(x):(y)
```

标示符被定义为宏后，该标示符便是一个宏名。在程序中，出现宏名的地方，在程序被编译前，先将宏名用被定义的字符串替换，这称为宏替换。替换后再进行编译，宏替换是简单字符替换。

说明：

- 带参数宏展开，只是将语句中宏名后面括号内的实参字符串，替换#define 宏定义中的形式参数。
- 宏定义时，宏名与包含宏参数的括号之间不应加空格，否则编译器会将空格后的字符都作为替换字符串的一部分。

例如：

```
#define S (r) PI*r*r   (在S与（之间有空格)
```

这个宏的真正含义：S 是符号常量（不带参数的宏名），它代表字符串 "(r) PI*r*r"。在程序中，语句：area = S（a）;，将会被展开为：area =（r）PI*r*r（a）;。这显然不对。

16-1-4　带参数的宏和函数的区别

明白了带参数的宏定义，也许你会有这个感觉：带参数的宏，有点儿像函数，的确也是如此，带参数的宏和函数确实有很多不同点。具体区别如下。

- 函数调用时，先求实参表达式的值，然后传递给形参，而使用带参数的宏只是进行简单的字符串替换，不进行表达式求值。
- 函数调用是在程序运行时处理的，为形参分配临时的内存空间，而宏展开是在编译前进行的，在展开时并不分配内存单元，不进行值的传递，同样也没有"返回值"的概念。
- 函数的实参和形参都必须定义类型，两者的类型要求一致，如不一致，则要进行类型转换，而宏不存在类型问题，因为宏名无类型，它的参数也无类型，仅是字符串替换，展开时代入指定的字符串即可。宏定义时，字符串可以是任何类型的数据。
- 调用函数只会得获得一个返回值，而宏则不然，可设法得到几个返回值。
- 宏展开会促使源程序变长，因为每次展开都使程序增长，函数调用不会增加代码长度。
- 宏替换不占用运行时间，只占用编译时间，函数调用则占用运行时间用于分配单元、保存现场、值传递、返回等。所以宏替换可以提供程序的执行效率，但代价是编译时间会变长。

16-1-5　引入宏的优点

讨论了宏的两种定义形式，继续分享宏的引入给程序带来好处。

（1）宏定义的引入可方便程序的修改。使用简单宏定义，可用宏替换那些在程序中经常使用的常量，当需要修改该常量时，不用对整个程序进行修改，只修改宏定义的字符串即可，当常量比较长时，可以用较短、有意义的标识符来编写程序，这样更方便一些。

此处所说的常量改变，不是指在程序运行期间改变，而是在编程期间的改变，举一个大家熟悉的例子，圆周率 π 是在数学上常用的一个值，有时我们会用 3.14 表示，有时也会用 3.1415926 等，这要看计算所需的精度，如果编制的程序多次使用它，需要确定一个数值，在本次运行中不改变，但也许后来发现程序所表现的精度有变化，需要改变它的值，这就需要修改程序中所有的相关数值，这会给我们带来一定的麻烦，但如果使用宏定义，使用一个标识符来代替，则在修改时只修改宏定义即可，还可以减少输入 3.1415926 这样长的数值的次数，我们如此定义#define PI 3.1415926，既减少输入，又便于修改，何乐而不为呢？

（2）提高程序的运行效率。使用带参数的宏定义可完成函数调用的功能，又能减少系统开销，提高运行效率。

正如 C 语言中所讲，函数的使用可以使程序更加模块化，便于组织，而且可重复利用，但在发生函数调用时，需要保留调用函数的现场，以便子函数执行结束后能返回继续执行，同样在子函数执行完后要恢复调用函数的现场，这都需要一定的时间，如果子函数执行的操作比较多，这种转换时间开销可以忽略，但如果子函数完成的功能较少，甚至于只完成一点儿操作，如一个乘法语句的操作，这部分转换开销就相对较大，但使用带参数的宏定义就不会出现这个问题，因为它在预处理阶段即进行了宏展开，在执行时不需要替换。宏定义可完成简单的操作，复杂的操作还是由函数调用来完成，而且宏定义所占用的目标代码空间相对较大。所以在使用时要依据具体情况决定是否使用宏定义。

16-1-6　宏定义和命名空间的关系

#define 预处理器完全没把 C++的作用域纳入考量，绝大多数 C++实现都是封装在命名空间中，这样的做法有很多优点。但不幸的是，#define 的作用域并未被限定在名字空间中，例如：

```
namespace Influential
{
  #define MAX 1<<16
  // Infuential命名空间实现
}
namespace Facility
 {
 const int max = 512;
 // Facility 命名空间实现
}

int a[MAX]; // 可以通过编译，但这种实现是糟糕的。
```

讨论一下，上述代码为什么是糟糕的实现？按照命名空间的原理，定义在 Infuential 空间中的 MAX 不能在空间之外使用。但由于 MAX 是宏定义，不受名字空间的限制。

最后，需要提醒的是，宏不仅可定义字面值和伪函数。另一个重要的用法是条件编译。在大规模的开发过程中，特别是跨平台和系统的软件中，可以在编译的时候，通过#define 设置编译环境。例如：

```
#ifdef WINDOWS
......
......
#endif

#ifdef LINUX
......
......
#endif
```

请谨记

- 宏可以定义字面值常量，也可以定义带参数的伪函数。在宏定义时需注意其与函数的区别。宏定义不是 C++的语句。在编译时使用宏的地方会发生字符串替换。
- 在应用时，如果你定义一个字面值常量建议使用 const 替换#define。
- 宏定义不受名字空间的限制。在名字空间外依然可见。

16-2　#define 的使用陷阱

C 语言的宏，因为缺乏完备的类型检查。常常为很多程序员所诟病。但任何事物都有其利与弊的两面性，同样宏也不例外。宏的强大作用在于在编译期自动地产生代码。如果说模板可以通过类型替换来产生类型层面上的多态，那么宏即可通过符号替换在符号层面上产生的多态。正确合理地使用宏，可以有效地提高代码的可读性，减少代码的维护成本。

不过，宏的使用确实存在着诸多的陷阱，如果不注意，宏就有可能真的变成 C++代码的"万恶之首"。下面将为你详细阐述#define 使用的陷阱。

16-2-1　由操作符优先级引起的问题

由于宏只是简单的替换，宏的参数如果是复合结构，通过替换之后可能由于各个参数之间的操作符优先级高于单个参数内部各部分之间相互作用的操作符优先级，如果不用括号保护各个宏参数，可能会产生意想不到的结果。例如：

```
#define ceil_div(x, y)  (x + y - 1) / y
```

那么

```
a = ceil_div( b & c, sizeof(int) );
```

将被转化为：

```
a = ( b & c + sizeof(int) - 1) / sizeof(int);
```

```
// 由于+/-的优先级高于&的优先级，那么上面式子等同于：
a = ( b & (c + sizeof(int) - 1)) / sizeof(int);
```

这显然不是我们的初衷。为了避免这种情况发生，应当多写几个括号：

```
#define ceil_div(x, y)    (((x) + (y) - 1) / (y))
```

16-2-2　使用宏定义，不允许参数发生变化

这也是带参数的宏定义和函数的区别，有人认为带参数的宏和函数具有同样的功能，只是实现方式不同，实际上是这样吗？下面的代码示例，将向你展示宏和函数的差异。

```
#include <stdio.h>
#define sqrt(a) ((a)*(a))
// 计算平方值
int fsqrt(int a)
{
   return a*a;
}

int main()
{
  int a = 10, b = 10;
  int r1, r2;

  r1 = sqrt(a++);
  r2 = fsqrt(b++);

  printf("a = %d, b = %d, r1 = %d, r2 = %d\n", a, b, r1, r2);
  return 0;
}
```

在 VC6.0 下，这段程序的最终结果是 a = 12；b = 11；r1 = 100；r2 = 100；之所以 a 变成 12，是因为在替换的时候，a++ 被执行了两次。要避免这种行为，要使宏参数不发生变化。如：a++；r1 = sqrt(a)，一切就好了！

16-2-3　使用 do{}while（false）将宏定义包含的多条表达式放到大括号中

使用宏时，如果宏包含多个语句，一定要用大括号把宏括起来。以防在某些情况下宏定义的多条语句只有一条语句被执行。下面这段代码就为你展示了这个问题：

```
#include <stdio.h>

// 变量初始化宏
#define INITIAL(a, b)\
   a = 0;\
   b = 0;
int main()
{
  int a[5], b[5] ;
```

```
    int i = 0;

    for(i=0;  i<5;  i++)
    {
    INITIAL(a[i], b[i]);
    }

printf("a = %d, b = %d\n", a[0], b[0]);
return 0;
}
```

结果打印 a 是正常的，但打印 b 却是未初始化的结果。因为简单的文本替换，不能保证多条表达式都放到 for 循环体内。上述的宏定义应改为：

```
//  变量初始化宏
#define INITIAL(a, b)\
{\
  a = 0;\
  b = 0;\
}
```

注意这个"\"号，表示下面的行和当前行在预编译时被认为在同一行。将宏实现改成上述实现，此代码确实可以正常运行了。但这并不是最佳方案，其依然存在风险。建议修改为：

```
//  变量初始化宏
#define INITIAL(a, b)\
do{\
  a = 0;\
  b = 0;\
} while(false)
```

16-2-4　关于...的使用

...在 C 宏中称为 Variadic Macro，也就是变参宏。例如：

```
#define myprintf(templt, ...)        fprintf(stderr,templt,__VA_ARGS__)
#define myprintf(templt, args...)    fprintf(stderr,templt,args)
```

第一个宏中由于没有对变参起名，用默认的宏__VA_ARGS__来替代它。第二个宏中，显式地命名变参为 args，在宏定义中即可用 args 来代指变参。同 C 语言的 stdcall 一样，变参必须作为参数表的最后一项出现。当上面的宏中只能提供第一个参数 templt 时，C 标准要求必须写成：

myprintf(templt,...);的形式。这时的替换过程为：　myprintf("Error!",);替换为：fprintf(stderr, "Error!",);

这是一个语法错误，不能正常编译。GNU CPP 提供的解决方法允许上面的宏调用写成：

```
myprintf(templt);
```

而它将会被通过替换变成：

```
fprintf(stderr,"Error!",);
```

很明显，这里仍然会产生编译错误（非本例的某些情况下不会产生编译错误）。除了这种方式外，c99 和 GNU CPP 都支持下面的宏定义方式：

```
#define myprintf(templt, ...) fprintf(stderr,templt, ##__VAR_ARGS__)
```

##这个连接符号充当的作用就是当__VAR_ARGS__为空的时候，消除前面的那个逗号。此时的翻译过程如下：　myprintf(templt);被转化为：fprintf(stderr,templt);这样如果 templt 合法，将不会产生编译错误。错误的嵌套宏定义会导致不完整的、配对的括号，但是为了避免出错并提高可读性，最好避免这样使用。

16-2-5　消除多余的分号

通常情况下，为使函数模样的宏在表面上看起来像一个 C 语言调用一样，通常情况下，在宏的后面加上一个分号，例如下面的带参宏：

```
MY_MACRO(x);
```

但是，如果是下面的这种情况：

```
#define MY_MACRO(x)
{
  /* line 1 */
  /* line 2 */
  /* line 3 */
}
//...
if (condition())
  MY_MACRO(a);
else
{
...
}
```

这样会由于多出的分号产生编译错误。为避免这种情况又出现，同时保持 MY_MACRO(x);的这种写法，需要把宏定义为下面这种形式：

```
#define MY_MACRO(x) do
 {
  /* line 1 */
  /* line 2 */
  /* line 3 */
} while(0)
```

这样只要保证总是使用分号就不会有任何问题。

请谨记

- #define 定义的带参数的宏，并不是函数。虽然它长得像函数。其实它更像 inline 函数。
- 定义宏时，请尽量考虑所有的可能使用环境。以防产生宏副作用。

16-3 防止重复包含头文件

头文件重复包含是每个程序员都曾遇到过的问题。头文件重复包含，可能会导致的错误包括：变量重定义、类型重定义及其他一些莫名其妙的错误。现在讨论一下如何避免这些问题。

假设，我们的工程中存在 a.h，b.h 及 c.cpp3 个文件。其中 b.h 中包含了 a.h，而 c.cpp 又包含了 a.h 和 b.h 两个文件。

【示例 16-1】头文件重复包含 bug。

代码如下：

```
/*  测试头文件重复包含问题 */
// File : a.h

#include <iostream.h>

// func_1 实现func_1函数名称打印。
void func_1()
{
    std: : cout << "this is" << __FUNCTION__ << endl;
}


// File : b.h

#include "a.h"

// Func_2 实现Func_2函数名称打印。并调用func_1。
void Func_2()
{
  std: : cout << "this is " << __FUNCTION__ << endl;
  std: : cout << "this function called " << endl;
  func_1();
}


// File : c.cpp
#include "a.h"
#include "b.h"

int main()
{
    // ....
    return 0;
}
```

如果你在 VC++ 编译器中编译上述代码。在编译过程中，编译器会抛出"重复定义"错误。因为 a.h 被重复包含了两次。为避免同一个文件被重复包含多次。C++提出了两种解决方案。它们是#ifndef 方式和#pragman once 方式。

16-3-1　解决方案之一：#ifndef 方式

命令形式：

```
#ifndef __SOME_FILE_H__
#define __SOME_FILE_H__
... ... // 一些声明语句
#endif
```

这种实现方式通过预处理实现唯一检查。预处理器首先测试__SOME_FILE_H__预处理器变量是否未定义。如果__SOME_FILE_H__未定义，那么#ifndef 测试成功，跟在#ifndef 后面的所有行都被执行，直到发现 #endif。相反，如果__SOME_FILE_H__已定义，#ifndef 指示测试为假，该指示和#endif 指示间的代码都被忽略。

为保证头文件在给定的源文件中只处理过一次，首先检测#ifndef。第一次处理头文件时，测试会成功，因为__SOME_FILE_H__还未定义。下一条语句定义了__SOME_FILE_H__。如果那样，我们在编译的文件恰好又一次包含了该头文件。#ifndef 指示会发现__SOME_FILE_H__已经定义，并且忽略该头文件的剩余部分。

头文件应该含有保护符，即使这些头文件不会被其他头文件包含。编写头文件保护符并不困难，如果头文件被包含多次，它可以避免难以理解的编译错误。

当没有两个头文件定义和使用同名的预处理器常量时，这个策略相当有效。当有两个文件使用同一个宏，这个策略就失效了。当遇到这种问题时，一般有两种解决方案。

方案 1：可以为定义在头文件中的实体（如类）命名预处理器变量，避免预处理器变量重名的问题。例如：一个程序只能含有一个名为 sales_item 的类。通过使用类名来组成头文件和预处理器变量的名字，可以使得很可能只有一个文件将会使用该预处理器变量。

方案 2：为保证宏的唯一性，可以采用 Google 提供的解决方案，在定义宏时，宏名基于其所在的项目源代码数的全路径命名。宏命名格式为：

```
_<PROJECT>_<PATH>_<FILE>_H_
```

最佳实践

- 在定义#ifndef测试宏时，宏名最好采用全大写字母表示。
- 在定义测试宏时，最好采用 Google 提供的解决方案。

16-3-2　解决方案之二：#pragma once

命令形式：

```
#pragma once
... ... // 一些声明语句
```

这种方式一般由编译器提供，只要在头文件的最开始时加入这条指令就能够保证头文件被编译一次，#pragma once 用来防止某个头文件被多次 include，#ifndef方式用来防止某个宏被多次定义。

#pragma once 是编译相关，也就是说，这个编译系统上能用，但在其他编译系统不一定

可以，即移植性差，不过现在基本上已经是每个编译器都有这个定义了。

　　#ifndef，#define，#endif 是 C++语言相关的，是 C++语言中的宏定义，通过宏定义避免文件多次编译。所以在所有支持 C++语言的编译器上都是有效的，如果写的程序要跨平台，最好使用这种方式。

小心陷阱

- 针对#pragma once，GCC 已经取消了对其的支持。微软的 VC++却依然支持。
- 如果写的程序需要跨平台，最好使用#ifndef方式，避免使用#progma once方式。

16-3-3　#pragma once 与 #ifndef 的区别

　　#ifndef 的方式依赖于宏名字不能冲突，这不仅可以保证同一个文件不会被包含多次，也能保证内容完全相同的两个文件不会被不小心同时包含。当然，缺点就是如果不同头文件的宏名不小心"撞车"，可能会导致头文件明明存在，编译器却硬说找不到声明的窘况。

　　#pragma once 由编译器提供保证：同一个文件不会被包含多次。注意这里所说的"同一个文件"是指物理上的一个文件，而不是指内容相同的两个文件。带来的好处是不必再费劲起个宏名了，当然也就不会出现宏名碰撞引发的奇怪问题。对应的缺点就是如果某个头文件有多份，本方法不能保证它们不被重复包含。当然，相比宏名碰撞引发的"找不到声明"的问题，重复包含更容易被发现并修正。

请谨记

- 为避免重复包含头文件，建议在每个头文件时采用"头文件卫士"加以保护。头文件卫士有两种形式一种是#progma once，另一种是#ifndef。
- 如果程序需要跨平台，建议使用#ifndef方式。因为这种方式与 C++语言有关。

16-4　assert 的副作用

　　大家应该都听说过 assert 断言。断言语句指定在程序的某些特定点应为真的条件。如果该条件不为真，则断言失败，中断程序的执行，在 Windows 下会显示"断言失败"对话框，而 Linux 会退出程序执行。

　　虽然 assert 断言的实现方式各种各样，不过 assert 宏大多数情况下和下面的定义相差不大：

```
#ifndef NDEBUG
#define assert(e) ((e) \
    ((void)0) \
__  assert_failed(#e,__FILE__,__LINE__) )
#else
#define assert(e) ((void)0)
#endif
```

　　如果 NDEBUG 有定义，在调试模式下，assert 宏就会展开成一个空操作（no-op）。否则，我们就处在调试模式下，（在此特定实现中）assert 宏就会展开成一个条件表达式以对某特定条件进行（谓词）测试。若该条件测试结果为 false，则生成一条诊断信息并调用 abort（以无条件强制终止程序运行）。

使用 assert 宏优于使用注释来文档化前置条件、后置条件及不变量。一条 assert 宏在生效时，会在执行特定条件运行时校验，所以不会被轻轻松松地当作一个注释而无视。与注释不同的是，由于违反了 assert 宏的正确性校验的错误通常来说都被更正了，因为"调用 abort"这种后果会使得"代码需要维护"这件事必须马上完成。

断言的特征：

- 前置条件断言：代码执行之前必须具备的特性。
- 后置条件断言：代码执行之后必须具备的特性。
- 前后不变断言：代码执行前后不能变化的特性。

在 C++中，assert 宏的原型定义在<assert.h>中，其作用是如果它的条件返回错误，终止程序执行，原型定义代码如下：

```
#include <assert.h>
void assert( int expression );
```

assert 的作用是先计算表达式 expression，如果其值为假（即为 0），先向 stderr 打印一条出错信息，然后通过调用 abort 来终止程序运行。我们来看下面的示例：

【示例 16-2】断言出现 bug。

代码如下：

```
#include <stdio.h>
#include <assert.h>
#include <stdlib.h>
int main( void )
{
    FILE *fp;
    fp = fopen( "test.txt", "w" );
    //以可写的方式打开一个文件,如果不存在就创建一个同名文件 assert( fp ); 所以这里不会出错
    fclose( fp );
    fp = fopen( "noexitfile.txt", "r" );
    //以只读的方式打开一个文件,如果不存在就打开文件失败
    assert( fp ); //所以这里出错
    fclose( fp ); //程序永远都执行不到这里来
    return 0;
}
```

在 VC++编译器下运行上述程序，程序会溢出结束，并抛出一个断言对话框。已放弃使用 assert 的缺点是频繁的调用会极大地影响程序的性能，增加额外的开销。在调试结束后，可以通过在包含#include <assert.h>的语句之前插入 #define NDEBUG 来禁用 assert 调用，示例代码如下：

```
#include <stdio.h>
#define NDEBUG
 #include <assert.h>
```

但是,C++中何时需要使用断言呢？什么地方不适合使用断言呢？什么地方使用断言的环境，可总结为：

- 可以在预计正常情况下程序不会到达的地方放置断言 ：assert（false）。

- 断言可以用于检查传递给私有方法的参数。（对于公有方法，因为是提供给外部的接口，所以必须在方法中有相应的参数检验才能保证代码的健壮性）。
- 使用断言测试函数方法执行的前置条件和后置条件。
- 使用断言检查类的不变状态，确保在任何情况下，某个变量的状态必须满足。（如 age 属性应大于 0 小于某个合适值）。
- 同样断言语句不是永远会执行，可以屏蔽也可以启用，什么地方不要使用断言。
- 不要使用断言作为公共方法的参数检查，公共方法的参数永远都要执行。
- 断言语句不可以有任何边界效应，不要使用断言语句去修改变量和改变函数方法的返回值。

接着讨论一下断言 assert 的用法总结。一般断言主要用于在函数开始处，检验传入参数的合法性，例如：

```
//功能：改变缓冲区大小,参数：nNewSize 缓冲区新长度，返回值：缓冲区当前长度，说明：保持原信息内容不变，
nNewSize<=0 表示清除缓冲区
int resetBufferSize(int nNewSize)
{

    assert(nNewSize >= 0);
    sassert(nNewSize <= MAX_BUFFER_SIZE);
...
}
```

当然，除了用在函数的开始外，检查含函数的参数外。Assert 断言还可用于任何需要验证的地方。如判断一个变量的值是否满足期望等。

Assert 断言可以给我们带来安全检查，如果不适用同样也会给我们带来副作用。

（1）每个 assert 只检验一个条件，因为同时检验多个条件时，如果断言失败，无法直观的判断是哪个条件失败。

不好的做法：

```
assert(nOffset>=0 && nOffset+nSize<=m_nInfomationSize);
```

好的做法：

```
assert(nOffset >= 0);
assert(nOffset+nSize <= m_nInfomationSize);
```

（2）不能使用改变环境的语句，因为 assert 只在 DEBUG 时生效，如果这么做，会使用程序在真正运行时遇到问题。

错误： assert(i++ < 100)，如果出错，在执行之前 i = 100，这条语句就不会执行，i++这条命令就没有执行。

正确： assert(i < 100); i++。

（3）assert 和后面的语句应空一行，以形成逻辑和视觉上的一致感。

（4）对于浮点数，推荐下面的实现。

```
#include<assert.h>
```

```
float pi=3.14; assert(pi  = 3.14);
float pi=3.14f; assert (pi  = 3.14f);
```

（5）在 switch 语句中总是 default 子句显示信息（Assert）。

```
int number = SomeMethod();
switch(number)
{
case 1:
  Trace.WriteLine("Case 1: ");
  break;
case 2:
  Trace.WriteLine("Case 2: ");
  break;
default :
  assert(false);
  break;
}
```

请谨记

- assert 宏在位于注释和异常之间的某个位置扮演了代码文档化及捕捉非法行为的角色。
- assert 最大的问题在于它是一个伪函数，因为伪函数有种种先天不足。好在它是一个标准化的伪函数，这也就暗示着其不足之处已为世人熟知。只要使用时多加注意即可。

16-5　多学一点，关于#和##的讨论

对于#和##，一般的编程人员应该比较陌生。因为编程时用得比较少，其在程序库开发中使用较多。如 MFC 库的_T()宏，嵌入式底层封装库中使用也较多。例如，下面嵌入式的一个端口封装宏：

```
#define TOSH_ASSIGN_PORT(name,port) \
static inline void TOSH_WRITE_##name(char data)       {(PORT##port)=data;} \
static inline unsigned char TOSH_READ_##name()        {return PIN##port;} \
static inline void TOSH_MAKE_##name##_OUTPUT()      {(DDR##port)|= (~0);} \
static inline void TOSH_MAKE_##name##_INPUT()        {(DDR##port)&= 0;}
```

下面我们就开始#和##的讲解。

16-5-1　#让字符串巧妙用在宏定义中

首先讨论#，在 C 和 C++中数字标志符#被赋予了新的意义，即字符串化操作符。其作用是将宏定义中的传入参数名转换成用一对双引号括起来。

#，参数名字符串。只能用于有传入参数的宏定义中，必须置于宏定义体中的参数名前。例如：

```
#define example(instr) printf("the input string is: \t%s\n",#instr)
#define example1(instr) #instr
```

当使用该宏定义时：

```
example(abc);              // 在编译时将会展开成: printf("the input string is:
\t%s\n","abc");
string str=example1(abc);  // 将会展成: string str="abc";
```

注意：

对空格的处理如下：

● 忽略传入参数名前面和后面的空格。如：str=example1(abc)；将会被扩展成 str="abc"；

● 当传入参数名间存在空格时，编译器将会自动连接各个子字符串，每个子字符串中只以一个空格连接，忽略其中多余的一个空格。如：str=exapme (abc def)；将会被扩展成 str="abc def"；

转义字符：

（1）某些形式的传入参数名中，若存在特殊字符，编译器会自动为其添加转义字符号'\'。如：string str=example1("escap\e")；相当于：str="\"escap\\\e\""；；

（2）VC6.0 和 VC7.0 并不能正确的解析所有需要特殊字符的情况。此时会给出错误报告：error C2001：常数中有换行符。例如：example1(abc\')；//此处报警 error C2001：常数中有换行符。

（3）#@，字符化操作符。其同样只能用于有传入参数的宏定义中，必须置于宏定义体中的参数名前。作用是将传的单字符参数名转换成字符，用一对单引用括起来。例如：

```
#define exampleChar(inchar) #@inchar
```

使用该宏定义：

```
char a=exampleChar(a); // 将会被扩展成: char a='b';
```

注意： VC6.0 和 VC7.0 中默认的类型转换中，可以将 int 截断成 char。因此，参数名中最多不能超过 4 个字符。如：char a=example(abcd) 将会截断成 a='d'.同时编译器会给出：warning C4305："="：从"int"到"char"截断。

16-5-2 ##让宏定义像函数一样输入参数

##：符号连接操作符。宏定义中：参数名即为形参，例如：

```
#define sum(a,b) (a+b); // a和b均为某一参数的代表符号，即形式参数。
```

而##的作用则是将宏定义的多个形参成一个实际参数名。例如：

```
#define exampleNum(n) num##n
int num9=9;
```

使用：

```
int num=exampleNum(9); // 将会扩展成 int num=num9;
```

注意：

（1）当用##连接形参时，##前后的空格可有可无。例如：#define exampleNum(n) num ## n 相当于 #define exampleNum(n) num##n

（2）连接后的实际参数名，必须为实际存在的参数名或是编译器已知的宏定义。

16-5-3　#与##使用的陷阱

讨论完了#和##的使用。现在继续讨论#和##使用的陷阱，即"宏中遇到#或##时就不会再展开宏中嵌套的宏"。例如：

```
#define STRING(x) #x
char *pChar = STRING(__FILE__);
```

虽然__FILE__本身也是一个宏，但编译器不会展开它，所以 pChar 将指向"__FILE__"而不是你要想的形如"D：\XXX.cpp"的源文件名称。因此要加一个中间转换宏，先将__FILE__解析成"D：\XXX.cpp"字符串。这种用法最典型的是 VC 中的_T()和 TEXT()宏。_T()和 TEXT()宏的实现如下。

在 tchar.h 头文件中可以找到：

```
#define _T(x) __T(x)
#define __T(x) L ## x
```

在 winnt.h 头文件中可以找到：

```
#define TEXT(quote) __TEXT(quote) // r_winnt
#define __TEXT(quote) L##quote // r_winnt
```

因此不难理解为什么下述代码第三条语句会出错 error C2065： 'LszText'： undeclared identifier。

```
wprintf(TEXT("%s %s\n"), _T("hello"), TEXT("hello"));
char szText[] = "hello";
wprintf(TEXT("%s %s\n"), _T(szText), TEXT(szText));
```

而将"hello"定义成宏后就能正确运行。

```
#define SZTEXT "hello"
wprintf(TEXT("%s %s\n"), _T(SZTEXT), TEXT(SZTEXT));
```

请谨记

● 在编程过程中，可以合理的使用#和##，这样可以给我们的编程带来好处。
● 注意#和##使用的陷阱。

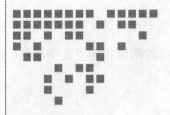

非绝对禁止者，皆可使用

C 和 C++这两个程序语言的最初设计中有一个基本原则，叫作信任程序员。所以，在其基本语句中，有一些语法使用起来可能会让程序意外出错，于是人们总结了很多不能滥用的程序设计语言规范，以帮助程序员写出可读性更强，更加安全和漏洞更少的代码。

但是，另外一方面，有些语句虽然不能常用，或者尽量少用，但并不是绝对禁止使用，有时候反而会让程序代码可读性更强，效率更高，等等。所以，要成为优秀的程序员，你也要知道这些用法。

17-1　表示语句结束的分号的思考

在 C++中，";"表示一条语句的结束。如果你不小心多写了一个分号，可能不会造成什么不良后果：这个分号可能会被当作一个不会产生任何效应的空语句；或者这个多余的分号被编译器识别，编译器会因为这个多余的分号产生一条警告语句，根据警告语句可以很快找到并去掉分号。

但并不是所有的情况都是如此。一个重要的例外就是在 if、for 和 while 语句之后紧跟一条语句时，如果此时多了一个分号，原来紧跟在 if 或者 while 子句之后的语句与条件判断部分就没有任何关系了。我们看下面的这段代码：

```
string s("Expression in C++ is composed......");
string::iterator it = s.begin();
// 将s中第一个小写字符切换成大写字符
while(it != s.end() && !isspace(*it)); // 多了一个分号
{
  *it = toupper(*it);
  it++;
}
```

编译器会正常地接受第 3 行代码中的分号，不会产生任何的抱怨而发出提示信息。因此，编译器对这段代码的处理和你期望的结果完全不同。

这段代码的真正含义是下面的代码：将 s 中第 1 个单词中的小写字符切换成大写字符。

```
string s("Expression in C++ is composed......");
string::iterator it = s.begin();
// 将s中第一个小写字符切换成大写字符
while(it != s.end() && !isspace(*it))
{
  *it = toupper(*it);
  it++;
}
```

而多了分号的版本，实际相当于：

```
string s("Expression in C++ is composed......");
string::iterator it = s.begin();
// 将s中第一个小写字符切换成大写字符
while(it != s.end() && !isspace(*it))
{
}
{
  *it = toupper(*it);
  it++;
}
```

将多了"；"的版本展开成上述代码。可以看出，这段代码存在一个死循环，并不是我们的本意。

不仅多了分号会使代码失去原本的意义。少一个分号同样也会给我们带来麻烦。我们来看下面这段代码。

```
#include <stdio.h>
#include <stdlib.h>

int arrIntMatrix[3] = {0, 1, 3}

main()
{
  int iIndex = 3;
  if (iIndex < 3)
  return

  arrIntMatrix[0] = 3;
}
```

此处的 return 语句漏掉了一个分号；然而这段代码依然可以编译通过。只是把 arrIntMatrix[0] = 3 作为结果返回了。上面这段代码实际上相当于：

```
#include <stdio.h>
#include <stdlib.h>
```

```
int arrIntMatrix[3] = {0, 1, 3}

main()
{
  int iIndex = 3;
  if (iIndex < 3)
  return arrIntMatrix[0] = 3;
}
```

通过上面的分析可知，少了分号程序不会编译错误，但会产生程序的错误执行结果。

所以，通过上面的分析我们可以看出。多了分号和少了分号在某些情况下都会产生意想不到的后果。但是关于分号的讨论远非如此，我们继续看下面这种情况。声明一个自定义数据类型，后面紧跟一个函数。在实现过程中，自定义数据声明后面少了一个分号。如下面这段代码所示：

```
struct tagPersonInfo
{
    string strName;
    int    iSex;
    unsigned short unOld;
}

IsAWomen(struct tagPersonInfo personInfo)
{
...........
}
```

先分析一下这段代码，程序员的本意是 IsAWomen 函数没有声明返回类型，函数默认返回类型为 int。再看程序员的这段代码 IsAWomen，它的返回类型是 int 吗？我想它不是，这段代码 IsAWomen 的真正返回类型是 struct tagPersonIfo 结构体类型。为了证明这段代码存在问题，你可以再编译器中编译一下。我想仅从程序编译的提示信息，很难发现程序问题是缺少分号导致的。

实际上问题的危害还不仅如此。如果我们定义了一个 class 类声明，而在类声明的最后一个大括号后少了一个分号。当程序编译时，编译器会在使用这个 class 类的所有地方都报出编译错误。如果工程很大，绝对会让你抓狂。

因此，在程序的编写过程中，应该时刻注意分号。多了一个分号、少了一个分号都不是一件让你愉快的事情。这是程序员应该注意的。

请谨记

分号表示 C++语句结束，多了一个分号、少了一个分号都可能造成不良的后果。程序员在程序编写过程中应该小心谨慎，不让这种错误成为你程序编写和编译时的绊脚石。

17-2   goto 语句真的一无是处吗

Goto 语句是一种无条件跳转语句，有点儿像汇编语言中的 jmp 语句。使用 goto 语句可以实现代码空间中任意位置的跳动。goto 语句的语法如下：

```
goto 语句标签;
```

使用 goto 语句，必须在希望跳转的语句前面添加语句标签。语句标签就是标示符后面添加一个冒号。包含这些标签的 goto 语句可出现在同一个函数中的任何位置。goto 语句的示例代码如下：

```
int iVal = 0;
scanf("please input a inter number = %d", &iVal);
if (0 <= iVal)
{
    goto  END;
}
// 查找从 0--iVal 中的奇数
...........
END:
return ;
```

goto 语句是一种危险的语句。我想教授 C/C++语言的每个老师都可能向你讲过：尽量不要使用 goto 语句，它会使你的程序变得不友好。的确，goto 语句确实存在这个缺陷。但并不能说 goto 语句就一无是处。

事实也是这样，goto 语句可能是目前程序设计语言中最受争议的机制之一。目前，主流的高级语言基本上都支持 goto 机制（C、C++、Java、VB 都支持）。关于 goto 语句的使用存在两种观点：第一种："goto 语句是有害的"。第二种：某些情况下支持使用 goto 语句。

17-2-1　观点一：goto 语句是有害的

第一代的程序设计语言 FORTRAN 中，是有 goto 语句的，有专家对 goto 语句的实用性做了研究。认为"goto 是有害的"，最早由 Dijkstra 在《Go To Statement Considered Harmful》论文中提出。该文章指出：一个程序的易读性和易理解性和其中所包含的无条件转移控制的个数成反比关系，也就是说，转向语句的个数越多，程序就越难读、难懂。"goto 是有害的"的观点启发了结构化程序设计的思想。

反对使用 goto 的论点：
- 含有 goto 的代码很难安排好格式。
- 使用 goto 会破坏编译器的优化特性。
- 使用 goto 会使运行速度更慢，而且代码也更大。此论点由《计算机程序设计的艺术》作者高德纳提出。
- 使用 goto 语句编写的代码较之细心编写的程序，一般会存在难以维护的缺点。

下面这段代码是《C 和指针》中使用 goto 语句执行数组元素的交换排序的代码实现：

【示例 17-1】使用 goto 语句执行数组元素的交换顺序。

代码如下：

```
// 数组元素交换排序代码实现。
 i = 0;
outer_next:
    if (i >= NUM_ELEMENTS-1)
    {
```

```
            goto outer_end;
        }
        j = i+1;
inner_next:
    if (i >= NUM_ELEMENTS)
    {
        goto inner_end;
    }
    if (value[i] <= value[j])
    {
        goto no_swap;
    }
    temp = value[i];
    value[i] = value[j];
    value[j] = temp;
no_swap:
    j += 1;
    goto inner_next;
inner_next:
    i += 1;
    goto outer_next;
outer_end:
    ;
```

可以看出，虽然这仅仅是一个很小的程序，必须要花费相当长的时间才能弄清楚它的结构。这也许会让你颇为头疼。因为这只是简短的一小段程序，弄清楚它的结构就这么麻烦。如果你面对的是一个大型工程，我想你肯定也会这么想：太复杂了，我投降了。

继续看下面这段基于结构化程序设计思想的代码实现：

```
for (i = 0; i < NUM_ELEMENTS-1; i += 1)
{
    for ( j = i+1; j < NUM_ELEMENTS; j += 1)
    {
        if ( value[i] > value[j])
        {
            temp = value[i];
            value[j] = value[i];
            value[i] = temp;
        }
    }
}
```

看了这段代码，你是不是感觉好多了。要弄清楚这段代码的结构已经变成一件很简单的事情了。对比这两段代码，可以得出这样的一个结论：结构化程序设计确实比采用 goto 机制更容易让人接受。

17-2-2　观点二：某些情况下支持使用 goto 语句

支持使用 goto 的观点，认为 goto 语句存在各种各样的问题，这是没错的。但这并不否认 goto 在某些应用环境下的突出表现。

支持使用 goto 的观点：

- 如果使用位置恰当，goto 可以减少重复的代码。
- goto 在分配资源、使用资源后再释放资源的子程序中非常有用。
- 在某些情况下，使用 goto 会让代码的运行速度更快、体积更小。
- 大部分论断都反对随意使用 goto。

为说明 goto 语句支持人员的观点。下面介绍两种适合 goto 语句使用的情况。了解完这些之后，你也许对 goto 语句有了更为深刻的理解。

1．跳出多层嵌套的循环

在这种情况下，由于 break 语句只影响包围它的最内层循环，如欲从深层循环跳出只有一种方法，那就是使用 goto 语句。

```
while(condition1)
{
    while(condition2)
    {
        if (some disaster)
        {
            goto quit;
        }
    }
}

quit:
    ;
```

如果你想在这种情况下避免使用 goto 语句，有两种解决方案。但这两种方案都不如使用 goto 语句来得直接，可读性也较差。第一个方案在欲退出所有循环是设置一个状态标志，但状态标志在每次循环时都必须进行测试。代码如下：

```
enum {EXIT, OK} status;
...
status = OK;
while (status == OK && contidition1)
{
    while(condition2)
    {
        if (some disaster)
        {
            status = EXIT;
            break;
        }
    }
}
```

第二个方案是把所有的循环都放到一个单独的函数中，当灾难来到最内层循环时，可以使用 return 语句离开这个函数。

2．错误处理以及释放资源

这种情况在错误出现时，统一跳到错误处理及释放资源部分。方便简单，更符合人的思维方式。

```
// 打开所有文件列表
void PurgeFiles(Error_Code& errorState)
{
    ...
    while( fileIndex < numFilesToPurge)
    {
        fileIndex += 1;
        if (!FindFile(fileList(fileInde),fileToPurge))
        {
            errorState = FileStatus_FileFindeError;
            goto END_PROC;
        }

        if(!OpenFile( fileToPurge )
        {
            errorState = FileStatus_FileOpenError
            goto END_PROC;
        }
        ....
    }

END_PROC:
    DeletePurgeFileList(fileList, numFilesToPurge);
}
```

　　这种处理方式将所有的异常处理以及资源释放过程放到 END_PROC 处理中。确实处理得比较好，可以更好地避免因资源泄漏和异常处理的错误问题，也方便定位。当你判断这段代码存在资源泄漏问题时，你可以立刻锁定问题所在（即 END_PROC 子流程）。如果不采用这种形式，每种错误单独处理。这样很容易造成内存泄漏的问题。

　　我们来看一下不使用 goto 的替代版本，这个版本通过 if 语句可以消除 goto 代码。

```
void PurgeFiles(Error_Code& errorState)
{
    while ( (fileIndex < numFilesToPurge) && (errorState == FileStatus_Success) )
    {
        fileIndex = fileIndex + 1
        if (FindFile( fileList( fileIndex ), fileToPurge ))
        {
            if (OpenFile( fileToPurge )
            {
                if (OverwriteFile( fileToPurge ))
                {
                    if (!Erase( fileToPurge )
                    {
                        errorState = FileStatus_FileEraseError
                    }
                }
                else
                {
```

```
                    errorState = FileStatus_FileOverwriteError
                }
            }
            else
            {
    errorState = FileStatus_FileOpenError
            }
        }
        else
        {
            errorState = FileStatus_FileFindError
        }
    }

    DeletePurgeFileList( fileList, numFilesToPurge
}
```

看完这段代码，你会有以下两个感觉：

（1）if 嵌套的层次实在太深了。

（2）错误处理的代码和引发错误代码问题之间的距离实在太远了。

请谨记

- goto 语句把程序的执行流从一条语句转移到另一条语句，在一般情况下，应避免使用。
- 在某些环境下，使用 goto 语句可使程序简洁、提高可读性。

17-3 条件操作符和逗号操作符

条件操作符和逗号操作符是 C++为数不多的规定求值顺序的操作符。同时也是仅有的两个多目运算符。

17-3-1 理解条件操作符并用好它

条件操作符是 C++语言唯一的"三目运算符"。其接受三个操作数，同样条件操作符会控制表达式的求值顺序。其用法如下：

```
expression1 ? expression 2: expression3;      (1)
(expression1 )?( expression2):(expression3);  (2)
```

条件操作符的优先级非常低，所以它的各种操作数即使不加括号，一般也不会产生问题。但为了表达清楚，倾向于在各个子表达式两段加上括号。如"（2）"这种形式。

条件操作符首先计算 expression1，如果它的值为真，整个表达式的值就是 expression2 的值，而 expression3 不会进行求值。否则，如果 expression1 的值为假，整个条件语句的值就是 expression3 的值，而 expression2 不会进行求值。

其实 C++语句的设计人员，选择问号表示条件操作符并不是一时心血来潮。条件操作符可替代 if 语句使程序简化。

有这样两段代码：代码段一通过 if 语句实现功能。代码段二通过条件操作符实现。

代码段一	代码段二

`if(a >0)`
 	
`{`
 	
`    b[5*c - m*e/3] = 3;`
 	
`}`
 	
`else`
 	
`{`
 	
`    b[5*c - m*e/3] = 20;`
 	
`}`
	`b[5*c - m*e/3] = (a > 0) ?(3):(20);`

可以看出，代码段的表达式 b[5*c - m*e/3]需要写两次，确实令人厌烦。代码段二通过条件操作符实现，代码变得清楚、简单多了。对比两种实现，可以看出使用条件操作符可能会产生较小的目标代码。出现打错字的概率也低。

17-3-2 让逗号操作符派上用场

逗号操作符将两个或多个表达式分隔开来。这些表达式自左向右逐个进行求值，整个表达式的值是最后表达式的值。用法如下：

```
expression1,expression2,expression3,…,expression3;
```

注意：逗号操作符中的每个表达式会被求值，整个表达式的值却是最后一个表达式的值。这一点需要注意。因为这些表达式的求值顺序已经固定，采用自左向右的求值顺序。

逗号操作符的常用场合是在 for 语句中的增量部分，如果跌倒变量不止一个的话，它就派上用场了：

```
for(int i = 0, j = MAX; i <= j; ++I, --j)
{
    // for循环体
    ……
}
```

请谨记

逗号操作符和条件操作符是 C++中两个特殊的操作符。它们有着其固有的求值顺序和使用环境。这是应该注意的。

17-4 和魔鬼数字说再见

魔鬼数字，也被称为幻数。指的是那些上下文中出现的字面常量。魔鬼数字可以是数字，也可以是字符串。

17-4-1 魔鬼数字带来的麻烦

魔鬼数字大致会从以下三个方面让我们感到头痛：

（1）魔鬼数字最主要的问题不是它影响程序的功能，而是它没有抽象语义，影响程序的可读性。

当阅读和维护程序时，不得不一个个地搞清楚每个光秃秃的数字到底代表什么意思。没错，通过这种方式确实可以勉强度日。但为了读懂代码，必须付出很多精力。而且有时我们理解的可能还不是很准确。

在代码中使用魔鬼数字（没有具体含义的数字、字符串等）将会导致代码难以理解，应该将数字定义为名称有意义的常量。将数字定义为常量的最终目的是使代码更容易理解，所以并不是将数字定义为常量就不是魔鬼数字了。如果常量的名称没有意义，无法帮助理解代码，同样是一个魔鬼数字。在个别情况下，将数字定义为常量反而会导致代码更难以理解，此时不应强求将数字定义为常量。我们来看下面的这段代码：

```
//这里的一些10分别代表什么意思?
class Portfolio
 {
    //...
    Contact *contracts_[10];
    char id_[10];
 };

 ......

 for (int i = 0; i < 10; ++i)
 ...
```

（2）魔鬼数字的另一个坏处就是它会以意想不到的方式降低其所代表类型的精度。例如：4000，它实际类型是平台相关的。

（3）魔鬼数字的另一个麻烦是他们没有地址，这是一个潜在的威胁。

17-4-2　给魔鬼数字起一个名字

作为一个指导原则，除了 0 和 1 之外，程序中出现的任何数大概都可以算作幻数，它们应该有自己的名字。例如下面这个例子：

```
class Portfolio
{
    //...
    enum {maxContracts = 10, idLen = 10};
    Contact *contracts_[maxContracts ];
    char id_[idLen ];
 };
```

在其所在作用域有着明确含义的枚举常量，有着不占空间，也没有任何运行期成本的巨大优点。

把数字定义为常数，不要定义为宏。C 语言的传统方式是使用#define 行来对付魔鬼数字。C 语言预处理程序是一个强有力的工具，但是它又有些鲁莽。使用宏进行编程是一种很危险的方式，因为宏会在背地里改变程序的词法结构。应该让语言去做正确的工作（C 预处理命令本身不是 C 语言的组成部分）。

在 C/C++中，整数常数可以用枚举语句声明。在 C++中，任何类型都可以使用 const 声明的常数：

```
const int MAXROW = 24, MAXCOL = 80;
```

C 语言也有 const 值，但是它们不能用作数组的界。这样 enum 就是 C 中唯一可用的选择。而 C++无此限制，可以尽情使用 const 值，享受 const 值带来的方便。

请谨记

避免在程序中出现魔鬼数字，因为这样可提高程序的可读性。

17-5 关于循环语句的变化

循环语句是 C++中最重要的逻辑控制语句，C++提供 for 语句、while 语句，do 语句三种循环控制语句。其中 for 语句的使用频率最高，while 语句其次，do 语句主要在一些特殊的场合使用，使用频率较小。下面主要讨论循环语句使用的注意事项，不关注循环语句的用法。

17-5-1 新旧标准中 for 语句的变化

三种循环中应重点关注 for 循环，因为新旧标准中关于 for 语句发生很大的变化。来看一下下面这段代码。

```
for(int i = 0; i < BUF_SIZE; i++)
{
   if(0 != buffer[i])
   {
      break;
   }
}

if(i == BUF_SIZE)    // 老标准中合法，在新标准中不合法了，i超出了其作用域
{
   ...
}
```

这段代码在 C++语句标准的早些年都是合法的。但是迭代变量的作用域后来做了调整。迭代变量的作用域由原来声明位置一直到包含 for 语句的那个闭环语句块的结束位置调整为仅限定在 for 语句本身结束的位置。

问题还不仅如此，由此引发的问题才应该让我们深思。我们来看一下由 C++标准变化引起的最具破坏性的后果：

```
int i;
for(i = 0; i < BUF_SIZE; i++)
{
   if(isprint(buffer[i]))
   {
      ...
   }
```

```
    if (condition)
    {
        continue;
    }
}
```

分析一下这段代码。首先需要肯定的是，这段代码的迭代变量的作用域和调整之前具有相同的语义。然后继续分析为此付出的代价：迭代变量在 for 语句结束时仍然保持有效；其次迭代变量 i 没有初始化。这还不是最严重的问题，严重的问题在于某些缺乏经验的维护工程师会在 i 被初始化之前使用它，或是 for 语句结束后违反作者的本意，继续使用它。

这里不去探究为什么 for 循环修改了标准，这不是需要考虑的问题。我们的问题应该是遵从新的标准写出更好的代码。所以提倡所有的 for 语句都应该在新的标准下书写，避免迭代变量作用域过大的问题，可以把 for 语句置入一个闭合语句块内。

小心陷阱

- 不可在 for 循环体内修改循环变量，防止 for 循环失去控制。最终导致死循环等现象。
- 建议 for 语句的循环控制变量的取值采用"半开半闭区间"写法，因为这种写法更加直观。

代码段一中的 x 值属于半开半闭区间 "$0 =< x < N$"，起点到终点的间隔为 N，循环次数为 N。

代码段二中的 x 值属于闭区间 "$0 =< x <= N\text{-}1$"，起点到终点的间隔为 $N\text{-}1$，循环次数为 N。

代码段一	代码段二
for (int x=0; x<N; x++)	for (int x=0; x<=N-1; x++)
{	{
...	...
}	}

相比之下，代码段一的写法更加直观，尽管两者的功能是相同的。

17-5-2　巧用 do 循环宏定义

除了 for 语句之外，另外一个需要重点关注的就是 do 语句。和 while 与 for 语句相比 do 语句是执行效率最差的循环语句。但是它天生有一个优点就是不论循环测试条件如何，do 语句的循环体都会执行一次，这一点需要注意。

在一般应用中做循环时，可能用 for 和 while 要多一些，do...while 相对不受重视。而 do...while 的一些十分聪明的用法，不是用来做循环，而是用来提高代码的健壮性。

正是由于它天生先执行循环体、并把循环体作为一个整体执行的优势，所以 do 语句经常用于宏定义中。实际上 do 循环语句应用于宏定义中还远非这些原因。do 语言用于宏定义的格式为：

```
#define MACRO_NAME(para) do{macro content}while(0)
```

总结一下上述 do{...}while 宏定义的优势和特点：

（1）空的宏定义避免 warning。

```
#define foo() do{}while(0)
```

（2）存在一个独立的 block，可以用来进行变量定义，进行比较复杂的实现。

（3）如果出现在判断语句过后的宏，可以保证作为一个整体来是实现。

例如下面代码：

```
#define  foo(x)  \
action1(); \
action2();
```

在以下情况下：

```
if(NULL == pPointer)
  foo();
```

就会出现 action1 和 action2 不被同时执行的情况，显然这不是程序设计的目的。

（4）上面（3）中的情况用单独的{}也可实现，但为什么一定要用一个 do{}while(0)呢？看一下下面的代码：

```
#define SAFE_DELETE(p) delete p; p = NULL;
if(NULL != p)
    SAFE_DELETE(p);
else        //else解析错误。多了分号。
    otheraction();
```

在把宏引入代码中，会多出一个分号，因而会报错。这是因为 if 分支后有两个语句，else 分支没有对应的 if，编译失败。假设没有 else，SAFE_DELETE 中的第二个语句无论 if 测试是否通过都会永远执行。

如果你是 C++程序员，可以断定你应该熟悉或至少听说过 MFC。在 MFC 的 afx.h 文件中，你会发现很多宏定义都用了 do...while(0)或 do...while(false)。我们看一下几个例子。

```
#define AFXASSUME(cond)       do { bool __afx_condVal=!!(cond);
ASSERT(__afx_condVal);
__analysis_assume(__afx_condVal); } while(0)
```

17-5-3　循环语句的效率

最后，我们讨论循环语句的效率。C++/C 循环语句中，for 语句使用频率最高，while 语句其次，do 语句很少用。这里以 for 循环为例，重点论述循环体的效率。提高循环体效率的基本办法是降低循环体的复杂性。影响循环体效率的方式主要有：

（1）在多重循环中，如果有可能，应当将最长的循环放在最内层，最短的循环放在最外层，以减少 CPU 跨切循环层的次数。原因如下：最长循环放到内部可以提高 I cache 的效率，降低因为循环跳转造成 cache 的 miss 以及流水线 flush 造成的延时。多次相同循环后也能提高跳转预测的成功率，提高流水线效率。编译器会自动展开循环提高效率，但这个不一定是必然有效的。例如下面两种实现，示例一就比示例二效率差。

示例一	示例二
for (row=0; row<100; row++)	for (col=0; col<5; col++)
{	{
for (col=0; col<5; col++)	for (row=0; row<100; row++)
{	{
sum = sum + a[row][col];	sum = sum + a[row][col];
}	}
}	}

示例一低效率：长循环在最外层，示例二高效率：长循环在最内层。

（2）如果循环体内存在逻辑判断，并且循环次数很大，宜将逻辑判断移到循环体的外面。示例三的程序比示例四多执行了 N-1 次逻辑判断。并且由于前者总要进行逻辑判断，打断了循环"流水线"作业，使得编译器不能对循环进行优化处理，降低了效率。如果 N 非常大，最好采用示例四的写法，可以提高效率。如果 N 非常小，两者效率差别并不明显，采用示例三的写法比较好，因为程序更加简洁。

示例三	示例四
for (i=0; i<N; i++)	if (condition)
{	{
if (condition)	for (i=0; i<N; i++)
DoSomething();	DoSomething();
else	}
DoOtherthing();	else
}	{
	for (i=0; i<N; i++)
	DoOtherthing();
	}

除了上述两个因素外，还有一些运算元素。例如，使用++i 就比使用 i++效率高，终止条件使用 i !=N 代替 i <N 的形式，使用 "!=位" 运算，而 "<" 需要做减法，显然位运算更快一些。不过和上面两个因素相比，这些因素已经无关紧要了。

请谨记

- 作为循环语句，for 使用频率最高，其次是 while，最后是 do…while。但 do…while 除了作为循环使用外，最重要的作为是用于宏定义。使用 do…while 实现的宏定义可提高代码的健壮性。
- 在循环时，为提高循环的效率。应将循环次数小的循环放到外层。循环次数大的放到内层。

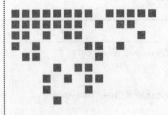

第 18 章

程序员应该知道的指针技术

指针的话题，可以说永远也说不完。不同层级的 C/C++ 使用者，对指针的理解是不同的，也是一个逐步提高的过程。在本书第 12 章我们讲指针是为了让读者理解指针的本质是一个内存空间的起始地址，经过前面几章的修炼，本章会告诉你更多关于指针的秘密。

指针是 C/C++ 语言的精髓，在 C 语言中指针可方便实现内存的操作。正因为如此，C 语言才被众多的嵌入式开发人员青睐。C++ 语言的指针除了方便内存操作之外，还具有另外重要的功能。例如 C++ 中的动态绑定，如果没有指针动态绑定将无法谈起。专业的程序员，应该知道更多关于数组和指针的方方面面。

18-1 深刻理解 void 和 void*

void 和 void *无论对于初学者还是对于部分有经验的程序员来说。都是一个似是而非的东西。尤其是对于初学人员，更是出问题较多的地方。接下来将对 void 关键字的深刻含义进行解说，并详述 void 及 void 指针类型的使用方法与技巧。

void 的字面值是 "无类型"，void* 则为 "无类型指针"。void* 可以指向任何类型的数据。void 几乎只有 "注释" 和限制程序的作用，因为从来没有人会定义一个 void 变量，让我们试着来定义一下：

```
void a;
```

这行语句编译时会出错，提示 "illegaluseoftype'void'"。不过，即使 voida 的编译不会出错，它也没有任何实际意义。

void 真正发挥的作用在于：

（1）对函数返回的限定；

（2）对函数参数的限定。

众所周知，如果指针 p1 和 p2 的类型相同，p1 和 p2 之间可以互相赋值；如果 p1 和 p2
指向不同的数据类型，必须使用强制类型转换运算符，把赋值运算符右边的指针类型转换为
左边指针的类型。然后才可以赋值。如下面的这个例子。

```
float*p1;
int*p2;
p1=p2;
```

p1=p2 语句会编译出错，提示 " '=':can't convert from 'int*' to 'float*' "，必须改为下面这
种形式：

```
p1=(float*)p2;
```

而 void* 则不同，任何类型的指针都可以直接赋值给它，无须强制类型转换：

```
void*p1;
int*p2;
p1=p2;
```

但这并不意味着 void* 也可无须强制类型转换地赋给其他类型的指针。这是因为"无类型"
可以包容"有类型"，而"有类型"不能包容"无类型"。这个道理其实很简单，可以说"男
人和女人都是人"，但不能说"人是男人"或"人是女人"。所以下面的语句编译出错：提示
" '=': can't convert   from 'void*' to 'int*' "。

```
void*p1;
int*p2;
p2=p1;
```

讲了这些，继续讲述 void 关键字的使用规则如下：

（1）如果函数没有返回值，应声明为 void 类型。在 C 语言中，凡不加返回值类型限定的
函数，就会被编译器作为返回整型值处理。但是许多程序员却误以为其为 void 类型。例如：

```
add(inta, intb)
{
return a+b;
}
int main(intargc, char*argv[])
{
printf(/"2+3=%d/", add(2, 3));
}
```

程序运行的结果为输出：2+3=5。这说明不加返回值说明的函数，其返回值的确为 int 类型。

因此，为避免混乱，在编写 C/C++程序时，对于任何函数都必须一个不落的指定其返回
类型。如果函数没有返回值，一定要声明为 void 类型。这既是程序良好可读性的需要，也是
编程规范性的要求。另外，加上 void 类型声明后，也可以发挥代码"自注释"的作用。

（2）如果函数无参数，应声明其参数为 void。如果在 C++语言中声明一个这样的函数：

```
int function(void)
{
```

```
return1;
}
```

进行下面的调用是不合法的。因为在 C++中，函数参数为 void 的意思是这个函数不接受任何参数。

```
function(2);
```

但如果在 TurboC2.0 中编译下面的这段代码：

```
#include <stdio.h>
int  fun()
{
  return 1;
}
 main()
{
 printf("%d", fun(2));
 getchar();
}
```

代码可编译正确且输出 1，这说明在 C 语言中，可以给无参数的函数传送任意类型的参数，但是在 C++编译器中编译同样的代码会出错。在 C++中，不能向无参数的函数传送任何参数，出错提示 "error C2660:"fun"：函数不接受 1 个参数"。所以，无论是在 C 还是 C++中，若函数不接受任何参数，一定要指明参数为 void。

（3）小心使用 void 指针类型。

按照 ANSI 标准，不能对 void 指针进行算法操作，即下列操作都是不合法的：

```
void*pvoid;
pvoid++;    //ANSI: 错误
pvoid+=1;   //ANSI: 错误
int *pint;
pint++;     //ANSI: 正确
```

ANSI 标准之所以这样规定，是因为它坚持进行算法操作的指针必须是确定知道其指向数据类型的大小。但是大名鼎鼎的 GNU（GNU'S NotUnix 的缩写）则不这么认定，它指定 void* 的算法操作与 char*一致。因此下列语句在 GNU 编译器中都正确：

```
pvoid++;  //GNU: 正确
pvoid+=1; //GNU: 正确
pvoid++;  //执行结果是其增大了1。
```

在实际程序设计中，为迎合 ANSI 标准，并提高程序的可移植性，可以这样编写实现同样功能的代码：

```
void*pvoid;
(char*)pvoid++;  //ANSI: 正确; GNU: 正确
(char*)pvoid+=1; //ANSI: 错误; GNU: 正确
```

总体而言，GNU 较 ANSI 更"开放"，提供了对更多语法的支持。在真实设计时，还是应该尽可能地迎合 ANSI 标准。

（4）如果函数的参数可以是任意类型指针，应声明其参数为 void *。

典型的应用如内存操作函数。memcpy 和 memset 的函数原型分别为：

```
void*memcpy(void* dest, const void* src, size_t len);
void*memset(void* buffer, int c, size_t num);
```

这样，任何类型的指针都可以传入 memcpy 和 memset 中，这也真实地体现了内存操作函数的意义，因为它操作的对象仅仅是一片内存，不论这片内存是什么类型。如果 memcpy 和 memset 的参数类型不是 void*，而是 char*，那才叫真的奇怪了！这样的 memcpy 和 memset 明显不是一个适应类型广泛的函数！下面的代码执行正确：

```
//示例一：memset接受任意类型指针
  intintarray[100];
  memset(intarray, 0, 100*sizeof(int));//将intarray清0
//示例二：memcpy接受任意类型指针
  intintarray1[100], intarray2[100];
  memcpy(intarray1, intarray2, 100*sizeof(int));//将intarray2复制给intarray1
```

（5）void 不能代表一个真实的变量。

下面代码都企图让 void 代表一个真实的变量，因此都是错误的代码：

```
void a;//错误
function(void a);//错误
```

void 体现了一种抽象，这个世界上的变量都是"有类型"的，譬如一个人不是男人就是女人。void 的出现只是为了一种抽象的需要，如果你正确地理解了面向对象中"抽象基类"的概念，也很容易理解 void 的数据类型。正如不能给抽象基类定义实例一样，我们也不能定义 void 变量。

请谨记

void 蕴藏着丰富的设计哲学，作为一名程序设计人员，对问题进行深层次的思考必然使我们受益匪浅。

18-2　防微杜渐，拒绝野指针

野指针，又称迷途指针。即指向"垃圾"内存的指针。此时指针所指向的内存已被操作系统回收。可执行程序已经无法再访问了。野指针一般不是 NULL 指针，因为用 if 语句很容易判断。而是那些看上去指向合法内存，而实际上指向的内存已不合法的指针。"野指针"是很危险的，if 无法判断一个指针是正常指针还是"野指针"。使用这种指针，轻则产生未知现象，重者使程序指针挂死。

注意事项

- 野指针不是 NULL 指针，而是指向"垃圾"内存的指针。
- 在某些环境下使用"野指针"，程序可以正常运行。但并不说明程序是正确的。

18-2-1 野指针产生的原因

"野指针"产生的原因多种多样，但从其产生过程的不同可以分为三类。下面详细讨论一下它们。

1. 指针变量未初始化

在这种情况下，指针将成为一个"野指针"。

指针变量（除全局指针变量、静态指针变量）创建时如果不进行初始化，它的默认值是随机的。所以指针变量在创建时应该同时进行初始化，否则指针将成为"野指针"。一般情况下，如果你创建的指针没有固定地址初始化，可以给指针变量赋值 NULL。

2. 指针所指向的对象已经不存在了

这种情况下，编程员误以为指针还是一个合法的指针。

指针 p 被 free 或 delete 后，没有设置 NULL。指针所指的内存被释放掉了，但并没有对指针本身进行处理。这种情况，通常使用语句 if（p != NULL）进行防错处理。但遗憾的是，if 语句无法起到防错的作用，因为 p 不是 NULL 指针，却指向一块不合法的内存。请看下面这段代码。

```
01  #include <stdio.h>
02  #include <string.h>
03  #include <stdlib.h>
04  int main()
05  {
06   char *p = new char[10];
07   memset(p, 0, 10);
08   delete [] p;
09
10   if (p != NULL)
11   {
12     strcpy(p, "hello!");
13       cout << p;
14   }
15  }
```

将上述代码在 VS 2010 编译器中运行结果时输出：hello!字符串。但你不要高兴得太早，这只是一种巧合，VS 2010 执行 delete 命令时，对内存不进行任何操作。将代码在 GCC 编译器下运行，也许就没有这么幸运了。因为代码从第 10 行开始就引用了悬空指针（即野指针）。程序在第 8 行执行了 delete 命令，但由于 delete 后，未将 p 赋值为 NULL。导致第 10 行指针判断出错。

除了这种引用已释放指针外，C/C++中还有一种引用已释放内存情况，这就是函数返回局部变量的地址（或引用）。这种情况在代码监视时更难发现，因为这种错误是由 C++的编译机制造成的。

C++函数的局部变量分配到栈内存上，函数栈在函数运行时生成（存在），函数运行结束退出栈内存释放。因此如果函数返回局部变量的地址，当函数退出时局部变量栈内存已释放。此时通过指针对变量的操作结果是未定义的。看下面这个函数：

```
char *GetStr()
```

```
{
    char szStr[] = "hello world!";
    return szStr;
}
```

编译器是检查不出代码问题的。编译实现好的编译器会提"warning C4172: 返回局部变量或临时变量的地址"警告。

最佳实践

指针变量执行内存释放操作后，务必将其赋值为 NULL。通过这种方式可在一定程度上避免"野指针"；禁止返回局部变量的地址或引用，因为这样会产生悬空指针。

3．指针操作超越变量作用范围。

这种情况让人防不胜防。也是代码出现概率最高的一种错误。

这种错误经常表现为：

（1）引用数组操作数组长度。

（2）变量强制转换类型转化错误。

（3）对指针变量赋值一个非法地址。参见下面这段代码：

```
char szName[] = "C++";
for (int i = 0; i < 5; i++)
{
if (szName[i] == 'C')
    {
return true;
}
}
return false;
```

这段代码的明显错误就是数组操作越界，但是编译器不会报出任何错误或提示。

18-2-2　预防野指针的策略

"野指针"确实让人头疼，但是对付它并非没有任何策略。这里给大家介绍几种预防"野指针"的方法。

（1）声明指针时记得初始化：

例如：

```
char *p = NULL;
```

（2）当指针没有使用价值时记得释放，释放成功后记得为此指针赋值 NULL。

例如：

```
if (NULL != p)
{
    delete p;
    p = NULL;
}
```

（3）如果指针作为函数的输入参数时，在引用参数前首先对指针进行参数检查。

在函数的入口处使用 assert（NULL != p）对参数进行校验。或者用 if（NULL != p）来校验。它会提醒有没有初始化指针，起到定位错误的功能。assert 是个宏，它后面括号中的条件若不满足，则程序终止运行并提示出错。使用完指针后务必记得释放指针所指向的内存，否则不知道什么时候又改变了指针的值，使其变成"野指针"。

（4）尽量使用引用替代指针。

引用具有指针的功能，同时它还具备普通变量的属性。引用对应的变量必须真实存在，可有效地防止悬空指针的存在，而且引用作为函数的输入参数具有比指针更直接的视觉效果。我们来看一下 swap 函数的指针实现和引用实现。

```
void swap(int *piVa, int *piVb)  // 实现两个int变量数值互换
{
  int iVtemp = *piVa;
  *piVa = *piVb;
  *piVb = iVtemp;
}
void swap(int &iVa, int &iVb)  // 实现两个int变量数值互换
{
  int iVtemp = iVa;
  iVa = iVb;
  iVb = iVtemp;
}
```

对比上面两种 swap 函数实现方式，可以看出：通过引用实现数值互换时，函数调用时只需要将两个整数传递给 swap 函数即可实现数值的互换。而第一种实现方式函数调用时必须将两个整数的地址传递给函数才可以实现两个整数值的互换。如果传递的指针为"野指针"其运行结果不可知。

（5）使用智能指针避免"野指针"。

如果不同对象都需要访问堆上同一份指针，智能指针能有效避免"野指针"：用智能指针（推荐 shared_ptr）进行包装，不同对象可拥有智能指针包装后的指针，每次存取之前，使用智能指针的方法 _Expired()进行指针的有效性检查，如果失效，则表明对象已经被释放。

请谨记

● "野指针"指所指向的内存已被操作系统回收的指针。由于指针引起的编程错误大部分是"野指针"造成的。

● 指针所指向的内存已经释放了。但指针不知晓此段内存已经被释放。这是产生"野指针"的主要原因。

● 合理的使用引用和智能指针加上优秀的编程规范和在一定程度上降低野指针产生的概率。但这并不能根除"野指针"。所以使用指针时一定要多加少的。

18-3 "臭名昭著"的空指针到底是什么

C++语言定义说明，每一种指针类型都有一个特殊值"空指针" 它与同类型的其他所有指针值都不相同，它与任何对象或函数的指针值都不相等。也就是说，取地址操作符 & 永远也不能得到空指针，同样对 malloc() 的成功调用也不会返回空指针，只有失败时 malloc() 才

返回空指针，这是空指针的典型用法：表示"未分配"或者"尚未指向任何地方"的指针。

空指针在概念上不同于未初始化的指针。空指针可以确保不指向任何对象或函数；而未初始化指针则可能指向任何地方。

每种指针类型都有一个空指针，而不同类型的空指针内部表示可能不尽相同。尽管程序员不必知道内部值，但编译器必须时刻明确需要哪种空指针，以便在需要的时候加以区分。

注意：

空指针不是任何变量的指针，同样空指针也不是"野指针"；每种指针都有一个空指针，而且每种变量的空指针也都不是此种变量的地址。

18-3-1　怎样在程序中获得一个空指针

根据语言定义，在指针上下文中的常数 0 会在编译时转换为空指针。也就是说：在初始化、赋值或比较的时候，如果一边是指针类型的值或表达式，编译器可以确定另一边的常数 0 为空指针并生成正确的空指针值。因此下面的代码段完全合法：

```
char *p = 0;
if(p != 0)
```

然而，传入函数的参数不一定被当作指针环境，因而编译器可能不能识别未加修饰的 0 "表示"指针。在函数调用的上下文中生成空指针需要明确的类型转换，强制把 0 看作指针。例如，UNIX 系统调用 Execl 接受变长的以空指针结束的字符指针参数。应采用如下正确的调用：

```
execl("/bin/sh", "sh", "-c", "date", (char *)0);
```

如果省略最后一个参数的（char *）转换，编译器无法知道这是一个空指针，从而当作一个 0 传入。如果在作用域内有函数原型，参数传递变为"赋值上下文"，从而可以安全省略多数类型转换，因为原型告知编译器需要指针，使之把未加修饰的 0 正确转换为适当的指针。函数原型不能为变长参数列表中的可变参数提供类型。在函数调用时对所有的空指针进行类型转换可能是预防可变参数和无原型函数出问题的最安全的办法。0 在使用过程中，是否需要强制类型转化可总结见表 18-1。

表 18-1　"0"使用强制类型转化说明

可使用未加修饰的 0	需要显示的类型转换
初始化	函数调用且作用域内无原型
赋值	变参函数调用的可变参数
比较	
固定参数的函数调用且在作用域内有原型	

18-3-2　使用"if（p）"检查空指针是否可靠

如果空指针的内部表达不是 0 会怎么样？当 C 在表达式中要求布尔值时，如果表达式等于 0 则认为该值为假，否则为真。换言之，只要写出下面代码：

```
if(expr)
```

无论"expr"是任何表达式，编译器本质上都会进行如下处理：

```
if((expr) != 0)
```

如果用指针 p 代替 "expr"，则 if(p) 等价于 if(p != 0)。

在此比较上下文中，编译器可以看出 0 实际上是一个空指针常数，并使用正确的空指针值。这里没有任何欺骗；编译器就是这样工作的，并为两者生成完全一样的代码。空指针的内部表达无关紧要。

所以类似 if（p）这样的"缩写"，尽管完全合法，但被一些人认为是不好的风格。

18-3-3　NULL 是什么，它是如何定义的

作为一种风格，很多人不愿意在程序中到处出现未加修饰的 0。因此编译器在 stdio.h 头文件中定义了预处理宏 NULL 为空指针常数。

```
/* Define NULL pointer value */
#ifndef NULL
#ifdef __cplusplus
#define NULL    0
#else
#define NULL    ((void *)0)
#endif
#endif
```

通过定义可以看出，NULL 和 0 其实没有太大的区别；编译时预处理器会把所有的 NULL 都还原回 0，而编译还是依照上文的描述处理指针上下文的 0。特别是在函数调用的参数中，NULL 之前的类型仍需要转换。

延伸阅读

在使用非全零作为空指针内部表达的机器上，NULL 是如何定义的？

- 和其他机器一样：定义为 0（或某种形式的 0）。
- 当程序员请求一个空指针时，无论写"0"还是"NULL"，都是有编译器来生成适合机器的空指针的二进制表达形式。因此，在空指针的内部表达不为 0 的机器上定义 NULL 为 0 跟在其他机器上一样合法：编译器在指针上下文看到的未加修饰的 0 都会被生成正确的空指针。

18-3-4　如果 NULL 和 0 作为空指针常数是等价的，到底该用哪一个

许多程序员认为指针上下文中都应该使用 NULL，以表明该值应该被看作指针。另一些人则认为用一个宏来定义 0，只会把事情搞得更复杂，反而令人困惑。所以倾向于使用未加修饰的 0。

C 程序员都应该明白，在指针上下文中 NULL 和 0 完全等价，而未加修饰的 0 也完全可以接受。任何使用 NULL 的地方都应该看作是一种温和的指针提示（在使用指针）。然而程序员并不能依靠它来区别指针 0 和整数 0。

最佳实践：

虽然 NULL 和 0 具有相同的功能，但还是建议使用 NULL 替代 0。这种实践有两个好处：

（1）你可能认为 NULL 的值改变了，比如在使用非零内部空指针的机器上，用 NULL 会比 0 有更好的兼容性。但实际情况并非如此。

（2）尽管符号常量经常代替数字使用以备数字的改变，但这并不是用 NULL 代替 0 的原因。语言本身确保了源码中的 0（用于指针上下文）会生成空指针。NULL 只是用作一种格式习惯。

18-3-5　NULL 可以确保是 0，但空指针却不一定

空指针的内部（或运行期）表达形式，可能并不是全零，而且对不用的指针类型可能不一样。真正的值只有编译器开发者才关心。C++程序员永远看不到它们，所以也不用关心。这一点读者需要明白。

18-3-6　利用空指针(NULL)，提高程序运行效率

先看下面这段代码，避免使用 for 循环，减少栈空间内存的使用和减少运行时的计算开销。

```
void printchar(char* array[]);        //打印字符串函数原形声明

void  main(void)
{
    char* test[]={"abc","cde","fgh",NULL} ;//添加一个NULL，表示不指向任何地址，值为0
printchar(test);
    cin.get();
}

// 打印字符串
void print_char(char* array[])
{
  while(*array!=NULL)
  {
     cout<<*array++<<endl;
  }
}
```

上例中引用 NULL 指针不但可以提升程序执行效率，更重要的是，它采用的是一种编程思想。即通过数组最后一个元素自行决定数组是否结束，可很好地解决数组越界的问题。

请谨记
- 空指针不一定就是 0，但必须是指向不能被变量分配到的地址。而 NULL 肯定是 0。
- 赋值为空指针的变量，可确保变量不指向任何对象或函数，合理的使用空指针可有效地避免内存泄漏，提高程序的执行效率。

18-4　多维数组和指针

多维数组是对一维数组的扩展，如果一维数组的元素也是一维数组，便构成了二维数组。以此类推，如果二维数组的元素类型是一维数组，那便构成三维数组了。一般地，n 维数组的

格式为：

```
类型 <数组名称>[第1维元素数] [第2维元素数] ……[第n维元素数];
```

一维数组名是一个指针常量，它的类型是"指向元素类型的指针"，它指向数组的第一个元素。多维数组其实也差不多，唯一的区别是多维数组的第一维元素是一个数组，而不是一维数组的普通元素。例如下面的这个声明：

```
int  arrMatrix[3][10] = {0};
```

arrMatrix 可看作是一个一维数组，它包含三个元素。只是每个元素都包含 10 个整型元素的数组。arrMatrix 的类型是指向它的第 1 个元素的指针。所以 arrMatrix 是一个指向包含 10 个整型元素数组的指针。

现在可知，计算机内存不存在二维数组。二维数组是一种特殊的一维数组：它的元素是一维数组。例如：

```
int a[3][4];     // 定义一个3*4的数组
const int alen = sizeof(a)/sizeof(a[0]);  // alen的值为3
```

可将 a 看成是一维数组，它的元素是 a[0]、a[1]、a[2]；每个元素是包含 4 个元素的一维数组，数组分布和内存布局如图 18-1 所示。a 实质上可视作为一个指针字面值，指向包含 3 个整型元素数组的首元素。它并不是一个指向整型量的指针。这也许会产生一些出人意料的结果。

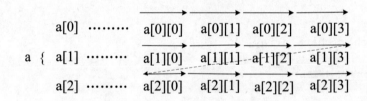

图 18-1 二维数组内存布局

根据上面的论述，二维数组的内存映射可描述为如下：假设二维数组 A[m][n]是一个 m 行，n 列的二维数组。假设 m 为数组的第一个元素。按"行优先顺序"（C/C++语言采用这种存储形式）存储时，元素 a[i][j]的地址为：

```
LOC(a[i][j]) = LOC(M)+(i*n+j)*t;
```

上式中 t 为数组元素的字节数。可以看出二维数组分配的是一块连续的内存。

总结：二维数组声明时要求给定第二维下标。（同样，多维数组声明时要求给定除第一维外其他所有维的下标）。因为不管几维数组在内存中的存储和一维数组没有本质区别，都是线性存储的，长度是各个维下标之积。

多维数组元素的操作是多维数组存在的原因。如果要标识一个多维数组的某一个元素，必须按照与数组声明时相同的顺序为每一维提供一个下标，并且每个下标都单独位于一个方括号内。例如，有这样一个数组声明：

```
int arrMatrix[3][4] = {0};
```

表达式 arrMatrix[1][2]表示访问的元素如图 18-2 所示:

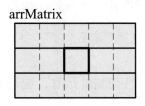

图 18-2　访问元素

一维数组中，下标引用只是间接访问的一种伪装形式，在多维数组中也是一样。下面考虑多维数组的指针访问形式。考虑表达式 arrMatrix，它是一个"指向包含 4 个元素的数组的指针"。它的值如图 18-3 所示:

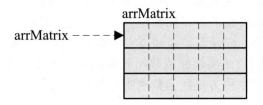

图 18-3　arrMatrix 的值

但*(arrMatrix+1)+2 表示什么呢？和 arrMatrix[1][2]是什么关系呢？按照上面的说法，arrMatrix+1 是"指向第 2 个包含 4 个元素数组的指针"，*(arrMatrix+1)应该是"包含 4 个元素的数组"，*(arrMatrix+1)+2 是"指向第 2 个包含 4 个元素数组的第 3 个元素"。 所以 *(*(arrMatrix+1)+2) 实际上就是 arrMatrix[1][2]。

指向数组的指针，对于一维数组来说，声明指向一维数组的指针形式如下:

```
Int arrIMatrix[10];
Int *parrIMatrix = arrIMatrix;
```

在这组声明中，arrIMatrix 声明为一个数组，parrIMatrix 声明为指向一个整型的指针。同时把 arrIMatrix 初始化指向 arrIMatrix 的第 1 个元素。arrIMatrix 和 parrIMatrix 具有相同的类型:指向整型的指针。

对于多维数组的指针。现在我们来看下面的这组声明:

```
int arrMatrix[2][10];
int * parrMatrix = arrMatrix;
```

这个声明是错误的，这个声明存在什么问题呢？因为 arrMatrix 的类型是指向整型数组的指针，而不是指向整型的指针。所以可以看出上述声明是存在问题的。

现在，我们看如何声明一个指向数组的指针，先看这个声明 int (*p)[10];，也就是议题 28 所述的数组指针，专门指向一个数组。对于二维数组 arrMatrix，它的每个元素都是一维数组。所以上述声明应修改成下述方式才是正确的声明:

```
int arrMatrix[2][10];
```

```
int  *parrMatrix[10] = arrMatrix;
```

但是，如果需要一个指针逐个访问整型元素，不是逐行在数组中移动，可以采用下面的两种形式，声明创建一个简单的整型指针，并初始化指向 arrMatrix 的第 1 个整型元素。

```
int  *pi = &arrMatrix[0][0];
int  *pi = arrMatrix[0];
```

警告：如果你打算在指针上执行任何指针运算，应避免以下类型的声明。

```
int (*p)[] = arrMtrix;
```

在这种声明中，p 依然是指向整型数组的指针，但是数组的长度不可见。当某个整数与这种类型的指针执行指针运算时，它的值将根据空数组的长度进行调整，我想这并不是你想要的结果。有些编译器可以捕捉到这类错误，但有些编译器却不能。

多维数组作为函数参数是常见的一种应用方式，作为函数参数的多维数组名的传递方式和一维数组名相同——实际传递的是指向数组第 0 个元素的指针。但不同的是，多维数组的第一个元素是另外一个数组，编译器需要知道它的维数，以便为函数形参的下标表达式求值。下面是二维数组的应用实例，此实例完成数组元素的遍历工作，实例中展示了两种多维数组的声明方式，可以看出不论哪种方式在函数声明是都必须包含第 2 个及以后各维的长度，否则编译无法通过编译。

【示例 18-1】二维数组元素的遍历（两种多维数组声明方式的比较）

```
#include <stdio.h>
#include <stdlib.h>

// 数组遍历函数，实现二维数组元素的遍历，声明方式一
void trans1(int a[][3], int b[]);
// 数组遍历函数，实现二维数组元素的遍历，声明方式二
void trans2(int (*a)[3], int b[]);


int main(void)
{
    int a[3][3] = { {1, 2, 3}, {4, 5, 6}, {7, 8, 9} };
    int b[9] = {0};
    int i = 0;

    trans(a, b);

    for (i = 0; i < 9; i++)
{
        printf("%d\t", b[i]);
    }
printf("\n");
    exit(0);
}

//数组遍历函数，实现二维数组元素的遍历，声明方式一
void trans1 (int a[][3], int b[])
```

```
{
    int i, j, k;
    for (i = 0; i < 3; i++)
    {
        for (j = 0; j < 3; j++)
        {
            b[k++] = a[i][j];
        }
    }
}

//数组遍历函数，实现二维数组元素的遍历，声明方式二
void trans2(int (*a)[3], int b[]);
{
    int i, j, k;
    for (i = 0; i < 3; i++)
    {
        for (j = 0; j < 3; j++)
        {
            b[k++] = a[i][j];
        }
    }
}
```

在编写一个数组形参的函数原型时，可以采用数组的形式，也可以采用指针的形式。但对于多维数组来说，只有第 1 维可以如此选择。如果把多维数组写成多重指针，那将是一件愚蠢的事情。也就是说，指向整型指针的指针和指向整型数组的指针不是一回事。这一点必须明确。

小心陷阱

多维数组作为形参时，第 1 维的长度其实并不重要，因为在计算下标值时用不到它。但第 2 维及以后各维必须声明。且各维的声明长度必须和实参传值时数组对应各维长度保持一致。否则会导致不可预知的行为。

请谨记

- 多维数组名和多重指针在任何时候都不等价。在 C++中多维数组就是一维数组，只是数组中的每个元素又是一个数组。多重指针指的是指向另一个指针的指针。
- 多维数组的数组名的类型是数组指针，而不是多重指针。这是应该深刻理解的。

18-5　引用和指针的差异

引用就是变量的别名，对引用的任何操作都会影响变量。引用的作用有点儿像 Linux 系统中的硬链接，对系统中某个文件建立一个硬链接后，这两个文件名对应同一个 inode 值，即两个文件名表示同一个文件。

小心陷阱

- 声明一个引用不是定义一个新的变量。仅表示该引用名是目标变量名的一个别名，它本身不是一种类型，因此引用不占存储单元，系统也不给引用分配存储单元。

- 由于引用不占用存储单元，所以不存在引用的引用，也不存在指向引用的指针或引用的数组。
- 有一点必须注意，对引用求地址和对目标变量求地址是等价的。

与引用不同，我们知道指针本身存放的是一个地址指针和其所指向的变量是两个不同的概念。

注意事项

- 声明一个指针变量，编译器会为指针分别地址。指针变量是存放地址的变量，因此两个指针变量执行加法操作是毫无意义的。
- 和引用不同，可定义指针的引用，执行指针的指针（即二重指针）或指针的数组。

18-5-1 相同点：都是地址概念且可实现继承类的动态绑定

1. 两者都是地址的概念

指针指向一块内存，它所存储的内容是地址；而引用是某块地址的别名。两者都可以通过间接方式实现数据操作。引用在 C++语言内部是通过指针实现的。对一般应用而言，把引用理解成指针，不会产生严重的语义错误。引用的操作是操作受限的指针。

2. 引用和指针都可以实现继承类的动态绑定

这也意味着，一个基类引用可指向其派生类的实例。下面比较一下引用和指针的多态效果。

```
class   A;
class   B: public A{……};
B   b;
A   &Ref = b;  // 用派生类对象初始化基类对象的引用
```

Ref 只能用来访问派生类对象中从基类继承下来的成员，是基类引用指向派生类。如果 A 类中定义有虚函数，并且在 B 类中重写虚函数，即可通过 Ref 产生多态效果。

```
A   *pLocA = b;  // 用派生类对象初始化基类对象的指针
```

如果 A 类中定义有虚函数，并且在 B 类中重写虚函数，即可通过 pLocA 产生多态效果。假设 A 中声明虚函数方法 virtual void Show。B 中重写了此方法。可以通过 pLocA->Show();实现继承类 B 中 Show 方法的调用。这就是动态绑定（即晚绑定）。即在运行时实现的调用绑定。

通过上面的例子可以看出，指针和引用均可完成继承类的动态绑定。也许你已经注意到了。无论如何绑定 Ref 永远不会指向一个空对象，这是因为引用必须在声明时进行初始化，并且初始化后就只能指向此对象不能在指向其他对象了。

对于指针就难说了，指针可以指向任何对象。可在任何时候对指针进行赋值。如果 pLocA 是一个"野指针"，pLocA->Show();实现继承类的 Show 方法调用就会出现问题。这也是指针灵活性给我们带来的隐患。因此在使用指针时，必须对指针的合法性进行检查，而引用则不必。

除此之外，指针和引用还有是否可修改的区别，这是指针可以被重新赋值给另一个不同的对象，但是引用总是指向在初始化时被指定的对象，以后不能改变。指定对象的内容可以改变。

最佳实践

引用和指针都可以实现动态绑定，指针与引用看上去完全不同（指针用操作符"*"和"->"，引用使用操作符 "."），但是它们有相同的功能。指针与引用都可以间接引用其他对象。

（1）首先，要认识到在任何情况下都不能使用指向空值的引用。一个引用必须总是指向某些对象。因此，如果你使用一个变量并让它指向一个对象，该变量在某些时候也可能不指向任何对象，这时应把变量声明为指针，因为这样可以赋空值给变量。相反，如果变量肯定指向一个对象，而且一直指向这个对象，这时应该把变量声明为引用。

（2）应该使用指针的情况：可能存在不指向任何对象的可能性，需要在不同的时刻指向不同的对象（此时，你能够改变指针的指向）。

（3）应该使用引用的情况：如果总是指向一个对象并且一旦指向一个对象后就不会改变指向，此时应使用引用。

18-5-2　不同点：五方面差异一一道来

1．从存储空间上来说，指针和引用是实和虚的概念

指针是一个实体，而引用是虚体。引用不占用存储空间。除此之外，引用间接引用对象时，无须解引用(*)。而指针间接引用对象时必须使用解引用操作符。

"sizeof 引用变量"得到的是所指向的变量（对象）的大小，而"sizeof 指针"得到的是指针本身（所指向的变量或对象的地址）的大小；typeid(T) == typeid(T&) 恒为真，sizeof(T) ==sizeof(T&) 恒为真。但当引用作为成员时，其占用空间与指针相同（没找到标准的规定）。

2．从定义的角度考虑两者差异

引用只能在定义时初始化一次，初始化之后引用即无法修改了。而指针则不然。指针可在任何时候进行定义初始化，并可再次赋值。还有引用不能为空，而指针可以为空。所以可以这么总结，"引用是一个'从一而终'的家伙，而指针有点儿'朝三暮四'"。

3．两者运算符的支持差异

指针和引用的自增(++)运算意义不同，指针仅对加法和减法具有特殊支持。指针仅可与常数进行加法、减法操作，其作用是实现指针的偏移操作。还有指针和指针之间可进行减法操作，其作用计算两个指针的距离。引用，就是看其代表和类型了。

```
char  szName  = "xiaoming";      // 声明一个szName字符串变量
char *pszIndex = szName;         // 将szName赋值于pszIndex指针变量
                                 // 输出szName字符串变量第一字符和第二个字符。
printf("first index char is %c, second index char is %s", *pszIndex,*(pszIndex+1));
char *pszReverseIndex = szName+strlen(szName);
                                 // pszReverseIndex指向最后一个字符元素
printf("szName string's length is %d", pszReverseIndex-pszIndex);
pszReVerseIndex += pszIndex;     // 无意义操作
                                 // 编译器允许这种操作，但是操作pszReverseIndex指向的
                                 区域数组无法预测。
pszReverseIndex = pszInex + 1000;
```

小心陷阱

● 引用没有 const，指针有 const，const 的指针不可变。

● 引用没有 volatile，指针有 volatile，volatile 可用于中断、多线程等情景。

4．从作为函数形参角度考虑两者不同

在 C++中，指针和引用经常用于函数的参数传递，然而，指针传递参数和引用传递参数有本质上的不同。

指针传递参数本质上是值传递的方式，它所传递的是一个地址值。值传递过程中，被调函数的形式参数作为被调函数的局部变量处理，在栈中开辟了内存空间以存放由主调函数放进来的实参值，从而成为实参的一个副本。值传递的特点是被调函数对形式参数的任何操作都是作为局部变量进行，不会影响主调函数实参变量的值。

在引用传递过程中，被调函数的形式参数虽然也作为局部变量在栈中开辟了内存空间，但这时存放的是由主调函数放进来的实参变量的地址。被调函数对形参的任何操作都被处理成间接寻址，即通过栈中存放的地址访问主调函数中的实参变量。正因为如此，被调函数对形参做的任何操作都会影响主调函数中的实参变量。

引用传递和指针传递是不同的，虽然它们都是在被调函数栈空间上的一个局部变量，但是任何对于引用参数的处理都会通过一个间接寻址的方式操作到主调函数中的相关变量。对于指针传递的参数，如果改变被调函数中的指针地址，它将影响不到主调函数的相关变量。如果想通过指针参数传递来改变主调函数中的相关变量，那就需要使用指向指针的指针，或者指针引用。

关于引用作为形参有两个特殊作用必须指明：

（1）数组的引用传值。

（2）大型对象的引用传值。

在 C++中，可定义数组的引用，解决 C 语言中无法解决的"数组降阶"问题。所谓"数组降阶"指的是数组在作为形参时会失去数组元素数量属性转化为指针的现象。单纯的用数组的引用可以直接传递数组名，因为它将数组的大小已在形参中提供了信息。但这样一来，只能固定数组的大小来使用这个函数。

对于大型对象传值调用，当大型对象被传递给函数时，使用引用参数可使参数传递效率得到提高，因为引用并不产生对象的副本，也就是参数传递时，对象无须复制。如果采用传值调用形式，将会在函数调用时对大型对象复制构造产生副本。这在无形之中降低了函数调用的效率。

最佳实践

（1）如果函数的形参是一个数组类型，请尽量使用数组引用传值，因为这种传值方式函数声明可记录数组的元素个数。

（2）如果函数调用时，函数的实参是一个大型数据类型。建议在函数声明是采用引用传值声明，因为采用引用传值可防止大型数据对象的复制构造，进而提高函数调用的效率。

为进一步加深对指针和引用的区别，下面从编译的角度来阐述它们之间的区别：

程序在编译时分别将指针和引用添加到符号表上，符号表上记录的是变量名及变量所对应的地址。指针变量在符号表上对应的地址值为指针变量的地址值，引用在符号表上对应的地址值为引用对象的地址值。符号表生成后就不会再改，因此指针可以改变其指向的对象（指针变量中的值可以改），引用对象则不能修改。

5．从作为返回值的角度考虑两者不同

如果函数返回值是引用类型，意味着可对函数的返回值进行再次赋值。这一特性在 STL 中得到最佳应用。例如，编程中对 vector 详细数组的元素的赋值即是采用这种实现方法。指针也

可以实现这种赋值，但是返回引用赋值比采用指针在语法上更加自然，也更容易让人接受。

最佳实践

（1）不能返回局部变量的引用。可以参照 Effective C++[1]的 Item 31。主要原因是局部变量会在函数返回后被销毁，因此被返回的引用就成为"无所指"的引用，程序会进入未知状态。

（2）不能返回函数内部 new 分配的内存的引用。这条可以参照 Effective C++[1]的 Item 31。虽然不存在局部变量的被动销毁问题，对于这种情况（返回函数内部 new 分配内存的引用），又面临其他尴尬局面。例如，被函数返回的引用只是作为一个临时变量出现，而没有被赋予一个实际的变量，引用所指向的空间（由 new 分配）无法释放，造成 memory leak。

（3）可返回类成员的引用，最好是 const。这条原则可以参照 Effective C++[1]的 Item 30。主要原因是当对象的属性是与某种业务规则（business rule）相关联的时候，其赋值常常与某些其他属性或对象的状态有关，因此有必要将赋值操作封装在一个业务规则当中。如果其他对象可以获得该属性的非常量引用（或指针），对该属性的单纯赋值就会破坏业务规则的完整性。但并非返回类成员引用都必须返回 const，STL 就不采用这种实现方式。

请谨记

- 从编程的角度考虑，指针和引用并没有太大的区别。但在有些情况下，如果采用引用替代指针，可带来代码简洁清晰，易于理解的效果。
- 请记住并非所有适合指针的地方，引用都能替换。

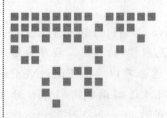

第 19 章

C++新增关键字中的关键

关键字是预先保留的标识符，每个关键字都有特殊的含义。程序不能使用与关键字同名的标识符。标准 C++有 63 个关键字，根据关键字的作用，可以将关键字分为数据类型关键字和流程控制关键字两大类。正确而恰当地使用关键字可以有效地提高程序的质量，起到事半功倍的效果。但如果不恰当的使用这些关键字，可能会使程序存在某种程度上的缺陷，甚至会给程序带来灾难性的后果。本章重点讨论 C++中新增加的关键字，讨论这些关键字使用中的陷阱和注意事项。希望能对你有所帮助。

需要注意的是，虽然这些语法是 C++新增加的，但大多数嵌入式的 C 编译器也支持，也可以作为 C 语言的新特性来学习。当然，这需要你已经熟悉 C++的基本语法且有一定的开发经验后再来体会本章的内容。

19-1　尽可能多地使用 const

C 语言用得多的程序员，习惯用宏，其实 const 更好用，如果你熟悉了 C++带来的新语法，要多用 const。我们在 16 章中略有讨论，这里会展开更加详细的讨论。

const 可以说是 C++中最为神奇的关键字。它的神奇在于：可以通过编译器指定语义上的约束，无须花费任何代价。可以通过 const 关键字告诉编译器和其他程序员，程序中的某个数值需保持恒定不变，无论何时只要你这样做了，编译器会协助你保证约束不被破坏。

const 关键字的用途多种多样。例如：在类的外部，可以定义全局作用域的常量，也可以通过添加 static 来定义文件、函数或程序块作用域的常量。对于指针，通过 const 可以定义指针是 const，其所指向的数据是 const 或两者都是 const。例如：

```
char szGreeting[]  = "Hello!  My God!";
char *pszGreeting = szGreeting;              // 非 const 指针，非 const 数据
const char * pszGreeting = szGreeting;       // 非 const 指针，const 数据
```

```
char *const pszGreeting = szGreeting;            // const 指针, 非 const 数据
const char *const pszGreeting = szGreeting;      // const 指针, const 数据
```

上述语法也许会让你感到眩晕，不知如何是好？其实并不然，如果你仔细研究，你会发现其中的规律。规律总结如下：

- 如果 const 在*的左边，说明指针所指向对象是常值；如果所指向对象为常值，const 在类型的前面和后面其实都一样。
- 如果 const 在*的右边说明指针是恒值。
- 最复杂的是 const 同时出现在*的左右两侧，此时说明指针是恒值，指针所指向的对象也是恒值。

const 关键字功能不仅表现在变量定义，在函数声明、函数返回值及类成员函数方面，也有着令人惊讶的表现。

19-1-1　函数声明使用 const

有些人喜欢把 const 放到类型的前面，有些人喜欢把 const 放到类型的后面，但有一点是肯定的，如果有*号必须在*的前面。按照上面的总结，这两种声明其实并没什么本质的区别。如果你从事 MFC 开发工作，下面两个函数的声明也许你不会陌生。

```
void UpdateUI_1(const CWnd *pWnd);// 向UpdateUI_1传入指向CWnd对象常量的指针
void UpdateUI_2(CWnd const *pWnd);// UpdateUI_2声明和UpdateUI_1一样。
```

上述两个声明，无论哪种声明都约束 pWnd 所指向的对象在整个函数执行过程中禁止修改。

19-1-2　函数返回值声明为 const

让函数返回一个常量值，经常可以在不降低安全性和效率的前提下降低用户出错的概率。为说明这个问题，我们看一下下面的代码片段：

```
CRational {}          // 有理数类，支持有理数的加减乘除四则运算。
CRational operator*(const rational& lhs, const rational& rhs);// 有理数乘法运算。
CRational a, b, c;
…..
(a * b) = c;          // 对a*b的结果赋值，不符合逻辑。但可以通过编译。
```

我不知道为何有些程序员会想到对两个数的运算结果直接赋值，但我却知道：如果 a、b 和 c 是固定类型，这种做法显然是不合法的。上述代码片段虽然不合法，但 C++编译器却没有检测出来。明白了其中的问题，再来看下面的代码片段。

```
CRational {}    // 有理数类，支持有理数的加减乘除四则运算。
const CRational operator*(const rational& lhs, const rational& rhs);  // 有理数
乘法运算。
CRational a, b, c;
…..
(a * b) = c;    // 对a*b的结果赋值，编译器报出编译错误。
```

可以看出，声明 operate*操作符重载函数的返回 const 可以避免对两个数运算结果赋值问题。对我们来说，对两个数的运算结果赋值是非常没有道理的。声明 operator*的返回值为 const

可以防止出现这种情况，所以这样做才是正确的。

小心陷阱

- 一个好的用户自定义类型的特征是：要避免那种没道理的与固定类型不兼容的行为。
- 如果上一条做不到，要养成这样的好习惯：声明函数返回 const 类型可避免那些没道理的与固定类型不兼容的行为。

19-1-3　const 成员函数

函数具有 const 属性，这是 C++ 所特有的特性。将成员函数声明为 const 就是指明这个函数可以被 const 对象调用。

const 成员函数的优点：

- const 成员函数可使类的接口更加易于理解。
- const 成员函数可以与 const 对象协同工作。这是高效编码十分重要的一个方面。

如果成员函数之间的区别仅仅为"是否是 const 的"，它们可被重载。很多人都忽略了这一点，但这是 C++ 的重要特性之一。

说了这么多，现在我们来讨论一下把一个成员函数声明为 const 到底有什么玄机？这里面有两个说法：按位恒定和逻辑恒定。

按位恒定坚持当且仅当一个成员函数对所有的数据成员都不做出改动时，才需要将此函数声明为 const。也就是说，如果一个成员函数声明 const 的条件是：成员函数不对对象内部做任何修改。按位恒定的一个好处就是它使错误检查变得更加轻松。但不是一个成员函数声明了 const，它就不会修改类对象的数据成员。下面的这个例子就是这样，虽然成员函数声明了 const 属性，但它依然可以修改类对象的数据成员。这显然是有问题的。

```
class  CHString     // 自定义CHstring类，类似STL中的string类
{
public:
...
char& operator[](std::size_t position) const  // 定义CHstring类，[]中括号运算符。
{
    return pText[position];
}
private:
char *pText;
};

const CHString cctb("Hello");  // 声明对象常量
char *pc = &cctb[0];           // 调用 const 的 operator[]

                               // 从而得到一个指向 cctb 中数据的指针
*pc = 'J';                     // cctb 现在的值为 "Jello"
```

于是逻辑恒定理论便应运而生了。逻辑恒定坚持：一个 const 的成员函数可能对其调用的对象内部做出改动，但仅仅以客户端无法察觉的方式进行。利用可变的（mutable）数据成员可实现这一目标。（mutable 可以使非静态数据成员不受按位恒定规则的约束）。

【**示例 19-1**】字符串输出次数统计（const 成员函数）。

```
// 字符串输出次数统计实现类，统计字符串被使用了多少次
class ClxTest
{
public:
    ClxTest();
    ~ClxTest();
    // 输出字符串
    void Output() const;
// 获得字符串输出次数
int  GetOutputTimes() const;
private:
// 字符串输出次数
 mutable int m_iTimes;
};
// 构造函数
ClxTest::ClxTest()
{
m_iTimes = 0;
}
// 析构造函数
ClxTest::~ClxTest()
{
}
// 输出字符串。
void ClxTest::Output() const
{
    cout << "Output for test!" << endl;
    m_iTimes++;
}
// 字符串输出次数。
int ClxTest::GetOutputTimes() const
{
    return m_iTimes;
}
// 字符串输出测试。
void OutputTest(const ClxTest& lx)
{
    cout << lx.GetOutputTimes() << endl;
    lx.Output();
    cout << lx.GetOutputTimes() << endl;
}
```

19-1-4　尽量用 const 常量替换#define 常量定义

C 语言中定义一个 int 型常量，定义如下：

```
#define    MAX_LENGTH    100
```

C++则大可不必，因为这种实现存在很多陷阱。如#define 只进行字符替换，没有类型安全检查，并且在字符替换可能会产生意料不到的错误（边际效应）。

可以通过 const 实现常量定义。如上述定义可以用 const 定义为如下所示：

```
const int MAX_LENGTH = 100;
```

除了上述陷阱以外，从汇编的角度来看 const 定义常量，只是给出了对应的内存地址，而不是像#define 一样给出的是立即数。const 定义的常量在程序运行过程中只有一份复制，而#define 定义的常量在内存中有若干个复制。所以使用 const 常量可以节省内存。

请谨记

- 将某些东西声明为 const 可帮助编译器侦测出错误用法。const 可用于任何作用域的对象、函数形参、函数返回值、成员函数本体等。
- 尽量使用 const 替换#define，因为这种替换好处很多。

19-2 volatile 和 mutable 用在何处

volatile 和 mutable 是 C++中两个比较特殊的修饰符。主要都是应用在一些硬件相关的系统级开发中，特别是想做嵌入式系统程序员，必须要了解一二。首先来看这两个关键字的简单介绍。

（1）mutable 关键字

字典意思：adj. 易变的，不定的；性情不定的。

语法意思：如果在 const 成员函数中修改一个成员变量的值。需要将这个成员变量修饰为 mutable。即 mutable 修饰的成员变量不受 const 成员方法限制。实际上由于 const_cast 的存在，这个关键字一般使用的较少。

（2）volatile 关键字

字典意思：adj. 爆炸性的；不稳定的；挥发性的；反复无常的 。n. 挥发物；有翅的动物。

语法意思：定义为 volatile 的变量，说明这个变量可以被意想不到地修改。编译器就会去假设这个变量的值。精确来说就是优化器在用到这个变量时必须每次都小心地从内存中重新读取变量的值，而不是使用保存在寄存器中的备份。

1. mutable 关键字的用法及示例

mutable 是 C++特有的关键字，其功能也比较简单：实现在 const 成员函数中修改类对象的成员变量。可以看一下 C++ Primer 4/E 的例子：

```
// 屏幕实现类
class Screen
{
public:
// 屏幕显示实现函数。
void DoDisplay(std::ostream& os) const;
private:
//  Screen添加一个成员变量m_access_ctr,
//  使用m_access_ctr变量跟踪Screen的使用频繁程度。
mutable size_t m_access_ctr;
}
// 屏幕显示实现函数。
void Screen:: DoDisplay (std::ostream& os)
{
// 尽管DoDisplay是const, 它可以修改m_access_ctr, 该成员是可变成员。
```

```
m_access_ctr++;
os << contents;
}
```

volatile 关键字是 C 和 C++共存的一个关键字。用它声明的类型变量可被某些编译器未知的因素更改、比如：操作系统、硬件或者其他线程等。遇到这个关键字声明的变量，编译器对访问该变量的代码不再进行优化，从而可以提供对特殊地址的稳定访问。

2．volatile 关键字的功能及示例

（1）作为指令关键字，volatile 具有确保本条指令不会因编译器的优化而省略的功能。为了说明这一功能，我们看一下下面的这段代码：

```
unsigned char XByte[3] = {0};
XByte[2] = 0x34;
XByte[2] = 0x36;
XByte[2] = 0x3f;
```

对应外部硬件而言，上述四条语句分别表示不同的操作，会产生四种不同的动作。而编译器不会像纯粹的程序那样编译，只是会对代码进行优化：只认为 XByte [2]=0x3f（即忽略前两条语句，只产生一条机器代码）。如果添加 volatile 修饰符，编译器会逐一的进行编译并产生相应的机器代码（三条）。

（2）使用 volatile 关键字修饰的类型变量可以被未知因素修改。当要求使用 volatile 修饰变量值的时候，系统总是重新从它所在的内存读取数据，即使它前面的指令刚刚从该处读取过数据。而且读取的数据立刻被保存。可以对比一下下面两段代码：

代码段一：

```
int nVint = 20;
int nValue = nVint;
printf("nVint = %d\r\n", nValue);
//下面汇编语句的作用就是改变内存中i的值，但又不让编译器知道
__asm
{
    mov dword ptr [ebp-4], 20h
}
Int nValue2 = nVint;
printf("nVint = %d\r\n", nValue2);
```

在 debug 模式运行程序，程序输出：

```
nVint = 20
nVint = 32;
```

在 release 模式运行程序，程序输出：

```
nVint = 20
nVint = 20;
```

从输出结果我们可以看出，在 release 模式下，编译器对代码进行了优化，release 下面没有输出正确的 nVint 值。

代码段二：

```
volatile int nVint = 20;
int nValue = nVint;
printf("nVint = %d\r\n", nValue);
//下面汇编语句的作用就是改变内存中i的值，但又不让编译器知道
__asm
{
  mov dword ptr [ebp-4], 20h
}
Int nValue2 = nVint;
printf("nVint = %d\r\n", nValue2);
```

在 debug 模式运行程序，程序输出：

```
nVint = 20
nVint = 32;
```

在 release 模式运行程序，程序输出：

```
nVint = 20
nVint = 32;
```

从输出结果可以看出，代码片段在 debug 和 release 两种模式下都输出了正确的结果。volatile 发挥了它的关键作用。

小心陷阱

- 变量可能在程序本身不知道的情况下发生变化。比如多线程程序，它们共同访问内存变量，而程序无法检测这些变量何时发生变化。
- 外部设备的状态，当外部设备发生操作时，通过驱动程序和中断事件修改了变量的值，程序也不会知道，无法感知这一变化。

（3）对于 volatile 类型的变量，系统在用它的时候都是直接从对应的内存当中提取，而不会利用 cache 当中原有的数值，以适应它未知何时会发生变化，系统对这种变量的处理不会做优化，显然也是因为它的数值随时都可能变化。

代码段一：

```
for (int i = 0; i < 100000; i++);
```

这个语句一般用来测试空循环的速度。但编译器肯定会把它优化掉，根本不会执行。

```
for (volatile int i = 0; i < 100000; i++);
```

如果你写成这样，编译器就会执行了。

代码段二： 此代码取自一段嵌入式系统的程序。

```
static bool_t bIsRunning = false;

int main(void)
{
    ...
```

```
    while (1)
    {
        // 如果设置了运行标志，开始运行流程。
        if (bIsRunning)
{
            doRunProc();
}
    }
}


/*******************************************
*函数名称：ISR()
*函数功能：定时器0溢出中断响应函数
*输入参数：无
*输出参数：是否成功
*******************************************/
ISR(TIMER0_OVF_vect)
{
// 如果有按键设置运行
if (Key_Press())
{
bIsRunning = true;
}
    else
    {
        bIsRunning = false;
}
}
```

由于访问寄存器的速度要快过 RAM，所以编译器一般都会减少存取外部 RAM 的优化。程序的本意是希望 ISR(TIMER0_OVF_vect)中断产生时如果有键按下，在 main 中调用 doRunProc 函数。

由于编译器对 bIsRunning 的读/写优化，导致编译器只一次从 bIsRunning 到某寄存器的读操作。然后每次 if 判断都只使用这个寄存器中的"bIsRunning 副本"，导致 doRunProc 永远也不会被调用。

如果将变量加上 volatile 修饰，编译器保证对此变量的读/写操作都不会被优化（肯定执行）。此例中 bIsRunning 也应该如此说明。将 bIsRunning 变量加上 volatile 修饰。

总结：

一般来说，volatile 应用在以下环境中：

- 环境 1：中断服务程序中修改的供其他程序检测的变量需要加 volatile；
- 环境 2：多任务环境下，各任务间共享的标志应该加 volatile；
- 环境 3：并行设备，存储器映射的硬件寄存器通常也要加 volatile 说明，因为每次对它的读/写都可能有不同意义。

另外，以上 3 种情况还需要同时考虑数据的完整性（相互关联的几个标志读了一半被打断了重写），在环境 1 中可通过中断来实现，环境 2 中可通过禁止任务调度实现，环境 3 中只能依靠硬件的良好设计。

为加深 volatile 的理解，我们再看一下下面几个问题：

问题 1：一个参数是否可以既是 const 又是 volatile？

问题 2：一个指针可以是 volatile 吗？为什么？

问题 3：下面程序是否存在问题？

```
int square(volatile int *ptr)
{
    return (*ptr) * (*ptr);
}
```

下面我们来简短的回答一下上面的问题。首先看第一个问题，一个变量既是 const 又是 volatile 是可以的。一个例子是只读的状态寄存器。volatile 可能被意想不到地改变。因为 const 程序不应该试图去修改它。

第 2 个问题的这种假设也是成立的，尽管这并不很常见。一个典型的例子是当一个中断服务子程序修改指向 buffer 的指针时。

第 3 个问题就更特别了。这段代码是一个恶作剧。这段代码的目的是用来返回指针*ptr 指向值的平方。但是，由于*ptr 指向 volatile 型参数，编译器将产生类似下面的代码：

```
int square(volatile int *ptr)
{
    int a, b;
    a = *ptr;
    b = *ptr;
    return a * b;
}
```

由于*ptr 的值可能被意想不到地改变，因此 a 和 b 可能是不同的。结果这段代码可能返回的不是期望的平方值！正确的代码如下：

```
int square(volatile int *ptr)
{
    int a;
    a = *ptr;
    return a * a;
}
```

小心陷阱

volatile 关键字是区分 C 程序员和嵌入式系统程序员的最基本问题。嵌入式系统程序员经常同硬件、中断、RTOS 等打交道，所有这些都要求 volatile 变量。不懂得 volatile 将会带来灾难。

请谨记

- 请注意编程在编译过程中的优化问题，时刻警惕编译器偷偷为所做的代码进行优化，明确 mutable 和 volatile 的使用场景。
- 如果你是嵌入式开发人员，在和硬件、中断、RTOS 等打交道时，这些都要求使用 volatile 变量。

19-3　尽量用 new/delete 替代 malloc/free

malloc/free 是 C 语言中内存申请和释放函数，利用它们可以方便地管理内存，在 C++中又有了新的工具 new/delete。如何用好它们呢，在本小节中会详细讲述。

19-3-1　谈谈二者的区别

有可能有的读者会迷惑：有了 malloc/free 为什么还要 new/delete 呢？它们之间到底有什么区别？我们来看一下下面的示例。

【示例 19-2】增加 new/delete 的意义。

代码如下：

```
//  Obj.h 文件声明CObj类
#include <iostream>
class CObj
{
public:
    CObj(void);
    virtual ~CObj(void);
    void   Hello();
};

CObj::CObj(void)
{
    cout << "CObj is born!" << endl;
}

//  Obj.h 文件    实现CObj类
CObj::~CObj(void)
{
    cout << "CObj is died!" << endl;
}

void CObj::Hello()
{
    cout << "Hello I'm the CObj!" << endl;
}

// main.cpp 测试程序
int _tmain(int argc, char* argv[])
{
    cout << "Using malloc 和 Free....." << endl;
    CObj *pObjA = (CObj *)malloc(sizeof(CObj));
    pObjA->Hello();
    free(pObjA);

    cout << endl;
    cout << "Using new 和delete....." << endl;
    CObj *pObjB = new CObj;
    pObjB->Hello();
    delete pObjB;
}
```

上述代码段的执行结果如下：

```
Using malloc 和 Free.....
Hello I'm the CObj!

Using new 和 delete.....
CObj is born!
Hello I'm the CObj!
CObj is died!
```

通过结果可以知道：new/delete 在管理内存的同时会调用类的构造函数和析构函数。而 malloc/free 仅仅实现了内存的分配和释放，没有调用类的构造函数和析构函数。

malloc/free 是 C/C++语言的标准库函数，new/delete 是 C++语言的运算符关键字。由于 malloc/free 是 C/C++语言的标准库函数，在使用时需要头文件库函数支持。对于非内置数据类型，使用 malloc/free 无法完成动态对象的创建要求。这是因为对象在创建时会自动地调用构造函数，释放时会调用析构函数。由于 malloc/free 不是运算符，不受编译器控制。所以无法完成对象创建和释放时构造函数和析构函数的调用。所以我们可以打这么一个比方：通过 new 创建一个对象，相当于盖一座房子，而 malloc 相当于申请一块地皮，要想成为房子还需要很多的努力。

```
void *malloc(long NumBytes);
```

该函数分配 NumBytes 个字节，并返回指向这块内存的指针。如果分配失败，返回一个空指针（NULL）。关于分配失败的原因，应该有多种，空间不足就是其中之一。

```
void free(void *FirstByte);
```

该函数是将之前用 malloc 分配的空间还给程序或者是操作系统，也就是释放这块内存，让它重新获得自由。

小心陷阱

● 申请内存空间后，必须检查是否分配成功。

● 当不需要再使用申请的内存时，记得释放；释放后应该把指向这块内存的指针指向 NULL，防止程序后面不小心使用它。

● 这两个函数应该是配对。如果申请后不释放就是内存泄漏；如果无故释放就是什么也没做。释放只能一次，如果释放两次及两次以上会出现错误（释放空指针例外，释放空指针其实也等于什么也没做，所以释放空指针释放多少次都没有问题）。

● 虽然 malloc()函数的类型是(void *)，任何类型的指针都可以转换成(void *)，但是最好还是在前面进行强制类型转换，因为这样可以躲过一些编译器的检查。

new/delete 为运算符，使用语法如下：

```
指针名 = new 类型(参数);   // 单个对象内存申请
指针名 = new 类型[个数];   // 多个对象内存申请
delete  指针名;            // 释放单个对象内存
delete[] 指针名;           // 释放多个对象内存
```

小心陷阱

● new/delete 应该配对使用。如果使用 new 申请了内存，在不使用时记得通过 delete 将申请的内存归还系统。

- new 申请内存时，返回的类型就是需要的数据类型。不需要像 malloc 进行强制转换。

通过上述分析，可对 new/delete 和 malloc/free 区别总结如下：

- new/delete 是运算符，而 malloc/free 是 C 语言标准库函数。
- 通过 new 创建的对象具有类型，而 malloc 的返回值为 void*，需要进行强制类型转换。
- new 在创建类型时会自动调用对象的构造函数完成对象的初始化工作，而 malloc 函数不会。执行 delete 时会自动调用对象的析构函数，free 则不会。
- new 申请内存失败时，会调用 new_handler 处理函数。而 malloc 申请内存失败时仅仅返回 NULL。不会进行任何的善后处理。

19-3-2　New 运算符的三种形式分析

下面主要讨论一下 new/delete，众所周知，new 运算符可完成内存的申请和构造函数的初始化调用。如你认为这是 new 的全部，那你就错了。new 作为操作符时，new 确实表现出了上述行为。其实 new 还有三种不同的形态。它们是 new operator、oprerator new 和 placement new。上述讨论的只是其中的一种形态：new operator。下面继续讨论其他两种，并给出它们的对比。

new operator 的执行过程可以分为三步，如图 19-1 所示。

（1）通过 operator new 申请内存。

（2）使用 placement new 调用构造函数（简单类型忽略此步）。

（3）返回内存指针。如图 19-1 所示。可以看出 new operator 与其他两种形态有着密切的关系。

图 19-1　new operator 执行过程

1. operator new 形态

operator new 在 C++中有着与加减乘除一样的性质，C++库有标准的默认实现形式。operator new 的声明如下：

```
void *operator new(size_t size);
```

operator new 在默认情况下首先调用 malloc 实现内存的分配，如果分配成功则直接返回，如果分配失败则调用 new_handler，然后重复前面的过程，直到抛出异常为止。

---

operator new 函数的返回值为 void *。值得说明的是，此函数返回的是一个未经处理的指针。如果你对默认的 operator new 函数不是很满意，你可通过重载 operator new 实现满足要求的 operator new 函数。

关于 operator new 函数的重载，我们看一下下面的代码：

```
class CObj
{
public:
    CObj(void);
    virtual ~CObj(void);
    void *operator new(size_t size);
};

void *CObj::operator new(size_t size)
{
    cout << "this is my new ....." << endl;
    void *p = NULL;
    while ((p = malloc(size)) == 0)
    {
        static const std::bad_alloc nomem; // report no memory
        _RAISE(nomem);
    }
    return (p);
}
```

小心陷阱

重载 operator 函数时，需注意：

● 如果你的 operator new 函数调用了全局的 operator new 函数时，需要保持高度警惕，因为全局的 operator new 函数也是可重载的。

● 像 new/delete 操作符一一对应一样，operator new 和 operatordelete 也是一一对应的。如果重载了 operator new，也需重载对应的 operator delete。

2. placement new 形态

placement new 可实现对象的定位构造。通过它可以实现类对象的指定构造函数的调用。具体使用可参考下面代码。

```
#include "Obj.h"
#include <new>
using namespace std;

Int main()
{
    void *p = ::operator new (sizeof(CObj)); // 申请CObj所需的内存空间，但不进行初始化。
    CObj *pObj = static_cast<CObj *>(p);
    new(pObj)  CObj();   // 调用类的构造函数，初始化分配的内存
}
```

placement new 是标准 C++库的一部分，声明在<new>中。所以如果使用 placement new 时需要包含<new>或<new.h>。placemnet new 的声明如下：

```
#ifndef __PLACEMENT_NEW_INLINE
#define __PLACEMENT_NEW_INLINE
```

```
inline void *__CRTDECL operator new(size_t, void *_Where)
        {return (_Where); }
inline void __CRTDECL operator delete(void *, void *)
        {return; }
#endif
```

3．奇怪的调用形式

最后我们说一下 new(pObj) CObj();这种奇怪的调用形式。这种调用功能在特定的内存上调用特定的构造函数实现一个对象的构造。STL 的 allocator 采用 placement new 实现内存的管理。通过这种方式实现内存的管理具有更灵活的优点。

小心陷阱

如果通过 placment new 实现对象构造函数的调用，必须显示调用与之对应的 placment delete: pObj->~CObj();。

通过上述的讨论可以得到下面的结论：

- 从功能上来说，new/delete 具备 malloc/free 的所有功能，而且远远超过 malloc/free。同时还具有更好的安全特性。
- C++中保留 malloc/free，目的是实现与 C 语言的兼容。作为 C++的程序员，在编程过程中应该多使用 new/delete 而尽量避免使用 malloc/free。
- 同样 new/delete 和 malloc/free 混合使用更是一个不明智的选择。在使用时推荐使用 new/delete，尽量减少 malloc/free 的使用。

请谨记

- 不论 new/delete 还是 malloc/free，使用时必须配对使用。如果混淆了它们，那将是一件蠢事。
- 不要企图用 malloc/free 完成动态对象的内存管理，应该使用 new/delete。
- 明确区分 new/delete 的三种形态。

19-4　使用 new/delete 时要采用相同形式

new 和 delete 是对孪生兄弟，使用了 new 就必须使用 delete。否则就会发生无法避免的内存泄漏问题。但有时变量使用完了，同时也使用 delete 释放内存，但是还是存在内存泄漏的风险。比如下面这段代码：

```
const int STR_ARRAY_LENGTH = 200;
string *pStrArray = new string [STR_ARRAY_LENGTH];
………
delete pStrArray;
```

上述代码只要懂 C++的人都能看出其中的问题，因为申请了一个字符串数组，长度是 10，而你只 delete 了一个，其他元素的析构函数可能没有调用。但是假设在一个几百万行代码的工程中出现这样的问题，我想就算是一个 C++专业级别的开发人员，也不易察觉其中的问题。

当使用 new 动态生成一个对象时，有两件事会发生：

（1）对象内存的分配（这一过程通过名为 operator new 的函数实现）。

（2）针对此内存会有一个（或更多）构造函数被调用。

当使用 delete 释放对象内存时，同样也会有两件事发生：

（1）针对此内存会有一个（或更多）析构函数被调用。

（2）内存被释放（通过名为 operator delete 的函数）。

然而 delete 的最大问题在于：被删除的内存之内究竟有多少对象？这个问题的答案决定了有多少个析构函数必须被调用起来。

实际上这个问题可以更简单一些：即将被删除的那个指针所指的是单一对象还是一个对象数组？这是个必不可缺的问题。因为单一对象的内存布局一般而言不同于数组对象的内存布局。更明确地说，数组所用的内存通常还包括"数组大小"的记录，以便 delete 知道需要调用多少次析构函数。单一对象的内存则没有这种记录。可以把两种不同的内存布局想成如图 19-2 所示。其中 n 是数组大小（《程序员面试宝典》所述，如果是内置类型，就不是下面的内存布局，是内置类型，对象数组图就没有前面的 n）：

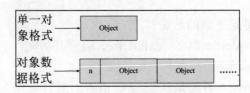

图 19-2　new 对象内存布局

当然这只是个例子。编译器未必非得这样实现不可，虽然很多编译器的确是这样做。

当你对一个指针使用 delete，唯一能够让 delete 知道内存中是否存在一个"数组大小记录"的办法就是：由你来告诉它。如果使用 delete 时加上中括号（方括号），delete 便认定指针指向一个数组，否则它便认定指针指向单一对象。

```
string* stringPtr1 = new string;
string* stringPtr2 = new string[100];
...
delete stringPtr1;        //删除一个对象
delete []stringPtr2;      //删除一个由对象组成的数组
```

如果你对 stringPtr1 使用"delete []"形式，会发生什么事？结果未有定义。假设内存布局如上，delete 会读取若干内存并将它解释为"数组大小"，然后开始多次调用析构函数。但是编译器并不知道它所处理的那块内存并不是数组。所以会发生未定义的行为。

如果你没有对 stringPtr2 使用"delete"形式，又会有什么事？其结果也未有定义，但你可以猜想可能导致太少的析构函数被调用。更有甚者，这对内置类型（如 int）也未定义，即使这些类型并没有析构函数。

总结：

如果你调用 new 时使用[]，必须在对应调用 delete 时也使用[]，如果你调用 new 时没有使用[]，也不应该在对应调用 delete 时使用[]。

其实，如果你是一个 C++语言开发老手。下述的做法应该是你经常用的：即把你需要通过 new 申请的资源放到一个类中进行管理。此类提供一个资源申请的接口，访问用户进行资源申请。最后在此类的析构函数中，实现此类现有资源的释放。通过这种实现方式，你只要关心资源管理类是否完成 delete 释放即可，不用关心具体的资源。我们看笔者实现的一个例子：

【示例 19-3】C++中的内存管理（申请的资源放到同一个类中进行管理）。

代码如下:

```cpp
// 用户类, 实现用户相关的操作。
class CUser {};
// 用户资源管理类, 此类提供CreateUser用户创建。
class CUserMgr
{
public:
CUserMgr()
{
        RemoveAll();
}
virtual ~CUserMgr()
{
        RemoveAll();
}
// 创建用户
CUser *CreateUser()
{
        CUser *pUser = new CUser();
        if (NULL != pUser)
        {
            Add(pUser);
        }
        return pUser;
}
private:
// 用户添加接口函数
void Add(CUser *pUser)
{
        m_arrUsers.pushback(pUser);
}
// 实现所有用户资源释放。
void RemoveAll()
{
    std::vector<CUser*>::iterator iter = m_arrUsers.begin();
        for ( ; iter < m_arrUsers.end(); iter++)
        {
            CUser *pUser = (*iter);
            delete pUser;
        }
        m_arrUsers.clear();
}
private:
// 用户管理资源类, 用户资源的保存
    std::vector<CUser *>m_arrUsers;
};
```

最后, 再讨论由于 typedef 而引入的问题。如果你是一个喜欢 typedef 的人, 需要注意。因为这可能会导致内存的泄漏: 当以 new 创建 typedef 类型对象时, 该用哪一种 delete 形式删除? 考虑下面这个 typedef:

```
typedef int  arriMatrix[4];
```

由于 arriMatrix 是数组，如果使用 new 创建一个资源如下：

```
int* parriMatrix = new arriMatrix;
// 那就必须匹配"数组形式"的delete:
delete parriMatrix ;   // 行为未有定义
delete []parriMatrix;  // 很好，这种实现是正确的。
```

为避免诸如此类的错误，最好尽量不要对数组形式做 typedef。这很容易做到，因为 C++ 标准程序库含有 string，vector 等 templates，可将数组的需求降至几乎为 0，例如可以将本例的 arriMatrix 定义为 "由 int 组成的一个 vector" 也就是其类型为 vector<int>。

请谨记

如果你在编程时，new 的表达式中使用了[]，必须在相应的 delete 表达式中也使用[]。如果你在 new 表达式中不使用[]，一定不要在相应的 delete 表达式中使用[]。

19-5　sizeof 和对象的大小

sizeof 是 C/C++语言较特别的一个关键字。有人说 sizeof 是函数，还有人说 sizeof 是一元操作符。sizeof 到底是什么呢？为了搞清楚这个谜题，我们先来看一下 MSDN 对 sizeof 的定义和说明：

```
the sizeof operator gives the amount of storage, in bytes, required to store an
object of the type of the
operand. This operator allows you to avoid specifying machine-dependent data sizes
in your programs.

sizeof unary-expression
sizeof(unary-expression)
sizeof ( type-name )
```

从 sizeof 的定义可以看出：sizeof 不是一个函数，因为函数在调用时必须有一对括号，而 sizeof 可以没有。

现在已经判断出 sizeof 不是一个函数，为验证 sizeof 是否为标准意义上的一元操作符。我们来看下面这段代码：

```
int a = 0;
cout<<sizeof(a = 3)<<endl;
cout<<a<<endl;
```

将上述代码在 VS 2010 上编译运行。运行结果为 4，0，不是我们期望的 4，3。如果 sizeof 是标准意义上的一元操作符，上述代码的输出结果肯定是 4，3。这也许会让你大失所望。这是由于 sizeof 在编译阶段处理的特性。sizeof 不能被编译成机器码，在 sizeof 作用范围内，也就是()中的内容也不能被编译（a = 3 语句不能编译成机器码），而是被替换成类型。所以可以得出结论 sizeof 不是一元操作符，因为 sizeof 不支持链式表达式，sizeof 作用域范围内的语句不会编译成机器码。

通过上述分析，可以得出这样的结论：sizeof 不是函数；同样也不是一元操作符，因为它不支持链式表达式。sizeof 更像一个特殊的宏，它在编译阶段求值。例如：

```
cout<<sizeof(int)<<endl;        // 32位机上int长度为4
cout<<sizeof(1==2)<<endl;       // == 操作符返回bool类型，相当于
cout<<sizeof(bool)<<endl;
```

上述代码在编译阶段被翻译为：

```
cout<<4<<endl;
cout<<1<<endl;
```

现在，大家明白了 sizeof 到底是什么。也明白了它的运行原理。下面主要讲述一下 sizeof 的使用问题。

19-5-1　讲讲 sizeof 的用法

sizeof 有两种用法，第一种为针对对象，用法为 sizeof（object）或 sizeof object；第二种为针对类型，用法为 sizeof（typename）。例如：

```
int I = 2;
cout <<sizeof(i)<<endl;      // sizeof(object) 的用法，合理。
cout<< sizeof i << endl;     // sizeof object的用法，合理。
cout << sizeof 2 << endl;    // 2被解析成int类型的object，sizeof object的用法，合理。
cout<<sizeof(int)<<endl;     // sizeof(typename) 的用法，合理。
cout<<sizeof int <<endl;     // 错误！对于操作符，一定要加()。
```

小心陷阱

- 对类型使用 sizeof 时，写成 sizeof typename 是非法的。必须写成 sizeof(typename)。
- 无论你对谁取值，对象也好、类型也好。sizeof 写成 sizeof()这种函数形式永远是正确的。

19-5-2　标准数据类型的 sizeof

常见的基本数据类型主要有内置数据类型、函数类型、指针类型、数组类型、结构体类型。下面我们分别来讨论一下。

1. 内置数据类型

首先看一下内置数据类型，在 32 位系统中 C++的内置数据类型及其 sizeof 计算结果见表 19-1。

表 19-1　内置类型 sizeof 运算结果

数据类型	bool	char	short	int	long	float	double	long double
sizeof	1	1	2	4	4	4	8	10

表 19-1 列出了 32 位系统下内置数据类型与其 sizeof 运算结果。在 C++中内置类型除了上述类型外还有它们的 signed（unsigned）形式。signed 和 unsigned 只会影响最高 bit 位的意义，数据长度不会发生任何改变，所以它们的 signed 和 unsigned 的 sizeof 结果应该是相同的。下

面验证一下 signed（unsigned）形式的 sizeof 运算结果：

```
cout << "sizeof(unsigned int = " << sizeof(unsigned int)<< endl;
cout << "sizeof(int)= "  << sizeof(int) << endl;
cout<<" sizeof(unsigned int) ?= sizeof(int) (1表示成立，0表示不成立): "<<endl;
cout<< sizeof(unsigned int) == sizeof(int)<<endl;   // 相等，输出 1
```

这段代码的运行结果为：

```
sizeof(unsigned int = 4
sizeof(int)= 4
sizeof(unsigned int) ?= sizeof(int) (1表示成立，0表示不成立): 1
```

总结：

unsigned 不能影响内置类型 sizeof 的取值。

2. 函数类型和指针类型

从本质上来讲，函数类型和指针类型，函数类型和指针类型都属于指针的范畴。指针主要用于存储地址，在 32 位系统下，无论任何类型的指针其所占用的内存大小均为 4 个字节，而函数类型则比较特别，它以其返回类型作为自身类型，进行 sizeof 取值。为了验证这一结论，我们来看下面的代码：

```
cout<<" sizeof(string*) ="<<sizeof(string*)<<endl; // 输出sizeof(string*) = 4
cout<<" sizeof(int*) = "<<sizeof(int*)<<endl;        //输出sizeof(int*) = 4
cout<<" sizof(char****) ="<<sizof(char****)<<endl; //输出sizeof(char****) = 4
int f1()         // 测试函数f1
{
   return 0;
}
double f2()      // 测试函数f2
{
   return 0.0;
}
void f3()        // 测试函数f3
{
}
cout<<sizeof(f1())<<endl;   // f1()返回值为int，因此被认为是int
cout<<sizeof(f2())<<endl;   // f2()返回值为double，因此被认为是double
cout<<sizeof(f3())<<endl;   // 错误！无法对void类型使用sizeof
cout<<sizeof(f1)<<endl;     // 错误！无法对函数指针使用sizeof
```

总结：

- 无论指针是什么类型，只要是指针，sizeof 运算结果都是 4。
- 函数类型以其返回值的类型作为自身类型。注意不能对返回 void 的函数进行 sizeof 取值。不能对函数指针进行 sizeof 取值。

3. 数组类型

讨论完内置类型，指针和函数类型，接着讨论数组，数组是 C/C++中最为特殊的一种数据类型，因为在不同的使用环境下，数组的 sizeof 取值是不同的。除此之外，数组还有一维和二维之分。我们来看下面的问题：

```
char a[] = "abcdef";
char b[] = {'a', 'b', 'c', 'd', 'e', 'f'};
int c[20] = {3, 4};
char d[2][3] = {"aa", "bb"};
cout<<sizeof(a)<<endl;        //   输出7， 表示字符串
cout<<sizeof(b)<<endl;        //   输出6, 仅表示字符数组
cout<<sizeof(c)<<endl;        //   输出80
cout<<sizeof(d)<<endl;        //   输出6

cout << sizeof(*a) << endl;// 输出1
cout << sizeof(*b) << endl;// 输出1
cout << sizeof(*c) << endl;// 输出4
cout << sizeof(*d) << endl;// 输出3
```

如果字符数组表示字符串，数组末会自动插入'\0'，在 sizeof 时不能遗漏。所以数组 a 的大小在定义时未指定，编译时给它分配的空间是按照初始化值确定的，也就是 7。c 是多维数组，占用的空间大小是各维数的乘积，也就是 6。可以看出，数组的大小就是它在编译时被分配的空间，也就是各维数的乘积*数组元素的大小。对应二维数组 d，*d 等价于 d[0]（d[0]是一维数组数组长度为 3），所以 sizeof(*d)等于 3。

小心陷阱

- C 语言中多维数组的实现是通过一维数组实现的，也就是说，对于多维数组所操作的数组元素有可能本身就是一个数组。这是应该引起注意的。
- 数组的大小是各维数的乘积*数组元素的大小。
- 向函数形参传递数组，数组将会退化为指针，失去原有数组的特性。

例如：

```
// 计算数组的长度
int   GetStrLength(char str[])
{
    return sizeof(str);
}

int main()
{
  char szStr[] = "abcdef";
  cout << "sizeof(szStr[]) = " << GetStrLength() << endl;
  return 0;
}
```

上述代码输出：

```
sizeof(szStr[]) = 4;
```

4．结构体类型

接着讨论一下 struct 数据结构大小问题。对于 struct 数据结构由 CPU 的对齐问题导致 struct 的大小变得特别复杂。在默认对齐方式下，我们来看下面的代码：

```
// 存储人相关的信息
struct tagPersonInfoA
{
    char *pszName;      // 人名
    int  nSex;          // 性别
    double nHeight;     // 高度
};

// 存储人相关的信息
struct tagPersonInfoB
{
    char *pszName;      // 人名
    double nHeight;     // 高度
    int  nSex;          // 性别
};

cout << "sizeof(struct tagPersonInfoA) = " << sizeof(struct tagPersonInfoA) << endl;
cout << "sizeof(struct tagPersonInfoB) = " << sizeof(struct tagPersonInfoB) << endl;
```

上述代码的执行结果为：

```
sizeof(struct tagPersonInfoA) = 16
sizeof(struct tagPersonInfoB) = 24
```

可以看出存储同样的信息，由于数据的排列顺序不同，最终占用的空间大小也不同，这就是 CPU 的对齐问题。但有一点肯定是正确的。Struct 数据结构的总大小应该大于等于各数据成员所占内存空间之和。

小心陷阱

● 对一个空 struct 结构体取 sizeof 运算，运算结果是 1 而不是 0。这时编译器为保证此空 struct 存在，专门分配的一个字节。

● 如果存在结构体嵌套，无论内层还是外层均需采用内存对齐。

最后讨论一下 C++的重中之重——class 数据结构，同样也是最复杂的一种数据结构。Class 和 struct 一样也许考虑对齐问题。按照类对象是否存在继承和 static 对象，可以把类分成两种形式加以讨论。

（1）不含继承和 static 成员变量的类。

在此种情况下，类类型和 struct 类型对象大小处理方式相同。只需考虑对齐方式即可。具体对象大小计算可以参考 struct 类型大小计算方法。例如：

```
// 空类 CA
class CA
{
};
// 测试类 CB
class CB
{
private:
    int  m_nValue;
    double m_dValue;
public:
```

```
    int    GetInt() { return m_nValue;}
    double GetDouble() { return m_dValue; }
};
cout << "sizeof(CA) = " << sizeof(CA) << endl;
cout << "sizeof(CB) = " << sizeof(CB) << endl;
```

运行结果：

```
sizeof(CA) = 1
sizeof(CB) = 16
```

总结：

不含继承和 static 成员变量的类，类对象大小计算遵循下面的准则：

- 和 struct 复合类型一样，空的 class 同样也占用 1 个字节。
- class 类型和 struct 一样采用对齐计算对象的大小。
- 计算类对象的大小时，类的成员函数不占用对象空间，只需考虑类中数据成员的大小即可。因为它们为所有的类对象共享，存储于代码段中。

（2）包含继承和 static 成员变量的类。

单继承情况下，只要 class 中存在 virtual 函数，在编译时编译器就会自动插入一个指向虚函数表的指针 vptr（大小为 4 字节）。不同的编译器 vptr 插入的位置可能不同，VC 编译器插入 vptr 的位置一般是由数据成员开始。而 static 成员是分配在全局区为类的所有对象共享（VC 编译器可能为了方便将其放入文字常量表），sizeof 时不应该计入 static 成员。下述代码可验证上述论断。

```
// 基类CBase，包含一个int数据元素和一个virtual函数。
class CBase
{
public:
    virtual void foo() {}

private:
    int  m_nValue1;
};
// 静态类，包含一个double数据元素。
class CStaticClass
{
private:
    static double m_dValue;
};
// 派生于CBase的子类CDrivedA。子类包含一个int型数据元素。
class CDrivedA :public CBase
{
public:
    virtual void foo() {}
private:
    int   m_nValue2;
};
int main()
{
    cout << "sizeof(CStaticClass) = " << sizeof(CStaticClass)<<endl;
```

```
        cout << "sizeof(CBase) = " << sizeof(CBase) << endl;
        cout << "sizeof(CDrivedA) = " << sizeof(CDrivedA) << endl;
        return 0;
}
```

上述程序执行结果如下：

```
sizeof(CStaticClass) = 1
sizeof(CBase) = 8
sizeof(CDrivedA) = 12
```

对于类 CStaticClass 虽然包含了一个 static double 类型的成员变量，但 CstaticClass 的大小却是 1。所以可以看出 static 成员变量，不占用对象大小。 对于 CBase 类只包含一个成员变量按道理大小应该是 4。而实际上现在是 8，所以 class 中存在 virtual 函数，编译器就会自动插入一个指向虚函数表的指针 vptr（大小为 4 个字节）。

影响类的大小的因素，总结如下：

（1）类的非 static 类型数据成员。

（2）类是否存在 virtual 成员函数。

（3）当前编译采用的对齐方式。

请谨记

- sizeof 不是函数，也不是一元操作符，sizeof 更像一个特殊的宏，它在编译阶段求值。
- 计算 struct 和 class 数据类型的大小时，需考虑内存对齐因素的影响。
- class 类型是 C++中最为复杂的数据类型，class 的大小不但与数据成员、对齐方式有关系，还与 class 的 virtual 成员函数有关系。

19-6 谨慎使用 static

本节在此首先简单介绍 static 关键字的字典和语法意思。

字典意思：adj. 静止的；不变的；静电的；[物]静力的；n.静电；[物]静电（干扰）；静力学；争吵）

语法意思：静态的，所谓静态的是指变量或函数在可以执行程序开始执行时生成，程序关闭时释放消失，在程序的执行过程中不会消失。

static 主要有三种使用方式，其中前两种在 C/C++语言中使用，第三种只在 C++中使用。这三种使用方式分别是：静态局部变量，静态全局变量/函数，静态成员变量/函数。下面分别讨论这三种用法。

19-6-1 static 使用方式之静态局部变量

在 C/C++中局部变量一般按照存储形式可分为 auto，static 和 regester 三种。与 auto（普通）变量相比 static 主要有三点不同。

（1）存储空间不同，auto 变量一般分配在栈上，即占用动态存储空间。函数调用结束后会自动释放。static 变量分配在全局静态存储区域，在程序的整个运行期间都不会释放。两者之间作用域相同，但生存期不同。

（2）static 局部变量，在初次运行时进行初始化工作，且只初始化一次。

（3）对于局部静态变量，如果不赋初值，编译期会自动赋初值 0 或空字符，而 auto 类型的初值是不确定的。

static 局部变量具有"记忆性"与生存期的"全局性"：

- "记忆性"是指在两次函数调用时，在第二次调用进入时，能保持第一次调用退出时的值。
- "全局性"是指生存周期从程序运行时开始，程序退出时结束。同全局变量相同。

小心陷阱

- 程序运行很重要的一点就是可重复性，static 变量的"记忆性"却破坏了这种可重复性，造成不同时刻运行结果可能不同。
- 全局性和唯一性。普通的 local 变量的存储空间分配在 stack 上，因此每次调用函数时，分配的空间都可能不一样，而 static 具有全局唯一性的特点，每次调用时，都指向同一块内存，这就造成一个很重要的问题 —— 不可重入性。
- 由于局部 static 变量导致函数具有不可重入性，除此之外还存在一个严重的问题就是线程安全问题，这是大家必须注意的。

下面这个函数就是因为使用了局部 static 变量导致不具有线程安全。

```
// IP地址由数字转换为字符串
001 const char * IpToStr(UINT32 IpAddr)
002 {
003   static char strBuff[16];    // static局部变量，用于返回地址有效
004 const unsigned char *pChIP = (const unsigned char *)&IpAddr;
005   sprintf(strBuff, "%u.%u.%u.%u", pChIP[0], pChIP[1], pChIP[2], pChIP[3]);
006   return strBuff;
007}
```

分析：假设现在有两个线程 A，B，运行期间都需要调用 IpToStr()函数，将 32 位的 IP 地址转换成点分 10 进制的字符串形式。假设 A 先获得执行机会，执行 IpToStr()，传入的参数是 0x0B090A0A，顺序执行完应该返回的指针存储区内容是："10.10.9.11"，执行到 006 时，失去执行权，调度到 B 线程执行，B 线程传入的参数是 0xA8A8A8C0，执行至 007，静态存储区的内容是 192.168.168.168。当再调度到 A 执行时，从 006 继续执行，由于 strBuff 的全局唯一性，内容已经被 B 线程冲掉，此时返回的将是 192.168.168.168 字符串，不再是 10.10.9.11 字符串。所以说这个函数不具有线程安全性。

19-6-2　static 使用方式之静态全局变量/函数

在 C/C++中 static 还有另外一种含义：用来表示不能被其他文件访问的全局变量和函数。为限制函数和变量的作用域，函数或变量前加 static 使得函数成为静态函数。

注意事项

- 静态全局变量/函数的静态"static"指的不是存储方式，而是指函数（变量）的作用域为本文件，不能被其他文件访问。
- 对于全局变量无论是否被 static 修饰限制，它的存储区域都是静态存储区，生存期都是全局的。此时的 static 只是起到作用域限制的作用，限定作用域在本模块（文件）内部。

- 使用静态函数的好处：不同的人编写不同的函数时，不用担心自己定义的函数，是否会与其他文件中的函数同名。因为你编写的函数只在模块或文件中可见。

来看下面的这个例子，本示例中声明了静态全局变量和函数。从中大家可以领悟到静态全局函数/变量的用法。

【示例 19-4】就算你用了 extern，static 也禁止你使用。

代码如下：

```cpp
// file1.cpp
static int s_nVarA;
int       g_nvarB;

extern void FuncA()
{
}
static void FuncB()
{
}

// file2.cpp
extern int g_nvarB;       // 使用file1.cpp中定义的全局变量g_nvarB
extern int s_nVarA;       // 错误! varA是static类型，无法在其他文件中使用
extern void FuncA();      // 使用file1.cpp中定义的函数
extern void FuncB();      // 错误! 无法使用file1.cpp文件中static函数
```

extern 和 static 这样的用法，在一些库函数中常见的啦，希望可以帮助大家去阅读一些开源程序库，嗯，别人的程序读多了，理解了，自己也能用啦。

19-6-3　static 使用方式之静态成员变量/函数

静态成员是 C++特有，在 C++中静态成员包括静态成员函数和静态成员变量。这里分别讨论一下它们。

1．静态成员变量

在类内数据成员的声明前加上关键字 static，该数据成员是类的静态数据成员。来看下面的这个例子：

【示例 19-5】static 让类成员变得独一无二。

代码如下：

```cpp
// 存储类型，实现利率的设置，本息和的计算。
class CSaving
{
public:
    CSaving(double dPrincipal = 0);
    virtual ~CSaving();
    // 设置利率
    static void SetInterestRate(double dInterestRate);
    // 获取利率
    static double GetInterestRate();
…
private:
```

```
    // 年利率
    static double m_dInterstRate;
    // 年数
    int           m_nYears;
    // 本金
    double        m_dPrincipal;
};
CSaving::CSaving(double dPrincipal /* = 0 */)
{
    m_dPrincipal = dPrincipal;
    m_nYears = 0;
}
CSaving::~CSaving()
{
}
// 静态成员变量初始化
double CSaving::m_dInterstRate = 0.05;
// 设置利率
void  CSaving::SetInterestRate(double dInterestRate)
{
    m_dInterstRate = dInterestRate;
}
// 获取利率
double CSaving::GetInterestRate()
{
    return m_dInterstRate;
}
……
int main()
{
    CSaving mySaving;
    cout << "my saving 's interest rate =" << mySaving.GetInterestRate() << endl;

    CSaving Yoursaving;
    Yoursaving.SetInterestRate(0.10);
    cout << "my saving 's interest rate =" << mySaving.GetInterestRate() << endl;
    cout << "your saving 's interest rate =" << Yoursaving.GetInterestRate() <<
endl;
}
```

这段代码输出结果为：

```
my saving 's interest rate =0.05
my saving 's interest rate =0.1
your saving 's interest rate =0.1
```

下面根据上面这段代码总结一下 static 成员变量的特点具体如下：

（1）静态数据成员和普通数据成员一样遵从 public，protected，private 访问规则。

（2）静态数据成员初始化的格式为：<数据类型><类名>::<静态数据成员名>=<值> 。

（3）例子中声明的两个对象，修改一个对象中的静态变量，另外一个对象的静态变量也会被修改。所以可以看出。无论类的对象被定义了多少个，静态数据成员在程序中也只有一份复制，由该类型的所有对象共享访问。

注意事项

- 静态成员变量属于类所有，不属于类的实例所有。也就是说，即使一个类没有定义任何实例，类中的静态成员也是存在的，也可以正常使用它。
- 静态数据成员存储在全局数据区，静态数据成员定义时要分配空间，所以不能在类声明中定义。另外类的静态数据成员不占用类的存储大小。
- 与全局变量相比：静态数据成员没有进入程序的全局名字空间，因此不会存在与程序中其他全局名字冲突的可能性。将静态变量声明为 private 成员可以实现数据信息的隐藏，全局变量无法实现。

2．静态成员函数

静态成员函数和静态成员变量一样，它为类的服务而不是为类的具体对象服务。这里需要特别说明的是：一般普通成员函数都隐含一个 this 指针（this 指针指向类的对象本身），而静态成员函数不存在 this。因为静态成员函数不属于任何对象，它属性类。从这种意义上讲，静态成员函数无法访问类对象的非静态成员（包括非静态数据成员和非静态成员函数），只能调用静态成员函数。

因为静态成员函数也属于类的成员函数，所以可以采用访问操作符（.）和（->）进行静态成员函数的调用。同样由于静态成员函数属性类，可以采用下述格式进行静态成员函数的调用。

```
<类名>::<静态成员函数名>（<参数表>）
```

小心陷阱

- 静态成员可以访问静态成员，但绝对不能访问非静态成员。这是因为：静态成员在类定义时便产生和分配空间了。非静态成员只是在类定义是才会产生并分配空间。所以当静态成员操作非静态成员时一般会报出：访问未定义变量错误。
- 静态成员随着程序的开始运行而产生，而后便一直存在不会消失。只有当程序执行完毕退出时才会释放空间并消失。所以静态成员函数不能在任何函数内分配空间和初始化。
- 静态成员不能声明为虚函数。这是因为静态成员函数在对象实例未生成前便可以调用。如果对象实例未产生，虚函数调用使用的虚函数表未生成，导致虚函数调用时不知调用子类的虚函数还是父类的虚函数。
- 非静态成员函数可以任意访问静态成员函数。静态成员函数只能访问静态成员函数。

请谨记

- static 修饰的静态成员同全局变量具有相同的生存周期，而作用域却不同。这是 static 的真正意义。通过 static 可以限制变量的作用域，可以防止名字冲突的效果。有时候还可以提升运行效率的效果。
- static 有三种使用方式，它们是静态局部变量，静态全局变量/函数，类的静态成员。C 语言支持前两种，C++又扩展并支持第三种。

Chapter 20 第 20 章
专业程序员也经常犯的错

打开一个专业的函数库，研究这些头文件，你会发现这些源代码中包含大量的预处理定义，定义一些数据类型、变量和常量。这几乎是所有专业程序员经常用的行为方式。如果你是初学者，应该去研究一下一两套源代码，学习如何在开发实践中使用预处理。

但是，你自己也要小心本章讲述的一些陷阱，要不然只要稍微不注意，就会在程序中隐藏一些很难发现的漏洞，而且很难调试。

20-1　枚举和一组预处理的#define 有何不同

经常会遇到这样的问题，为某些属性定义一组可选择的值。例如：文件的打开状态可能会有三种：输入、输出、追加。记录这些状态值的一种方式是定义每种状态都与一个唯一的常量数值相关联。可以定义下面这些状态码：

```
#define  INPUT_MODE   0     // 输入模式
#define  OUTPUT_MODE  1     // 输出模式
#define  APPEND_MODE  2     // 追加模式
```

虽然这种方式也可奏效，但是它存在一个明显的缺点：没有指出这些值是相关联的。枚举（enumeration）提供了一种替代方法，不但可以定义整数数量集，而且还把它们进行了分组。

枚举的定义包括关键字 enum，其后可选的枚举类型名称，一个用花括号括起来、并用逗号分隔的枚举成员（enumerators）列表组成。可把文件打开模式按枚举形式重新定义一番。

```
// INPUT_MODE is 0,  OUTPUT_MODE is 1,  APPEND_MODE is 2
typedef enum  tagOPEN_MODES
{
    INPUT _MODE,     // 输入模式
    OUTPUT_MODE,     // 输出模式
```

```
    APPEND_MODE,        // 追加模式
}OPEN_MODES;
```

默认地，将第一个枚举成员赋值为 0，后面的每个枚举成员赋值比前一个大 1。如 OPEN_MODES 枚举类型 INPUT_MODE 等于 0，OUTPUT_MODE 等于 1，APPEND_MODE 等于 2。

每个枚举成员都是一个常量。在枚举定义时，可以为一个或多个枚举成员提供初始化值。用来初始化枚举成员的值必须是一个常量表达式。常量表达式是在编译时就能够计算出结果的整型表达式。字面值常量是常量表达式，正如一个通过常量表达式自我初始化的 const 对象也是常量表达式一样。FORMS 枚举定义如下：

```
 // SHAPE_FORM = 1, SPHERE_FORM = 2, CYLINDER_FORM = 3, POLYGON_FORM = 4
typedef enum tagFORMS   // 形状每局
  {
    SHAPE_FORM = 1,       // 三角形
    SPHERE_FORM,          // 球形
    CYLINDER_FORM,        // 圆柱形
    POLYGON_FORM,         // 多边形
} FORMS
```

在枚举类型 FORMS 中，显式地将 SHAPE_FORM 赋值为 1。其他枚举成员隐式初始化：SPHERE_FORM 初始化为 2，CYLINDER_FORM 初始化为 3，POLYGON_FORM 初始化为 4。

接着再来看一下 POINTS_TYPE 枚举类型的定义：

```
// POINTS2D is 2,  POINTS2W is 3,  POINTS3D is 3,  POINTS3W is 4
enum POINTS_TYPE    // 点类型枚举
{
   POINTS2D = 2,    // 平面二维点
   POINTS2W,
   POINTS3D = 3,    // 立体三维点
   POINTS3W,
};
```

在 POINTS_TYPE 枚举类型中，枚举成员 POINTS2D 显示初始化为 2。POINTS2W 默认初始化，它的值比前一枚举成员的值大 1。所以 POINTS2W 初始化为 3。枚举成员 POINTS3D 显示初始化为 3。POINTS3W 默认初始化，结果为 4。

📢 枚举成员值可以不唯一，两个枚举成员可以具有相同的值；不能改变枚举成员的值，枚举成员是一个常量表达式，枚举成员可用于需要常量表达式的任何地方。

每个 enum 都定义唯一的类型。每个 enum 都定义一种新的类型。和其他类型一样，可以定义和初始化 POINTS_TYPE 类型的对象，也可以以不同的方式使用这些对象。枚举类型对象的初始化或赋值，只能通过其枚举成员或同一枚举类型的其他对象进行：

```
POINTS_TYPE pt3d = POINTS3D;        // ok: POINTS3D is a POINTS_TYPE enumerator
POINTS_TYPE pt2w = 3;               // error: pt2w initialized with int
pt2w = polygon;                     // error: polygon is not a Points enumerator
```

```
pt2w = pt3d;                    // ok: both are objects of Points enum type
```

 不能用 int 数值初始化枚举类型变量，即使是初始化的 int 数值与枚举类型相关联。

通过 define 宏也可以实现枚举类型的部分功能。但是有些功能 define 宏是无法实现的。像枚举类型具有的类型检查，枚举类型值具有的数据值关联属性。这些都是 define 宏无法匹敌的。

通过文件打开函数的 define 宏实现和枚举类型实现，对比一下两者的优劣。

第一种实现：define 宏实现

```
#define  INPUT_MODE   0      // 输入模式打开
#define  OUTPUT_MODE  1      // 输出模式打开
#define  APPEND_MODE  2      // 追加模式打开
FILE *File_Open(const char *pszFileName, int nModes); // 文件打开函数声明
int main()
{
    FILE *hFile = File_Open("a.txt", 3);  // File_Open 可正常编译通过
    return 0;
}
```

第二种实现：枚举类型实现。

```
// INPUT_MODE is 0, OUTPUT_MODE is 1, APPEND_MODE is 2
typedef enum  tagOPEN_MODES
{
  INPUT _MODE,           // 输入模式打开
  OUTPUT_MODE,           // 输出模式打开
  APPEND_MODE,           // 追加模式打开
}OPEN_MODES;
FILE* File_Open(const char *pszFileName, OPEN_MODES nModes); // 文件打开函数声明
int main()
{
    FILE *hFile = File_Open("a.txt", 3);  // File_Open 无法编译通过，参数错误。
    return 0;
}
```

第一种实现方式，虽然 File_Open 传入了非法参数但依然可以编译通过，不会发出任何报警信息。这时函数行为已经无法确定。

第二种实现方式，向函数传入非枚举类型值时，编译器将报出错误"参数不合法"错误，提醒我们。可以看出通过枚举类型实现时，实参传入时确实进行了参数检查。

最后，对枚举类型和#define 使用优劣情况进行总结：

（1）enum 枚举值属于常量，#define 宏值不是常量。

（2）enum 枚举具有类型，#define 宏没有类型。枚举变量具有与普通变量相同的诸如作用域、值等性质，但宏没有，宏不是语言的一部分，它是一种预处理替换符。枚举类型主要用于限制性输入。例如，某个函数的某参数只接受某种类型中的有限个数值，除此之外的其他数值都不接受，这时候枚举能很好地解决这个问题。能用枚举尽量用枚举。

（3）宏没有作用域，宏定义后的代码都可使用这个宏。宏可以被重复定义可能导致宏的值被修改，所以不要用宏定义整型变量，建议用枚举或 const。

请谨记

- 枚举用于某些限制性输入环境，可限制某个参数接受有限个数组。而#define 定义的系列宏无法实现这些功能。
- #define 宏可以重复定义导致宏值可被修改，所以整型变量的宏尽量用枚举或 const 替代。

20-2　为何 struct x1{struct x1 stX};无法通过编译

经常大家都会碰到这样的问题，定义一个数据类，而此数据类型又包含此数据类型的变量。通常做法应该是把数据类型中的变量定义为指针形式。例如定义一个二叉树的节点。

```
struct tagNode                    // 二叉树节点
{
        ElemType data;            // 节点数据
        struct tagNode *pLeftNode; // 节点左孩子
        struct tagNode *pRightNode;// 节点右孩子
}
```

上述二叉树节点定义是正确的，可以通过编译；但如果定义为下述对象形式，则无法通过编译。

```
struct tagNode                    // 二叉树节点
{
        ElemType data;            // 节点数据
        struct tagNode LeftNode;  // 节点左孩子
        struct tagNode RightNode; // 节点右孩子
}
```

上文对象形式二叉树节点为何不能通过编译呢？而采用指针形式二叉树节点却可以编译通过呢？

答案是 C/C++采用静态编译模型。程序运行时，结构大小都会在编译后确定。程序要正确编译，编译器必须知道一个结构所占用的空间大小。除此之外还有一个逻辑方面的问题，在这种情况下，想想可以有 LeftNode.LeftNode.LeftNode.LeftNode.LeftNode.LeftNode.LeftNode……，很有点子子孙孙无穷尽之状，那么我的机器也无法承受。这类错误称为类和结构的递归定义错误。

如果采用指针形式，指针的大小与机器的字长有关，不管是什么类型，编译后指针的大小总是确定的。所以这种情况下不需要知道结构 struct tagNode 的确切定义。例如，在 32 位字长的 CPU 中，指针的长度为 4 字节。所以，如果采用指针的形式，struct tagNode 的大小在 struct tagNode 编译后即可确定。大小为 sizeof(int)+4+4。对于对象形式的 struct tagNode 定义，其长度是在编译后无法确定的。

> （1）vs 2010 编译器中，错误 C2460 代表这种递归定义错误，编译提示："identifier1"：使用正在定义的 "identifier2"，将类或结构 (identifier2) 声明为其本身的成员 (identifier1)。不允许类和结构的递归定义。
> （2）编程过程中，禁止类和结构的递归定义。以防产生编译错误。

现在，继续讨论类递归定义的经典案例——两个类相互包含引用问题。这个问题是所有 C++程序员都会碰到的经典递归定义案例。

【示例 20-1】CA、CB 两个类相互包含引用问题（无法通过编译）。

CA 类包含 CB 类的实例，而 CB 类也包含 CA 类的实例。代码实现如下：

```
//  A.h 实现CA类的定义。
#include "B.h"
class CA
{
public:
    int  iData;      // 定义int数据 iData
    CB instanceB;    // 定义CB类实例 instanceB
}

//  B.h 实现CB类的定义。
#include "A.h"
class CB
{
public:
    int  iData;      // 定义int数据 iData
    CA instanceA;    // 定义CA类实例 instanceA
}

int main()
{
    CA  instanceA;
    return 0;
}
```

上述代码在 VC 2010 上编译，代码无法编译通过，编译器会报出 C2460 错误。先来分析一下代码存在的问题：

● CA 类在定义时使用 CB 类定义。CB 类定义使用 CA 类的定义，递归定义。

● A.h 包含了 B.h，B.h 包含了 A.h，也存在递归包含的问题。

其实，无论是结构体的递归定义，还是类的递归定义。最后都归于一个问题：C/C++ 采用静态编译模型。程序运行时，结构或类大小都会在编译后确定。程序要正确编译，编译器必须知道一个结构或结构所占用的空间大小。否则编译器就会报出编译错误，如 C2460 错误。

接下来，我们给出类或结构体递归定义的几个经典解法，这里以类为例。因为在 C++中 struct 也是 class，class 举例具有通用性。

1. 前向声明实现

【示例 20-2】CA、CB 两个类相互包含引用问题（前向声明实现）。

代码如下：

```
//  A.h 实现CA类的定义。

class CB; // 前向声明CB类
class CA
{
public:
    int  iData;        // 定义int数据 iData
    CB *pinstanceB;    // 定义CB类的指针p instanceB
}


//  B.h 实现CB类的定义。
#include "A.h"
class CB
{
public:
    int  iData;        // 定义int数据 iData
    -CA instanceA;     // 定义CA类实例 instanceA
}

#include"B.h"
int main()
{
        CA  instanceA;
    return 0;
}
```

前向声明实现方式的主要实现原则如下：

● 主函数只需要包含 B.h 即可，因为 B.h 中包含了 A.h。

● A.h 中不需要包含 b.h，但要声明 class CB。在避免死循环的同时也成功引用 CB。

● 包含 class CB 声明，没有包含头文件 "B.h"，这样只能声明 CB 类型的指针，而不能实例化。

2. friend 声明实现

【示例 20-3】CA、CB 两个类相互包含引用问题（friend 声明实现）。

代码如下：

```
//  A.h 实现CA类的定义。

class CA
{
public:
    friend  class CB;    // 友元类声明
    int  iData;          // 定义int数据 iData
    CB *pinstanceB;      // 定义CB类的指针p instanceB
}
```

```
//   B.h 实现CB类的定义。
#include "A.h"
class CB
{
public:
    int  iData;         // 定义int数据 iData
    CA instanceA;       // 定义CA类实例 instanceA
}

#include"B.h"
int main()
{
    CA  instanceA;
     return 0;
}
```

friend 友元声明实现说明如下：

● 主函数只需要包含 B.h 即可，因为 B.h 中包含了 A.h。
● A.h 中不需要包含 b.h，但要声明 class CB。在避免死循环的同时也成功引用了 CB。
● Class CA 包含 class CB 友元声明，而没有包含头文件 "B.h"，这样只能声明 CB 类型的指针，而不能实例化。

不论是前向声明实现还是 friend 友元实现，有一点是肯定的：最多只能一个类可以定义实例。同样头文件包含也是一件很麻烦的事情，再加上头文件中经常出现的宏定义。感觉各种宏定义的展开是非常耗时间的。类或结构体递归定义实现应遵循两条原则：

（1）如果可以不包含头文件，那就不要包含了。这时候前置声明可以解决问题。如果使用的仅仅是一个类的指针，没有使用这个类的具体对象（非指针），也没有访问到类的具体成员，前置声明即可。因为指针这一数据类型的大小是特定的，编译器可以获知。

（2）尽量在 CPP 文件中包含头文件，而非在头文件中。假设类 A 的一个成员是一个指向类 B 的指针，在类 A 的头文件中使用了类 B 的前置声明并成功，在 A 的实现中需要访问 B 的具体成员，因此需要包含头文件，应该在类 A 的实现部分（CPP 文件）包含类 B 的头文件而非声明部分。

请谨记

● 类和结构体定义中禁止递归定义，以防产生编译错误。
● 如果两个类相互递归定义时，需考虑前向声明或 friend 友元实现。但无论通过何种方法实现，有一点是肯定的：最多只能一个类可以定义实例。

20-3　实现可变数组 struct{int namelen; char namestr[1];};

变长数组（非 const 变量来定义数组的长度）是每个 C++开发人员梦寐以求的东西。通常实现 C++变长数组时，主要通过 new（或 malloc）实现。如下面这段代码所示：

```
int   inamelen = 100;
char *pNameStr = new char [inamelen ];
```

但这种实现有两个显著的缺点：

（1）pNameStr 指针无法记录自己的长度，它的长度必须另行存储，而且还需明确知道记录 pNameStr 长度的变量是 inamelen 。假设记错了，程序就会存在崩溃的风险。

（2）pNameStr 在使用完后，必须还给内存。否则就会存在内存泄漏的风险。因为 pNameStr 存储区在堆上。

我们继续看下面这样的结构体，它可以记录数组的长度。实现形式如下：

```
struct NameStr
{
    int  namelen;       // 名称字符串长度
    char *psznamestr;   //名称字符串指针
}
// 创建一个可变数组，数组长度为n。
Struct NameStr  MyName;
MyName.namelen = n;
MyName.psznamestr = malloc(n*sizeof(char ))
```

这种结构体的数组大小是动态分配的，但是这样分配的地址不连续（即 psznamestr 指向的数组不是接在 MyName.namelen 的后面），这样有时候会不方便，比如说用 memcpy 去从 MyName 首地址开始复制，只能复制 namelen 和 psznamestr 的值（即数组的首地址），如果想要得到数组里的数据就还要用 memcpy 从 psznamestr 的值再复制一次，这样就很麻烦，特别是在 socket 编程的时候，每次传出的数据都是"大小+数据"的模式，如果是这样写的结构体，需要调用两次传输函数，下面这种写法可以解决这个麻烦。

在 C89 中，有一种被称为"struct hack"的方法可以得到可变数组。首先看下面这个可变数组实现：

```
struct NameStr
{
    int  namelen;       // 名称字符串长度
    char namestr [1];   //名称字符串数组地址
}
// 创建一个可变数组，数组长度为n。
struct NameStr*p NameStr = malloc(sizeof(struct NameStr) + (n-1)*sizeof(char ));
```

动态数组 NameStr 分配在堆上。在堆内存上的布局如图 20-1 所示。创建时通过申请内存生成，使用完毕是必须释放申请的内存。虽然这种实现同样必须申请和释放内存，但是它有一个明确的优点是这种实现可以记录动态数组的长度。

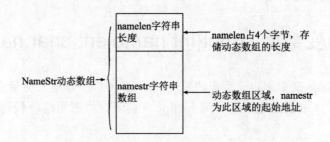

图 20-1　struct hack 动态数组内存布局

小心陷阱

- struct hack 动态数组必须分配于堆上。它通过 struct 数据结构实现，动态数组成员（如 namestr）必须是 struct 的最后一个数据成员。
- struct hack 可记录动态数组的长度。struct hack 同样存在一个缺点即无须编程人员手工分配和释放。

Struct hack 方式虽然解决了动态数组的问题，但是 struct hack 得到的数组长度 n，让人感觉有些不"合法"（在内存申请时只申请了 n-1 个，而实际上分配的数组长度却为 n）。所以为了解决这种问题 C99 提供了类似但合法的"struct"机制。采用这种机制，上述可变数组实现可改写成下述代码。

```
struct NameStr
{
    int  namelen;        // 名称字符串长度
    char namestr [];     //名称字符串数组地址
}
// 创建一个可变数组，数组长度为n。
struct NameStr*p NameStr = malloc(sizeof(struct NameStr) + (n)*sizeof(char ));
```

C99 的这种"struct"机制，让 struct hack 动态数组实现更符合编程人员的视觉需要，也更容易理解。但是它依然没解决编程人员手动内存分配，而引入的内存泄漏风险。

最后，我们来看一种真正的动态数组实现方式，这种实现方式有两点好处：一是解决编程人员手工内存操作的内存泄漏风险，二可具有普通数组的一切特性，这种数组的长度可以使一个非 const 变量。也就是 C99 新引入的变长数组功能。

新的 C99 标准增加了变长数组的支持，可以像以前定义数组一样，定义一个变长数组。数组长度可以是一个非 const 变量。可变数组的空间大小直到程序运行时才能确定，因此只有程序在运行时才能为数组分配空间。在 GCC 编译器中会在程序运行时根据实际指定的大小（变量当前的值）调节 ESP 的值，为数组在栈上分配适当大小的空间。由于要在运行时才能为数组分配空间，在开始分配空间之前空间的大小是不确定的，因此分配空间的起始地址也是不确定的（例如要在栈上分配两个可变长数组的情况下）。

为了在以后的代码中对可变长数组的内容进行引用操作，程序必须通过某种方式获取可变长数组的地址。在 GCC 编译器中，会在相对于 EBP 固定的偏移量的栈上分配一个固定大小的区域（称为内情向量）以记录可变长数组的信息，如数组的开始地址等。后续代码通过内情向量中的起始地址访问可变长数组。因为数组依靠在程序运行时动态的调整 EBP 来分配空间，所以这种类型的数组只能定义在栈内，不能定义在数据段（全局数组，静态数组）上。

下面这段代码采用的是动态数组的编程实现。

```
#include<stdio.h>
#include<stdlib.h>

int main()
{
    unsigned int uiArrySize = 0;    // 变长数组非const常量长度存储单元
    fscanf(stdin, "%d", &uiArraySize);
    int  aiArray[uiArrySize];        // 定义变长数组
    if (0 == uiArrySize)             // 判断长度是否为0。若非0，则打印数组数据。
```

```
    {
        printf("aiArray array is a empty array!\n");
        return 0;
    }
    else
    {
        /*错误：loop 初始化声明仅仅适用于C99模式下。
        Note：需应用-std=c99或-std=gnu99编译选项*/
        for(int i = 0; i < uiArrySize; i++)
        {
            printf("%d\t", aiArra [i]);
        }
    }
}
```

小心陷阱

● 虽然大部分编译器已支持 C99 标准，但至今依然有很多编译器不支持可变数组。它们遵从的依然是 C89 标准。

● 可变数组必须分配到栈上，不能分配到数据段上。如全局数组、静态数组就不能定义为可变数组。

请谨记

● 是 C99 支持的可变数组功能，的确可以给编程带来很多方便。但请谨慎使用。并不是所有的编译器都支持这种新功能。

● C89 支持 struct hack 可变数组实现，虽然要求编程人员自己去申请和释放数组。但在要求跨平台和兼容性较好的编程中。这种实现未必不是一个最佳的选择。

20-4　typedef 使用的陷阱

无论在 C 还是在 C++代码中，typedef 都是出现频率较多的一个关键字。typedef 本身的功能是很容易理解的，主要功能是定义一个已存在类型的别名。但是和宏并存，问题就变复杂了。一些编程人员常常将宏和 typedef 混为一谈。

typedef 有助于创建平台无关类型，甚至能隐藏复杂和难以理解的语法。使用 typedef 可编写出更加美观和可读的代码。所谓美观，意指 typedef 能隐藏笨拙的语法构造以及平台相关的数据类型，从而增强可移植性以及未来的可维护性。本文将竭尽全力揭示 typedef 强大功能以及如何避免一些常见的使用陷阱。

20-4-1　typedef 和宏混用陷阱

首先看 typedef 和宏混用陷阱。为说明这一问题，我们来看下面的这段代码。

```
#define PSTR_MACRO char*     // 定义一个宏类型PSTR_MACRO
typedef char * PSTR;         // 通过typedef定义一个新类型PSTR

int main(int argc, char* argv[])
{
// 声明两个变量piVar1和piVar2
```

```
    PSTR  piVar1, piVar2;
// 声明两个变量piVar3和piVar4
    PSTR_MACRO piVar3, piVar4;

    int     iVar = 100;        // 定义一个int变量iVar

// 将iVar变量地址赋给piVar1, piVar2, piVar3, piVar4四个变量
    piVar1 = &iVar;
    piVar2 = &iVar;
    piVar3 = &iVar;
    piVar4 = &iVar;

    // 输出piVar1, piVar2, piVar3, piVar4四个变量的值
    printf("piVar1 = %0X\r\n" , piVar1);
    printf("piVar2 = %0X \r\n" , piVar2);
    printf("piVar3 = %0X \r\n" , piVar3);
    printf("piVar4 = %0X \r\n" , piVar4);

    return 0;
}
```

代码段的输出为：

```
piVar1 = 19FC78
piVar2 = 19FC78
piVar3 = 19FC78
piVar4 = 78
```

通过代码片段的执行结果，可以看出 typedef 和#define 还是有很大区别的。先分析一下为什么上述代码中四个变量的输出值不同。

PSTR_MACRO 为预处理宏，只是简单的字符串替换，piVar3 和 piVar4 经过预处理后"PSTR_MACRO piVar3，piVar4;"声明转化为"char * piVar3，piVar4;"到这里也许你已经看出问题来了。piVar4 是一个 char 型变量，而不是 char*型变量。

PSTR 为一个通过 typedef 定义的类型别名。不进行原地扩展，新定义的别名有一定的封装性。"PSTR piVar1，piVar2;"在编译过程中，由于 PSTR 为 int 的别名。编译器会把"PSTR piVar1， piVar2;"语句当作"char *piVar1， *piVar2;"处理。而不是简单的宏替换。

宏和 typedef 区别：
● 宏定义只是简单的字符串替换；
● typedef 定义的类型是类型的别名，typedef 后面是一个整体声明，是不能分割的一个整体。具有一定的封装性，不是简单的字符串替换。

通过 typedef 声明多个指针对象，形式直观，方便省事，例如声明三个指针变量：

```
char *pszA, *pszB, *pszC;        // 声明三个指针变量，方式1

typedef char * PSTR;             // 声明三个指针变量，方式2：直观省事
PSTR pszA, pszB, pszC;
```

小心陷阱

typedef 主要为复杂的声明定义简单的别名，它本身是一种存储类的关键字，与 auto、

extern、mutable、static、register 等关键字不能出现在同一个表达式中。如"typedef static int S_INT;"就是非法的。

20-4-2 typedef 新规和简化技巧

讨论了 typedef 和#define 的区别，继续讨论 typedef 的其他用途。

（1）用在旧的 C 代码中，声明 struct 新对象时，必须要带上 struct，即形式为：struct 结构名对象名，例如：

```
struct tagPOINT  // 点数据结构
{
    int x;
   int y;
};
struct tagPOINT p1;
```

为实现在结构体使用过程中，少写声明头部分的 struct，可采用如下的实现方式。

```
typedef struct tagPOINT
{
    int x;
    int y;

}POINT;
POINT p1;
```

这样就比原来的方式少写了一个 struct，比较省事，尤其是在大量使用的时候。或许在 C++中可以直接写结构名、对象名，即：

```
tagPOINT1 p1;
```

在 C++中，typedef 的这种用途就不是很大，但理解了它，对掌握以前的旧代码还是有帮助的，毕竟在项目中有可能会遇到早些年代遗留下来的代码。

（2）typedef 另外一个重要的用途是定义机器无关的类型，保障代码具有较好的跨平台特性。例如，可定义一个称为 REAL_NUM 的浮点类型，在目标机器上可以获得最高的精度：

```
typedef long double REAL_NUM;  // 实数
```

在不支持 long double 的机器上，通过 typedef 可采用如下定义：

```
typedef double REAL_NUM;
```

在不支持 double 的机器上，通过 typedef 可采用如下定义：

```
typedef float REAL_NUM;
```

采用 typedef 实现数据类型的定义，不用对源代码做任何修改，即可在每一种平台上编译这个使用 REAL_NUM 类型的应用程序。

唯一需要修改的是 typedef 本身。在大多数情况下，甚至这个微小的变动完全都可以通过奇妙的条件编译来自动实现。STL 标准库广泛地使用 typedef 来创建这样的平台无关类型：size_t，ptrdiff 和 fpos_t 就是这样的例子。

（3）为复杂的声明定义一个简单的名称，简化代码。这一功能可增强代码的可读性和标示符的灵活性。

来看下面这个原始的复杂声明：在这个声明中，paFunc 为变量名称。

```
 int *(*paFunc[6])(char *pszInput);
```

现在来看通过 typedef 简化后的声明形式。

```
Typedef int *  (*pFunc)(char *pszInput);
pFunc paFunc[6];
```

20-4-3　类回调函数的实现

最后，看一下 C++ 类经常使用的回调函数实现。假设有一个类称为隧道 CTunnel 类，同时若此类接收到某一个数据时，回调一个预先设置好的回调函数。

【示例 20-4】隧道 CTunnel 类回调函数的声明和实现。

```
// Tunnel.h隧道类声明文件
// 回调函数声明
typedef BOOL *CallBackFunc(const char *pszData, const int nDatalength);

// 隧道类声明
class CTunnel
{
        CTunnel();
        virtual ~CTunnel();
        // 设置回调函数
        void SetCallBack(CallBackFunc *pCallBackFunc);
        // 隧道接收数据处理函数
        int OnRcvData(const char *pszData, const int nDataLength);
private:
        // 回调函数存储指针
        CallBackFunc m_pCallBackFunc;
};

// Tunnel.cpp 隧道类实现文件
CTunnel::CTunnel()
{
        m_pCallBackFunc = NULL;
}
CTunnel::~CTunnel()
{
}
// 设置回调函数
void CTunnel::SetCallBack(CallBackFunc *pCallBackFunc)
{
        m_pCallBackFunc = pCallBackFunc;
}
// 隧道接收数据处理函数
```

```
int CTunnel::OnRcvData(const char *pszData, const int nDataLength)
{
        if ((NULL == pszData)||(0 == nDataLength))
        {
            return -1;
        }

    .......

        if (NULL != m_pCallBackFunc)
        {
            return m_pCallBackFunc(pszData, nDataLength);
        }
        return 0;
}
```

请谨记

- 区分宏和 typedef 的差异，不要用宏的思维方式对待 typedef，因为 typedef 声明的新名称具有一定的封装性，而#define 宏，只是简单的字符替换。
- 尽量用 typedef 实现那些复杂的声明形式。保证代码清晰，易于阅读。

20-5　优化结构体中元素的布局

在开始讨论之前，先来看两个结构体类型，它们分别为 struct A 和 struct B：

```
struct A          // A 数据结构1
{
  long lA;        // lA long 数据
  char cB;        // cB char 数据
  short nC;       // nC short数据
};
struct A
{
  char cB;
  long lA;
  short nC;
};
```

在 32 位的机器上，char、short、long 三种类型的长度分别为 1，2，4。在 VS 2010 上测试 struct A 和 struct B 的存储长度。sizeof(struct A) = 8，sizeof(struct A) = 12。这也许会让你惊讶，char、short、long 分别占用 1、2、4 个字节。按照不同的顺序组合成一个结构体后，结构体的长度会大于三个长度的总和。这就是本小节要重点讨论的东西——结构体的内存布局。

结构体元素的布局是结构体定义过程中需要考虑到的。优化结构体元素的布局主要有这两个方面的原因：一是节省内存空间，二是提高数据存取速度。

说到节省内存空间和提高数据的存取速度。对齐是一个必须讨论的问题。现代计算机中内存空间都是按照 byte 划分的。从理论上来讲，似乎对任何类型变量的访问都可以从任何地址开始，但实际情况是在访问特定的变量时经常从特定的存储地址开始访问。这就要求各类型数据按照一定的规则在空间上排列，而不是顺序的一个接一个排放。也就是数据的对齐。

为什么要进行数据对齐呢？各个硬件平台对存储空间的处理上有很大的不同。一些平台对某些特定类型的数据只能从某些特定的地址开始存取。其他平台可能没有这种情况，但最常见的是如果不按照适合其平台要求对数据存放进行对齐，会在存取效率上带来损失。比如有些平台每次读都是从偶地址开始，如果一个 int 型（假设为 32 位系统）如果存放在偶地址开始的地方，一个读周期即可读出，而如果存放在奇地址开始的地方，就可能会需要两个读周期，并对两次读出的结果的高低字节进行拼凑才能得到 int 数据。显然在读取效率上下降很多。这也是空间和时间的博弈。

对齐的实现方式？通常不需要考虑对齐问题。编译器会默认选择目标平台的对齐策略。当然，我们也可以自己指定数据的对齐方法。

20-5-1　内存对齐

（1）内存数据对齐，降低数据存取的 CPU 时钟周期；适当的内对齐策略，可降低内存使用量。

（2）内存对齐一般由编译器替我们完成，无特殊需要不需要人为干预。

但是，正因为编译器替我们对数据存放做了对齐，但我们并不知道编译器做了这些，所以常常会对一些问题感到迷惑。最常见的就是 struct 数据结构的 sizeof 结果。为此，需要对对齐算法有所了解。对齐通常会影响结构体联合，还有类等复合类型数据的存储区域分布。

一般情况下，对齐算法遵循以下 4 个规则：

- 在复合类型中，各数据成员按照它们的声明顺序在内存中顺序存储。第一个成员放到复合类型的起始位置（相对偏移为 0）。
- 每个成员按照自己的对齐方式最小化长度。进行自身的数据存储。
- 复合类型的整体的对齐按照类型中长度最大的数据成员和#progma pack 指定值较小的值进行对齐。
- 整个复合类型的长度必须是所采用的对齐参数的整数倍。不够的补空字节。

现在，按照上述的对齐准则，再次从理论的高度分析为什么会得到上述运算结果。首先分析 struct A。lA 为 long 类型 4 字节。lA 采用 4 字节对齐。cB 为 char 型，采用 1 字节对齐。nC 为 short 类型采用 2 字节对齐。整个 struct 采用 4 字节对齐。所以可以得出如下结论：la 放置于 struct A 的其实位置，占用 4 个字节。cB 排列到 la 之后占用 1 个字节；nC 为 short 型 2 字节对齐，其实地址必须为 2 的整数倍，所以 cB 之后必须空闲一个字节，其后面可以存储 short 类型的 nC。struct A 在内存中的排列如图 20-2 所示。

图 20-2　struct A 内存分布图

按照同样的道理，struct B 的内存分布如图 20-3 所示。

图 20-3　struct B 内存分布图

可以看出，同样的三个数据由于排列顺序不同。导致 struct 的占用空间发生了很大的变化。

在定义 struct 数据类型时，struct 中的数据排列顺序是需要重点考虑的。如果在空间紧张时，定义结构体类型时，数据变量的排列顺序应遵守如下原则：把结构体中变量按照类型大小从小到大的顺序声明，尽量减少中间的空闲填充字节。还有一种就是以空间换取时间，按显示的填补空间进行对齐，比如：有一种使用空间换时间做法是显式的插入 reserved 成员：

```
struct A
{
    char a;
    char reserved[3];  //使用空间换时间
    int b;
}
```

提示：

（1）reserved 对程序没有什么意义。它只是填补空间，以达到字节对齐的目的。

（2）即使不加入 reserved 成员，通常编译器也会自动填补对齐。加上它，只是显式的提醒作用。

接下来，我们来看这下面这段代码片段：

```
unsigned int  i  = 0x12345678;
unsigned char * p = NULL;
unsigned short *p1 = NULL;
p    = &i;
*p   = 0x00;
p1   = (unsigned short *)(p+1);
*p1  = 0x0000;
```

最后两句代码，从奇数边界访问 unsignedshort 型变量，显然不符合对齐规定。在 x86 上，这种操作只会影响效率，但是在 MIPS 或 sparc 上，可能就是一个 error，因为它们要求必须字节对齐。

如果你是从事网络协议栈开发的，可能会为这样的事情烦恼：在定义协议报头时，由于协议报头的这段的顺序是固定的，无法按照类型从小到大的顺序声明，最终导致程序出现异常现象。

例如，在小端 CPU 格式下，IP 协议头定义如下：

```
// IP头部，总长度20字节
struct IP_HDR
{
    unsigned char ihl:4;        //首部长度
    unsigned char version:4,    //版本
    unsigned char tos;          //服务类型
    unsigned short tot_len;     //总长度
    unsigned short id;          //标志
    unsigned short frag_off;    //分片偏移
    unsigned char ttl;          //生存时间
    unsigned char protocol;     //协议
    unsigned short chk_sum;     //检验和
    struct in_addr srcaddr;     //源IP地址
    struct in_addr dstaddr;     //目的IP地址
};
```

20-5-2　progma pack()宏对齐

在 IP 协议头中任何两个逻辑上相邻的字段。都必须在内置中相邻。中间不能出现因为对齐而添加的空闲字段。为达到取消空闲字段的目的，编译器允许我们根据需要设置复合类型（结构体、联合、位段）的对齐方式实现。这就是 progma pack()宏。它的功能说明如下：

```
#pragma pack( [show] | [push | pop] [, identifier], n )
```

功能说明

- pack 提供数据声明级别的控制，对定义不起作用；
- 调用 pack 时不指定参数，*n* 将被设置成默认值；
- 一旦改变数据类型的对齐格式，直接效果就是占用 memory 减少，性能会下降；

语法说明

- show：可选参数；显示当前 packing aligment 的字节数，以 warning message 的形式被显示；
- push：可选参数；将当前指定的 packing alignment 数值进行压栈操作，这里的栈是 the internal compiler stack，同时设置当前的 packing alignment 为 n；如果 n 没有指定，则将当前的 packing alignment 数值压栈；
- pop：可选参数；从 internal compiler stack 中删除最顶端的 record；如果没有指定 n，则当前栈顶 record 即为新的 packing alignment 数值；如果指定了 n，则 n 将成为新的 packing aligment 数值；如果指定了 identifier，则 internal compiler stack 中的 record 都将被弹出（pop）直到 identifier 被找到，然后 pop（弹出）identitier，同时设置 packing alignment 数值为当前栈顶的 record；如果指定的 identifier 并不存在于 internal compiler stack，则 pop（弹出）操作被忽略；
- identifier：可选参数；当和 push 一起使用时，赋予当前被压入栈中的 record 一个名称；当和 pop 一起使用时，从 internal compiler stack 中 pop 弹出所有的 record 直到 identifier 被 pop 弹出，如果 identifier 没有被找到，则忽略 pop 操作；
- n：可选参数；指定对齐的数值，以字节为单位；默认数值是 8，合法的数值分别是 1、2、4、8、16。

最后，看一下 progma pack()复合类型内存对齐的影响。对比下面三组代码片段，观察同一结构体在不同的对齐方式下结构体的长度。

片段一：通过 progma pack 指定对齐格式为 1。sizeof(struct A) = 7。

```
#progma pack(1)
struct A
{
  char b;
  int a;
  short c;
};
progma pack()
```

片段二：通过 progma pack 指定对齐格式为 2。sizeof(struct A) = 8。

```
#progma pack(2)
struct A
{
    char b;
    int a;
    short c;
};
progma pack()
```

片段三：通过 progma pack 指定对齐格式为 4。sizeof(struct A) = 12。

```
#progma pack(4)
struct A
{
    char b;
    int a;
    short c;
};
progma pack()
```

可以看出，将结构体的对齐方式设置为 1，结构体 A 就不会自动填充空闲字段。结构体 A 的长度是各元素所占字节之和 7。采用某种对齐方式整个结构体的总长度必须能被对齐方式整除。如对齐方式设置为 2，结构体总长度为 8 可被 2 整除；对齐方式设置为 4，结构体总长度为 12 可被 4 整除。

请谨记

掌握复合类型中元素的对齐规则，合理的调整复合类型中元素的布局。这样不仅可以节省空间，还可以提高数据存取效率。

20-6 既有结构，为何引入联合

联合是一种特殊的结构体，严格意义上来讲，它不是一种结构体，而是一个变量多种别名的集合，但形式很像结构体，大家仔细看看他们的差异。

20-6-1 结构体与联合体的差异

Struct 结构体由一系列相同类型或不同类型的数据构成的数据集合。结构体也称结构。结构体的一般定义形式如下：

```
struct 结构体名称
{
    成员表列
}变量表列;
```

例如：

```
/* 定义一个名称为Person的结构体*/
struct Person
{
```

```
    char *pszName;    /*Person的名称*/
    int   iSex;       /*Person的性别*/
}Boy; // 定义一个名称为Boy的变量
```

Union 联合由几个不同的变量存放在同一区域内，也就是覆盖技术。几个变量互相覆盖。Union 联合的一般定义形式如下：

```
union 结构体名称
{
    成员表列
}变量表列;
```

例如：

```
/* 在用一位置存放1 字和2个字节*/
union WordToByte
{
  unsigned char Tbyte[2]    ;/* Tbyte[0]是Tword的低字节 */
  unsigned short Tword;      /* Tbyte[1] 是Tword的高字节 */
}Word;
```

从定义形式上来看，"联合"和"结构体"非常相似。但两者在本质上还是有很大的差异。首先，在结构体中每个成员都有自己的内存，一个结构体变量的总长度等于各个成员长度的总和。在联合中，各个成员共享一段内存空间，一个联合变量的长度等于各个成员中长度最大的那个成员的长度。联合体对数据的引用和结构体对数据的引用方式相同。必须通过联合或结构体中的元素引用，不能引用联合体变量。

例如，针对上述定义的联合体变量 Word 下面的操作就是错误的。

```
printf("%d", Word);  <== 这种用法是错误的。
```

说明：联合体的共享不是指把过个成员同时装入一个联合体内，而是数据根据联合体的定义可以展现为不同的形式。同时向用户传递不同信息的过程。

联合体一般有下述几个特点：

- 同一个联合体，可用来存放几种不同类型的成员，但在每一瞬间只能存放其中的一种，而不是同时存放几种。换句话来说，每一瞬间只有一个成员起作用，其他的成员不起作用，即不是同时都在存在和起作用。
- 共用体变量中起作用的成员是最后一次存放的成员，在存入一个新成员后，原有成员就失去作用。
- 共用体变量的地址和它的各成员的地址都是同一地址。
- 不能对共用体变量名赋值，也不能企图引用变量名来得到一个值，并且也不能在定义共用体变量时对它进行初始化。
- 不能把共用体变量作为函数参数，也不能作为函数的返回值，但可使用指向共用体变量的指针。
- 共用体类型可出现在结构体类型的定义中，也可定义共用体数组。反之，结构体也可出现在共用体类型的定义中，数组也可作为共用体的成员。

20-6-2 联合体的经典应用场景

最后，来看一下联合体的两种经典的应用场景。一种是通过联合体判断操作系统，或者CPU的特征；另一种是同样的数据采用不用的展现方式，会使获取的信息更清晰明了。

首先看第一种，获取操作系统或者 CPU 特征，经常会碰到这样的问题，在网络传输中数据都是采用大端传输的，而我们并不知道服务器 CPU 采用的格式是大端还是小端，在编写服务器处理程序时有时会遇到数据解析错误的现象。采用联合体可方便获取 CPU 的大小端特征。

```
union w
{
  int a;  //4 bytes
  char b; //1 byte
} c;

c.a = 1;
if (c.b==1)
{
  printf("此CPU是小端CPU\n");

}
else
{
  printf("此CPU是大端CPU\n");
}
```

接着采用联合体实现数据的展示，同样以网络数据为例。在网络中数据都是以流的形式传输，而当到达服务器时，数据流就会以不同的形式解析。典型的就是包头的解析。来看一个链路层数据报头通过联合处理后数据的展示。

```
// 网络数据，全部是十六进制数据。不方便报文的分析和查看。
szData[] = {
  0x70,0x1a,0x04,0xae,0x2f ,0x0f ,0x40,0x16,0x9f,0xd6 ,0x62,0x8a,0x08,0x00,0x45,0x00,
  0x00,0x2c,0x45,0x62,0x00,0x00,0x32,0x11,0xa4,0xa9,0xdb,0x8f,0x01,0x1a,0xc0,0xa8,
  0x01,0x64,0xaa,0xd0,0x11,0x72,0x00,0x18,0x55,0x5b,0x4b,0x55,0x00,0x01,0x04,0x00,
  0x00,0x08,0x00,0x00,0x00,0x03,0x00,0x00,0x00,0x09
};

// 链路层MAC数据报头的定义
struct eth_hdr
{
  struct eth_addr dest;   //目标 MAC 地址
  struct eth_addr src;    //源MAC 地址
  u16_t type;             //类型
};
union ETH_HDR            // eth 头联合体
{
```

```
    char *pszMacData;
    eth_hdr ethhdr;
}

ETH_HDR ethHDR;
memset(&thMsg, 0, sizeof(ETH_HDR));
ethHDR.pszMacData = szData;        // szData代表网络上读取的数据。
```

通过 ethHDR.ethhdr. type 方便查看 MAC 报文头中的类型数据。

请谨记

联合体虽然和结构体长得很像，但两者还是有本质的区别。在使用时请区别看待。

20-7　提防隐式转换带来的麻烦

在 C/C++中，类型转换一般发生在这种情况下：为实现不同类型的数据之间进行某一操作或混合运算，编译器必须把它们转成同一种类型的数据。C/C++语言中的类型转换分为两种，一种是隐式转换，特指那些由编译器替我们完成的类型转换。另一种是显示转换，特指那些由开发人员显示进行的数据类型转换。

说明：
- 隐式转换在编译过程中由编译器按照一定的规则自动完成，无须任何人为干预。
- 显示转换由人为因素显示干预完成，与隐式转换相比，显式转换使得开发人员更加容易获取所需类型的数据；阅读代码的人也更易明白开发人员的真实意图。

存在大量的隐式转化也是 C/C++语言常受人诟病的原因之一。隐式转换虽然可以给开发人员带来一定的便利，使代码更加简洁，减少不必要的冗余。但隐式转化所带来的副作用也是不可小觑的。它常常使我们变得苦不堪言。

20-7-1　隐式转换发生的几种情况

C/C++的隐式转换主要发生在下面几种情况下。

1. 内置类型间的隐式转化

内置数据类型的隐式转化，发生在下面这些条件下：在混合类型表达式中，操作数被转换成相同的类型；用作 if 语句或循环语句的条件时，被转换为 bool 类型；用于 switch 语句时，转为整数类型；用来初始化某个变量（包括函数实参、return 语句），转为变量的类型。内置类型转化时，转化级别如图 20-4 所示。且在隐式转化时，总是由低级别到高级别转化。

double	>	float	>	long long unsigned long long	>	long unsigned long	>	int unsigned int	>	short unsigned short	>	char unsigned char

图 20-4　内置类型转化级别

同时内置类型的级别还遵循以下 8 条规则。
- 除 char 和 signed char 外，任何两个有符号的整数类型都具有不同的级别（Rank）。
- 有符号的整数类型的级别高于比它小的有符号的整数类型的级别。

- 无符号整数类型的级别等于其对应的有符号整数类型的级别。
- 标准整数类型的级别高于同样大小的扩展整数类型的级别。（比如在 long long 为 64 位，且 __int64 为扩展整数类型情况下，前者高于后者）。
- 布尔类型 bool 的级别低于任何一个标准的整数类型级别。
- char16_t、char32_t、wchar_t 的级别等于底层类型的级别。
- 相同大小的两个有符号的扩展整数类型间的级别高低，由实现定义。
- 整数类型级别低于浮点数级别，双精度的级别高于单精度浮点数的级别。

隐式转化规则：

- 为防止精度损失，类型总是被提升为较高级别。
- 所有含有小于整型类型的算术表达式在计算之前其类型均被转化为整型。

关于内置类型转换在编码中，隐式转化的过程及产生的副作用。可以参考下面这段代码：

```
int  nValue = 100;
float fValue = 50.1233f;
double dValue = 100;
cout << (nValue + fValue) << endl;  // nValue 被提升为float类型，提升后值为100.0。
void Output(double dPutValue);
void Output(float fPutValue);
………
Output(dValue);     //  调用double类型的Output函数
Output(fValue);     //  调用float类型的Output函数
Output(100.4);      //  调用错误，编译器无法决定到底调用哪个函数版本。
```

2. non-explicit 构造函数接受一个参数的用户定义类对象之间的隐式转化

我们首先来看下面这段代码。

```
// CTest测试类
class CTest
 {
public:
   CTest (int n) { m_nNum = n; }  //普通构造函数
   virtual  ~ CTest () { }
   private:
    int m_nNum;
 };

void Func(CTest test); // 完成某一功能的一个函数

int main()
{
     Func(100);   // 将100作为参数传给Func，并执行函数。
}
```

在上述代码中，当调用 Func()函数时会发现形式参数和实参的类型不匹配。但编译器发现形参类 CTest 类只有一个 int 类型参数的构造函数，所以编译器会以 100 为实参调用 CTest 的构造函数构造临时对象，然后将此临时对象传给 Func()函数。

其实这些问题是共存的，编译器提供隐式转化的方便，但如果出现错误也是程序员需要负责的问题。权利和义务对等原则在这里依然适用。为体现这种对等原则。如程序员想避免隐式转化代码的麻烦，必须履行相应的义务——限制隐式转化。C++提供了两种有效途径解决隐式转化控制。

3. 根据需要自定义具名转换函数

我们先来看下面的代码：

```
class String
{
public:
  operator const char* ( ); // 在需要的情况下，String 对象可以转成 const char* 指针。
};
// 上面的定义将使很多愚蠢的表达式通过编译 （ 编译器启用了隐式转换 ） .
                              // 假设s1和s2均是String类型字符串。
int x = s1 - s2;          // 可以编译，但行为不确定
const char* p = s1 - 5;   // 可以编译，但行为不确定
p = s1 + '0';             // 可以编译，但不是你期望的结果
if ( s1 == "0" ) { ……}    // 可以编译，但不是你期望的结果
```

为避免此类问题的出现，建议使用自定义转换具名函数代替转换操作符。下面的代码就是一段较好的代码。

```
class String
 {
public:
  const char* as_char_pointer ( ) const;  // String 对象转成 const char* 指针。
};
// 假设s1和s2均是String类型字符串。
int x = s1 - s2;          //   编译错误
const char* p = s1 - 5;   //   编译错误
p = s1 + '0';             //   编译错误
if ( s1 == "0" ) { ……}    //   编译错误
```

4. 使用 explicit 限制的构造函数

这种方法针对的是具有单参数构造函数的用户自定义类型。具体代码如下：

```
class Widget
 {
public:
  Widget (unsigned int widgetizationFactor);
  Widget (const char* name, const Widget* other = 0);
};

Widget widget1 = 100;         // 可编译通过
Widget widget1 = "my window"; // 可编译通过
```

在上述代码中，unsigned int 类型和 char*类型变量都可以隐式转化为 Widget 类型对象。例如：

为控制隐式转化，C++引入了 explicit 关键字，在构造函数声明时添加 explicit 关键字可禁止此类隐式转化。再来看添加了 explicit 关键字的上述代码编译情况：

```
class Widget
```

```
{
public:
  explicit  Widget (unsigned int widgetizationFactor);
  explicit  Widget (const char* name,  const Widget* other = 0);
};

Widget widget1 = 100;            // 编译错误
Widget widget1 = "my window";  // 编译错误
```

20-7-2　一个不经意隐式转换陷阱

最后，给大家讲述一个重要的隐式转化理念。如果有这样一个问题：隐式转化过程中，转型真是什么都没做吗？仅仅是告诉编译器把某种类型视为另外一种类型？我想大部分程序员会说是的，它们提供的原因是在编程过程中隐式类型转换时，转型确实什么都没有做。如果你持有这样观念，那就需要注意了。这个观念是错误的。也许你不同意我的说法，但是如果你看完下面的两段代码段，你一定会惊呆的！

代码段一：

```
Class CBaseA
{
Public:
  virtual void Func1() {}
};
Class CBaseB
{
Public:
  virtual void Func2() {}
};
Class CDrived:public CBaseA,  public CBaseB
{
Public:
  virtual void Func1() {}
  virtual void Func2() {}
};

CDrived d;
CDrived*pd = &d;
CBaseB*pb = &d;
printf("d's location is %d\r\n",  pd);
printf("d's location is %d\r\n",  pb);
```

现在的问题是：代码中 pd 和 pb 两个指针的值是相等吗？可以再 VS2010 或者 GCC 上验证一下，在 VS2010 上运行的结果如下：

```
d's location is 2685200
d's location is 2685204
```

分析一下上述示例为什么会有这样的运行结果：仅仅是建立一个基类指针指向一个子类对象，然后再建立一个子类指向此子类，最后两个指针的值就不同了。这种情况下两者会有一个偏移量在运行时会施加于子类指针上，用以取得正确的基类指针值。

小心陷阱

不仅多重继承对象拥有一个以上的地址，即使在单一继承对象中也会发生这样的现象。所以请注意，在类型隐式转化过程中，应该避免做出"对象在 C++中如何分布布局"的假设。

代码段二：

```
char cValue1 = 255;
printf("cValue1 = %d\r\n", cValue1);
```

现在这段代码的运行结果呢？编译器会输出"cValue1 = 255"吗？如果把这段代码在 VS2010 编译器上运行一下，会发现输出结果不是"cValue1 = 255"而是"cValue1 = -1"。分析一下为什么会出现这样的问题。

- printf 在执行时，输入参数的类型是 int 型，而 cValue1 的类型却是 char 型。所以函数 printf 在执行时 cValue1 会提升 int 型临时变量 temp。
- temp 在提升时遵循这样的规则，数据提升时进行符号位扩展，cValue1=255=1111，1111B 符号位为 1。所以提升为 int 类型时 temp=1111，1111，1111，1111，1111，1111，1111，1111B。temp 的原码是-1。所以上述代码输出-1。

注意：整型值类型提升规则：补码进行符号位扩展，得到的补码值即为提升后的变量值。

上面的两个代码段，仅仅是隐式转化过程中最常见的两类隐式转化。编译器进行的隐式转化还有很多种。通过上述两个简单的例子，可以看出编译器在隐式转化时，并不是我们想象的什么都不做，仅仅是赋值而已。在隐式转化过程中会进行很多微妙的处理。这才是在使用隐式转化时应注意的东西。

请谨记

- 在使用编译器隐式类型转化时，请千万小心。能减少隐式转化使用就尽量少使用。
- 除非明确知道隐式转换时编译器发生什么时，在编程时请不要对编译器隐式转换进行任何假设。

20-8 如何判定变量是否相等

判断两个变量是否相等是所有程序开发人员都会碰到的问题。肯定有人会说判断两个变量是否相等还不简单：假设两个变量分别为 a 和 b，如果（a=b）为真就说明 a 和 b 相等，否则就说明不相等。也许大多数人都这么认为，说明你们还是 C/C++开发新手，其实在 C/C++中判断两个变量相等与否是一件很麻烦的事情。下面来慢慢阐述。

其实判断两个变量是否相等，有两点非常重要：

（1）两个变量分别都是什么类型？首先两个变量的类型应该一样。如果两个变量都不是一个类型，判断两者是否相等也就没有任何意义。这个很容易理解。

（2）变量相等的判断依据是什么？这一点也许大家不是很理解。这也是判断两个变量是否相等最为关键的地方。

小心陷阱

- 判断两个变量是否相等时，两个变量类型必须相同。绝对不允许出现一个为 int，另一个为 short 情况。
- 每种类型的变量，其判定依据各不相同。有些可判定是否相等，有些则根本无法判断是否相等。只有那些允许判定是否相等的变量才可以判断是否相等。

编程时，接触的变量主要有以下几种：布尔变量、整型值、浮点型变量、字符串变量、指针变量。下面将主要讲述各类变量是否相等的判定依据。

1. 布尔变量相等无意义

布尔变量表示真值 true 和 false。在 C++中布尔值的类型是 bool。布尔变量一般描述某一操作执行成功与否，成功返回 true，否则返回 false。布尔类型的变量一般无法判定是否相等。因为判断两个布尔变量相等毫无意义。

2. 整型值变量相等判定

整型值一般包括（unsigned）char，（unsigned）short，（unsigned）int 等数据类型。判断两个整型变量是否相等是我们经常遇到的编程问题。判断两个整型变量是否相等，一般有以下两个步骤：

（1）一般应保证两整型值为同一类型，如果两个整型值不是同一类型，C++编译器会默认将类型阶低的变量隐式转化为阶高的变量。

（2）如两整型值类型相同，通过 C++提供的 "==" 操作符即可进行两个整型变量是否相等的判定。

小心陷阱

在判断两个整型值是否相等时，应尽量保证两个整型值为同种类型：

- 如果两者不是同类型，C++编译器会进行隐式类型转换。因为编译的隐式转化有时会给我带来很多意想不到的麻烦，所以一般禁止两整型值比较式发生隐式转化。
- 如果两者不是同类型，不仅应该禁止隐式转化，显示类型转化更应该明令禁止。在这种情况下，应该重新审视设计。以避免这类问题的出现。

为把整型值的变量比较讲述得更加明了，来看下面这两个例子： 首先看一个隐式转化的例子。

```
// 判断两个数是否相等。
char cValue1 = 255;
int  nValue2 = -1;
if (cValue1 == nValue2)
{
    printf("cValue == nValue2");
}
else
{
    printf("cValue != nValue2");
}
```

如果问你上述代码的执行结果，我想肯定会说上述代码的执行结果是 cValue != nValue2。但实际上是这样的吗？答案是：上述代码的执行结果是 cValue == nValue2。也许你不相信这一执行结果，请把上述代码在 VS2010 上执行一下。也许你就相信了。

下面来分析一下为什么会是这样的执行结果：以前我们讲过 char 的取值范围为-128～127。如果给一个 char 型变量 cValue1 赋值 255。cValue1 应该等于 1111 1111B。由于变量中第一 bit 位代表变量的正负值，1 代表负数。将 char 变量隐式转化为 int 变量时会进行符号位扩展，所以 cValue1 会提升为一个 int 型临时变量 temp 其值等于 1111，1111，1111，1111，1111，1111，1111，1111B（此补码值对应原码值为-1）。上述代码 C++编译器在编译时会转化为下述代码，然后进行编译。

```
// 判断两个数是否相等。
char cValue1 = 255;
int  nValue2 = -1;
int  temp   = cValue1;
if (temp  == nValue2)
{
    printf("cValue == nValue2");
}
else
{
    printf("cValue != nValue2");
}
```

通过上述分析，可以看出 cValue1 首先提升为 int 型变量 temp 其值等于-1，在 if 判断时为真。所以会打印出 cValue == nValue2 语句。

3. 浮点型变量相等判定

浮点型变量包括单精度浮点型和双精度浮点型。浮点数的比较不能通过简单的"=="进行判定。必须通过差值的绝对值的精度判定。浮点型的这种判定标准是由浮点数据在内存存放的格式决定的。

小心陷阱

判断两个浮点型变量是否相等，不能简单地通过"=="运算符实现。在内存中，没有任何两个变量是完全相等的。

如果两个浮点变量非常接近时，"=="运算结果是随机值。所以不能用"=="运算符判断两个浮点数是否相等。

判断两个浮点型变量是否相等，主要有以下几种方法。介绍这些实现方法后再对比一下各方法的优缺点：

（1）利用差值的绝对值精度判断。先来看这种方法的代码实现。

```
bool IsEqual(float fValueA, float fValueB, float frelError)
{
    if (fabs(fValueA - fValueB ) <= frelError)
    {
    return true;
    }
    return false;
}
```

实现说明：fValueA 和 fValueB 表示两个浮点数， frelError 是预设精度，比如 1e-6。如果要求更高的精度可以把 frelError 设置得更小一点儿。

缺点：此方法是使用误差分析中所说的绝对误差，在某些场合下基于绝对误差下进行的判断是不可靠的。比如 frelError 取值为 0.0001，而 fValueA 和 fValueB 也在 0.0001 附近，显然不合适。对于 fValueA 和 fValueB 大小是 10000 时，它也不合适，因为 10000 和 10001 也可以是伪相等的。

适用环境：适合它的情况只是 fValueA 或 fValueB 在 1 或者 0 附近时。

（2）利用差值的相对值精度来判断。先来看这种方法的代码实现。

```
bool IsEqual(float fValueA, float fValueB, float frelError)
{
if(fabs(fValueA)<fabs(fValueB))
{
    return (fabs((fValueA - fValueB)/fValueA) > frelError)?(true):(false);
}
return (fabs((fValueA - fValueB)/fValueB) > frelError)?(true):(false);
}
```

实现说明：此法通过相对误差实现，fValueA 和 fValueB 表示两个浮点数， frelError 是预设的相对精度，比如 1e-6。如果要求更高的精度可以把 frelError 设置得更小一点儿。

缺点：在某些情况下，相对精度也不能代表全部。例如在判断空间三点是否共线时，使用判断点到另外两个点形成的线段的距离的方法时。

适用环境：适用那些通过相对误差可进行是否相等判定的场所。

（3）绝对精度和相对精度相结合的方法，先来看下面这种方法的代码实现。

```
bool IsEqual(float fValueA, float fValueB, float absError, float relError )
{
    if (fValueA == b)
{
    return true;
}
if (fabs(fValueA - fValueB)<absError )
{
    return true;
}
if (fabs(fValueA > fValueB)
{
    return (fabs((a-b)/a>relError ) ? true : false;
}
return (fabs((fValueA - fValueB)/b>relError ) ? true : false;
}
```

实现说明：fValueA 和 fValueB 表示两个浮点数， absError 是预设的绝对精度，relError 是相对精度。

缺点：无。

适用环境：此方法适用于所以浮点数是否相等进行判定的场合。

4．字符串变量相等判定

字符串是在编程过程中普遍使用的，一个字符串一般有多个字符组成。两个字符串相等要满足两个条件：

（1）两个字符串的长度必须相等。

（2）两个字符串的每个字符必须相等。

C 语言标准库提供了几个标准函数可比较两个字符串是否相等。它们是 strcmp 和 strcmpi()。strcmp 对两个字符串进行大小写敏感的比较，strcmpi() 对两个字符串进行大小写不敏感的比较。

```
int     strcmp(_In_z_ const char * _Str1, _In_z_ const char * _Str2);
int     strcmpi(_In_z_ const char * _Str1, _In_z_ const char * _Str2);
```

函数的输入/输出及功能说明，如表 20-2 所示。

表 20-2　函数的输入/输出及功能说明

函数名称	_Str1	_Str2	功能	返回值	说明
strcmp	字符串 1	字符串 2	大小写敏感的比较	< 0	第一个字符串小于第二个字符串
				0	两个字符串相等
				> 0	第一个字符串大于第二个字符串
strcmpi	字符串 1	字符串 2	大小写不敏感的比较	< 0	第一个字符串小于第二个字符串
				0	两个字符串相等
				> 0	第一个字符串大于第二个字符串

5．指针变量相等判定

指针变量是 C++中功能最强大，也是出现问题最多的地方。指针变量在比较时，必须保证两个变量是同一类型的指针变量。为说明指针类型在指针变量比较时的作用，我们看一下下面的这段代码：

```
// 父类：基类CBaseA
class CBaseA
{
public:
    // 构造函数
    CBaseA() {}
    // 析构函数
    ~CBaseA() {}
};
// 父类：基类CBaseB
class CBaseB
{
public:
    // 构造函数
    CBaseB() {}
    // 析构函数
    ~CBaseB() {}
};
// 派生类CDrived, 派生于CBaseA和CBaseB
class CDrived : public CBaseA, public CBaseB
```

```
{
public:
    // 构造函数
    CDrived() {}
    // 析构函数
    ~CDrived() {}
};

int _tmain(int argc, char* argv[])
{
    CDrived d;

    // 将d对象地址，转化为CDrived*指针地址
    CDrived*pd = &d;
     // 将d对象地址，转化为CBaseB *指针地址
    CBaseB *pb = &d;

     // 判断pd指针地址和pb指针地址是否相等，如果相等输出 "pVoidD == pVoidB"
     // 否则输出 "pVoidD != pVoidB"。
      void *pVoidD = pd;
      void *pVoidB = pb;
      if (pVoidD == pVoidB)
      {
          printf("pVoidD == pVoidB");
      }
      else
      {
          printf("pVoidD != pVoidB");
      }
      return 0;
}
```

上述这段代码的执行结果是：pVoidD != pVoidB。这也许会超乎你的想象，但实际上计算机确实是这样处理的，指针变量在强制转换后，已经失去了其原本的面目。

小心陷阱
指针变量除了可比较是否相等外，无法进行大于和小于的比较。

请谨记
- 在比较变量是否相等时，首先需要明确变量的类型，因为不同的变量其比较方式是不同的。必须注意。
- 在比较变量是否相等时，请小心隐式转换。注意隐式转换时编译器替你做了什么？并注意这些隐式操作带来的副作用。

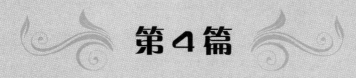

第4篇
C++和类——面向对象的世界观

　　本篇从编程实践出发，基本上是一个 C++语法与面向对象编程思想的一个简明手册。目的是通过一边学习一边编程，帮你建立一些重要概念，补充教科书上学习的不足，同时使你在学习下一篇内容时，降低学习台阶，另外就是在选购《C++ Primer》等大部头名著时，心里更有数一些。不过，C++与面向对象编程博大精深，本篇的内容根本不够，如果需要深入掌握，另外阅读一些名著是必不可少的。

　　我们常常只是使用了一些概念，比如数据成员和方法成员，目的是希望入门的读者知道如何使用即可。至于为什么，可能 Bjarne Stroustrup 的名著《C++语言与演化》值得读者仔细阅读。希望读者能理解类和对象出现了类的定义和类的使用相分离的情况。进入另外一个世界，培养面向对象的思维方法。用类模拟现实世界。

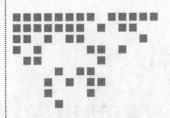

Chapter 21 第 21 章

从精通 C 到学习 C++

C++是第一个受到程序员大量使用的、具有面向对象特征的程序设计语言。后来的 Object Pascal（Delphi）、Java 以及 C#，或多或少都受到它的影响。从学习的角度来看，了解 C++类和封装等基本概念，对理解 Visual C++中的 MFC 类库当然有很大的帮助。其实对使用 Visual Basic，还有 Delphi/Kylix/C++ Builder 的 VCL，甚至.net Frameworks 也有良好的作用。不过，从程序设计学习的角度来看，很多人都是先学习了 C 语言，然后再学习的 C++，如果是这样，本章的先导内容，正好值得读者好好阅读。

21-1 我们为什么要学习 C++

很多 C 语言的高手，或程序设计的初学者都会问我这个问题。

我的答案是三点：

1. 新的代码组织形式

相对 C 语言的过程式程序设计，C++是一种更新的代码和数据的组织形式。

这种组织形式，可以用封装两个字来概括。这种方法使得代码的模块性更强，模块代码之间的耦合性更少，修改某一个模块，不容易引发另外的模块出问题，程序的稳定性也更好。

而且绝大多数更新的开发语言、Java、C#之类，都具有这样的特点。可以说，学好了 C++，一方面是学习了一种新的代码组织和生长形式。另一方面对你快速掌握学习新的语言很有帮助。

2. 更接近人的思考方式

程序设计终究是为了解决问题。

一般是两种思路，一种是接近计算机中 CPU 机器指令的逻辑模式，一种是人的思考模式。

C 语言，以机器的指令流程为主，当然是第一种模式。

而 C++ 是面向对象的思考方式，更多的是人看世界的方式。

所以，学习 C++ 更重要的是一种思维。

3．一种更好的 C

C++ 在一些地方改进了 C，并且逐步被 C 语言吸收。

比如：for（int i=1;i<=10;i++）；这种在循环语句中定义变量的简洁方式，是来自于 C++ 的，但是新的 C 语言标准也吸收这种方法。

现在绝大多数 C 语言的编译器也开始具备这些新特性。

在这篇内容中，并不打算长篇介绍 C++ 语法，主要是从学习和思考的角度。

一方面，介绍 C++ 基本语法，然后给读者推荐更多的优秀 C++ 图书，比如模板、STL、泛型，这些读者都要去其他图书中学习。

另一方面，帮助读者理解 C++ 面向对象程序设计之道，为将来的学习打好基础。

如此而已，更多的 C++ 学习，还要靠读者一步一个台阶，毕竟 C++ 十分博大精深，我们不敢说能教会读者全部，能带读者入门就已经很不错了。

21-2　故事：教 C 语言高手学 C++

为了让大家理解 C++ 相对于 C 的好处，我们设计了一个故事，让大家从这个故事中，更多地理解到 C++ 的优越性，不过如果你看不懂这一节内容，没有关系，请先看后面的章节，学习 C++ 的具体语法，等学习完全篇后再回到本章，也许你会有意想不到的收获。毕竟本章是一个 C++ 学习导览章节。需要不断提升对 C++ 的理解，当然，你如果已经完成了一些基本 C++ 语法的学习，可以阅读下文。

人物介绍：

C++ 大师：拥有十几年的 C++ 开发经验，最近几年转入公司项目管理和员工培训工作，以 C++ 语言、系统设计和规划、项目管理、员工培训见长。在公司除了带团队之外，常常负责给员工培训，偶尔上课解答初级程序员的疑惑。

小蔡：嵌入式系统工程师，汇编语言/C 语言的每天使用者。已经开发了 3 年程序，想提高一下自己的水平。

楔子：

小蔡是一个 C 语言高手，最近参与到其中的一个项目，这个项目要求用 C++ 语言。C++ 语言对小蔡来说，既陌生又熟悉。熟悉的是基本语法，陌生的是 C++ 中的面向对象语法部分。这让小蔡很痛苦，对他来说，C 语言已经比汇编语言高级很多，一直认为 C 语言就是非常完美的语言了。

这一天，小蔡听说公司有个项目经理，也是一个 C 语言高手，但是现在非常推崇 C++。

于是，他决定去请教这位 C++ 大师，看看自己该如何学习 C++。

剧情拉开。

21-2-1　第一幕：用 C++，程序会简单得多

进得门来，一阵客套之后，程序员的本性露了出来，小蔡开始直接发问。

小蔡：你说，就我目前的情况，应该再学点什么呢？

大师：哎，嗯，呵呵……那就学 C++ 吧。

小蔡：你老劝我学 C++，在开发过程中真的用不到。毕竟，并不是所有的项目都需要用到 C++啊。

大师：打人的时候，我们都看到招式，起作用的，其实是内功。

小蔡：C++不就是一种新的招式吗？

大师：非也，非也。就你目前的情况，用得最熟练的"武器"，当然就是最好的"武器"。可是，一方面，我觉得嵌入式系统开发还有很多领域将来会以 C++为主，比如我们公司，目前很多项目，都开始采用 C++实现。另一方面，面向对象的开发思想，如果你具备，用 C 语言一样可以开发出好的程序来。

小蔡：听着累，你说点实际的。

大师放下自己手里的书。眼睛里露出得意的笑容。

大师：这你还真找对人了。在你的代码中，至少有 10 项采用了 C++才具备的特性。比如，新的 for 语句用法，const 定义参数……

小蔡：上次入职培训。你已经给我们详细讲过了，这些好用的特性，只要我的编译器具备，我才不在乎是 C，还是 C++的特性呢？

大师：哦，看来，我不使出点撒手锏，你是不知道 C++的厉害了。

小蔡：就是，光知道吹牛。

大师：去，拿纸来。

小蔡取来纸笔，大师开始讲课。

大师：你知道的，我也是先用了很多年 C 语言，才开始接触面向对象和 C++的。要说，C++比 C 语言优秀的地方，第一个就是程序生长起来，成为大程序后，C++的开发效果更好。这方面，我的体会很多，因为我常常在用 C++的时候思考，如果用 C，怎么办？

所以，我最有资格来给你讲为什么 C 程序员必须学习 C++。

小蔡：别吹了。快举例子。

大师：嗯，我的经验，都是大例子。想起来了。

上次，调试代码中不是都要用到这个例子吗？要输出一些信息到屏幕上，以验证程序是否正确运行，用 C++这样做。

大师在纸上写下这样一个程序：

```
class Trace
{
public:
    int deprint(char *s)
}
```

大师：看，我们定义一个类，用来在你调试代码时，输出提示。用 C 语言是如何做的？

小蔡：我们用宏。

大师：嗯，聪明的做法，这恐怕是 C++时代，宏唯一的用处。

但是，你看，当我们需要控制是否输出时，C++这样做：

```
class Trace
{
```

```
public:
        Trace(){ noisy = FALSE; }
        int deprint(char *s){ if(noisy) printf(……); }
        int on();
        int off();
        private:
        bool noisy;
}
```

代码是不是生长了。

对比一下，我们采用 on 和 off 来控制，比采用宏的是不是逻辑上要直观得多。

小蔡：我有些理解了。逻辑上，用宏也很直观，但如果这些代码用 C 语言来实现呢，有些混乱，没有这样清晰。小蔡在纸上写下了用 C 语言实现的办法。

大师：对了，精彩的还在后面。假如，程序还生长，要让这些信息打印到其他地方。比如说输出到一个文件中，你怎么办？

小蔡：……真的很麻烦。

大师：这就是 C++ 的精华所在。你看：

```
class  Trace
{
public:
    Trace(FILE *newf){ noisy = FALSE; f= newf }
    int deprint(char *s){ if(noisy) printf(……); }
        int on();
        int off();
private:
    bool noisy;
    FILE *f;         //note here
}
```

大师：你看，用 C 语言束手无策时，用 C++ 只增加一个对象描述数据，修改输出对象即可，非常简单。

小蔡：这个案例太精彩了。

大师狡猾地笑了：这样精彩的案例，在我们这里的项目案例中比比皆是，你是身在宝山啊。容我慢慢讲来。

21-2-2　第二幕：类就是封装

大师：用集成电路搞设计，你比较熟悉吧？

小蔡：那当然了。我们接触硬件还是比较多的。一块集成电路，就是一个功能模块，根据需要选择各个模块，通过连线把它们连接起来，就构成了整个系统。

大师：其实软件设计，何尝也不是集成电路的设计思想呢。

设计整个系统的时候，也是分解策略，把整个系统分解成若干的功能模块，然后分别实现，最后联合起来调试。

小蔡：还真是这个道理。

大师：那你说，哪个语法特点最像集成电路呢？

小蔡开始谨慎起来：

"对 C 语言来说，当然是函数这种语法了。一个函数，就是一个功能模块，就像集成电路一样，可以被重复调用，就像系统中使用相同的集成电路一样。"

"聪明！"大师微笑，

"看来你的 C 语言基础确实不错。

的确是这样的，函数算一个功能模块的集合。并不是每个函数，都那么的内聚，大多数函数在操作的时候，常常要依赖系统中其他变量的结果，或者说，要改变系统中某个变量的值。"

小蔡有些疑惑：你举一个案例。

大师说：你看前面的案例：

"   int deprint(char *s){   if(noisy) printf(……);   }。这段代码就是根据 noisy 这个变量的值来决定运行状态。"

小蔡突然有些明白了：对，你看，on()和 off()两个函数的执行改变了 noisy 的值。

大师接口到：对啊，实际上，deprint()、on()和 off() 这样的函数，关系非常紧密，都和 noisy 变量息息相关。它们的耦合相关性如此之强，但 C 语言居然没有提供一种机制，把它们聚合在一起，成为一个模块。

小蔡有些感慨：对啊，我们在编写有些模块的时候，常常把一些全局变量和函数放在同一个文件中，以形成单独模块。而实际上，C++提供的 class 封装方式，把相关的函数和变量、聚合在一起，成为一个独立的模块，更加方便了。

"哈哈，孺子可教。你现在明白 class 的第一个特性，封装的意义了吧？"大师笑道。

"嗯，基本明白了，我以后在程序中就会用到这种特性，把相关的函数和变量，封装在同一个类中。这样还不容易出错。"小蔡感叹道。

"对，所以，封装是面向对象的第一个重要特点。"大师总结道，

"这使得我们在使用别人的功能模块时，也要简单很多，告诉我们有哪些类，每个类实现了哪些功能即可。"

21-2-3　第三幕：用另外一个视角看类

"你的理解能力很强。实际上，使用 class 这种机制，还有另外一层意思。更加接近描述真实的物理世界。"

大师徐徐道："在 C 中，我们是如何描述客观世界呢？比如，一辆汽车。"

小蔡：当然是用 struct，分别记录汽车的长、高、宽等特性，有几个轮子，发动机型号等。

大师点头："对，其实客观事物，总有不同的属性，可以抽象成 int、float、char 等类型来描述，然后集合起来，成为一种新的类型即可。"

"但这只是一种数据的描述，万事万物皆对象，对象除了数据属性之外，还有很多行为，这些行为可以把它们抽象成各种函数，在 C++中我们叫它们方法。"

"任何对象，都是由属性和方法构成，但是 C 语言基本上把它们隔离开了，C++只不过把它们自然的聚合在一起。"

"class，就是一种更接近客观事物的抽象，你说是不是？"

小蔡点头：对，其实，这和前面的观点是相一致的。比如编写的链表程序，头、尾，是它们的属性，查找、插入等是它们的方法。把它们封装在一起，更接近大脑中链表的抽象情况。

"呵呵，你学得很快。"大师比较高兴，我们来看看具体的语法吧！

类类型用关键字 class 定义。简单地说，用这个关键字定义的类型都称作类。比如，要描述计算机屏幕上的一个点，具体的语法形式如下，大师在纸上写了一个类：

```cpp
class Point
{
private:
    int Px, Py;
public:
    Point() {Px = Py = 0; }
    Point(int x, int y) {Px = x, Py = y; }
    int &x(int );
    int &y(int );
    int drawMe ( );
    int clearMe( );
};
```

你看，class 关键字，后面加入类型名，然后用 { }；把它们封装起来的这些内容，都是 class 的属性或者方法。

你第一次学习 C++，最重要就是要明白这一点。

其次，public：范围所定义的这些成员，不管是属性还是方法，当然，一般是方法，是可以访问的，private：范围内定义的，是内部使用，不可访问。也就是说，

```cpp
Point apoint;
apoint.Px=10;
```

后面这句，是不允许的。public 和 private 的区别，是你要记住的第二点。

"嗯，其实我看过一点 C++语法图书，private 相当于模块内的局部变量，只有 class 内可以使用，外面是不可见的。"小蔡说道。

"对，从封装的角度，也是可以这么理解的。"大师转向计算机。

"好了，具体类如何使用，我们到计算机上给你一个完整的案例吧！"

说完，大师在屏幕上写下了如下的代码：

```cpp
#include <iostream.h>

class Point
{
public:
    Point( ) { _x=0; _y=0; }
    Point( int x, int y);

private:
    int _x,_y;

public:
```

```cpp
    int x() { return _x; }
    int y() { return _y; }

    void Show() ;

};

Point::Point(int x,int y)
{
    _x=x;
    _y=y;
}
void Point::Show()      //在类的外部实现类中定义的成员函数
{
    cout << x() << "," << y() << "\n";
}

int main()
{
  Point pt1, pt2(25,64);
  pt1.Show();
  pt2.Show();

  cout<<"\n";

  Point *ptrPoint=new Point;
  ptrPoint->Show();

  return 0;
}
```

然后执行的结果如图 21-1 所示。

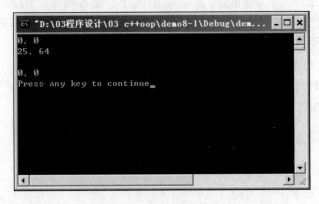

图 21-1　执行的结果

"小蔡，上面的代码中，在成员函数 Show() 调用了其他成员函数 x() 和 y()，并不需要使用成员选择符，从某种程度上说，也是因为它们在同一个模块内，使用了 this 指针。这些调用的隐含意义是 this->x() 和 this->y()。"

"然而在主函数 main() 中调用成员函数 Show() 必须使用对象名 pt1、pt2 和成员选择符（.）；另外，ptrPoint 指向对象的成员函数的调用使用的是成员选择符（->）。"

"这是我今天希望你记住的第三点。"大师说道。

"好的，"小蔡点头在纸上记录。

"好了"，大师结束今天的讲课，"this 指针的详细用法，你先回去看看书；另外，为什么运行结果图中：为什么 pt1.Show()和 ptrPoint->Show()运行结果一样？还有，为什么有的成员函数的定义和实现在一起？这三个内容，我下次讲课之前，先要考你，你回去准备一下吧。"

21-2-4　第四幕：成长日志

小蔡回到自己的座位上，拿出从大师房间里带出来的几张纸，然后看了看自己的 C++语法书，开始在工作日志上写道：

- 彻底理解 C++的优越性。
- 理解封装的概念。
- 学会使用 class 做基本封装。
- 学会使用 class 成员。
- 理解作用域。
- 会使用指针对象。

21-3　拾级而上，成为 C++高手

当掌握了一部分 C++语法之后，你也许会问，如果我要成为一个 C++高手，我还要学什么，应该如何做，这里给大家一些参考。

1．编程实践

只有用 C++开发过一个较为大型的程序，才能体会到面向对象的优点，才能学习到很多开发方法。

2．设计模式

当你编写过比较大型的程序之后，你才会意识到，各个类之间的关系，会是比较有意思的话题。

这个时候，你要开始学习设计模式的相关知识。

到时候，你可能会惊叹，软件开发，原来确实有工程学存在的可能性。

3．Windows 程序开发

老在黑白的界面下编程，也的确有些无聊。可以通过 Windows 程序的开发，掌握一些大型程序开发的技巧。Windows 开发的趣味性也要强一些。

4．熟悉其他开发语言

具体来说，以 C++为母语，C#和 Java 都非常容易掌握。毕竟有时候在一些场景下，你还需要学习其他开发语言，特别是如果你还没有年满 30 岁，多学习总有用处，多理解一种语言，也让你对程序开发技术有更深入地体会和掌握。

5．具体的某些应用开发技术

嵌入式开发、MIS 开发、WEB 开发，总有一个方向可以去比较升入地了解一下。

C++程序设计语言提供了一种用于计算和存储的模型,这个模型与大多数程序设计语言所

使用的计算和存储模型极为接近。

C++语言系统还提供了强大的抽象机制，用于对问题进行抽象；这种语言允许程序员创建和使用新的类型（type），而这些新的类型则可以与实际应用中包含的概念更相适应（关键是它还保持了和 C 语言一样宽广的解决问题的适应面）。

由此可知，C++既支持面向低层次的程序设计风格，又支持面向高层次的程序设计风格。其中，面向低层次的程序设计风格是基于对硬件资源的直接操纵，以此来获得相当高的效率；而面向高层次的程序设计风格则是基于用户自定义的新的型别，以此来提供这样的一种数据结构和计算模型：当完成一项任务时，计算机使用的这种模型与人类自身观察并完成该项任务时所使用的模型极为相似。

这些面向高层次的程序设计风格通常被描述为数据抽象、面向对象程序设计以及范型程序设计。

上面的话出自 C++语言设计者，Bjarne Stroustrup 在其著作《An Overview of the C++ Programming Language》中对 C++语言的概述。这是我看到的对 C++最好的总结，完美的把 C++几大特色凝聚在几段话中，真是精彩。

也许对 C++本质理解不深的读者并不能完全理解上面的话，没有关系，在以后的程序设计生涯慢慢地理解它都不迟。多阅读、多练习、多思考，总有一天，你对 C++、对程序设计语言、对面向对象的设计观点、或者说思想方法，都会有一个比较清晰的认识。

不断实用、不断学习、不断思考，这就是你学习 C++基本语法之后应该做的！

Chapter 22 第 22 章

面向对象设计思想和类

人类利用计算机的目的是为了解决实际生活中的问题。计算机和世界的沟通是通过设计的程序来实现的。怎样用计算机语言来描述世界是首先要解决的问题。程序设计思想就是用计算机程序语言来描述世界的。类是面向对象编程的核心，它可以实现对数据的封装、安全控制以及代码的重用。通过类的机制可以深入描述抽象的问题，使开发者不断地提高对问题的认识，以获得更好的解决方案。通过本章的学习，读者能够认识面向对象程序设计思想，掌握类的使用方法，能够通过编写类来解决实际问题。

22-1 思路决定代码，程序设计思想

从 1946 年计算机出现以后，计算机技术的发展已经日新月异，程序设计的方法也经历了不断地发展。最先出现的是结构化程序设计思想，之后又产生了一种具有哲学思想的设计思想，这就是面向对象程序思想（Object Oriented Programming，简称 OOP）。面向对象程序设计思想是对结构化程序设计思想的继承和发展，它吸取了结构化程序设计思想的优点，同时又考虑到现实世界与计算机设计的关系。

22-1-1 机器逻辑化编程思路：结构化程序设计

结构化程序设计诞生于 20 世纪 60 年代，发展到 20 世纪 80 年代，成为当时程序设计的主流方法。结构化程序设计思想运用的是面向过程的结构化程序设计方法（Structured Programming），它的产生和发展形成了现在软件工程的基础。C++的前身 C 语言就是一门结构化语言。

结构化程序设计的基本思想是：采用自顶向下、逐步求精的设计方法和单入口单出口的控制结构。通过这样的方法，一个复杂的问题可以被划分为多个简单问题的组合。首先将问

题细化为若干模块组成的层次结构，然后把每一个模块的功能进一步细化，分解成一个个更小的子模块，直到分解为一个个程序的语句为止。结构化程序设计的优点如下。

符合人们分析问题的一般习惯和规律，容易理解、编写和维护。

把一个问题逐步细化，从复杂到简单，逐个解决问题。分析问题是从整体到局部，解决问题是从局部到整体的过程。

结构化程序设计方法把解决问题的重点放在如何实现过程的细节方面，把数据和操作（函数）分开，以数据结构为核心，围绕着功能实现或操作流程来设计程序。采用结构化程序设计方法设计出来的程序，其基本形式是主模块与若干子模块的组合，即一个主程序加若干个子程序。其中，程序以函数为单位。

作为一种面向过程的设计方法，结构化程序设计方法存在以下缺点。

（1）采用数据和操作分开的模式。一旦数据格式或者结构发生变化，相应的操作函数就需要改变。

（2）无法对数据的安全性进行有效的控制。例如，在结构化程序设计中，多个模块共享数据时，基本上采用全局变量的形式。全局变量对所有模块都能访问，包括无关的模块，这样就无法对数据进行保护。

结构化程序的这些缺点都严重影响软件开发的效率和软件的维护，限制了软件产业的发展。

22-1-2　模拟现实世界的思路：面向对象程序设计

面向对象设计的基本思想是首先将数据和对数据的操作方法集中存放在一个整体中，形成一个相互依存不可分割的整体，这个整体即为对象通过相同类型的对象抽象出其共性而形成类；其次，类再通过外部接口与外界发生联系，对象与对象之间用消息进行通信。

面向对象设计思想可以使程序模块间的关系变得简单，因为只有外部接口进行联系；且程序模块的相对独立性高，数据的安全才会得到很好的保护。面向对象更引入了继承、多态等高级特性，使软件的可重用性、软件的可维护性都得到了更大的提高。面向对象会涉及许多新的概念，下面将介绍一些基本概念。

1. 对象

从一般意义的角度上来讲，对象是现实世界中真实存在的事物，包括一切有形的和无形的事物。例如，一本书、一种思想等都是对象。对象是世界中一个独立的单位。对象都有自己的特征，包括静态特征和动态特征。对象的静态特征可以用某种数据来描述，动态特征则表现为其所表现的行为或具有的功能。

在面向对象设计思想中，对象是描述世界事物的一个实体，是构成程序的一个基本单位。对象由一组属性（数据）和一组行为（函数）构成。属性用来描述对象的静态特征，行为用来描述对象的动态特征。

2. 类

抽象和分类是面向对象程序设计的两个原则。抽象是具体事物描述的一个概括，与具体是相对应的；而分类的依据原则是抽象。在对事物分类过程中，忽略事物的非本质特征，只关注与当前对象有关的本质特征，从而提取出事物的共性，把具有相同特性的事物划为一类，得出一个抽象的概念。例如，汽车、建筑、生活用品等都是人们在平常生活和生产中抽象出的概念。

面向对象中的类是具有相同属性和行为的一组对象的集合。它能为全部对象提供抽象的描述，包括属性和行为。

类和对象的关系是抽象与具体的关系。它们的关系就像模具与用模具所生产出的产品（铸件）的关系。一个属于某个类的对象称为该类的一个实例。

3．封装

封装是面向对象程序设计方法的一个基本特点和重要原则。它是指将对象的属性和行为组合成一个独立的单元，并尽可能隐藏对象的内部细节。所以封装有两个特点，一是将对象的全部属性和行为组合在一起，形成一个不可分割的独立单元（类）；二是需要对这个独立的单元进行信息的隐藏，使外部无法轻易获得单元中的信息，从而做到信息的保护，外部只有通过单元的外部接口来与其发生联系。

4．继承

继承是面向对象能够提高程序的可重用性和开发效率的重要保障。某一个类的对象拥有另一个类的全部属性和行为，可以将这个类声明为另一个类的继承。

如果一个一般类具有更高抽象的特征，那么其可被继承性就更高。如果相对于这个一般类，某个特殊类具备其所有的特性，此时即可直接继承这个特殊性而简化相应的开发任务，如对飞机的描述。如果已经有了一个对飞机的一般性描述，又可分为客机、战斗机等，此时在描述战斗机时即可继承飞机的全部特征，把精力放在描述战斗机所具有的独特特性上。

5．多态

多态是指在一般类中定义的属性或行为。在被类继承之后可以具有不同的数据类型或表现出不同的行为，这可以使一个属性或者行为在一般类和其所继承类中具有不同的含义或实现。例如，定义一个一般类"图形"，它具有行为"绘图"，但这个"图形"类没有具体到所表示的图形是什么形状，所以其"绘图"行为不能确定需要绘制什么样的图形。当通过继承"图形"类来定义"正方形"、"圆"等类时，它们也获得了"绘图"行为。因为不同类绘制的图形不相同，需要在"正方形"、"圆"类中分别重新定义"绘图"行为，从而实现绘制不同的图形。这就是面向对象方法中的多态性。

面向对象程序设计方法是运用面向对象的观点来描述现实问题，然后用计算机语言来描述并处理问题。这种描述和处理是通过类和对象来实现的，是对现实事物和问题的高度概括、分类和抽象。

22-2 类，对现实世界抽象

在面向过程的设计方法中，程序的基本单位是函数；在面向对象设计方法中，程序的基本单位是类。类是 C++封装的基本单位，它把数据和函数封装在一起。

22-2-1 类的定义和组成

在面向过程的程序设计方法中，数据和函数是分开的。例如，在 C 语言中，数据是单独定义的常量或者变量，函数则是操作这些数据的手段。类则把数据和函数集中在一起。

1．类的定义和基本结构

类是一种用户自定义的数据类型。定义了一个类后，可以声明一个类的变量。这个变量称为类的对象或实例，这个声明类变量的过程叫作类的实例化。类定义包含两部分，分别是类头和类体，其基本结构如下。

```
class 类名          //类头
{
    …               //类体
};
```

参数说明如下。
- 类头由关键字 class 和类的名称组成。
- 类体是类的实现声明部分，必须由一对花括号（{}）括起来。在最后一个大括号后必须接一个分号或者类的实例化后加一个分号。

【示例 22-1】定义一个手机的类。

代码如下。

```
class CMobilePhone{
    …
};
class CmobilePhone
{
    …
} myMobilePhone;      //直接实例化一个类的实例
```

提示：在类的定义中，第一个括号的位置可以紧跟类名，也可以换一行写，效果是一样的。按照一般的习惯，在命名类时加前缀"C"。

在类的实现声明部分，包含数据和函数。类中的数据称为数据成员，类中的函数称为函数成员（通常称为成员函数），这些构成了类成员表。进一步细化类的结构如下。

```
class类名              //类头
{
    数据成员;
    数据成员;
    …
    函数成员;
    函数成员;
    …
};
```

类的成员之间没有按照特定顺序排列的规定。只要在类体内，可以把一个成员写在任何其他成员之前或之后。

2. 数据成员

类数据成员的声明方式和普通变量声明类似。

【示例 22-2】手机类数据成员的声明。

代码如下。

```
class CMobilePhone{
    string m_strPhoneName;                  //手机名
    string m_strPhoneType;                  //手机型号
```

```
    float  m_fLength,  m_fWidth, m_fHeight;      //手机长宽高
};
```

分析：上面的代码声明了两个 string 类型的数据成员和三个 float 类型的数据变量。
类中的数据成员可以是任意类型的，包括基本类型、指针类型、用户自定义类型等。

【**示例 22-3**】手机类数据成员的类型。

代码如下。

```
enum MobilePhoneType {NOKIA,MOTOROLA,SUMSUNG,SONY};
class CMobilePhone{
    string m_strPhoneName;                    //手机名
    MobilePhoneType m_ePhoneType;             //手机型号
    float  m_fLength,  m_fWidth, m_fHeight;   //手机长宽高
    void (*pfApp)();                          //手机用户自安装应用程序指针
};
```

分析：上面的类中分别声明了一个枚举类型数据成员和一个函数指针数据成员。

在类中声明的变量可以是静态变量，也就是类中可以有静态成员和非静态成员。这将在
后续章节中介绍。除了类中的静态数据成员外，类的数据成员是不能在类体内被显式地初始
化的，我们来看一下下面这段代码。

```
class CMobilePhone{
    string m_strPhoneName = "MOTO 明";        //错误！不能在类中显式初始化数据成员
};
```

在定义类时，只定义了一种导出的数据类型，并不为类分配存储空间，所以定义类中的
数据成员不能对其进行初始化。类的数据成员是通过类的构造函数进行初始化的。关于类的
构造函数，在后续章节中会继续讲解。

3．成员函数

类中只有数据是不行的，还需要有操作这些数据的手段。在类中，成员函数可以实现这
个功能，这也是对类所封装的数据操作的唯一手段。成员函数的原型是在类体中被声明的，
其声明方式和普通的函数声明类似，只需要加上访问控制属性，其基本格式如下。

```
class类名{
访问控制关键字 返回值类型 成员函数名(参数表);      //函数原型声明
};
```

说明：

● 这里的函数声明和普通函数一样，参数可以带有默认值。
● 关于访问控制属性将在后续的小节介绍。

在类体中声明了函数原型之后，需要对函数进行实现。成员函数一般是在类体外进行实
现的，其基本结构如下。

```
返回值类型 类名::成员函数名()
{
    函数体
};
```

说明：

- 符号"::"称为域解析操作符，在程序中用来访问类域中声明的成员。
- 成员函数必须在类中定义原型后再进行实现。

如果成员函数的实现很简单，可以直接在类中进行实现。也就是前面介绍的内联函数，在类中称为内联成员函数。和普通内联函数一样，它的声明包括隐式声明和显式声明。对于隐式声明，直接在成员函数声明处实现函数即可；对于显式声明，可以将 inline 关键字放在函数声明处，也可以将其放在类外的实现部分。

【示例 22-4】定义一个手机的类，包括一个显示手机名、型号、尺寸的成员函数。

代码如下：

```
class CMobilePhone{
    void SetPhoneName(String);
    void ShowPhoneName();                              //显示手机名
    void ShowPhoneType(){cout<< m_strPhoneType;};      //显示手机型号
    void ShowPhoneSize();                              //显示手机尺寸
    string m_strPhoneName;                             //手机名
    string m_strPhoneType;                             //手机型号
    float m_fLength, m_fWidth, m_fHeight;              //手机长宽高
};
void CMobilePhone::ShowPhoneName(){
    cout<<m_strPhoneType<<endl;
};
inline void CMobilePhone::SetPhoneName (String strM){
    cout<<"The phone size is : "<< m_fLength<<"×" << m_fWidth <<"×" <<
m_fHeight<<endl;
};
inline void CMobilePhone::SetPhoneName (strPhoneName){
    m_strPhoneName = strPhoneName;
};
```

分析：上面的例子中，ShowPhoneName()成员函数是通过标准的成员函数声明和定义来实现的。ShowPhoneType()和 ShowPhoneSize()都是内联成员函数，分别以隐式和显式声明的方式来实现。

22-2-2 类成员的访问控制

面向对象程序设计的优点之一就是可以很好地保护数据。类中的每个成员都有访问权限，以控制类外部成员对类的访问。例如，在手机类 CMobilePhone 中，手机名是手机的属性之一，具体信息存在手机芯片上。这个属性可以利用手机的某个功能查看，并通过屏幕显示出来。对于存储在芯片上的手机名，外部是无法直接看到的，但可以通过屏幕这个接口来显示信息。所以手机名这个存在手机芯片上的信息对外界来说是不可见的，通过屏幕来访问这个信息，屏幕显示手机名这个功能对外界来说是可见的。

如果把手机比成一个类，手机名数据成员对类外部是不可见的，显示手机名的成员函数对外部是可见的。这在类中就是访问控制的体现。

对类成员访问权限的控制，是通过成员的访问控制属性来实现的。类的访问控制属性有以下三种。

- 公有类型（public）：公有类型成员用关键字 public 来声明。公有类型的成员可以被类内部成员访问，也可以被类外部成员访问。对于外部成员来说，想访问类的成员必须通过类的 public 成员来访问。公有类型成员是访问外部类的唯一接口。
- 私有类型（private）：私有类型成员用关键字 private 来声明。私有类型的成员只允许本类内部的成员函数来访问，类的任何外部访问都是被拒绝的。这就对类中的私有成员进行了有效的隐藏和保护。
- 保护类型（protected）：保护类型成员用关键字 protected 来声明。保护类型和私有类型的性质类似，主要差别在于类继承过程中对新类的影响不同。这在后续章节将继续介绍。

在定义类的时候，一定要设置每个成员的访问控制属性。如果没有设定，编译系统会自动将其设置为私有类型。上述属性都是控制类外界访问的。对于类内部各成员之间可以自由访问，如图 22-1 所示。

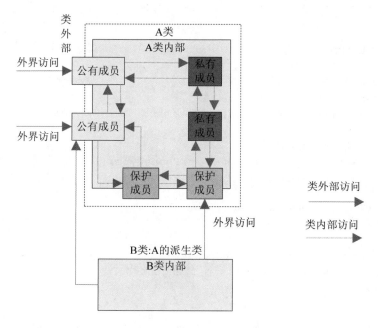

图 22-1　类成员访问权限属性

【示例 22-5】类成员的访问控制属性。

代码如下：

```
class CMobilePhone{
    public void ShowPhoneName();                          //显示手机名
    public void ShowPhoneType(){cout<< m_strPhoneType;};  //显示手机型号
    public void ShowPhoneSize();                          //显示手机尺寸
    private string m_strPhoneName;                        //手机名
    private string m_strPhoneType;                        //手机型号
    private float  m_fLength, m_fWidth, m_fHeight;        //手机长宽高
};
```

分析：对于以上声明，可以将具有相同控制属性的成员写在一起。上面的代码可以简化成如下形式。

```
class CMobilePhone{
  public:
    void ShowPhoneName();                              //显示手机名
    void ShowPhoneType(){cout<< m_strPhoneType;};      //显示手机型号
    void ShowPhoneSize();                              //显示手机尺寸
  private:
    string m_strPhoneName;                             //手机名
    string m_strPhoneType;                             //手机型号
    float m_fLength, m_fWidth, m_fHeight;              //手机长宽高
};
```

提示：

定义类的时候，习惯上将公有类型的成员放在前面。这样可以方便开发人员阅读，因为外部接口是开发人员利用类时首先需要了解的。

【示例 22-6】定义一个手机的类：实现显示手机名、型号、尺寸的功能。

代码如下：

```
class CMobilePhone{
  private:
    string m_strPhoneName;                             //手机名
    string m_strPhoneType;                             //手机型号
    float m_fLength, m_fWidth, m_fHeight;              //手机长宽高
  public:
    void ShowPhoneName();                              //显示手机名
    void ShowPhoneType(){cout<< m_strPhoneType;};      //显示手机型号
    void ShowPhoneSize();                              //显示手机尺寸
};
void CMobilePhone::ShowPhoneName(){
    cout<<m_strPhoneName <<endl;
};
inline void CMobilePhone::ShowPhoneSize(){
    cout<<"The phone size is : "<< m_fLength<<"×" << m_fWidth <<"×" <<
m_fHeight<<endl;
};
```

分析： 上面的代码中，把手机的属性值全部设置为私有变量，以保护这些属性不受外界访问（保护这些成员不会被外界篡改），访问这些属性通过公有的成员函数进行。

类通常提供一些外部接口给用户，通过对接口的操作来满足所需问题求解的要求。类在提供这种操作之外，应该尽量封闭自己。就如同手机，除了提供给用户按键操作以外，对于其内部的电路等细节都被封闭在外壳之内。这样的类机制设计是自然、合理的，可以避免一些安全上的隐患。

22-2-3　类实例和类成员访问

类是对事物抽象的描述，它描述了一类事物的共同属性和行为。当把抽象的描述变成一个具体事物时，就称为类的一个实例（Instance）或者对象（Object）。例如，上面描述手机的类，可以描述所有种类的手机，如 IPhone X 是一个具体的手机实体，它就是手机类的一个具体实例。定义一个类后，可以定义多个实例。类的定义就像是一个产品的模具，通过这个模

具可以生产出多个产品，这些产品就是实例。

　　在前面介绍的一些基本数据类型或自定义数据类型，其实都是对一种数据类型的抽象描述。当声明一个变量时，就会产生其数据类型的一个实例。类也是一种自定义的数据类型，所以类的实例即为该类的一个变量。声明一个实例和声明一般变量的方式相同，其格式如下。

```
类名 实例名1, 实例名2,……
```

下面运行代码声明了一个描述 IPhone X 手机的实例。

```
CMobilePhone CMP_IPHONEX;
```

也可以声明类的一个实例指针，和普通指针声明相同，其格式如下。

```
类名 *实例指针名1, *实例指针名2,……
```

在对实例指针赋值时，使用一个实例的地址，或者用 new 来开辟一个新的实例。

【示例 22-7】声明一个描述 IPhone X 手机的实例指针并为其赋值。
代码如下：

```
CmobilePhone *pCMP_IPHONEX;
pCMP_A1200 = new pCMP_IPHONEX;
```

对于普通变量可以声明数组，实例也可以声明数组，参照如下代码。

```
CMobilePhone arrCMP_IPHONEX[5];        //实例数组
CMobilePhone *parrCMP_IPHONEX[5];      //实例指针数组
```

　　定义一个类时，系统不会为其分配存储空间，因为这个类是虚拟的描述，不是真正的实体。当声明一个类的实例后，系统才会为其分配存储空间。这时系统需要分配空间用于存储类中的数据成员。声明多个实例的时候，操作任何一个实例都不会对其他实例造成影响，因为它们有各自的类数据成员的复制。

　　同类型的实例之间可以整体赋值，且这种赋值和成员的访问权限无关。实例用作函数的参数时，属于值传递。实例也可以用作函数的返回值。这些与结构体变量作为函数的参数是完全相同的，我们来看下面这段代码。

```
CMobilePhone CMP_ IPHONEX,NKA_N8;
CMP_IPHONEX = NKA_N8;
```

　　分析：将实例 NKA_N8 的成员依次赋给实例 CMP_ IPHONEX。

　　一个类的实例还可以作为另一个类的成员，这就是类的组合，本章后面会有详细介绍。

　　声明类的实例后，即可访问类的公有成员了。例如，手机类中用于显示手机型号的成员函数。当声明的是类的实例时（非实例指针），通过"."来访问。访问形式如下。

```
实例.类成员;
```

简单举例如下：

```
CMobilePhone CMP_IPHONEX;
CMP_IPHONEX. ShowPhoneName();
```

当声明的是一个实例指针时，在开辟对象之后，用成员访问操作符"箭头（->）"来访问。访问形式如下。

```
实例指针->类成员;
```

简单举例如下。

```
CMobilePhone CMP_IPHONEX;
CMobilePhone *pCMP_IPHONEX = &CMP_IPHONEX;
pCMP_IPHONEX ->ShowPhoneName();
```

对于实例数组或者实例指针数组，访问其成员函数需要加上实例数组的下标，以区别访问的是哪个实例元素，例如下面这段代码。

```
CMobilePhone arrCMP_IPHONEX[5];
arpCMP_IPHONEX[1].ShowPhoneName();
CMobilePhone *parrCMP_IPHONEX[5];
parrCMP_IPHONEX[0] = new CMobilePhone();
parrCMP_IPHONEX[0]->ShowPhoneName();
```

【示例 22-8】编写一个手机的类，实现设置和显示手机名、型号、尺寸的功能，并声明一个针对 IPhone X 型号手机的实例，实现设置和显示机器名、型号、尺寸的功能。

程序主文件为 Test.cpp，Stdafx.h 为预编译头文件，Stdafx.cpp 为预编译实现文件，MobilePhone.h 为 CMobilePhone 类定义头文件，MobilePhone.cpp 为 CMobilePhone 类实现文件，代码如下。

```
//MobilePhone.h
class CMobilePhone{
  private:
    string m_strPhoneName;                //手机名
    string m_strPhoneType;                //手机型号
    float  m_fLength, m_fWidth, m_fHeight; //手机长宽高
  public:
    void SetPhoneName();                  //设置手机名
    void SetPhoneType();                  //设置手机型号
    void SetPhoneSize();                  //设置手机尺寸
    void ShowPhoneName();                 //显示手机名
    void ShowPhoneType();                 //显示手机型号
    void ShowPhoneSize();                 //显示手机尺寸
};
//MobilePhone.cpp
#include "MobilePhone.h"
void CMobilePhone::SetPhoneName (){
  cout<<"输入手机名: ";
  cin>> m_strPhoneName;
};
void CMobilePhone::SetPhoneType(){
  cout<<"输入手机型号: ";
  cin>> m_strPhoneType;
};
void CMobilePhone::SetPhoneSize(){
```

```cpp
    cout<<"输入尺寸(长，宽，高):";
    cin>> m_fLength>>m_fWidth>> m_fHeight;
  };
  void CMobilePhone::ShowPhoneName(){
    cout<<m_strPhoneName<<endl;
  };
  void CMobilePhone::ShowPhoneType(){
    cout<< m_strPhoneType<<endl;
  };
  Voi-d CMobilePhone::ShowPhoneSize(){
    cout<<"The phone size is : "<< m_fLength<<"×"<< m_fWidth <<"×"<<
m_fHeight<<endl;
  };
  //Test.cpp
  #include"MobilePhone.h"
  int main(int argc, char* argv[ ])
  {
      CMobilePhone CMP_IPHONEX;
      CMP_IPHONEX.SetPhoneName();
      CMP_IPHONEX.ShowPhoneName();
  };
```

程序的运行结果如下。

```
输入手机名:Apple（按【Enter】键）
输入型号名:IPHONEX（按【Enter】键）
输入尺寸(长，宽，高):20 10 5（按【Enter】键）
Apple
IPHONEX
The phone size is :20×10×5
```

22-2-4 类的作用域和对象的生存周期

一个类是一个整体，类中所有的成员都位于类的作用域内。类作用域是指类定义和相应的成员函数定义的范围。在类作用域中，类的成员函数可以无限制地访问自身类中的数据成员。例如，在类 CMobilePhone 中，成员函数可以无限制地访问类中的所有数据，如访问变量 m_strPhoneName、string m_strPhoneType、m_fLength、m_fWidth 和 m_fHeight 都没有限制，而对于类作用域外的其他类的数据成员和成员函数访问这些成员则受到限制。这就是封装的思想，把一个类的数据和行为封装起来，使得类的外部对该类的数据访问受到限制。

一般来讲，类的作用域作用于特定的成员名。但是，如果类的成员函数内部出现与类成员相同的标识符的情况，类中这个相同的标识符对这个成员函数的作用域将不起作用。例如，对于类 CmobilePhone，如果成员函数 SetPhoneName 中出现了与数据成员 m_strPhoneType 相同名字的变量，此时 m_strPhoneTyped 类作用域对此函数不起作用。

【示例 22-9】手机类的作用域。

代码如下。

```cpp
void CMobilePhone::SetPhoneName (){
    string m_strPhoneType;
```

```
cin>>m_strPhoneType;                    //此时CmobilePhone:: m_strPhoneType被隐藏
if (m_strPhoneType =="IPHONEX"){
m_strPhoneName ="Apple";
};
}
```

分析：从上面的代码可以看出，成员函数 SetPhoneName()中有一个局部变量 m_strPhoneType，它与类中的数据成员 CMobilePhone::m_strPhoneType 具有相同的名字。此时，CmobilePhone::m_strPhoneType 在成员函数中就会被屏蔽，是不可见的。

利用作用符号点（.）、箭头（->）、双冒号（::）访问类成员的时候，类成员具有类的作用域。在 C++中，还有很多特殊的访问和作用域规则，在后续章节将会逐步介绍。

22-2-5　this 指针

在前面讲解类的作用域时讲到，如果成员函数内部声明了一个局部变量 m_strPhoneType，而此局部变量和类的数据成员 CMobilePhone::m_strPhoneType 有相同名字的时候（或者成员函数参数表中出现了与类中数据成员相同名字时），类的数据成员在成员函数中是不可见的。可是如果此时必须访问 CMobilePhone::m_strPhoneType 数据成员时，该如何操作？这时可以利用类中的 this 指针。

this 指针是隐含在类的每一个成员函数中的特殊指针，用于指向正在被成员函数操作的对象。下面的代码就是利用 this 指针解决刚才提出的问题。

【示例 22-10】利用 this 指针访问手机类中的数据成员。

```
void CMobilePhone::SetPhoneName (){
    string m_strPhoneType;
    cin>>m_strPhoneType;                    //此时CmobilePhone::m_strPhoneType
被隐藏
    if (m_strPhoneType =="IPHONEX"){
    m_strPhoneName ="Apple";
    };
    this->m_strPhoneType = m_strPhoneType; //利用this指针访问类中的数据成员
}
```

分析：从上面的代码可以看出，利用 this 指针可以标识出当前所利用对象的所属。它可以明确地标识出成员函数当前所操作对象属于哪个域。

this 指针具有如下形式的默认声明：

```
ClassName *const this;
```

即把 this 指针声明为 const 型指针，只允许在成员函数体内使用此指针，不允许改变指针的值。若允许用户修改该指针的值，可能出现系统无法预测的错误。

this 指针的工作原理如下：当通过一个类的实例调用成员函数时，系统会将该实例的地址赋给 this 指针，再调用成员函数，所以*this 就代表此实例。调用成员函数以及成员函数对数据成员进行访问时，都会用到 this 指针。

通过 this 指针的工作原理可以分析出，为什么在函数内部使用 this->m_strPhoneType 可以访问到类的成员。在定义类的实例后，this 是类 CmobilePhone 实例的指针，通过 this 指针可以访问任何一个成员。当访问类的私有变量 m_strPhoneType 时，成员函数 SetPhoneName( )中的局部变量 m_strPhoneType 被隐藏。所以访问很明显，this->m_strPhoneType 是指向类的私有变量的。

在程序中，一般不直接用 this 指针来访问类的成员，除非是在变量的作用域发生冲突的情况下。

22-2-6　静态成员

类是一种类型而非真实的数据对象。当需要让类的所有实例共享数据时，需要用到静态成员。类的静态数据成员和静态成员函数统称为类的静态成员。C++就是通过静态成员来实现类的属性和行为的。

1. 静态数据成员

在类声明的多个实例中，每一个实例都维持着一份该类所有数据成员的复制。有时需要对该类的所有实例维持一个共享的数据。例如，对于手机的短信息功能，可以定义一个短信息的类。

【示例 22-11】定义一个手机短信息的类。

代码如下。

```
class CSms{
  private:
    string m_strSmsFrom;              //信息来源（电话号码）
    string m_strSmsTo;                //信息发送对象（电话号码）
    string m_strSmsTitle;             //信息头部
    string m_strSmsBody;              //信息内容
    …                                 //其他成员
};
```

分析：这个描述短信息的类可以声明多个实例，当接收到或者发送了一条短信息时，就生成了一个实例。

在用手机的时候，可以发现手机会显示现在接收短信息的总数。即对于短信息类来说，需要一个能统计信息总数的功能。这个总数存储在什么地方是最合适的呢？若存储在类之外，无法实现对数据的隐藏，既不安全也影响代码的重用，不符合面向对象程序设计的原则。若在类中增加一个表示信息总数的变量，每个实例都将存在这个成员的副本，而且每个实例都需要各自维护这个变量。当接受或者发送一条短信息后，需要对每一个实例进行更新。不仅冗余而且很容易造成数据不一致。为了解决这个问题，C++引入了静态数据成员的概念。

静态数据成员是一种特殊的数据成员。它在类的所有实例中，只有一个复制，由所有实例来共同维护和使用。这样就能达到数据在所有实例中的共享。

静态数据成员采用 static 关键字来声明（和前面章节讲的静态变量类似）。格式如下。

```
static 数据类型 数据成员名;
```

在上面的例子中，即可在类中定义一个静态成员来解决统计短信息总数的问题。

【示例 22-12】编写一个手机短信息类，要求能够统计短信息总数的功能。

程序主文件为 Sms.cpp，CSms.h 为 CSms 类定义头文件，CSms.cpp 为 CSms 类实现文件，代码如下。

```
//CSms.h
class CSms{
public:
    void ShowSmsTotal();
    void SetSmsTotal();
private:
    string m_strSmsFrom;        //信息来源（电话号码）
    string m_strSmsTo;          //信息发送对象（电话号码）
    string m_strSmsTitle;       //信息头部
    string m_strSmsBody;        //信息内容
    static int sm_nSmsTotal;    //信息总数
    ……                          //其他成员
};
//CSms.cpp
#include "CSms.h"
//int CSms::sm_nSmsTotal = 0;   //也可在此对静态数据成员进行定义性说明和初始化
void CSms::SetSmsTotal()
{
    sm_nSmsTotal++;             //短信息总数加1
}
void CSms::ShowSmsTotal()
{
    cout<<sm_nSmsTotal<<endl;   //输出短信息总数
}
//Sms.cpp
#include "stdafx.h"
#include "CSms.h"
int CSms::sm_nSmsTotal = 0;     //类静态数据成员的定义性说明和初始化
int main(int argc, char* argv[ ])
{
    CSms sms1,sms2;
    sms1.ShowSmsTotal();
    sms2.ShowSmsTotal();
    sms1.SetSmsTotal();         //设定对象sms1中短信息数目
    sms1.ShowSmsTotal();
    sms2.ShowSmsTotal();
    sms2.SetSmsTotal();         //设定对象sms2中短信息数目
    sms1.ShowSmsTotal();
    sms2.ShowSmsTotal();

    return 0;
}
```

程序的运行结果如下。

```
0
0
1
1
2
2
```

分析：在上例中，第一次利用两个实例显示静态变量 sm_nSmsTotal 的值时，为初始化后的值 0。第二次利用实例 sms1 设置了 sm_nSmsTotal 之后，值变成了 1。此时不论用实例 sms1

还是 sms2 访问，值都为 1。第三次利用实例 sms2 设置了 sm_nSmsTotal 之后，值变成了 2。同样不论用哪个实例访问它，值是不变的。

　　静态数据成员具有静态生存期。它不属于任何一个实例，只能通过类名来访问，一般的格式如下。

```
类名::静态成员数据名
```

　　在类的定义中，所声明的静态数据成员只是对它的引用性说明，必须在文件作用域内对其进行定义性说明（分配存储空间）和初始化。例如，如下代码就是对静态变量的定义性说明和初始化。

```
int CSms::sm_nSmsTotal = 0;                    //类静态数据成员的定义性说明和初始化
```

　　也可以在类的实现文件 CSms.cpp 中对其进行定义性说明和初始化，因为实现文件也在CSms.h 文件的作用域范围内。

　　　注意：在对静态变量的定义性说明中，和普通变量定义一样，需要完整的定义形式。

```
数据类型 类名::静态成员数据名 = 初始值    ;          //不能缺少数据类型
```

　　关于静态数据成员的使用，需要说明以下几点。
- 类的静态数据成员是静态分配存储空间的，而其他成员是动态分配存储空间的（全局变量除外)，类中的非静态数据成员在程序执行期间遇到说明类得实例时才会被分配存储空间，而静态数据成员在编译时就被分配了存储空间。
- 对静态数据成员只能做一次定义性说明。
- 为了保持静态数据成员取值的一致性，通常在构造函数中不给静态成员赋初值，而是在对静态数据成员的定义性说明时赋初值。

2. 静态成员函数

　　在上面的短信息类的例子中，访问静态数据成员 sm_nSmsTotal 时，利用成员函数 CSms::ShowSmsTotal()。CSms::ShowSmsTotal()是类的普通成员函数，要访问 CSms::ShowSmsTotal()必须通过类的实例来访问。如果此时类还没有生成实例，需要访问信息 sm_nSmsTotal 的初始值，该如何处理呢？

　　另外，在一些情况下，需要编写一个任何类和对象都可以访问的函数。例如，一些通用处理函数的编写，需要任何对象都能访问这些函数。

　　C++通过静态成员函数来解决上面的问题。静态成员函数和普通的成员函数在访问上有所不同。普通的成员函数必须在声明实例后才能被访问，静态成员函数不需要类的实例即可直接访问。

　　静态成员函数采用 static 关键字来声明（和前面章节讲的静态函数类似），格式如下。

```
static 返回值类型 成员函数名(参数表);
```

　　静态成员函数具有静态生存期。它不属于任何一个实例，只能通过类名来访问，一般的格式如下。

类名::成员函数名

【示例 22-13】编写一个手机短信息类，利用静态成员函数取得短信息总数。

程序主文件为 Sms.cpp，CSms.h 为 CSms 类定义头文件，CSms.cpp 为 CSms 类实现文件，代码如下。

```
//CSms.h
class CSms{
public:
    static void ShowSmsTotal();
    void SetSmsTotal();
private:
    string m_strSmsFrom;        //信息来源（电话号码）
    string m_strSmsTo;          //信息发送对象（电话号码）
    string m_strSmsTitle;       //信息头部
    string m_strSmsBody;        //信息内容
    static int sm_nSmsTotal;    //信息总数（静态成员函数）
    …                           //其他成员
};
//CSms.cpp
#include "CSms.h"
void CSms::SetSmsTotal()
{
    sm_nSmsTotal++;
}
void CSms::ShowSmsTotal()       //静态成员函数的实现
{
    cout<<sm_nSmsTotal<<endl;   //输出短信息总数
}
//Sms.cpp
#include "stdafx.h"
#include "CSms.h"
int CSms::sm_nSmsTotal = 0;     //类静态数据成员的定义性说明和初始化
int main(int argc, char* argv[ ])
{
    CSms sms;
    CSms::ShowSmsTotal();       //调用静态成员函数输出短消息总数
    sms.SetSmsTotal();          //对短消息数进行设定
    CSms::ShowSmsTotal();       //调用静态成员函数输出短消息总数
    sms.ShowSmsTotal();         //对短消息数进行设定
    return 0;
}
```

程序的运行结果如下。

```
0
1
1
```

分析：在上面的代码中，通过类和实例都可以访问类的静态成员函数。

类的静态成员函数可以直接访问该类的静态数据成员和静态成员函数，而不能直接访问非静态数据成员和非静态成员函数，因为非静态成员的访问需要通过实例进行。所以静态成员函数要访问类的非静态成员，需要通过参数取得实例名，再通过实例名进行访问。

【**示例 22-14**】类的静态成员访问。

代码如下。

```
class class_name{
    public:
      static void Func(class_name a);
      static void Func2();
      void Func3();
    private:
      int nVar;
      static int snVar;
};
void class_name::Func(class_name a){
    cout<<nVar;           //错误，直接引用类的非静态数据成员是无效的
    Func3();              //错误，直接引用类的非静态成员函数是无效的
    cout<<a.nVar;         //正确，通过实例访问类的非静态数据成员
    a.Func3();            //正确，通过实例访问类的非静态成员函数
    cout<< snVar;         //正确，通过实例访问类的静态数据成员
    Func2();              //正确，通过实例访问类的静态成员函数
};
```

22-2-7　常成员

利用 const 可以修饰类的成员。当用其修饰数据成员时，该数据成员为常数据成员。当修饰类的函数时，该数据为常成员函数。

1. 常数据成员

和一般的数据类型类似，类的数据成员可以是常量或者常引用。声明常数据成员通过 const 关键字来完成。声明格式与一般常数据类型类似，其格式如下。

```
const 数据类型 常数据成员名;
```

例如，在手机发送短信息的过程中，所发送的文字有最大长度限制，如 140 个字符。在描述短信息的类中，应该将其定义成一个不能被改变的量。

在下面的例子中，cMAX_MSG_LEN 被定义成一个 int 类型的常数据成员。当它被初始化后，就不能在任何函数中被赋值。对常数据的初始化，只能在类的构造函数中通过初始化列表完成。

【**示例 22-15**】编写一个手机短信息类，定义一个用于表示信息最大长度的常数据成员。

程序主文件为 Sms.cpp，CSms.h 为 CSms 类定义头文件，CSms.cpp 为 CSms 类实现文件，代码如下。

```
//Csms.h
class CSms{
public:
    CSms(int);
    virtual ~CSms();
```

```
    void ShowMaxMsgLen();
    static void ShowSmsTotal();
    …                                  //其他成员
private:
    string m_strSmsFrom;               //信息来源（电话号码）
    string m_strSmsTo;                 //信息发送对象（电话号码）
    string m_strSmsTitle;              //信息头部
    string m_strSmsBody;               //信息内容
    static int sm_nSmsTotal;           //信息总数（静态成员函数）
    const int cMAX_MSG_LEN;            //信息的最大长度
    …                                  //其他成员
};
//CSms.cpp
CSms::CSms(int nMaxMsgLen):cMAX_MSG_LEN(nMaxMsgLen)
{
};
void CSms::ShowMaxMsgLen(){
    cout<<cMAX_MSG_LEN<<endl;
}
//Sms.cpp
int main(int argc, char* argv[ ])
{
    CSms sms(140);
    sms.ShowMaxMsgLen();
}
```

程序的运行结果如下。

140

分析：这里定义的关于短信息最大长度的常数据成员在类的每个实例都能被设定成不同的值。一般情况下，对于所有的手机，这个值是不变的，所以可以将其声明为静态的常数据成员，其格式如下。

```
//Csms.h
class CSms{
public:
    CSms(int);
    virtual ~CSms();
    void ShowMaxMsgLen();
    static void ShowSmsTotal();
    …                                  //其他成员
private:
    string m_strSmsFrom;               //信息来源（电话号码）
    string m_strSmsTo;                 //信息发送对象（电话号码）
    string m_strSmsTitle;              //信息头部
    string m_strSmsBody;               //信息内容
    static int sm_nSmsTotal;           //信息总数（静态成员函数）
    static const int cMAX_MSG_LEN;     //信息的最大长度
    …                                  //其他成员
};
```

此时对 cMAX_MSG_LEN 的初始化就变为对静态变量的定义说明和初始化，其格式如下。

```
const int CSms::cMAX_MSG_LEN = 140;
```

对于静态的常数据成员，属于类属性，而且一旦进行初始化后就不能被改变。

说明：static 是静态常数据成员的组成部分，在进行定义性说明和初始化时，需要带上 static 关键字。

2．常成员函数

用 const 关键字定义的函数为常成员函数，其定义格式如下。

```
数据类型 函数名(参数表) const;
```

简单举例如下。

```
void ShowPhoneName() const;
```

常成员函数的主要作用是禁止在函数体内更新实例的数据成员。所以在函数体内，不能改变数据成员的值；也不能调用该类中能改变数据成员的成员函数，即不能调用该类中其他非常成员函数（没有用 const 修饰的成员函数）。

例如，在手机类中，显示手机名、型号、尺寸的函数就可以定义为常成员函数。因为它只起显示作用，没有必要对数据成员进行更新。

【示例 22-16】编写一个手机类，定义用于显示手机基本信息的常成员函数。

MobilePhone.h 为 CMobilePhone 类定义头文件，MobilePhone.cpp 为 CMobilePhone 类实现文件，代码如下。

```
//MobilePhone.h
class CMobilePhone{
  private:
    string m_strPhoneName;                //手机名
    string m_strPhoneType;                //手机型号
    float m_fLength, m_fWidth, m_fHeight; //手机长宽高（尺寸）
  public:
    void SetPhoneName();                  //设置手机名
    void SetPhoneType();                  //设置手机型号
    void SetPhoneSize();                  //设置手机尺寸
    void ShowPhoneName() const;           //显示手机名
    void ShowPhoneType() const;           //显示手机型号
    void ShowPhoneSize() const;           //显示手机尺寸
};
//MobilePhone.cpp
void CMobilePhone::ShowPhoneName() const {     //输出手机名成员函数
    cout<<m_strPhoneName<<endl;
};
void CMobilePhone::ShowPhoneType() const{      //输出手机型号成员函数
    cout<< m_strPhoneType<<endl;
};
void CMobilePhone::ShowPhoneSize() const{      //输出手机尺寸成员函数
    cout<<"The phone size is :"<< m_fLength<<"×"<< m_fWidth <<"×" <<
m_fHeight<<endl;
};
```

22-3 构造函数和析构函数

在 C++中，类的构造函数和析构函数是两种特殊的函数，属于类的基本机制。构造函数负责创建类对象，初始化类成员；而析构函数负责撤销和清理类实例。

22-3-1 构造函数

类是一种复杂的数据类型。通过一个类来声明实例，是一个从一般到特殊的过程。对于不同的实例之间，区别主要有两个方面：一是它们的实例名不同；二是数据成员的值不同。在声明一个实例的时候，需要对其数据成员进行赋值，这个过程称为实例（对象）的初始化。实例初始化的工作是由构造函数来完成的。

1．构造函数的基本概念

为了更好地理解构造函数，首先来分析一下对象是如何建立的。

对于普通的变量，在程序运行时需要占据一定的内存空间。如果在声明时未对其进行初始化，系统会将其写入一个随机值或者一个特定的值（编译系统决定）；如果在声明时对其进行初始化，系统会在开辟存储此变量内存空间的同时将初始值写入。

对于类的实例，其建立过程与普通变量类似。在程序运行期间，当遇到声明的实例时，系统首先将分配内存空间来存储这个实例，这些存储空间包括对类数据成员的存储。在未对实例的数据成员进行初始化时，系统会将一个随机值或者特定的值写入数据成员。如果在实例生成时，对实例的数据成员进行了初始化，系统会将初始化的值分别写入数据成员。

普通变量的初始化较为简单，而对实例的初始化则较为复杂，因为类的构造比普通变量复杂很多。于是 C++规定了一套严格的实例初始化的规则和接口，并具有一套自动调用机制。这个机制中就包括构造函数。

开发者通过编写构造函数来实现在实例被创建时利用特定的值去构造实例，将实例初始化为一个特定的状态，如用特定的值去初始化实例的私有成员。构造函数在实例被创建时可自动调用，无须开发者手动调用。

构造函数也是类的一个成员函数，它除了具备一般函数的基本特征，还具备一些特殊的特征。关于构造函数的特征，后续章节将进行详细介绍。

2．构造函数的基本使用

C++规定类的构造函数与类名相同，没有返回值，是类的公有成员，其格式如下。

```
类名();
```

对于类 CMobilePhone 的构造函数的声明如下。

```
CmobilePhone();
```

构造函数为公有成员，需要在类的头文件中声明，既可以在头文件中实现（内联成员函数），也可以在类的实现文件中实现。编译系统在遇到实例建立的语句时，会自动调用构造函数。

【示例 22-17】编写一个手机类，定义其构造函数，对手机基本信息进行初始化。

程序主文件为 MobilePhone.cpp，MobilePhone.h 为 CMobilePhone 类定义头文件，CMobilePhone.cpp 为 CMobilePhone 类实现文件，代码如下。

```
//MobilePhone.h
class CMobilePhone{
  public:
      CMobilePhone();                         //构造函数
      void SetPhoneName();                    //设置手机名
      void SetPhoneType();                    //设置手机型号
      void SetPhoneSize();                    //设置手机尺寸
      void ShowPhoneName() const;             //显示手机名
      void ShowPhoneType() const;             //显示手机型号
      void ShowPhoneSize() const;             //显示手机尺寸
  private:
      string m_strPhoneName;                  //手机名
      string m_strPhoneType;                  //手机型号
      float  m_fLength, m_fWidth, m_fHeight;  //手机长宽高（尺寸）
};
//CMobilePhone.cpp
CMobilePhone::CMobilePhone()                  //构造函数，也可以在头文件中直接实现
{
    cout<<"构造函数被调用。"<<endl;
    //以下设定手机属性
    m_strPhoneType = "IPHONE X";
    m_fLength = 30.0;
    m_fWidth = 20.0;
    m_fHeight = 10.0;
};
void CMobilePhone::ShowPhoneName() const {    //输出手机名成员函数
    cout<<m_strPhoneName<<endl;
};
void CMobilePhone::ShowPhoneType() const{     //输出手机型号成员函数
    cout<< m_strPhoneType<<endl;
};
void CMobilePhone::ShowPhoneSize() const{     //输出手机外形尺寸成员函数
    cout<<"The phone size is :"<< m_fLength<<"×" << m_fWidth <<"×" <<
m_fHeight<<endl;
}
// MobilePhone.cpp
#include "CMobilePhone.h"
int main(int argc, char* argv[ ])
{
    CMobilePhone imp;                         //定义手机对象
    imp.ShowPhoneName();                      //输出手机名
    imp.ShowPhoneType();                      //输出手机型号
    imp.ShowPhoneSize();                      //输出手机外形尺寸

    return 0;
}
```

程序的运行结果如下。

```
构造函数被调用
IPHONE X
IPHONE X
```

```
The phone size is :30×20×10
```

从程序的运行结果可以看出，在生成实例时，系统会自动调用构造函数（程序中未曾进行手动调用构造函数），并且成功进行数据成员的初始化。

建立构造函数是类的机制的一部分。在类的定义过程中，不管开发人员是否定义了构造函数，系统都会自动建立一个默认的构造函数，只不过这个构造函数不做任何初始化工作。

最佳实战：

在用 Visual C++ 工具生成新类时（单击菜单栏中的【Insert】→【new class】命令），会自动将默认的构造函数和析构函数定义在类中。可以通过改写或者重载默认的构造函数和析构函数来定义自己的构造函数和析构函数。

3．带参数的构造函数

在上面小节实现 CMobilePhone 类时有一个问题，就是其生成的实例的数据成员值都是相同的。这样生成的实例都是千篇一律的实例值，这显然无法满足实例多样化的需求。为了能让开发者灵活地建立不同的实例，可以让构造函数带有参数，其格式如下。

类名(初始化参数表);

说明：

- 构造函数名和类名是相同的，构造函数的参数表称为初始化参数表。
- 在声明实例的时候，这些参数需要用实参去赋值。
- 初始化参数表中可以带有默认的参数，如果声明实例时没有给出相应的实参，则采用默认参数去初始化。

【示例 22-18】编写一个手机类，定义其构造函数，采用带有参数的构造函数对手机基本信息进行初始化。

程序主文件为 MobilePhone.cpp，MobilePhone.h 为 CMobilePhone 类定义头文件，CmobilePhone.cpp 为 CMobilePhone 类实现文件，代码如下。

```cpp
//MobilePhone.h
class CMobilePhone{
  public:
    CMobilePhone(string strPhoneName,        //带有参数的构造函数
      string strPhoneType,
      float fLength,
      float fWidth,
      float fHeight);
    void SetPhoneName();                     //设置手机名
    void SetPhoneType();                     //设置手机型号
    void SetPhoneSize();                     //设置手机尺寸
    void ShowPhoneName() const;              //显示手机名
    void ShowPhoneType() const;              //显示手机型号
    void ShowPhoneSize() const;              //显示手机尺寸
  private:
    string m_strPhoneName;                   //手机名
    string m_strPhoneType;                   //手机型号
    float m_fLength, m_fWidth, m_fHeight;    //手机长宽高（尺寸）
};
//CMobilePhone.cpp
```

```
CMobilePhone::CMobilePhone(string strPhoneName,//带参数的构造函数
            string strPhoneType,
            float fLength,
            float fWidth,
            float fHeight){
    m_strPhoneName = strPhoneName;                //手机名设定
    m_strPhoneType = strPhoneType;                //手机型号设定
    m_fLength = fLength;                          //手机长度设定
    m_fWidth = fWidth;                            //手机宽度设定
    m_fHeight = fHeight;                          //手机高度设定
};
……                                               //其他成员函数实现
// MobilePhone.cpp
#include "CMobilePhone.h"
int main(int argc, char* argv[ ])
{
    CMobilePhone imp("Apple","IPHONE X",30,20,10);  //定义对象并初始化
    imp.ShowPhoneName();                          //输出手机名
    imp.ShowPhoneType();                          //输出手机型号
    imp.ShowPhoneSize();                          //输出手机尺寸
    return 0;
}
```

程序的运行结果如下。

```
Apple
IPHONE X
The phone size is :30×20×10
```

构造函数的参数中可以有默认值，如定义某一种类的手机，其手机名称一般是相同的。
【示例 22-19】定义一个描述 IPhone X 手机的类，构造函数带有默认的参数。
代码如下。

```
//CMobilePhone.h
class CMobilePhone{
  public:
    CMobilePhone(string strPhoneName ="IPHONE X", //带有默认参数构造函数
        string strPhoneType,
        float fLength,
        float fWidth,
        float fHeight);
  private:
    string m_strPhoneName;                        //手机名
    string m_strPhoneType;                        //手机型号
    float  m_fLength, m_fWidth, m_fHeight;        //手机长宽高（尺寸）
    ……                                            //其他成员
};
```

分析：这样生成实例时，在没有对 strPhoneName 赋实参的情况下，构造函数会用默认的
参数对数据进行初始化；如果对 strPhoneName 赋了其他实参，则用这个实参进行初始化。

```
CMobilePhone imp("IPHONE X ",30,20,10);          //对strPhoneName没有赋实参
```

```
CMobilePhone imp("Nokia","N73",30,20,10);        //对strPhoneName赋其他的实参
```

22-3-2　复制构造函数

在普通变量的赋值中，可以利用另一个同类型的变量进行赋值。实例的初始化也可以通过其他实例进行初始化，即用一个实例去构造另一个实例。在构造的时候，将已存在的实例中的数据成员值传递给新的实例，将其初始化为与已存在的实例具有相同数据的实例。

用一个实例构造另一个实例的方法有两种。一种是先建立实例，然后将已存在的实例值一一赋给新实例，但这样做非常烦琐；另一种就是利用类的复制构造函数实现。

类的复制构造函数是一种特殊的构造函数，具有一般的构造函数的所有特性。它的作用是将一个已经存在的实例去初始化另一个新的同类实例。复制构造函数的原型如下。

```
类名(类名& 实例名)
```

复制构造函数的实现可以在类外实现，也可以是内联函数。

【示例 22-20】编写一个手机类，定义其复制构造函数，实现对实例的复制。

程序主文件为 MobilePhone.cpp，CMobilePhone.h 为 CMobilePhone 类定义头文件，CMobilePhone.cpp 为 CMobilePhone 类实现文件，代码如下。

```cpp
//CMobilePhone.h
class CMobilePhone{
  public:
    CMobilePhone();                              //构造函数
    CMobilePhone(CMobilePhone& iMp);             //复制构造函数
    void SetPhoneName();                         //设置手机名
    void SetPhoneType();                         //设置手机型号
    void SetPhoneSize();                         //设置手机尺寸
    void ShowPhoneName() const;                  //显示手机名
    void ShowPhoneType() const;                  //显示手机型号
    void ShowPhoneSize() const;                  //显示手机尺寸
  private:
    string m_strPhoneName;                       //手机名
    string m_strPhoneType;                       //手机型号
    float m_fLength, m_fWidth, m_fHeight;        //手机长宽高（尺寸）
};
//CMobilePhone.cpp
CMobilePhone:: CMobilePhone(CMobilePhone& iMp){//复制构造函数
  cout<<"复制构造函数被调用。"<<endl;
  m_strPhoneName = iMp.m_strPhoneName;          //对手机名的复制
  m_strPhoneType = iMp.m_strPhoneType;          //对手机型号的复制
  m_fLength = iMp.m_fLength;                     //对手机长度的复制
  m_fWidth = iMp.m_fWidth;                       //对手机宽度的复制
  m_fHeight = iMp.m_fHeight;                     //对手机高度的复制
}
…                                               //其他成员函数实现
//MobilePhone.cpp
#include "CMobilePhone.h"
int main(int argc, char* argv[ ])
{
  CMobilePhone iMp1;                            //定义手机对象iMp1
```

```
    iMp1.SetPhoneName();
    iMp1.SetPhoneType();
    iMp1.SetPhoneSize();
    CMobilePhone iMp2(iMp1);        //定义手机对象iMp2，并用对象iMp1为其初始化
                                    //此过程需要调用复制构造函数
    iMp2.ShowPhoneName();
    iMp2.ShowPhoneType();
    iMp2.ShowPhoneSize();
    return 0;
}
```

程序的运行结果如下。

```
输入手机名:Apple（按【Enter】键）
输入手机型号:IPHONEX（按【Enter】键）
输入尺寸(长):30（按【Enter】键）
输入尺寸(宽):20（按【Enter】键）
输入尺寸(高):10（按【Enter】键）
复制构造函数被调用.
Apple
IPHONEX
The phone size is :30×20×10
```

分析：在上面的例子中，先建立了一个对象 iMp1，然后用 iMp1 去初始化 iMp2。当 iMp2 被建立时，系统自动复制构造函数对数据进行复制，建立了 iMp1 实例的副本。

复制构造函数是由系统自动调用的。普通的构造函数在实例被建立的时候由系统调用，复制构造函数则在以下三种情况会被系统调用。

- 当用一个类的实例去初始化该类的另一个实例时，如上面的例子就是这样的情况。
- 当函数的形参是类的实例，在调用这个函数进行形参和实参结合时。
- 当函数的返回值为类的实例，函数调用结束返回时。

【示例 22-21】 类的复制构造函数举例（当函数的形参是类的实例时）。

代码如下。

```
void ShowPhoneInfo(CMobilePhone iMp){
    iMp.ShowPhoneName();
    iMp.ShowPhoneType();
    iMp.ShowPhoneSize();
};
int main(int argc, char* argv[ ]){
    CMobilePhone imp("Apple","IPHONEX",30,20,10);
    ShowPhoneInfo(imp);                          //此时，复制构造函数被调用
    return 0;
}
```

分析：这种情况会调用复制构造函数是因为在参数传递过程中，函数需要对参数建立副本。建立副本的过程相当于建立了一个新的实例，并且用参数中的实例来对其进行初始化。

【示例 22-22】 类的复制构造函数举例（当函数的返回值为类的实例时）。

代码如下。

```
CMobilePhone CreatePhone(){
```

```
    CMobilePhone iMp("Apple","IPHONEX",30,20,10);
    return iMp;                              //此时，复制构造函数被调用
};
int main(int argc, char* argv[ ]){
    CMobilePhone iMyMp;
    iMyMp = CreatePhone();
    return 0;
}
```

分析：前面章节讲过，当函数调用结束后，局部变量会消亡，函数的局部变量无法在主调函数中继续生存。对于实例，也是如此。为将函数中的返回值带回主调函数，编译系统会建立临时的无名实例，以便在主调函数中给其他实例赋值。在建立无名实例时，就是建立了一个新的实例，并且用局部函数中的返回对象对其进行初始化，所以调用了复制构造函数。

22-3-3 默认复制构造函数

在类定义中，如果开发者未定义复制构造函数，C++会自动提供一个默认的复制构造函数。这和构造函数类似。

默认的复制构造函数的作用是复制实例中的每一个非静态数据成员给新的同类实例。如果系统调用了默认的复制构造函数，其会将实例中所有的非静态数据成员一一赋给新的实例，这样就完成了实例的复制。

【示例 22-23】编写一个手机类，利用默认复制构造函数，实现对实例的复制。

程序主文件为 MobilePhone.cpp，CMobilePhone.h 为 CMobilePhone 类定义头文件，CMobilePhone.cpp 为 CMobilePhone 类实现文件，代码如下。

```
//CMobilePhone.h
class CMobilePhone{
  public:
    CMobilePhone(string strPhoneName ="Motorola", //带有默认参数构造函数
        string strPhoneType,
        float fLength,
        float fWidth,
        float fHeight);
    void SetPhoneName();                     //设置手机名
    void SetPhoneType();                     //设置手机型号
    void SetPhoneSize();                     //设置手机尺寸
    void ShowPhoneName() const;              //显示手机名
    void ShowPhoneType() const;              //显示手机型号
    void ShowPhoneSize() const;              //显示手机尺寸
  private:
    string m_strPhoneName;                   //手机名
    string m_strPhoneType;                   //手机型号
    float m_fLength, m_fWidth, m_fHeight;    //手机长宽高（尺寸）
};
//CMobilePhone.cpp
CMobilePhone::CMobilePhone(string strPhoneName,  //带参数的构造函数
          string strPhoneType,
          float fLength,
          float fWidth,
```

```
                float fHeight){
        m_strPhoneName = strPhoneName;                  //设置手机名
        m_strPhoneType = strPhoneType;                  //设置手机型号
        m_fLength = fLength;                            //设置手机长度
        m_fWidth = fWidth;                             //设置手机宽度
        m_fHeight = fHeight;                           //设置手机高度
    };
    void CMobilePhone::ShowPhoneName() const {          //输出手机名
        cout<<m_strPhoneName<<endl;
    };
    void CMobilePhone::ShowPhoneType() const{           //输出手机型号
        cout<< m_strPhoneType<<endl;
    };
    void CMobilePhone::ShowPhoneSize() const{           //输出手机尺寸
        cout<<"The phone size is :"<< m_fLength<<"×" << m_fWidth <<"×" <<
m_fHeight<<endl;
    }
    …                                                  //其他成员函数实现
    //MobilePhone.cpp
    #include "CMobilePhone.h"
    int main(int argc, char* argv[ ])
    {
        CMobilePhone iMp1("Apple","IPHONE X",30,20,10);
        CMobilePhone iMp2 = iMp1;                       //调用了默认的复制构造函数
        iMp2.ShowPhoneName();                          //输出手机名
        iMp2.ShowPhoneType();                          //输出手机型号
        iMp2.ShowPhoneSize();                          //输出手机尺寸
        return 0;
    }
```

程序的运行结果如下。

```
Apple
IPHONE X
The phone size is :30×20×10
```

　　分析：在上面的例子对类定义的过程中，并未定义复制构造函数，但是通过程序运行的结果来看，新的实例确实被成功地进行了复制初始化。这说明在实例的复制过程中，系统调用了默认的构造函数。

　　在复制函数进行工作时，对静态数据成员是不进行复制的，因为静态数据成员只有一份复制，所有的实例共享这份复制。

22-3-4　浅复制和深复制

　　既然系统已经提供了默认复制构造函数，为什么还需要自己定义复制构造函数呢？主要有以下两个原因。

- 默认的复制构造函数无法满足开发者对实例复制细节控制的要求。例如，对于手机类的复制，如果复制同类型的手机，其中一些手机特性是相同的，但是大部分的特性是不同的。对于相同的特性，可以复制。对于不相同的特性，就不需要复制。而默认的复制构造函数对这些特性进行了全部的复制，显然是不符合需求的。

- 默认的复制构造函数无法对实例的资源进行复制（如动态内存等）。如果在实例中的数据成员拥有资源，复制构造函数只会建立该数据成员的一个复制，而不会自动为其分配资源，这样两个实例中就会拥有同一个资源。这样的局面显然是不合理的，不仅不符合对实例的要求，而且在析构函数中会被释放两次资源，导致程序出错。

下面就是一个利用默认的构造函数导致程序出错的例子。

【示例 22-24】编写一个手机类，利用开辟堆内存的方式来存储手机名；利用默认复制构造函数，实现对实例的复制。

程序主文件为 MobilePhone.cpp，CMobilePhone.h 为 CMobilePhone 类定义头文件，CMobilePhone.cpp 为 CMobilePhone 类实现文件，代码如下。

```
//CMobilePhone.h
class CMobilePhone{
  public:
    CMobilePhone(string strPhoneName);        //构造函数
    virtual ~CMobilePhone();                  //虚析构函数
    void ShowPhoneName() const;               //显示手机名
  private:
    string* m_pstrPhoneName;                  //手机名
};
//CmobilePhone.cpp
CMobilePhone::CMobilePhone(string strPhoneName)   //构造函数
{
   m_pstrPhoneName = new string;              //开辟动态内存
   *m_pstrPhoneName = strPhoneName;           //设定手机名
};
CMobilePhone::~CMobilePhone()
{
   delete m_pstrPhoneName;                    //在析构函数中释放动态内存
   m_pstrPhoneName = NULL;                    //指针置为空
};
void CMobilePhone::ShowPhoneName() const {    //输出手机名
   cout<<*m_pstrPhoneName<<endl;
};
//MobilePhone.cpp
#include "CMobilePhone.h"
int main(int argc, char* argv[ ])
{
   CMobilePhone iMp1("Motorola");
   CMobilePhone iMp2 = iMp1;                  //调用了默认的复制构造函数
   iMp2.ShowPhoneName();                      //输出手机名
   return 0;
}
```

程序的运行结果如下。

```
Motorola
显示程序出错
```

分析：程序开始运行时，首先创建了实例 iMp1，iMp1 的构造函数从堆中开辟了存储 string

类型的动态存储空间，并进行了值的初始化。当执行"CMobilePhone iMp2=iMp1;"语句时，因为没有自定义复制构造函数，系统调用了默认的复制构造函数，使 iMp2 和 iMp1 所有的数据成员值相同。

　　这样两个实例中的 m_pstrPhoneName 都指向同一块堆内存（new string 所分配的堆内存），而不是将实例 iMp2 中的 m_pstrPhoneName 重新开辟新的堆内存，如图 22-2 所示。当主函数执行结束后，对 iMp1 和 iMp2 逐个进行析构（析构函数将在后面小节讲述）。当析构 iMp2 时，会将堆内存释放。这个时候问题出现了，iMp1 中的 m_pstrPhoneName 指向了无效的内存。当析构 iMp1 时，释放 m_pstrPhoneName 指向的内存则导致失败，系统报错。

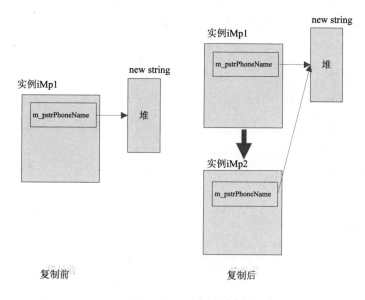

图 22-2　实例的浅复制

　　当对实例进行复制时，未对实例的资源进行复制的过程称为浅复制。对于浅复制所带来的弊端，可以通过自定义复制构造函数来解决。例如，将上面的例子增加自定义复制构造函数，完成在实例进行复制时对堆内存的控制。

　　【示例 22-25】编写一个手机类，利用开辟堆内存的方式来存储手机名；利用自定义复制构造函数，实现对实例的复制。

　　程序主文件为 MobilePhone.cpp，CMobilePhone.h 为 CMobilePhone 类定义头文件，CMobilePhone.cpp 为 CMobilePhone 类实现文件，代码如下。

```
//CMobilePhone.h
class CMobilePhone{
  public:
    CMobilePhone(string strPhoneName);          //构造函数
    CMobilePhone(CMobilePhone &iMp);            //复制构造函数
    virtual ~CMobilePhone();                    //虚析构函数
    void ShowPhoneName() const;                 //显示手机名
  private:
    string* m_pstrPhoneName;                    //手机名
};
//CMobilePhone.cpp
CMobilePhone::CMobilePhone(string strPhoneName);
```

```
    m_pstrPhoneName = new string;              //开辟动态内存
    *m_pstrPhoneName = strPhoneName;           //设定手机名

};
CMobilePhone::CMobilePhone(CMobilePhone &iMp){ //复制构造函数（深复制）
  m_pstrPhoneName = new string;
  *m_pstrPhoneName = *iMp.m_pstrPhoneName;      //复制函数名
};
CMobilePhone::~CMobilePhone()                   //析构函数
{
  delete m_pstrPhoneName;                        //在析构函数中释放动态内存
  m_pstrPhoneName = NULL;                        //指针置为空
};
void CMobilePhone::ShowPhoneName() const {
  cout<<*m_pstrPhoneName<<endl;                  //输出手机名
};
//MobilePhone.cpp
#include "CMobilePhone.h"
int main(int argc, char* argv[ ])
{
  CMobilePhone iMp1("Motorola");
  iMp1.ShowPhoneName();
  CMobilePhone iMp2(iMp1);
  iMp2.ShowPhoneName();
  return 0;
}
```

程序的运行结果如下。

```
Motorola
Motorola
```

分析：在上面的例子中，实例在复制过程中调用了自定义复制构造函数。在复制构造函数中对堆内存进行控制。在建立 iMp2 时，构造函数为其开辟了新的堆内存，不再与 iMp1 共享同一内存，如图 22-3 所示。在调用析构函数时，对两个实例中的堆内存分别进行了释放，互不影响。

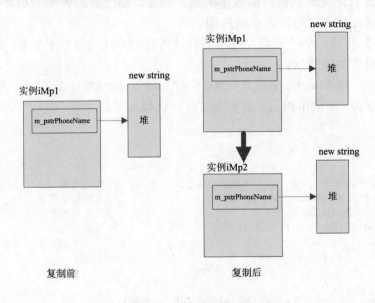

图 22-3　实例的深复制

当对实例进行复制时，对实例的资源也进行复制的过程称为深复制。

对于需要复制构造函数进行深复制的并不止堆内存。对文件的操作、系统设备的占有（如计算机端口、打印）等都需要进行深复制，都是需要在析构函数中返回给系统的资源。一般来讲，需要在析构函数中析构的资源，都需要自定义一个能进行深复制的复制构造函数。

22-3-5　析构函数

对于任何事物都有消亡的过程，对象在完成使命后就会消亡。在对象消亡时，需要对对象之前所分配的资源做必要的清理。例如在实例中，打开了文件或者分配了资源，这些都需要归还给系统。这个过程在 C++ 中称为析构，C++ 利用析构函数来完成对象消亡时的清理工作。

析构函数和构造函数的功能基本上是相反的。构造函数在实例生成时分配资源，析构函数在对象消亡时清理这些资源。析构函数也是系统自动调用的，在对象的生存期即将结束时被调用。析构函数的格式如下。

```
~类名()
```

- 析构函数是在类名前加符号"~"。
- 析构函数是公有的成员函数。
- 析构函数不接受任何参数，这点与构造函数不同。
- 析构函数可以是虚函数（虚函数在后面章节将介绍到）。

在【示例 22-23】中其实已经用到了析构函数，在这个例子的构造函数中利用 m_pstrPhoneName 开辟了动态资源（new string）。对于这个资源，在实例消亡时，系统无法自动将其进行释放，所以需要在析构函数中由开发者手动进行释放。

【示例 22-26】编写一个手机类，利用开辟堆内存的方式来存储手机名；利用析构函数对实例进行析构。

程序主文件为 MobilePhone.cpp，CMobilePhone.h 为 CMobilePhone 类定义头文件，CMobilePhone.cpp 为 CMobilePhone 类实现文件，代码如下。

```cpp
//CMobilePhone.h
class CMobilePhone{
  public:
    CMobilePhone(string strPhoneName);        //构造函数
    virtual ~CMobilePhone();                  //虚析构函数
    void ShowPhoneName() const;               //显示手机名
  private:
    string* m_pstrPhoneName;                  //手机名
};
//CmobilePhone.cpp
CMobilePhone::CMobilePhone(string strPhoneName){  //构造函数
  cout<<"构造函数被调用"<<end;
  m_pstrPhoneName = new string;               //开辟内存
  *m_pstrPhoneName = strPhoneName;            //设定手机名
};
CMobilePhone::~CMobilePhone()                 //析构函数
{
  cout<<"析构函数被调用"<<end;
```

```
    delete m_pstrPhoneName;                          //释放内存
    m_pstrPhoneName = NULL;
};
void CMobilePhone::ShowPhoneName() const {
    cout<<*m_pstrPhoneName<<endl;                    //输出函数名
};
//MobilePhone.cpp
#include "CMobilePhone.h"
int main(int argc, char* argv[ ])
{
    CMobilePhone iMp1("Motorola");
    iMp1.ShowPhoneName();
    return 0;
}
```

程序的运行结果如下。

```
构造函数被调用
Motorola
析构函数被调用
```

分析：在上面的例子中，没有手动调用析构函数。当程序执行完语句"iMp1.ShowPhone Name( );"后，实例的生存期结束，系统自动调用了析构函数对实例进行析构。

析构函数也有默认的析构函数。即使开发者不定义析构函数，系统也会生成默认的析构函数，只不过这个默认的析构函数没有做任何工作。一般来讲，只要在构造函数中分配了资源，需要定义析构函数对实例中的资源进行析构。

22-4 类的组合

类是对一类事物的抽象描述，其本身就是一个整体。许多复杂的事物都是由很小的事物组成的。如果用一个类来描述复杂的事物，类将变得非常庞大且实现起来也很困难。在面向对象程序设计时，可以将复杂的对象进行分解、抽象，把复杂的对象分解为几个较为简单的对象，然后通过这些对象的组合形成一个完整的整体。

22-4-1 类的组合的概念

类的组合是描述一个类内嵌其他类的对象作为成员的情况，它们之间是一种包含与被包含的关系。类的组合也称为类的聚合，经过组合的类成为组合类，如将一个类来描述一种手机。首先将其分为软件部分和硬件部分，硬件部分又分为核心处理器模块、输入/输出模块、通信模块等；软件部分可分为操作系统和应用软件部分，这些模块还可以进一步进行分解。如果把分解后模块的描述都定义为类，则这种手机就是各种类的组合。

【示例 22-27】手机组合类的定义。

代码如下：

```
class CMobilePhone{
    string m_strPhoneName;                           //手机名
```

```
    string m _strPhoneType;                //手机型号
    float  m_fLength,  m_fWidth, m_fHeight; //手机长宽高
};
```

分析：其实这也是一种类的组合。类 CMobilePhone 中包含了 string 类型、float 类型数据，而 float 类型是基本数据类型，string 类型实际上是一种字符串类，所以这其实是一种简单的类的组合。类的成员数据不仅可以是基本类型和自定义类型，也可以是类类型的对象。

【示例 22-28】学生组合类的定义。

代码如下：

```
class CStudent              //学生类
{
public:
    CStudent();
    virtual ~CStudent();
private:
    int nGrade;             //年级
    int nNo;                //学号
    string strName;         //姓名
    unsigned short snAge;   //年龄
    double score1;          //成绩1
    double score2;          //成绩2
    double score3;          //成绩3
    …                       //其他成员
};
class CClass                //班级类
{
public:
    CClass();
    virtual ~CClass();
private:
    CStudent std[100];
};
```

分析：这个例子就是一个很典型的类的组合。班级是由学生组成的，在定义了学生类后，通过学生类来定义班级类，班级类中嵌入了学生类。

22-4-2　组合类的构造函数和析构函数

在组合类生成对象时，会涉及类与嵌套类的构造函数和析构函数的问题。在组合类实例化时，组合类会先调用嵌套类的构造函数，然后再调用组合类的构造函数；在组合类进行析构时，则调用顺序相反，先调用组合类的析构函数，再调用嵌套类的析构函数。

【示例 22-29】学生组合类的构造函数和析构函数的调用顺序。

程序主文件为 School.cpp、CStudent.h 为 CStudent 类定义头文件、CStudent.cpp 为 CStudent 类实现文件、CClass.h 为 CClass 类定义头文件，CClass.cpp 为 CClass 类实现文件，代码如下。

```
//CStudent.h
class CStudent                              //学生类
{
```

```
public:
    CStudent();
    virtual ~CStudent();
private:
    int nGrade;                         //年级
    int nNo;                            //学号
    string strName;                     //姓名
    unsigned short snAge;               //年龄
    double score1;                      //成绩1
    double score2;                      //成绩2
    double score3;                      //成绩3
    …                                   //其他成员
};
//CStudent.cpp
CStudent::CStudent()                    //构造函数
{
    cout<<"CStudent构造函数被调用"<<endl;
}
CStudent::~CStudent()                   //析构函数
{
    cout<<"CStudent析构函数被调用"<<endl;
}
// CClass.h
class CClass                            //班级类
{
public:
    CClass();
    virtual ~CClass();
private:
    string strClassName;                //班级名
    CStudent std[100];                  //班级学生集合
};
//Cclass.cpp
CClass::CClass()
{
    cout<<"CClass构造函数被调用"<<endl;
}
CClass::~CClass()
{
    cout<<"CClass析构函数被调用"<<endl;
}
//School.cpp
#include "Class.h"
#include "Student.h"
int main(int argc, char* argv[ ])
{
    CClass cls;                         //定义一个班级类
    return 0;
}
```

程序的运行结果如下。

```
CStudent构造函数被调用（共输出100次）
…
CClass构造函数被调用
CClass析构函数被调用
CStudent析构函数被调用（共输出100次）
…
```

分析：上面的例子在生成 CClass 实例时，先调用了嵌套类 CStudent 的构造函数，因为需要构造 100 个实例，所以构造函数被调用了 100 次，然后再调用 CClass 的构造函数；当进行析构时，先调用 CClass 的析构函数，再调用 CStudent 的析构函数，因为需要析构 100 个实例，所以 CStudent 析构函数被调用了 100 次。

22-4-3　组合类的初始化

组合类在创建对象时，既要对本类的基本数据成员进行初始化，又要对内嵌对象成员进行初始化。类的初始化是通过构造函数进行的。组合类的初始化一般格式如下。

```
类名::类名(形参表):内嵌对象1(形参表),内嵌对象2(形参表),...
{类的初始化}
```

【示例 22-30】定义一个面上的线段类，能够计算线段的长度。

面上的线段是由平面上的两个点组成，当知道两个点的坐标，即可计算出此线段的长度。在程序中先定义一个表示点的类，然后通过点的组合来定义线段类。程序主文件为 Test.cpp，Point.h 为 CPoint 类定义头文件、Point.cpp 为 CPoint 类实现文件、Linesegment.h 为 CLinesegment 类定义头文件，Linesegment.cpp 为 CLinesegment 类实现文件，代码如下。

```cpp
//Point.h
class CPoint
{
public:
    CPoint();                               //默认构造函数
    CPoint(double x,double y){X=x;Y=y;};    //带参数构造函数
    CPoint(CPoint &p);                      //复制构造函数
    virtual ~CPoint();                      //析构函数
    double GetX(){return X;};               //返回X坐标值
    double GetY(){return Y;};               //返回Y坐标值
private:
    double X,Y;                             //X、Y坐标值
};
//Point.cpp
CPoint::CPoint()
{
}
CPoint::CPoint(CPoint &p)                    //复制构造函数实现
{
    this->X = p.X;
    this->Y = p.Y;
}
CPoint::~CPoint()                            //析构函数
{
```

```
}
// Linesegment.h
#include "Point.h"
class CLinesegment                              //线段类
{
public:
    CLinesegment(CPoint p1,CPoint p2);          //构造函数
    virtual ~CLinesegment();
    double GetLenght();                         //返回线段长度
private:
    CPoint pStart,pEnd;                         //线段的起点和终点
    double length;                              //线段长度
};
// Linesegment.cpp
CLinesegment::CLinesegment(CPoint p1,CPoint p2):pStart(p1),pEnd(p2)    //构造函
数
{
    double xx=fabs(p1.GetX() - p2.GetX()); //计算两点X坐标差值
    double yy=fabs(p1.GetY() - p2.GetY()); //计算两点Y坐标差值
    length = sqrt(xx*xx+yy*yy);             //计算线段长度
}
CLinesegment::~CLinesegment()
{
}
double CLinesegment::GetLenght()                //返回线段长度
{
    return this->length;
}
//Test.cpp
#include "Point.h"
#include "Linesegment.h"
using namespace std;
int main(int argc, char* argv[ ])
{
    CPoint myp1(2,2),myp2(5,6);                 //定义两个点
    CLinesegment myline(myp1,myp2);            //用这两个点去组成一个线段
    cout<<"The length is:"<<myline.GetLenght();//输出线段长度
    return 0;
}
```

程序的运行结果如下。

```
The length is:5
```

分析：在线段类 CLinesegment 中，包含了内嵌类 Cpoint。当对线段类进行初始化时，对 Cpoint 类也进行了初始化。

22-5 综合实例：定义员工类，实现员工信息的存储和输出

要求：从键盘输入三个员工的信息，并输出。

分析： 本例要求利用类来定义员工信息，前面已经讲过利用结构体来实现类似的功能。与结构体相比，用类来实现此功能的最大优点在于可以使员工的信息进行隐藏，即把员工信息封装到一个类中，通过公开的成员函数接口来操作数据。

具体的操作步骤如下。

（1）建立工程。建立一个"Win32 Console Application"程序，工程名为"Test"。程序主文件为 Test.cpp，Emp.h 为 CEmp 类定义头文件，Emp.cpp 为 CEmp 类实现文件。

（2）修改代码，建立标准 C++程序。删除 Stdafx.h 文件中的代码"#include <stdio.h>"，增加以下代码。

```
#include <iostream>
#include <math.h>
using namespace std;
```

（3）删除 Test.cpp 文件中的代码"printf("Hello World!\n");"。

（4）建立 CEmp 类。单击菜单栏中的【Insert】→【New Class】命令，弹出【New Class】窗口。在【Class Type】下拉列表框中选择【Generic Class】，在【Name】文本框中输入"CEmp"，单击【OK】按钮。编译系统会自动生成 Emp.h 和 Emp.cpp。

（5）编写代码。在 stdafx.h 中输入以下代码。

```
//stdafx.h
#include <iostream>
#include <string>
using namespace std;
```

在 Emp.h 中输入以下代码。

```
//Emp.h
class CEmp
{
    public:
        CEmp();
        virtual ~CEmp(){delete[ ] name;}       //析构函数
        void set_name(char *);                 //设置员工姓名
        void set_age(short a){age = a;}        //设置员工年龄
        void set_salary(float s){salary=s;}    //设置员工工资
        void print();

    private:
        char *name;                            //员工姓名
        short age;                             //年龄
        float salary;                          //工资
};
```

在 CEmp.cpp 中输入以下代码。

```
//Emp.cpp
#include "stdafx.h"
#include "Emp.h"
CEmp::CEmp()
```

```
{
    name=0;
    age=0;
    salary=0.0;
}
void CEmp::set_name(char *n)              //设置员工姓名
{
    name=new char[strlen(n)+1];           //开辟存储姓名的空间
    strcpy(name,n);                       //设定姓名
}
void CEmp::print()                        //输出员工信息
{
    cout<<"Name: "<<name;                 //输出姓名
    cout<<" Age: "<<age;                  //输出年龄
    cout<<" Salary: "<<salary<<endl;      //输出工资
}
```

（6）编写代码。在 Test.cpp 中输入以下代码。

```
//Test.cpp
#include "stdafx.h"
#include "Emp.h"
int main(int argc, char* argv[ ])
{
    char *name=NULL;        //接受用户输入的临时变量
    short age=0;            //接受用户输入的临时变量
    float salary=0;         //接受用户输入的临时变量
    name=new char[30];      //开辟存储姓名的空间
    CEmp emp[3];            //定义3个员工类
    for(int i=0;i<3;i++)    //循环输入3个员工的信息并输出
    {
        cout<<"输入第"<<i+1<<"员工的信息"<<endl;
        cout<<"姓名:";
        cin>>name;
        cout<<"年龄:";
        cin>>age;
        cout<<"工资:";
        cin>>salary;
        emp[i].set_name(name);
        emp[i].set_age(age);
        emp[i].set_salary(salary);
        emp[i].print();
    }

    return 0;
}
```

（7）程序的运行结果如下。

```
输入第1员工的信息
姓名:Name1
年龄:23
工资:2500
```

```
Name: Name1 Age: 23 Salary: 2500
输入第2员工的信息
姓名:Name2
年龄:32
工资:4000
Name: Name2 Age: 32 Salary: 4000
输入第3员工的信息
姓名:Name3
年龄:43
工资:5000
Name: Name3 Age: 43 Salary: 5000
```

分析：在本程序中定义了 Emp 类，其中 set_name( )、set_age( )和 set_salary( )三个成员函数可用来为员工档案填入姓名、年龄、工资。其中填入姓名时要创建一个长度为该姓名字符串长度加 1 的字符数组，以便以字符串形式存放该雇员的姓名。print( )函数的功能是输出该员工的档案内容。

22-6　万事万物皆对象

本章内容较多，在这里简单总结一下：本章主要讲述了面向对象设计思想、类以及类的组合问题。类是面向对象程序设计的基础和核心，是本章的重点内容。类是 C++封装的基本单位，它把数据和函数封装在一起。面向对象程序设计方法的基本特点是抽象、封装、继承和多态。类可以包括数据成员和函数成员。类的成员有公有、私有和保护三个部分，在不同部分内的成员具有不同的访问规则。公有部分的成员可以被使用类实例的程序直接访问。

类的实例就是对象，int x,y,z；这个语句产生了 x,y,z 三个对象。Class CEmp A,B,C；这个语句产生了 A,B,C 三个员工对象，在代码中可以和 int 类型一样使用。

可以自己设计任何类型！就像系统自带的类型一样使用。刚接触面向对象开发方法的时候，我为这种开发思想深深着迷。

迷倒什么程度，给大家描述一下，在那几个月中，我看什么东西都按面向对象的思维在抽象：出门坐车看到的都是对象：

公交车：外形，多少路是属性，启动，停靠站，刹车是动作……

自行车：轮子尺寸是属性，……是动作，那就是方法，函数或者过程。

所有我碰到的芯片是对象：

管脚是输入/输出，这是属性。芯片的运算功能，是动作，是方法。

然后天天写模拟芯片功能的程序。想图使建构程序和制作电路板一样清晰。

所有我看到的程序也是对象：

菜单是对象：每个菜单项上的文字是属性，单击这个动作，是方法，会产生一个命令属性。

工具栏是对象：每个小图标是属性，单击这个动作是方法，也会产生一个命令属性。

……

我还每天为组合对象或者对象的交互发愁：

你说，人是对象，公交车是对象，好了，人下车这个动作，应该是人下车的方法，还是公交车下人的方法？每天大脑中都是在设想各种消息在互相传递来、传递去。当时没有被送到精神病医院，还真是幸运！

　　而且，还身体力行把自己所有的代码都改成面向对象程序，还好这个行为救了我。我发现，采用面向对象方法编写程序，代码量越大，更适合大项目，因为非常有利于程序的生长。虽然更加自然，更加接近人类思考问题的方式。但是，确实不太适合一些小程序。小的项目，机器逻辑和解决问题的逻辑相结合就够了，但程序大了，却很容易混乱。而且小的项目中也可以借鉴很多面向对象的思维。

　　实践是检验整理的标准。没有一招通用的方法，但却通过这段过程，比较清晰地理解了很多东西，后来学其他的东西，速度就相当快了。

　　顺便说一下，当时在国内，基本上没有面向对象的图书出版，有一本我买一本。但写作质量都很差。不像现在，好多经典图书，现在的学习起来，应该轻松多了。今天的读者是相当幸福的。

　　用过去的一段经历来总结了本章，希望你能尽快理解类、封装和对象的基本含义，尽快能理解面向对象的程序设计思路，并慢慢用起来。

Chapter 23

第 23 章

重载完善类方法

重载技术是 C++的一个特性，它是多态性的一种表现。C++重载主要分为函数重载和运算符重载。函数的重载不仅提高了程序的适应性，也提高了程序代码的复用性。运算符重载就是赋予已有的运算符多重含义，是通过重新定义运算符，使它能够针对特定对象执行特定的功能，从而增强 C++语言的扩充能力。重载能使程序更加简洁，易读。通过本章的学习，读者可以掌握函数重载的运用以及重载运算符的方法。

23-1　让函数适应不同类型数据，适应多参数

函数重载允许用同一个函数名定义多个函数。这样可以简化程序的设计，开发者只需要记住一个函数名即可完成一系列相关的任务。

23-1-1　合并相同功能的函数，重载函数的定义

在 C 语言中，一个函数只有唯一的一个名字，这其实在实际开发中会变得比较烦琐。例如，设计求绝对值的函数，因为数值的数据类型有整型、长整型、浮点型等，所以需要对不同类型的数据分别设计函数。

我们来定义一个函数，用于求不同数据类型数据的绝对值，代码如下。

```
int iabs(int);
long labs(long);
double fabs(double);
```

这三个函数的功能都是一样的，但是所处理的数据类型不一样。当开发者调用它们时，需要分析数据类型调用不同的函数，这样显得笨拙而且对函数管理也不方便。

C++可以利用函数重载来解决这个问题。对于数据类型不同而函数名相同的数据，做相同

或者相似的运算，称为重载。被重载的函数称为重载函数。

如上面的三个取绝对值的函数可以用一个函数名来声明，我们看一下下面的代码。

```
int abs(int);
long abs(long);
double abs(double);
```

C++可以利用函数命名技术来准确判断应该调用哪个函数，例如下面的示例。

【示例23-1】利用重载定义求绝对值的函数。

代码如下。

```
#include "stdafx.h"
using namespace std;
int abs(int nPar){                          //对int类型的数据进行取绝对值操作
    cout<<"整型";
    return nPar>=0?nPar:0-nPar;
}
long abs(long lPar){                        //对long类型的数据进行取绝对值操作
    cout<<"长整型";
    return lPar>=0?lPar:0-lPar;
}
double abs(double dPar){                    //对double类型的数据进行取绝对值操作
    cout<<"浮点型";
    return dPar>=0?dPar:0-dPar;
}
int main(int argc, char* argv[ ])
{
    int a=10,b=-10;
    long c=10000000,d=-10000000;
    double e=2934.02,f=-12313.323;
    cout<<abs(a)<<endl;                     //输出变量值的绝对值
    cout<<abs(b)<<endl;                     //输出变量值的绝对值
    cout<<abs(c)<<endl;                     //输出变量值的绝对值
    cout<<abs(d)<<endl;                     //输出变量值的绝对值
    cout<<abs(e)<<endl;                     //输出变量值的绝对值
    cout<<abs(f)<<endl;                     //输出变量值的绝对值
    return 0;
}
```

程序的运行结果如下。

```
整型10
整型10
长整型10000000
长整型10000000
浮点型2934.02
浮点型12313.3
```

分析：上面的例子中，程序根据所操作数据的类型自动调用相应的函数。

23-1-2　重载函数的匹配有原则

在调用重载函数时，编译器需要决定调用哪个函数。这是靠重载函数的形参和实参比较决定的，编译器的匹配步骤如下。

（1）寻找一个严格的匹配，如果找到了，则调用此函数。

（2）通过特定的转换寻求一个匹配，如果找到了，则调用此函数。

（3）通过用户定义的转化寻求一个匹配，若能寻找到唯一的一组转换，调用此函数。这种情况后面将会涉及。

上面步骤中，特定的数据转换在前面的章节中已有讲述，即数据类型的隐性转换。例如，对于 int 形参、char 类型、short int 都是可以严格匹配的；对于 double 形参、float 类型是可以严格匹配的，这些都是属于特定的数据转换范围内的。

如果系统遇到了无法完成的转换，需要开发者自己进行显式转换来进行匹配。例如，形参只有 long 或者 double 时，int 类型的数据就需要进行强制转换来匹配。

我们看一下重载函数的类型匹配，代码如下。

```
long abs(long);
double abs(double);
```

分析：对于 int 数据类型的匹配，则需要强制转换，代码如下。

```
int a=-100;b;
b=abs((long)a);
```

C++函数在返回类型、参数类型、参数个数、参数顺序上有所不同时，才被认为是不同的。如果只是返回值不同，则不能被认为是不同的。

我们再来看一下无效的重载函数，代码如下。

```
int print(int);
void print(int);
```

分析：编译器无法区别这两个函数，所以是无效的重载函数。

23-2　让你的代码更加直观，运算符重载

C++中预定义的运算符只能针对基本的数据类型，对运算符进行重载，即可使用运算符参与用户自定义数据类型的操作。运算符重载是对已有的运算符赋予多重含义，使同一个运算符作用于不同类型数据的行为。使用运算符重载可以使 C++代码更直观、易读。

23-2-1　当操作自定义数据时，考虑运算符重载

在类的定义中，经常需要涉及一些数据的运算操作，如下面定义的一个数学上的复数类。

【**示例 23-2**】定义一个复数类。

代码如下。

```
class CComplex //复数类
{
public:
    CComplex(double pr = 0.0,double pi= 0.0){real = pr;imag = pi;};//构造函数
```

```
    virtual ~CComplex();                        //析构函数
private:
    double real;                                //复数的实部
    double imag;                                //复数的虚部
};
```

分析：对于复数，包括实数和虚数两部分，如定义以下两个复数对象。

```
CComplex a(1,2),b(3,4);
```

如果对这两个复数进行相加，用 a+b 是无法完成的，程序会返回编译错误。因为"+"无法作用于用户自定义类型。根据前面学到的知识只能编写下面的函数来实现。

【示例 23-3】复数类的加法运算。

代码如下。

```
CComplex CComplex::Add(CComplex c1,CComplex c2){
    CComplex result;
    result.real = c1.real + c2.real;     //复数的实部相加
    result.imag = c1.imag + c2.imag;     //复数的虚部相加
    return result;
}
```

以上程序的可读性并不好，所以最好的办法是将"+"也能运用于复数类中。

23-2-2　重载的是已经定义的运算符

运算符重载是针对新类型数据的实际需要对原有的运算符进行适当的改造行为。C++中的运算符除了几个特殊的之外，都是可以重载的。重载的运算符必须是 C++已有的运算符。不能重载的运算符包括以下五个。

- 类属关系运算符（.）。
- 指针运算符（*）。
- 作用域分辨符（::）。
- sizeof 运算符。
- 三目运算符（?: ）。

前两个运算符不允许重载的原因是保证 C++中访问成员功能的含义不被改变。作用域分辨符和 sizeof 运算符是针对数据类型操作的，无法对运算式操作，所以无法重载。

表 23-1 列出了可以被重载的运算符。

表 23-1　可以被重载的运算符

+	-	*	/	%	^
&	|	~=	!	=	<
>	+=	-=	*=	/=	%=
^=	&=	|=	<<	>>	>>=
<<=	==	!=	<=	>=	&&
||	++	--	,	->*	->
()	[]	new	delete	new[]	delete[]

表 23-1 中的大多数的运算符都能够通过类的成员函数或者友元函数进行重载，但下面的运算符只能通过成员函数进行重载。

- 赋值运算符（=）。
- 函数调用运算符（()）。
- 下标运算符（[]）。
- 指针访问成员运算符（->）。

重载运算符有两种形式，即重载为类的成员函数和重载为类的友元函数。运算符重载为类的成员函数的语法格式如下。

```
函数类型 operator 运算符(形参表)
{
    函数体;
}
```

运算符重载为类的友元函数的语法格式如下。

```
friend 函数类型 operator 运算符(形参表)
{
    函数体;
}
```

参数说明如下。

- 函数类型指定了重载运算符的返回值类型，即运算后的结果类型。
- operator 是定义运算符重载函数的关键字。
- 运算符是需要重载的运算符名称，如"+"、"-"等，必须是 C++中已有的可重载的运算符。
- 形参表是重载运算符所需要的参数和类型。

当运算符重载为类的友元函数时，需要用 friend 关键字来修饰。

1．运算符作为成员函数

运算符重载的实质就是函数重载，将其重载为类的成员函数，它即可自由地访问本类的数据成员。当运算符重载为类的函数成员（除了"++"和"--"运算符）时，函数的参数个数会比原来的操作数少一个，因为当某个对象使用了重载的成员函数时，自身的数据可以直接访问，不需要将自身的数据放在参数表中。

对于单目运算符 X，如"+"（正号）、"-"（负号）等。将其重载为类 C 的成员函数，用来实现：X operand，其中 operand 为类 C 的对象时，X 就需要重载为 C 的成员函数，函数不需要形参。当使用 X operand 的运算式时，相当于调用 operand.operator X( )。

对于双目运算符 Y，如"+"（加号）、"-"（减号）等。当将其重载为类 C 的成员函数，用来实现：operand1 X operand2，其中 operand1 为类 C 的对象时，operand2 为其他与 operand1 相同或者可以转换相同类型的操作数。当使用 operand1 X operand2 的运算式时，相当于调用 operand1.operator Y(operand2)

对于运算符重载的使用，需要了解以下性质。

不能创建新的运算符。例如@不是 C++的操作符，也不能定义其为 C++的操作符。

C++的运算符都是有优先级和结合性的，重载运算符后，其优先级和结合性不会改变。

运算符的操作数数目也不会改变。

运算符的重载只能针对自定义类型。任何内部数据类型的运算符默认定义，C++认为已经完善，不允许用户重新定义。

运算符重载后，会给运算符赋予了新的意义，新的意义应该反映运算符的本质。如复数的加法应该用"+"，而不应该用"%"，否则理解上会出现问题。

【示例23-4】利用运算符重载来实现复数的加减运算（运算符作为成员函数）。

程序主文件为 Overload.cpp，Complex.h 为 CComplex 类定义头文件，Complex.cpp 为 CComplex 类实现文件，代码如下。

```cpp
//Complex.h
class CComplex
{
public:
    CComplex(double pr = 0.0,double pi= 0.0){real = pr;imag = pi;};
    virtual ~CComplex();
    static CComplex Add(CComplex c1,CComplex c2);   //成员函数，将两个复数相加
    CComplex operator +(CComplex c);                //重载运算符"+"，使其支持复数相加
    CComplex operator -(CComplex c);                //重载运算符"-"，使其支持复数相减
    static void ShowComplex(CComplex c);
private:
    double real;     //复数的实部
    double imag;     //复数的虚部
};
//Complex.cpp
CComplex CComplex::Add(CComplex c1,CComplex c2){
    CComplex result;
    result.real = c1.real + c2.real;     //复数的实部相加
    result.imag = c1.imag + c2.imag;     //复数的虚部相加
    return result;
}
CComplex::~CComplex()
{
}
CComplex CComplex::operator +(CComplex c){ //重载运算符"+"的实现
    return CComplex(this->real + c.real ,this->imag + c.imag );
}
CComplex CComplex::operator -(CComplex c){ //重载运算符"-"的实现
    return CComplex(this->real - c.real ,this->imag - c.imag );
}
void CComplex::ShowComplex(CComplex c){
    cout<<"("<<c.real<<","<<c.imag<<"i"<<")"<<endl;
}
//Overload.cpp
#include "stdafx.h"
#include "Complex.h"
int main(int argc, char* argv[ ])
{
    CComplex a(1,2),b(3,4);
```

```
    CComplex::ShowComplex(a+b);//利用运算符"+"完成复数加法运算
    CComplex::ShowComplex(a-b);//利用运算符"-"完成复数减法运算
    return 0;
}
```

程序的运行结果如下。

```
(4,6i)
(-2,-2i)
```

分析：在这个例子中，通过运算符重载可以使复数类利用加法和减法运算符直接进行运算，不仅简化了程序的设计，更使程序的可读性变好。通过例子可以看出，运算符重载成员函数与普通的成员函数的区别只是在声明和实现的时候加上关键字 operator。在对运算符重载之后，其原有的功能是不变的，如在上面的例子中，"+"和"-"依然对基本类型数据的加法和减法有效，在原有基础上又具有针对复数运算的能力。（这种运算符作用于不同对象上而导致的不同的操作行为称为多态，后面将学习到。）

2. 运算符作为友元函数

运算符可以重载为类的友元函数，此时它可以自由地访问该类的任何数据成员。而其操作数需要通过函数的形参表来传递，操作数的顺序是按照形参中的参数从左到右。

对于单目运算符 X，如"+"（正号）、"-"（负号）等，用来实现：X operand，其中 operand 为类 C 的对象，则 X 就需要重载为 C 的友元函数，函数的形参为 operand。当使用 X operand 的运算式时，相当于调用 operator X(operand)。

对于双目运算符 Y，如"+"（加号）、"-"（减号）等，用来实现：operand1 X operand2，其中 operand1 和 operand2 为类 C 的对象，则 X 就需要重载为 C 的友元函数，函数有两个参数。当使用 operand1 X operand2 的运算式时，相当于调用 operator Y(operand1,operand2)。

【示例 23-5】利用运算符重载来实现复数的加减运算（运算符作为友元函数）。

程序主文件为 Overload.cpp，Complex.h 为 CComplex 类定义头文件，Complex.cpp 为 CComplex 类实现文件，代码如下。

```
//Ccomplex.h
class CComplex
{
public:
    CComplex(double pr = 0.0,double pi= 0.0){real = pr;imag = pi;};
    virtual ~CComplex();
    friend CComplex operator +(CComplex c1,CComplex c2);
    friend CComplex operator -(CComplex c1,CComplex c2);
    static void ShowComplex(CComplex c);
private:
    double real;
    double imag;
};
//Ccomplex.cpp
CComplex::~CComplex()
{
}
CComplex operator +(CComplex c1,CComplex c2){
```

```
        return CComplex(c1.real + c2.real ,c1.imag + c2.imag );
}
CComplex operator -(CComplex c1,CComplex c2){
        return CComplex(c1.real - c2.real ,c1.imag - c2.imag );
}
void CComplex::ShowComplex(CComplex c){
        cout<<"("<<c.real<<","<<c.imag<<"i"<<")"<<endl;
}
//Overload.cpp
#include "stdafx.h"
#include "Complex.h"
int main(int argc, char* argv[ ])
{
        CComplex a(1,2),b(3,4);
        CComplex::ShowComplex(a+b);
        return 0;
}
```

程序的运行结果如下。

```
(4,6i)
(-2,-2i)
```

分析：从这个例子中可以看出，将运算符重载为类的成员函数和友元函数所实现的效果一样，只是在实现的时候需要将所有的参数通过参数表传入。

23-2-3　让代码看起来像 C++自带的语法

增减量运算符的重载比较有趣，可以让你的代码看起来像 C++自带的 i++,i--这样的语法。增量和减量运算符的重载是和其他运算符重载类似的，下面以增量运算符来说明它们的重载方法和规则。

增量运算符分为前增量和后增量，前增量的返回是引用返回，后增量是值返回。使用前增量时，先对对象进行修改，然后再返回该对象。所以对于前增量运算，参数和返回的是同一个对象。使用后增量时，先返回对象原有的值，然后再对对象进行修改。为此，需要创建一个临时对象存放原有的对象，以保存对象的原有值以便返回。所以后增量返回的是原有对象的一个临时复制。了解了这些，在进行前增量运算符的重载时就需要使用引用返回，在对后增量运算符重载时需要使用值返回。

这里规定复数类也可以进行增减量运算。当进行增量运算时，将实部和虚部都进行加 1运算；减量运算则是将实部和虚部都进行减 1 运算。

【**示例 23-6**】利用运算符重载实现复数类的增量运算。

程序主文件为 Overload.cpp，Complex.h 为 CComplex 类定义头文件，Complex.cpp 为CComplex 类实现文件，代码如下。

```
//Ccomplex.h
class CComplex
{
public:
        CComplex(double pr = 0.0,double pi= 0.0){real = pr;imag = pi;};
```

```cpp
    virtual ~CComplex();
    CComplex operator +(CComplex c);
    CComplex operator -(CComplex c);
    CComplex& operator ++();          //前增量
    CComplex operator ++(int);        //后增量
    static void ShowComplex(CComplex c);
private:
    double real;
    double imag;
};
//Ccomplex.cpp
CComplex::~CComplex()
{
}
CComplex operator +(CComplex c1,CComplex c2){
    return CComplex(c1.real + c2.real ,c1.imag + c2.imag );
}
CComplex operator -(CComplex c1,CComplex c2){
    return CComplex(c1.real - c2.real ,c1.imag - c2.imag );
}
CComplex& CComplex::operator ++(){
    real = (long)(real)+1;            //先进行增量运算
    imag = (long)(imag)+1;            //此处运算是有风险的，请读者自行分析
    return *this;                     //再返回原来的对象（已经完成了增量运算的对象）
}
CComplex CComplex::operator ++(int){
    CComplex temp(*this);             //先保存原有对象（临时对象）
    real = (long)(real)+1;            //再进行增量运算
    imag = (long)(imag)+1;
    return temp;                      //返回未进行增量运算的对象
};
void CComplex::ShowComplex(CComplex c){
    cout<<"("<<c.real<<")+("<<c.imag<<"i"<<")"<<endl;
}
//Overload.cpp
#include "stdafx.h"
#include "Complex.h"
int main(int argc, char* argv[ ])
{
    CComplex a(1,2),b(3,4);
    CComplex::ShowComplex(a++);
    CComplex::ShowComplex(a);
    CComplex::ShowComplex(++b);
    return 0;
}
```

程序的运行结果如下。

```
(1,2i)
(2,3i)
(4,5i)
```

分析： 在这个例子中，通过类的成员函数形式来对增量运算符进行重载。如果将重载改为非成员函数即友元形式的实现，需要注意参数的传递。

【示例 23-7】 利用友元函数来实现重载。

Complex.h 为 CComplex 类定义头文件，Complex.cpp 为 CComplex 类实现文件，代码如下。

```
//Complex.h
class CComplex
{
public:
    CComplex(double pr = 0.0,double pi= 0.0){real = pr;imag = pi;};
    virtual ~CComplex();
    //static CComplex Add(CComplex c1,CComplex c2);
    CComplex operator +(CComplex c);
    CComplex operator -(CComplex c);
    friend CComplex& operator ++(CComplex&);          //前增量
    friend CComplex operator ++(CComplex&,int);       //后增量
    static void ShowComplex(CComplex c);
private:
    double real;
    double imag;
};
//Complex.cpp
CComplex& operator ++(CComplex& c){                   //通过友元来实现前增量重载
    c.real = (long)(c.real)+1;
    c.imag = (long)(c.imag)+1;
    return c;
}
CComplex operator ++(CComplex& c,int){                //通过友元来实现后增量重载
    CComplex temp(c);
    c.real = (long)(c.real)+1;
    c.imag = (long)(c.imag)+1;
    return temp;
}
```

在对后增量进行重载的函数参数表中，有一个 int 类型的参数，在运算中并未使用到，它表明这是一个后增量的运算的标识。

对于后置的"++"、"--"运算符，当把它们重载为类的成员函数时，需要带一个整数的形式参数（int 类型）。重载之后，当使用运算式 operand++和 operand--时，相当于调用函数 operand.operator++(0)和 operand.operator--(0)。当重载为类的友元函数时，需要原对象引用和一个整型参数。重载之后，当使用运算式 operand++和 operand--时，相当于调用函数 operator++(operand,0)和 operator--(operand,0)。

对于前置的"++"、"--"运算符进行重载时，参数比后置的运算符重载少了一个整型参数。

23-2-4　转换运算符重载的技巧

大多数程序能处理各种数据类型的信息常常需要将一种类型的数据转换为另外一种类型的数据，赋值、计算、给函数传值以及从函数返回值都可能会发生这种情况。对于内部的类型，编译器知道如何转换类型。开发者也可以用强制类型转换运算符来实现内部类型之间的强制转换。

对于用户自定义类型，编译器不知道怎样实现用户自定义类型和内部类型之间的转换，开发者必须明确地指明如何转换。这种转换可以用转换构造函数实现，也就是使用单个参数的构造函数，这种函数仅仅把其他类型（包括内部类型）的对象转换为某个特定类的对象。

为了能够使自定义的数据类型也支持数据的转换，需要重载转换运算符。转换运算符，即强制类型转换运算符，可以把一种类的对象转换为其他类的对象或内部类型的对象。这种运算符必须是一个非 static 成员函数，而不能是友元函数。

转化运算符的声明的一般格式如下。

```
operator 类型名();
```

在声明中没有指定返回类型，但类型名已经表明了其返回类型，所以不用指定返回类型。下面通过复数类来对转换运算符进行说明。

【示例 23-8】 重载强制转换符实现将复数转化为实数。

程序主文件为 Overload.cpp，Complex.h 为 CComplex 类定义头文件，Complex.cpp 为 CComplex 类实现文件，代码如下。

```
从复数向实数转换的规则为实数=取平方根（复数实部²+复数虚部²）
//Ccomplex.h
class CComplex
{
public:
    CComplex(double pr = 0.0,double pi= 0.0){real = pr;imag = pi;};
    virtual ~CComplex();
    static void ShowComplex(CComplex c);    //显示复数内容
    operator double();                      //转化运算符重载
private:
    double real;                            //复数的实部
    double imag;                            //复数的虚部
};
//Ccomplex.cpp
CComplex::~CComplex()
{
}
void CComplex::ShowComplex(CComplex c){
    cout<<"("<<c.real<<","<<c.imag<<"i"<<")"<<endl;
}
CComplex::operator double(){                //转化运算符重载实现
    return sqrt(real*real+imag*imag);       //实数=取平方根（复数实部²+复数虚部²）
}
//Overload.cpp
#include "stdafx.h"
#include "Complex.h"
int main(int argc, char* argv[ ])
{
    CComplex a(1,2),b(3,4);;
    double c=(double)a;                     //显式转换
    cout<<c<<endl;
    c=a+b;                                  //隐式转换
    cout<<c<<endl;
    return 0;
}
```

程序的运行结果如下。

```
2.23607
7.23607
```

分析：在 CComplex 类中，重载了复数到实数（double 型）的转换运算符。对操作运算符的重载只能针对本类型向其他类型进行转换，如本例中的复数到 double 类型的转换。如果需要将其他类型转换为本类型，需要在其他类型中重载转换运算符，本例中如果需要实现将 double 类型转换为复数，需要在 double 类中实现（内置型是无法实现的，只能本类通过构造函数或者函数等来实现。如果是自定义类，可以利用转换运算符重载）。

利用转换运算符的优点是不必提供对象参数的重载运算符，通过从转换路径直接达到目标类型；其缺点是无法定义类对象运算符操作的真正含义，因为转换之后，只能进行转换后类型的运算符操作。

对于转换运算符的重载，需要注意转换二义性的问题。即如果同一类型提供了多个转换路径，会导致编译出错。

【示例 23-9】运算符重载的二义性问题。

代码如下。

```
classs A
{
    ...
    public:
        A(B& b);            //构造函数，用B对象构造A对象
    ...
};
classs B
{
    ...
    public:
        operator A();     //转换运算符，将B类对象转换为A类对象
    ...
};
int main(int argc, char* argv[ ]){
    B b;
    A a=A(b);             //错误，编译系统无法判断是构造函数转换
}
```

分析：在这个例子中，因为存在多个转换，导致编译系统无法判断语句的真实含义，从而导致编译器报错。应该避免这种情况的发生。

转换运算符与转换构造函数（即用另一类型来初始化本类型）是互逆的。转换运算符可以将本类型转换为其他类型，转换构造函数可以将其他类型转换为本类型。

23-2-5　赋值运算符也能重载

在自定义的类中可以重载赋值运算符。赋值运算符重载函数的作用与内置赋值运算符的作用类似，但是需要注意的是，它与复制构造函数一样，要注意深复制和浅复制的问题。在没有深复制和浅复制的情况下，如果没有指定默认的赋值运算符重载函数，系统将会自动提供一个赋值运算符重载函数。

【示例 23-10】定义一个描述手机的短信息类，重载赋值运算符。

代码如下。

```
class CMsg
{
    private:
        char *buffer;
    public:
        CMsg (){
            buffer=new char('\0');
        }
        ~ CMsg ()
        {
            delete[ ]buffer;
        }
        void display()
        {
            cout<<buffer<<'\n';
        }
        void set(char *string)
        {
            delete[ ]buffer;
            buffer=new char[strlen(string)+1];
            strcpy(buffer,string);
        }
        operator=(const CMsg& msg)  //赋值运算符重载
        {
            delete[]buffer;
            buffer=new char[strlen(msg.buffer)+1];
            strcpy(buffer,msg.buffer);
        }
};
```

分析： 在这个例子的赋值运算符重载中，不仅仅是将存储块的地址（buffer 所指）从源对象复制到目的对象，重载的 "=" 运算符函数为目的对象创建了一个新存储块，而且也把消息串复制到其中，于是每个对象都有了自己的串复制。

23-3　重载让 C++更自然

重载语法，使程序设计语言在逻辑上更接近人类的数学语法，更接近人类的逻辑，简单来说更加自然。这是最开始学习重载的感受，你体会到了吗？

再来看看本章的综合小示例。

【示例 23-11】定义一个自定义字符类，进行下标运算符重载。

分析： 在数组学习中，常用下标运算符 operator[ ]来访问数组中的某个元素。它是一个双目运算符，第一个运算符是数组名，第二个运算符是数组下标。在类对象中，可以重载下标运算符，用它来定义相应对象的下标运算。注意，C++不允许把下标运算符函数作为外部函数来定义，只能是非静态的成员函数。下标运算符定义的一般格式如下。

```
T1 T::operator[ ](T2);
```

其中，T 是定义下标运算符的类，它不必是常量；T2 表示下标，它可以是任意类型，如整形、字符型或某个类；T1 是数组运算的结果，它也可以是任意类型，但为了能对数组赋值，一般将其声明为引用形式。在有了上面的定义之后，可以采用以下两种形式之一来调用。

```
x[y] 或
x.operator[ ](y)
```

x 的类型为 T，y 的类型为 T2。

具体的操作步骤如下。

（1）建立工程。建立一个"Win32 Console Application"程序，工程名为"CharArray"。程序主文件为 Test.cpp，Stdafx.h 为预编译头文件，Stdafx.cpp 为预编译实现文件，CharArray.h 为 CCharArray 类定义头文件，CharArray.cpp 为 CCharArray 类实现文件。

（2）修改代码，建立标准 C++程序。删除 Stdafx.h 文件中的代码"#include <stdio.h>"。增加以下代码。

```
#include <iostream>
#include <math.h>
using namespace std;
```

（3）删除 Test.cpp 文件中的代码"printf("Hello World!\n");"。

（4）在文件 CharArray.cpp 中输入以下代码。

```
class CCharArray
{
public:
    CCharArray(int l)                     //构造函数
    {
        Length=l;
        Buff=new char[Length];            //分配字符存储空间
    };
    ~CCharArray(){delete Buff;};          //析构函数，删除动态分配的存储空间
    int GetLength(){return Length;};      //取得字符长度
    char& operator[ ](int i);             //重载数组下标运算符
private:
        int Length;                       //字符串长度
        char *Buff;                       //字符串指针
};

char& CCharArray::operator[ ](int i)      //重载数组下标运算符实现
{
    static char ch=0;
    if(i<Length&&i>=0)                    //溢出控制
        return Buff[i];                   //返回相应位置的字符
    else {
        cout<<"访问溢出";
        return ch;
    }
}
```

```
//Test.cpp
int main(int argc, char* argv[ ])
{
        int cnt;
    CCharArray string1(6);
    char *string2="string";
    for(cnt=0;cnt<6;cnt++)
        string1[cnt]=string2[cnt];  //将string2中字符逐个复制到string1中
for(cnt=0;cnt<8;cnt++)
        cout<<string1[cnt];              //在cnt为7时，访问出现溢出
    cout<<endl;
    cout<<string1.GetLength()<<endl;

    return 0;
}
```

程序的运行结果如下。

```
string访问溢出
6
```

最后总结一下，本章主要讲述了函数的重载和运算符的重载，难点是运算符的重载，需要读者不断地深入理解才能掌握。函数重载允许用同一个函数名定义多个函数，运算符重载是通过编写函数定义实现的。函数名是由关键字 operator 和其后要重载的运算符组成的。运算符重载的实质就是函数重载，重载运算符有两种形式，即重载为类的成员函数和重载为类的友元函数。要调用运算符函数，可以直接调用该函数，一般做法是用通常的句法使用被重载的运算符。用成员函数重载的方法重载运算符，其参数会比原来运算符的操作数少一个，因为成员函数是某个实例的成员，可以使用这个实例内的变量。而使用友元函数来重载，需要列出完整的参数。这是利用成员函数和友元函数实现运算符重载的区别。

Chapter 24 | 第 24 章

类的继承

　　继承特性是面向对象开发技术的基本特点之一。如果已经存在某些可以重复利用的类，类的继承可以使开发者在保持原有类特性的基础上，进行更具体的抽象性说明。以原有类为基础产生新类的过程，称为派生。派生类是在继承了原有类的成员后，对其进行继续利用，并且通过调整而适合新的应用的新类。通过本章的学习，读者可以理解继承的机制和作用，掌握建立派生类的方法，以及复杂继承的应用。

24-1　像生物一样进化：继承与派生

　　在前面已经学习了类的抽象性、封装性、类的数据共享等特性。面向实例技术还有代码重用和可扩展性的优点，这些优点是通过类的继承机制来实现的。类的继承可以使开发者在保持原有类特性的基础上，对类进行扩充。

24-1-1　继承与派生的概念

　　现实世界中的事物是相互联系的，人们在认识事物的过程中会根据事物的不同特征和差别来进行分类。图 24-1 所示是交通工具的大致分层图，它反映了交通工具之间的派生关系。交通工具是一个总的分类，是对交通工具最高层次的抽象分类，具有最普遍的一般性意义。下层的分类具有上层的特性，同时加入了自己的新特性，越往下层，这些新的特性越多。随着这些特性的逐渐增多，对事物的描述也就越具体。在这个层次的结构中，由上到下是一个具体到特殊化的过程；从下到上则是一个抽象化的过程。如果每种交通工具都定义成类，在这个类层次结构中，上层是下层的基类，下层则是上层的派生。

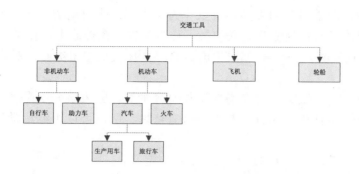

图 24-1　交通工具的分层图

在面向实例的程序设计中，以一个已经存在的类为基础，声明一个新类的过程称为派生。这个已存在的类称为基类或者父类，由基类派生出来的类称为派生类。这样一个通过一定规则进行继承基类而派生新类的过程，称为继承和派生机制。

继承和派生机制可以让开发者在保持原有类的基础上对新类进行更具体、更详细的修改和扩充。派生类具有基类的属性，在派生过程中会根据需要增加成员，从而既能重新利用基类的功能，又能开发新的功能。派生类也可以作为基类而派生出新类，这样就形成了类的层次关系。通过继承和派生机制，实现了代码的重用，对程序的改进和发展非常有利。

24-1-2　代码的进化，派生类的声明

在 C++中，对于派生类声明的一般语法格式如下。

```
class 派生类名::继承方式 基类名1,继承方式 基类名2…..
{
    成员声明;
}
```

参数说明如下。

- 基类名是派生类所继承类的名称。这个类必须是已经存在的类，即基类。
- 派生类名是派生的新类的名称。当派生类只继承一个类时，称为单继承；派生类也可以同时继承多个类，称为多继承。多继承的派生类具有多个类的共同特性。单继承与多继承如图 24-2 所示。

继承方式规定了派生类访问基类成员的权限。继承方式的关键字有 public、protected 和 private，分别是公有继承、保护继承和私有继承。如果没有显式地说明继承方式，系统则会将默认的访问权限设置为私有继承。

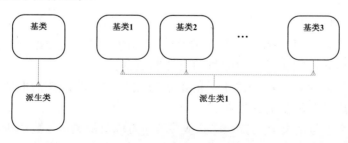

图 24-2　单继承与多继承

在派生过程中，派生出来的类同样可以作为基类再派生出新类。一个类可以派生出多个派生类，这样就形成了一系列相互关联的类，称为类族。在类族中，如果类 A 直接派生出类 B，则类 A 称为直接基类；如果类 A 派生出类 B，类 B 又派生出类 C，则类 A 为类 C 的间接基类。

如果已经存在一个学生类，现在需要添加研究生类。因为研究生是属于学生的一种，它除了具有学生的基本特性外，还有一些自己特有特性。所以可以用继承学生类的方式来定义研究生类。

【示例 24-1】研究生类可以通过继承学生类来定义。

代码如下。

```
class CStudent
{
public:
    CStudent();
    virtual ~CStudent();
    //其他成员
};
class CGraduateStu:CStudent
{
public:
    CGraduateStu();
    virtual ~CGraduateStu();
    //其他成员
};
```

上例中的 **CGraduate**，除了已经列举的两个成员方法之外，就可以再任意添加自己的其他属性和方法了。

24-1-3　类的成长，生成派生类的步骤

之所以要进行派生，其主要目的是可以实现代码的重用。在类派生的过程中，主要有以下三个步骤。

1．继承基类成员

在继承类的过程中，派生类会接受基类中除了构造函数和析构函数以外的所有成员。例如在示例 24-1 中，研究生类将会具有所有学生类的特性，即研究生类将学生类的成员都吸收进来。当然派生类中并不一定利用到基类中的所有特性，但是这些特性作为普遍意义的性质还是在派生类中存在的。

2．改造基类成员

在派生类中，为描述更具体的事物，需要将基类的一些属性加以控制和更改。改造主要是针对基类成员的访问控制和对基类成员的覆盖和重载。

控制对基类的访问权限是通过派生类的继承方式来实现的，在后面的小节将会详细介绍到不同访问权限的成员对派生类的影响。

当派生类中定义了与基类中成员一样的成员（当为成员函数，参数都相同时），则派生类的成员将覆盖基类中的成员。此时通过派生类或者派生类实例则只能访问派生类中的成员，这称

为同名覆盖；当派生类中声明了与基类中相同的函数名，而参数不同时则为重载。

3．为派生类增加新成员

在派生类中增加新的成员是建立派生类的关键，也是继承与派生的核心，它保证了派生类在基类功能的基础上有所发展。开发者可以根据具体所要实现的功能，在派生类中增加适当的数据和函数，从而实现一些新的功能。

【示例 24-2】通过继承学生类来实现研究生类。

程序主文件为 Inherit.cpp，Student.h 为 CStudent 类定义头文件，Student.cpp 为 CStudent 类实现文件，GraduateStu.h 为 CGraduateStu 类定义头文件，GraduateStu.cpp 为 CGraduateStu 类实现文件，Tutorial.h 为 CTutorial 类定义头文件，Tutorial.cpp 为 CTutorial 类实现文件，代码如下。

```cpp
//Student.h
#include "stdafx.h"
class CStudent                                 //学生类，为研究生类的基类
{
public:
    CStudent(string strStuName = "No Name");    //带有默认参数的构造函数
    virtual ~CStudent();                        //析构函数
    void AddCourse(                             //增加已修课程的函数
        int nCrediHour,                         //课程的学时
        float Source                            //课程取得的分数
        );
    void ShowStuInfo();                         //显示学生信息
protected:
    string m_strName;                           //学生姓名
    int nTotalCourse;                           //已修完课程总数
    float fAveSource;                           //成绩平均分
    int nTotalCrediHour;                        //总学分
};
//Student.cpp
#include "stdafx.h"
#include "Student.h"
CStudent::CStudent(string strStuName)
{
    m_strName = strStuName;
    nTotalCrediHour=0;
    nTotalCourse = 0;
    fAveSource=0.0;
}
CStudent::~CStudent()
{
}
void CStudent::AddCourse(int nCrediHour,float Source)
{
    nTotalCrediHour+=nCrediHour;
    fAveSource=(fAveSource*nTotalCourse+Source)/(nTotalCourse+1); //计算所有课程的平均分
    nTotalCourse++;
}
```

```cpp
void CStudent::ShowStuInfo()
{
    cout<<"学生姓名:"<<m_strName<<endl;
    cout<<"学生总学分:"<<nTotalCrediHour<<endl;
    cout<<"已修完课程总数:"<<nTotalCourse<<endl;
    cout<<"学生平均分:"<<fAveSource<<endl;
}
//GraduateStu.h
#include "Student.h"
#include "Tutorial.h"
class CGraduateStu:public CStudent              //派生类，继承了CStudent类
{
public:
    CGraduateStu();
    virtual ~CGraduateStu();
    CTutorial& GetTutorial(){return m_ctTutorial;};     //取得导师实例的引用
    void ShowStuInfo();                         //显示学生信息，改造了基类的函数成员
protected:
    CTutorial m_ctTutorial;                     //增加新成员，存储导师信息
};
//GraduateStu.cpp
void CGraduateStu::ShowStuInfo(){
    this->CStudent::ShowStuInfo();
    this->GetTutorial().ShowTutorialName();
};
//Tutorial.h
class CTutorial                                 //导师类，即定义导师的信息
{
public:
    CTutorial();
    virtual ~CTutorial();
    void SetTutorialName(string strTutorialName){m_strTutorialName =
strTutorialName ;};
                                                //设定导师名
    void ShowTutorialName(){cout<<m_strTutorialName<<endl;};//显示导师名
private:
    string m_strTutorialName;                   //导师姓名
};
//Inherit.cpp 主实现文件
#include "stdafx.h"
#include "Student.h"
#include "GraduateStu.h"
int main(int argc, char* argv[ ])
{
    CStudent myStu("Tom");                      //定义一个普通学生实例
    CGraduateStu myGstu;                        //定义一个研究生实例
    //对普通学生信息的操作
    myStu.AddCourse(5,98);
    myStu.AddCourse(3,89);
    myStu.ShowStuInfo();
    //对研究生信息的操作
    myGstu.AddCourse(5,98);                             //研究生类的AddCourse()方法由继承学生类而来
```

```
        myGstu.AddCourse(3,89);
        myGstu.GetTutorial().SetTutorialName("Our Tutorial");
        myGstu.ShowStuInfo();

        return 0;
    }
```

程序的运行结果如下。

```
学生姓名:Tom
学生总学分:8
已修完课程总数:2
学生平均分:93.5
学生姓名:No Name
学生总学分:8
已修完课程总数:2
学生平均分:93.5
Our Tutorial
```

分析：这个例子中，CGraduateStu 类继承了 CStudent 类，访问权限为 public。在 CGraduateStu 中定义了与 CStudent 类相同的函数 ShowStuInfo，即对基类中的函数进行了重载。在 CGraduateStu 类中增加了新成员 m_ctTutorial，以存储研究生的导师信息。可以明显地看出，派生类的生成过程是遵循上面所说的生成派生类的三个基本步骤的。按照这三个步骤进行派生类的生成，不仅思路清晰，而且符合开发的一般流程。

24-2　类的隐藏与接口，继承中的访问控制

派生类继承了基类中的除构造函数和析构造函数以外的所有成员函数。根据继承方式的不同，这些成员函数在派生类中访问的权限也是不同的。派生类继承基类的方式有公有继承、私有继承和保护继承，下面分别讨论派生类在这三种继承方式下对基类成员的访问权限。

24-2-1　公有继承的访问控制

当派生类继承基类方式是公有继承时，基类成员在派生类中的访问规则如下。
- 基类的公有和保护成员的访问属性在派生类中不变，即基类中的公有成员在派生类中依然是公有成员；基类中的保护成员在派生类中依然为保护成员。
- 基类的私有成员不可访问。

以上规则说明，当继承方式为公有继承时，派生类或者其实例可以直接访问基类中的公有成员和保护成员，无法访问基类中的私有成员。

【示例 24-3】已经存在一个点类（Point 类），表示几何上的"点"，通过继承点类来定义一个线段（Linesegmen）类（通过公有继承进行实现）。

分析：在几何学上，点是用坐标来表示的，只要有一个坐标，就能确定一个点。线段可以看作是一个点加一个长度来组成的，所以线段具有点的属性，又具有自身的特征（有长度）。这样在实现线段类时可以通过继承点类来进行实现。程序主文件为 Inherit.cpp，Point.h 为 CPoint 类定义头文件，Point.cpp 为 CPoint 类实现文件，Linesegment.h 为 CLinesegment 类定

义头文件，Linesegment.cpp 为 CLinesegment 类实现文件。代码如下。

```
//Point.h
class CPoint
{
public:
    CPoint();
    void InitPoint(double x,double y){ //初始化点
        this->X = x;
        this->Y = y;
    };
    virtual ~CPoint();
    double GetX(){return X;};              //取得X坐标
    double GetY(){return Y;};              //取得Y坐标
private:
    double X,Y;                            //点坐标X和Y
};
//Linesegment.h
#include "Point.h"
class CLinesegment:public CPoint          //类CLinesegment继承了CPoint类，继承方式为
公有继承
{
public:
    CLinesegment();
    virtual ~CLinesegment();
    void InitLinesegment(double x,double y,double l){  //初始化线段
        InitPoint(x,y);                                //调用基类公有成员
        this->L = l;                                   //设定线段长度
    };
    double GetL(){return L;};                          //新增的私有成员
private:
    double L;
};
//Inherit.cpp
#include "stdafx.h"
#include "Student.h"
#include "GraduateStu.h"
#include "Linesegment.h"
#include "Point.h"
int main(int argc, char* argv[ ])
{
    CLinesegment line;              //定义线段类实例
    line.InitLinesegment(0,0,5);    //初始化线段，X坐标为0，Y坐标为0，长度为5(5个单位)
    cout<<"线段参数
为:("<<line.GetX()<<","<<line.GetY()<<","<<line.GetL()<<")"<<endl;

    return 0;
}
```

程序的运行结果如下。

```
线段参数为:(0,0,5)
```

分析：上面的例子中，首先声明了基类 CPoint，然后通过派生声明了 CLinesegment 类。继承方式为公有继承，于是在 CLinesegment 类中可以访问 CPoint 类中的所有公有成员，如 InitPoint 成员函数，但无法访问其私有成员。CPoint 类中的公有成员也成为 CLinesegment 类中的公有成员，所以可以通过 CLinesegment 类的实例来访问 GetX 和 GetY 成员函数。

24-2-2 私有继承的访问控制

当派生类的继承方式为私有继承时，基类成员在派生类中的访问规则如下。

- 基类中的公有成员和保护成员在派生类中变为私有成员。
- 基类中私有成员在派生类中不可访问。

以上规则说明，当继承方式为私有继承时，派生类可以访问基类中的公有成员和保护成员，无法访问基类中的私有成员；通过类的实例无法访问基类中的成员。

【示例 24-4】已经存在一个点类（Point 类），表示几何上的"点"通过继承点类来定义一个线段（Linesegment 类）（通过私有继承进行实现）。

程序主文件为 Inherit.cpp，Point.h 为 CPoint 类定义头文件，Point.cpp 为 CPoint 类实现文件，Linesegment.h 为 CLinesegment 类定义头文件，Linesegment.cpp 为 CLinesegment 类实现文件，代码如下。

```
//Point.h
class CPoint
{
public:
    CPoint();
    void InitPoint(double x,double y){ //初始化点坐标
        this->X = x;
        this->Y = y;
    };
    virtual ~CPoint();
    double GetX(){return X;};
    double GetY(){return Y;};
private:
    double X,Y;
};
//Linesegment.h
#include "Point.h"
class CLinesegment:private CPoint        //私有继承
{
public:
    CLinesegment();
    virtual ~CLinesegment();
    void InitLinesegment(double x,double y,double l){
        InitPoint(x,y);                //调用基类公有成员
        this->L = l;
    };
    double GetX(){return CPoint::GetX();};
                        //无法直接访问基类的GetX()函数,只能重载基类函数来实现外部接口
    double GetY(){return CPoint::GetY();};
                        //无法直接访问基类的GetY()函数,只能重载基类函数来实现外部接口
    double GetL(){return L;};            //新增的私有成员
```

```
private:
    double L;
};
//Inherit.cpp
#include "stdafx.h"
#include "Student.h"
#include "GraduateStu.h"
#include "Linesegment.h"
#include "Point.h"
int main(int argc, char* argv[ ])
{
    CLinesegment line;
    line.InitLinesegment(0,0,5);
    cout<<"线段参数为:("<<line.GetX()<<","<<line.GetY()<<","<<line.GetL()<<")"
<<endl;

    return 0;
}
```

程序的运行结果如下。

线段参数为:(0,0,5)

分析：本例与示例 24-3 所不同的是在继承方式上使用了私有继承。从基类 CPoint 继承而来的公有成员全部变为了 CLinesegment 类的私有成员。此时只有 CLinesegment 类能访问这些成员，通过类的实例和外部操作是无法访问基类中的成员。为提供对外部的接口，必须在派生类中重新定义接口，其中 GetX( ) 和 GetY( ) 成员函数即是如此。

对于私有继承派生出来的派生类，因为公有成员和保护成员都变为了私有成员，如果再利用派生类进行派生，则基类中的成员无法在新的派生类中被访问，会丧失基类的功能。所以这是一种中止类继续继承的继承形式，在实际开发过程中使用的频度较低。

24-2-3 保护继承的访问控制

当派生类的继承方式为保护继承时，基类成员在派生类中的访问规则如下：

- 基类中的公有成员和保护成员在派生类中都变为保护成员。
- 基类中的私有成员不可访问。

以上规则说明，当继承方式为保护继承时，在派生类中可以访问基类中的公有成员和保护成员，通过类的实例无法访问。无论是派生类还是其实例都无法访问基类中的私有成员。

保护继承与私有继承有些类似，它们在直接派生类中的所有成员访问属性都相同（都为私有或者保护类型）。但在进行间接派生时，两者产生区别。

如果 B 类是以私有继承方式继承了 A 类，而 B 类又派生出 C 类，则 C 类的成员及其实例无法访问 A 类中的成员。如果 B 类是以保护继承方式继承了 A 类，而 B 类又派生出 C 类，则 A 类中的公有成员和保护成员在 B 类中为保护成员，根据 B 和 C 继承方式的不同，B 的保护成员可能在 C 中是保护成员或者私有成员。即 C 可以访问 A 中的成员，但是其他外部实例无法访问。这样即可实现复杂层次类关系中的数据共享，也可实现对成员一定的隐藏。

如果合理地找一个平衡点，可实现对代码的高效重用和扩充。

【**示例 24-5**】已经存在一个点类（Point 类），表示几何上的"点"，通过继承点类来定义一个线段（Linesegment 类）（通过保护继承进行实现）。

程序主文件为 Inherit.cpp，Point.h 为 CPoint 类定义头文件，Point.cpp 为 CPoint 类实现文件，Linesegment.h 为 CLinesegment 类定义头文件，Linesegment.cpp 为 CLinesegment 类实现文件，代码如下。

```cpp
//Point.h
class CPoint
{
public:
    CPoint();
    void InitPoint(double x,double y){
        this->X = x;
        this->Y = y;
    };
    virtual ~CPoint();
    double GetX(){return X;};
    double GetY(){return Y;};
protected:
    double X,Y;
};
//Linesegment.h
#include "Point.h"
class CLinesegment:protected CPoint
{
public:
    CLinesegment();
    virtual ~CLinesegment();
    void InitLinesegment(double x,double y,double l){
        InitPoint(x,y);                 //调用基类公有成员
        this->L = l;
    };
    double GetX(){return X;};           //可以直接访问基类的保护成员
    double GetY(){return Y;};           //可以直接访问基类的保护成员
    double GetL(){return L;};           //新增的私有成员
private:
    double L;
};
//Inherit.cpp
#include "stdafx.h"
#include "Student.h"
#include "GraduateStu.h"
#include "Linesegment.h"
#include "Point.h"
int main(int argc, char* argv[ ])
{
    CLinesegment line;
    line.InitLinesegment(0,0,5);
    cout<<"线段参数
为:("<<line.GetX()<<","<<line.GetY()<<","<<line.GetL()<<")"<<endl;

    return 0;
}
```

程序的运行结果如下。

```
线段参数为:(0,0,5)
```

分析：在这个例子中，将 CPoint 类中的成员 X 和 Y 设置为保护类型。CLinesegment 类的继承方式为保护继承，则在类中可直接访问基类中的保护成员，而类外的实例通过类的实例则无法对其进行访问。如果以 CLinesegment 为基类再进行派生，当继承方式为公有继承或者保护继承，则派生类依然可以访问成员 X 和 Y，外部则无法访问。既实现了数据在关系类中的共享，也实现了数据对外的隐藏。

在各种派生方式中，公有派生用得最多，私有派生的方式用得比较少，而保护派生则极为少。综合前文所述，三种派生方式的访问权限如表 24-1 所示。

表 24-1 三种派生方式的访问权限

派生方式	基类中的访问权限	基类成员在派生类中的访问权限	派生类之外的函数能否访问基类中的成员
public	public	public	可访问
public	protected	protected	不可访问
public	private	不可访问	不可访问
private	public	private	不可访问
private	protected	private	不可访问
private	private	不可访问	不可访问
protected	public	protected	不可访问
protected	protected	protected	不可访问
protected	private	不可访问	不可访问

private 和 protected 的作用很相似：类的实例必须通过公有成员函数才能访问 private 和 protected 的成员，此时，private 和 protected 的作用相同。它们的区别体现在派生类对基类成员的访问权限中：派生类可以直接访问基类的保护成员，但不能直接访问基类的私有成员。因此，对于派生类来说，protected 成员与 public 成员相似。

24-3 派生类的构造函数和析构函数

在前面提到过，在派生类中，构造函数和析构函数是不会被继承的，所以在派生类中必须进行构造函数和析构函数的定义。因为派生类是继承而来，所以在构造或析构本身时，需要对基类的实例进行相应的构造或析构。

24-3-1 派生类的构造函数

派生类的数据成员由所有基类的数据成员与派生类新增的数据成员共同组成。如果派生类新增成员中包括其他类的实例（称为内嵌实例或者子实例），则派生类的数据成员中实际上还间接包括了这些实例的数据成员。因此，构造派生类的实例时，必须对基类数据成员、新增数据成员和内嵌实例的数据成员进行初始化。

派生类的构造函数必须以合适的初值作为参数，隐含调用基类和新增实例成员的构造函数，初始化它们各自的数据成员，然后再加入新的语句对新增普通数据成员进行初始化。派生类构造函数的一般格式如下。

```
派生类名::派生类名(参数表) : 基类名1(参数表1)，…,基类名n(参数表n)，
            内嵌实例名1(内嵌实例参数表1)，……,内嵌实例名n(内嵌实例参数表n)
{
            派生类构造函数体  //派生类新增成员的初始化
}
```

参数说明如下。
- 对基类成员和内嵌实例成员的初始化必须在成员初始化列表中进行；新增成员的初始化既可以在成员初始化列表中进行，也可以在构造函数体中进行。
- 如果派生类的基类也是一个派生类，则每个派生类只需负责其直接基类的构造，依次上溯。
- 如果基类中定义了默认构造函数或者根本没有定义任何一个构造函数（此时，由编译器自动生成默认构造函数），在派生类构造函数的定义中可以省略对基类构造函数的调用，即省略"基类名（参数表）"。
- 内嵌实例的情况与基类相同。
- 当所有的基类和子实例的构造函数都可以省略时，可以省略派生类构造函数的成员初始化列表。
- 当所有的基类和子实例构造函数都不需要参数，派生类也不需要参数时，派生类构造函数可以不定义。

派生类构造函数和类名相同，在构造函数参数表中，需要给基类初始化数据、新增内嵌成员数据、新增一般成员数据所需要的所有参数。参数表之后需要列出使用参数对类成员进行初始化的数据，包括基类名和内嵌成员名以及各自的全部参数。

派生类构造函数提供了将参数传递给基类构造函数的途径，以保证在基类进行初始化时能够获得必要的数据。因此，如果基类的构造函数定义了一个或多个参数，派生类必须定义构造函数。

【示例 24-6】通过继承学生类来实现研究生类，定义研究生类的构造函数，对基类成员和派生类成员进行初始化。

程序主文件为 Inherit.cpp，Student.h 为 CStudent 类定义头文件，Student.cpp 为 CStudent 类实现文件，GraduateStu.h 为 CGraduateStu 类定义头文件，GraduateStu.cpp 为 CGraduateStu 类实现文件，Tutorial.h 为 CTutorial 类定义头文件，Tutorial.cpp 为 CTutorial 类实现文件，代码如下。

```cpp
#include "stdafx.h"
//Student.h
class CStudent
{
public:
    CStudent(string strStuName = "No Name");    //构造函数
    virtual ~CStudent();
    void AddCourse(                             //增加已修课程
        int nCrediHour,                         //学时
        float Source                            //分数
```

```cpp
                );
        void ShowStuInfo();                         //显示学生信息
    protected:
        string m_strName;
        int nTotalCourse;                           //已修完课程总数
        float fAveSource;                           //成绩平均分
        int nTotalCrediHour;                        //总学分
    };
    //Student.cpp
    #include "stdafx.h"
    #include "Student.h"
    CStudent::CStudent(string strStuName)           //构造函数
    {
        m_strName = strStuName;                     //设定学生姓名
        nTotalCrediHour=0;                          //学时在初始化时为0
        nTotalCourse = 0;                           //已修完课程总数在初始化时为0
        fAveSource=0.0;                             //平均分在初始化时为0
    }
    CStudent::~CStudent()
    {
    }
    void CStudent::AddCourse(int nCrediHour,float Source)  //增加一门课程
    {
        nTotalCrediHour+=nCrediHour;                            //学时的累加
        fAveSource=(fAveSource*nTotalCourse+Source)/(nTotalCourse+1);  //平均分的计算
        nTotalCourse++;                                         //已修完课程总数加1
    }
    void CStudent::ShowStuInfo()
    {
        cout<<"学生姓名:"<<m_strName<<endl;
        cout<<"学生总学分:"<<nTotalCrediHour<<endl;
        cout<<"已修完课程总数:"<<nTotalCourse<<endl;
        cout<<"学生平均分:"<<fAveSource<<endl;
    }
    //GraduateStu.h
    #include "Student.h"
    #include "Tutorial.h"
    class CGraduateStu:public CStudent
    {
    public:
        CGraduateStu(string strName,CTutorial
    &tu):CStudent(strName),m_ctTutorial(tu){ };
                                                    //派生类的构造函数
        virtual ~CGraduateStu();
        CTutorial& GetTutorial(){return m_ctTutorial;};     //返回导师的实例
        void ShowStuInfo();                         //输出学生信息
    protected:
        CTutorial m_ctTutorial;                     //内嵌实例，导师类
    };
    // GraduateStu.cpp
    void CGraduateStu::ShowStuInfo(){               //输出研究生信息
        this->CStudent::ShowStuInfo();              //调用基类成员函数输出研究生基本信息
```

```
        this->GetTutorial().ShowTutorialName();        //输出研究生特有信息
    };
    class CTutorial                                     //导师类
    {
    public:
        CTutorial();
        virtual ~CTutorial();
        void SetTutorialName(string strTutorialName){m_strTutorialName =
    strTutorialName ;};
                                                        //设定导师姓名
        void ShowTutorialName(){cout<<m_strTutorialName<<endl;};   //输出导师姓名
    private:
        string m_strTutorialName;                       //导师姓名
    };
    //Inherit.cpp
    #include "stdafx.h"
    #include "Student.h"
    #include "GraduateStu.h"
    int main(int argc, char* argv[ ])
    {
        CTutorial tu;                                   //定义一个导师实例
        CGraduateStu gStu("Tom",tu);                    //用导师实例和姓名去初始化一个研究生
实例
        gStu.AddCourse(5,98);                           //增加课程
        gStu.AddCourse(3,89);                           //增加课程
        gStu.GetTutorial().SetTutorialName("Our Tutorial");   //设定导师名
        gStu.ShowStuInfo(); return 0;                   //输出研究生信息
    }
```

程序的运行结果如下。

```
学生姓名:Tom
学生总学分:8
已修完课程总数:2
学生平均分:93.5
Our Tutorial
```

分析：上面的例子在 CGraduateStu 类的构造函数中，对基类中的数据成员和派生类中的数据成员进行了初始化。

对于派生类和基类的构造函数的执行顺序如下。

（1）调用基类构造函数。当派生类有多个基类时，处于同一层次的各个基类的构造函数的调用顺序取决于定义派生类时声明的顺序（自左向右），而与在派生类构造函数的成员初始化列表中给出的顺序无关。

（2）调用子实例的构造函数。当派生类中有多个子实例时，各个子实例构造函数的调用顺序也取决于在派生类中定义的顺序（自前至后），而与在派生类构造函数的成员初始化列表中给出的顺序无关。

（3）派生类的构造函数体。

按照这个执行顺序，【示例 24-6】中的程序会首先执行基类 CStudent 的构造函数，再执行派生类 CGraduateStu 的构造函数。

24-3-2 派生类的析构函数

与构造函数相同，析构函数在执行过程中也要对基类和成员实例进行操作，但它的执行过程与构造函数正好相反，其执行顺序如下。

（1）对派生类新增普通成员进行清理。

（2）调用成员实例析构函数，对派生类新增的成员实例进行清理。

（3）调用基类析构函数，对基类进行清理。

派生类析构函数的定义与基类无关，与没有继承关系的类的析构函数定义完全相同。它只负责对新增成员的清理工作，系统会自己调用基类及成员实例的析构函数进行相应的清理工作。

下面通过一个例子说明，在多继承并含有内嵌实例情况下，类的析构函数的工作情况。

【示例 24-7】多继承并含有内嵌实例的类的析构函数的工作。

程序主文件为 Inherit.cpp，Test.h 为 CTest1 类定义头文件，Test2.h 为 CTest2 类定义头文件，Test3.h 为 CTest3 类定义头文件，代码如下。

```
//Test1.h
class CTest1
{
public:
    CTest1(int n1){cout<<"CTest1构造函数."<<endl;};
    virtual ~CTest1(){cout<<"CTest1析构函数."<<endl;};
};
//Test2.h
class CTest2
{
public:
    CTest2(int n2){cout<<"CTest2构造函数."<<endl;};
    virtual ~CTest2(){cout<<"CTest2析构函数."<<endl;};
};
//Test3.h
class CTest3
{
public:
    CTest3(int n3){cout<<"CTest3构造函数."<<endl;};
    virtual ~CTest3(){cout<<"CTest3析构函数."<<endl;};
};
class CTest: public CTest1, public CTest2, public CTest3
{
public:
    CTest(int n1,int n2,int n3,int n4,int n5,int n6)
        :CTest1(n1),CTest2(n2),CTest3(n3),t1(n4),t2(n5),t3(n6)
    {}
private:
    CTest1 t1;
    CTest2 t2;
    CTest3 t3;
};
//Inherit.cpp
```

```
int main(int argc, char* argv[ ])
{
    CTest c(1,2,3,4,5,6);
    return 0;
}
```

程序的运行结果如下。

```
CTest1构造函数.
CTest2构造函数.
CTest3构造函数.
CTest1构造函数.
CTest2构造函数.
CTest3构造函数.
CTest3析构函数.
CTest2析构函数.
CTest1析构函数.
CTest3析构函数.
CTest2析构函数.
CTest1析构函数.
```

分析：在程序中，CTest 的三个基类中都加入了构造函数和析构函数。程序在执行时，首先执行派生类的构造函数，然后执行派生类的析构函数。在执行派生类的析构函数时，会分别调用内嵌成员实例和基类的析构函数。析构函数的执行顺序与构造函数相反，所以在程序中，先执行实例的基类的析构函数，然后再执行派生类的析构函数。

24-4 基类与派生类的相互作用

通过派生机制可以形成一个具有层次结构的类族。在类族中对各个类的访问，需要一定的标识才能准确地访问到正确的成员。同时派生类可以和基类相互赋值，在类层次结构中根据赋值兼容规则进行必要的赋值和转换。

24-4-1 派生类成员的标识和访问

在类中有 4 种不同的访问权限成员：不可访问成员、私有成员、保护成员、公有成员。这 4 种成员的访问在前面已经介绍过。在对派生类成员的访问中，还涉及以下两个问题。

- 唯一标识成员问题，因为基类和派生类的成员可能同名。
- 成员本身的可见性问题，会导致出现成员是否能被正确访问的问题。

这两个问题是通过作用域分辨符和虚函数来解决的。本小节介绍作用域分辨符，关于虚函数在后面的章节将详细介绍。

作用域分辨符是 "::"，它可以用于限定要访问的成员所在类的名称，其格式如下。

```
基类名::成员名;              //访问数据成员
基类名::成员函数名(参数表);   //访问函数成员
```

如果存在两个或多个具有包含关系的作用域，外层声明的标识符如果在内层没有声明同名标识符，它在内层可见；如果内层声明了同名标识符，外层标识符在内层不可见。这就是同名覆盖现象。在派生层次结构中，基类的成员和派生类非继承成员都具有类作用域的，两者相互包含，派生类在内层，基类在外层。如果在派生类中声明了一个与基类成员一样的成员（如果是成员函数，函数名和参数都相同时），派生类的成员函数就覆盖了外层的同名函数。如果直接用成员名访问，只能访问到派生类的成员。如果加入作用域分辨符，使用基类名来限定，才能访问到基类中的同名函数。

对于基类之间没有继承关系的多继承中，存在有成员标识的问题（基类有继承关系的情况在后面虚函数中讲解）。如果派生类的多个基类都拥有同名的成员，同时派生类中也新增了同名成员，此时派生类的成员覆盖了所有基类中的同名成员。此时，如果需要访问不同基类中的同名成员，也需要利用作用域限定符来进行限定访问。

【示例 24-8】多继承并含有相同类成员方法的析构函数的工作。

程序主文件为 Inherit.cpp，Test.h 为 CTest1 类定义头文件，Test2.h 为 CTest2 类定义头文件，Test3.h 为 CTest3 类定义头文件，Test.h 为 CTest 类定义头文件，代码如下。

```cpp
//Test1.h
class CTest1
{
public:
    int nC;
    void fun(){cout<<"CTest1的fun()成员函数."<<endl;};
};
//Test2.h
class CTest2
{
public:
public:
    int nC;
    void fun(){cout<<"CTest2的fun()成员函数."<<endl;};
};
//Test3.h
class CTest3
{
public:
    int nC;
    void fun(){cout<<"CTest3的fun()成员函数."<<endl;};
};
//Test.h
class CTest:public CTest1,public CTest2,public CTest3
{
public:
    int nC;                                   //同名数据成员
    void fun(){cout<<"CTest的fun()成员函数."<<endl;};//同名成员函数
};
//Inherit.cpp
int main(int argc, char* argv[ ])
{
    CTest c;
    c.nC = 1;            //实例名数据成员名只能访问到派生类的成员，同名覆盖原则
    c.fun();             //实例名成员函数名只能访问到派生类的成员，同名覆盖原则
    c.CTest1::nC = 1;    //通过作用域限定符来访问基类中的成员
    c.CTest1::fun();
```

```
    c.CTest2::nC = 2;     //通过作用域限定符来访问基类中的成员
    c.CTest2::fun();
    c.CTest3::nC = 3;     //通过作用域限定符来访问基类中的成员
    c.CTest3::fun();
    return 0;
}
```

程序的运行结果如下。

```
CTest的fun()成员函数.
CTest1的fun()成员函数.
CTest2的fun()成员函数.
CTest3的fun()成员函数.
```

分析：在这个例子中，类 CTest 是一个多继承的派生类。它的三个基类中都含有公有的同名成员，在派生类中也定义了同名成员。所以根据同名覆盖原则，通过派生类的"实例名.成员名"的方式只能访问到派生类的成员。如果需要访问不同基类的同名成员，需要用作用域限定符进行限定访问。

在上面的例子中，将 CTest 类改为如下形式。

```
class CTest:public CTest1,public CTest2,public CTest3
{
};
```

采用"实例名.成员名"的访问方式来访问 nC 和 fun( )会产生二义性，如下面的分析。

```
int main(int argc, char* argv[ ])
{
    CTest c;
    c.nC = 1;             //错误，产生二义性
    c.fun();              //错误，产生二义性
    c.CTest1::nC = 1;     //通过作用域限定符来访问基类中的成员
    c.CTest1::fun();
    c.CTest2::nC = 2;     //通过作用域限定符来访问基类中的成员
    c.CTest2::fun();
    c.CTest3::nC = 3;     //通过作用域限定符来访问基类中的成员
    c.CTest3::fun();
    return 0;
}
```

因为通过 c.CTest1::fun( )来访问成员函数，系统无法确定是访问哪个基类中的函数，无法唯一的标识，导致出错。

当把派生类作为基类，又派生出新的派生类时，这种作用域分辨符不能嵌套使用，如下形式的使用方式是不被允许的：

```
ClassName::ClassName2::…ClassNameN;
```

也就是说，作用域分辨符只能直接限定其成员，我们看一下下面这个例子。

【示例 24-9】作用域分辨符的嵌套使用的错误。

代码如下。

```
#include<iostream.h>
class CTest1
{
public:
    int x;
    void show(){cout<<"x="<<x<<endl;};
};

class CTest2::public CTest1
{
public:
    int y;
    void set(int a){CTest1::x=a;};
};

class CTest3::public CTest2
{
public:
    int z;
    void set(int a,int b){CTest2::y=a;z=b;};
     void show(){cout<<"y="<<CTest2::y<<",z="<<z<<endl;};
};

int main()
{
    CTest3 c;
     c.set(100,50);
    c.CTest2::set(75);
     c.show();
     c.CTest2::CTest1::show();        //A
    return 0;
}
```

编译时，指出程序在 A 行有语法错误，原因是作用域分辨符不能连续使用。解决方法是在类 CTest2 中增加成员函数 void show(){cout<<"x="<<CTest1::x<<endl;}，然后把 A 行改为 c.CTest2::show();

程序的运行结果如下。

```
y=100,z=50
x=75
```

24-4-2　基类和派生类赋值规则

在开发过程中，有的地方可能需要用到基类的实例，此时可以使用公有派生类的实例来替代，这就是派生类的赋值兼容规则。

通过公有继承得到的派生类，得到基类除构造函数和析构函数之外的所有成员，它们的访问权限与基类相同。所以公有派生类实际上具备了基类的所有功能，通过基类能解决的问题，利用派生类也可以解决。基类和派生类的赋值规则如下。

● 派生类的实例可以赋值给基类实例。

- 不能将基类的实例赋给派生类的实例。
- 派生类的实例可以初始化基类的引用。
- 派生类实例的地址可以赋给指向基类的指针。

在后两种情况下，使用基类的指针或引用时，只能访问从相应基类中继承来的成员，而不允许访问从其他基类的成员或在派生类中增加的成员。

【示例 24-10】基类和派生类实例的赋值规则演示。

代码如下。

```
class A
{
...
};
class B:public A
{
...
};
A a,*pa;
B b;
```

分析：对于类 A 和类 B 的实例和指针，可以进行如下操作。

```
a=b;              //派生类的实例可以赋值给基类实例
A &ra = b;        //派生类的实例可以初始化基类的引用
pa = &b;          //派生类实例的地址可以赋给指向基类的指针
```

对于替代赋值的作用会在后面类的多态中体现出来。

24-5　不抽烟，不喝酒，乞丐和好男人的属性居然一模一样

看到本小节的名字，你可能有点摸不着头脑，先别着急，看完下面的两个综合实例之后，我们会讲一个小故事，之后你会恍然大悟的。

大多数人从面向过程的思维而来，类的封装还好理解，可是类的继承产生新类该如何应用，就不太理解了，这需要一定的练习，熟练了之后，慢慢就可以熟悉如何提取类，如何建立类方法和成员，如何建立自己的类库了。

【综合实例 24-1】编写一个操作日期（年、月、日）和时间（时、分、秒）的程序。

要求该程序建立三个类：日期类 Date、时间类 Time、日期和时间类 DateTime。利用继承与派生机制生成 DateTime 类。

分析：DateTime 类以 Date 类和 Time 类为基础，利用多继承机制来实现 DateTime 类。

具体的操作步骤如下。

（1）建立工程。建立一个"Win32 Console Application"程序，工程名为"DataTime"。程序主文件为 DataTime.cpp，Stdafx.h 为预编译头文件，Stdafx.cpp 为预编译实现文件。

（2）修改代码，建立标准 C++程序。删除 Stdafx.h 文件中的代码"#include <stdio.h>"，增加以下代码。

```
#include <iostream>
```

```
#include <math.h>
using namespace std;
```

（3）删除 DataTime.cpp 文件中的代码"printf("Hello World!\n");"，并在 DataTime.cpp 中
输入以下的核心代码。

```
#include <iostream>
using namespace std;
typedef char charArray[80];
class Date  //日期类
{
public:
    Date() { }  //默认构造函数
    Date(int y, int m, int d) { SetDate(y, m, d); }      //带参数构造函数
    void SetDate(int y, int m, int d)                    //设定日期年月日
    {
        Year = y;
        Month = m;
        Day = d;
    }
    charArray& GetStringDate(charArray &Date)
                        //取得格式化输出的日期，格式化后的字符串存储到Date中
    {
        sprintf(Date, "%d/%d/%d", Year, Month, Day);    //格式化输出日期
        return Date;                                     //返回格式化后的日期字符串
    }
protected:
    int Year, Month, Day;                                //年、月、日
};
class Time  //时间类
{
public:
    Time() { }  //默认构造函数
    Time(int h, int m, int s) {SetTime(h, m, s); }      //带参数构造函数
    void SetTime(int h, int m, int s)                   //设定时间
    {
        Hours = h;
        Minutes = m;
        Seconds = s;
    }
    charArray& GetStringTime(charArray &Time)           //格式化输出时间
    {
        sprintf(Time, "%d:%d:%d", Hours, Minutes, Seconds);
                                //格式化时间，格式化后的字符串存储到Time中
        return Time;
    }
protected:
    int Hours, Minutes, Seconds;
};
class TimeDate:public Date, public Time                 //通过继承Date和Time类来
实现TimeDate类
    {
```

```
    public:
        TimeDate():Date() { }                        //构造函数
        TimeDate(int y, int mo, int d, int h, int mi, int s):Date(y, mo, d), Time(h,
mi, s) { } //构造函数
        charArray& GetStringDT(charArray &DTstr)     //返回日期时间格式化字符串
        {
            sprintf(DTstr, "%d/%d/%d %d:%d:%d", Year, Month, Day, Hours, Minutes,
Seconds);
            return DTstr;
        }
    };
    int main(int argc, char* argv[ ])
    {
        TimeDate date1, date2(1998, 8, 12, 12, 45, 10);    //定义两个日期时间实例
        charArray Str;                                     //定义一个字符串
        date1.SetDate(1998, 8, 7);                         //设定实例date1的日期
        date1.SetTime(10, 30, 45);                         //设定实例date1的时间
        date1.GetStringDT(Str);                            //取得实例date1的格式化后
的字符
        cout<<"date1日期为:"<<date1.GetStringDate(Str)<<endl;    //输出实例date1日期
        cout<<"date1日期为:"<<date1.GetStringTime(Str)<<endl;    //输出实例date1时间
        cout<<"date2日期和时间为:"<<date2.GetStringDT(Str)<<endl;  //输出实例date2日期和
时间
        return 0;
    };
```

（4）程序的运行结果如下。

```
date1日期为:1998/8/7
date1日期为:10:30:45
date2日期和时间为:1998/8/12 12:45:10
```

前面一个案例，是类的组合，利用已经建立的类来产生新的类；还有一种方法是提取类和类自己的关系，用好类继承的方法来简化代码，这种技能，有时候需要反复思考和练习，才能比较准确地把有些基类和它的成员们固定下来。这是成为 C++高手的必经之路，除了本书提供的这些简单的案例之外，平时养成看到万事万物就分析其类属性的习惯，多练习多写一些代码，别无他法。

【综合实例 24-2】定义在职研究生类，通过虚基类来描述。

具体的操作步骤如下。

（1）建立工程。建立一个"Win32 Console Application"程序，工程名为"EGStudent"。程序主文件为 EGStudent.cpp，Stdafx.h 为预编译头文件，Stdafx.cpp 为预编译实现文件。

（2）修改代码，建立标准 C++程序。删除 Stdafx.h 文件中的代码"#include <stdio.h>"，增加以下代码。

```
#include <iostream>
#include<string>
using namespace std;
```

（3）删除 EGStudent.cpp 文件中的代码"printf("Hello World!\n");"，并在 EGStudent.cpp

中输入以下核心代码。

```
enum Tsex{mid,man,woman};
class Person{
    string IdPerson;                    //身份证号
    string Name;                        //姓名
    Tsex Sex;                           //性别
    int Birthday;                       //生日，格式1981年11月07日写为19811107
    string HomeAddress;                 //家庭地址
public:
    Person(string, string,Tsex,int, string);//带有参数的构造函数
    Person();                           //默认构造函数
    ~Person();
    void PrintPersonInfo();             //输出人的信息
    //其他接口函数
};
Person::Person(string id, string name,Tsex sex,int birthday, string homeadd){
    cout<<"构造Person"<<endl;
    IdPerson=id;
    Name=name;
    Sex=sex;
    Birthday=birthday;
    HomeAddress=homeadd;
}
Person::Person(){
    cout<<"构造Person"<<endl;
    Sex=mid;
    Birthday=0;
}
Person::~Person(){//IdPerson, Name, HomeAddress析构时自动调用它们自己的析构函数来释
放内存空间
    cout<<"析构Person"<<endl;
}
void Person::PrintPersonInfo(){                 //输出人的信息
    int i;
    cout<<"身份证号:"<<IdPerson<<'\n'<<"姓名:"<<Name<<'\n'<<"性别:";
    if(Sex==man)cout<<"男"<<'\n';
    else if(Sex==woman)cout<<"女"<<'\n';
        else cout<<" "<<'\n';
    cout<<"出生年月日:";
    i=Birthday;
    cout<<i/10000<<"年";
    i=i%10000;
    cout<<i/100<<"月"<<i%100<<"日"<<'\n'<<"家庭住址:"<<HomeAddress<<'\n';
}
class Student:public virtual Person{            //以虚基类定义公有派生的学生类
    string NoStudent;                           //学号
                                                //课程与成绩略
public:
    Student(string id, string name,Tsex sex,int birthday, string homeadd, string
nostud);
                                                //注意派生类构造函数声明方式
```

```
        Student();
        ~Student(){cout<<"析构Student"<<endl;}
        void PrintStudentInfo();
    };
    Student::Student(string id, string name,Tsex sex,int birthday, string homeadd,
string nostud)
     :Person(id,name,sex,birthday,homeadd){  //注意Person参数表不用类型
        cout<<"构造Student"<<endl;
        NoStudent=nostud;
    }
    Student::Student(){                        //基类默认的无参数构造函数不必显式给出
        cout<<"构造Student"<<endl;
    }
    void Student::PrintStudentInfo(){          //输出学生信息
        cout<<"学号:"<<NoStudent<<'\n';
        PrintPersonInfo();                     //调用基类PrintPersonInfo()成员函数
    }
    class GStudent:public Student{             //以虚基类定义公有派生的研究生类
        string NoGStudent;                     //研究生号
        //其他略
    public:
        GStudent(string id, string name,Tsex sex,int birthday, string homeadd, string
nostud,
                string nogstudent);            //注意派生类构造函数声明方式
        GStudent();
        ~GStudent(){cout<<"析构GStudent"<<endl;};
        void PrintGStudentInfo();
    };
    GStudent::GStudent(string id, string name,Tsex sex,   int birthday, string
homeadd,
     string nostud, string nogstud)
     :Student(id,name,sex,birthday,homeadd,nostud),Person(id,name,sex,birthday,hom
eadd){
        //因Person是虚基类，尽管不是直接基类，如定义GStudent实例，Person必须出现
        //不定义实例可不出现，为通用应出现，如不是虚基类，出现是错误的
        cout<<"构造GStudent"<<endl;
        NoGStudent=nogstud;
    }
    GStudent::GStudent(){                       //基类默认的无参数构造函数不必显式给出
        cout<<"构造GStudent"<<endl;
    }
    void GStudent::PrintGStudentInfo(){
        cout<<"研究生号:"<<NoGStudent<<'\n';
        PrintStudentInfo();
    }
    class Employee:public virtual Person{  //以虚基类定义公有派生的教职工类
        string NoEmployee;                     //教职工号
        //其他略
    public:
        Employee(string id, string name,Tsex sex,int birthday, string homeadd, string
noempl);
        //注意派生类构造函数声明方式
```

```
        Employee();
        ~Employee(){cout<<"析构Employee"<<endl;}
        void PrintEmployeeInfo();
        void PrintEmployeeInfo1();              //多重继承时避免重复打印虚基类Person的信息
    };
    Employee::Employee(string id, string name,Tsex sex,int birthday, string homeadd,
string noempl)
        :Person(id,name,sex,birthday,homeadd){ //注意Person参数表可不用类型
        cout<<"构造Employee"<<endl;
        NoEmployee=noempl;
    }
    Employee::Employee(){                       //基类默认的无参数构造函数不必显式给出
        cout<<"构造Employee"<<endl;
    }
    void Employee::PrintEmployeeInfo(){
        cout<<"教职工号:"<<NoEmployee<<'\n';
        PrintPersonInfo();
    }
    void Employee::PrintEmployeeInfo1(){cout<<"教职工号:"<<NoEmployee<<'\n';}
    class EGStudent:public Employee,public GStudent{ //以虚基类定义公有派生的在职研究生类
        string NoEGStudent;                     //在职学习号
        //其他略
    public:
        EGStudent(string id, string name,Tsex sex,int birthday, string homeadd, string
nostud,
            string nogstud, string noempl, string noegstud);
        //注意派生类构造函数声明方式
        EGStudent();
        ~EGStudent(){cout<<"析构EGStudent"<<endl;};
        void PrintEGStudentInfo();
    };
    EGStudent::EGStudent(string id, string name,Tsex sex,int birthday, string
homeadd,
        string nostud, string nogstud, string noempl, string noegstud)
        :GStudent(id,name,sex,birthday,homeadd,nostud,nogstud),
        Employee(id,name,sex,birthday,homeadd,noempl),
        Person(id,name,sex,birthday,homeadd){//注意要定义EGStudent实例,Person必须出现
        cout<<"构造EGStudent"<<endl;
        NoEGStudent=noegstud;
    }
    EGStudent::EGStudent(){                     //基类默认的无参数构造函数不必显式给出
        cout<<"构造EGStudent"<<endl;
    }
    void EGStudent::PrintEGStudentInfo(){
        cout<<"在职学习号:"<<NoEGStudent<<'\n';
        PrintEmployeeInfo1();                   //多重继承时避免重复打印虚基类Person的信息
        PrintGStudentInfo();                    //虚基类Person的信息仅在GStudent中打印
    }
    int main(void){
        EGStudent egstu1("320102810504161","张三",man,19810504,"北京市长安街1号",
            "06000123", "034189","06283","030217"); //定义在职研究生实例并初始化
        egstu1.PrintEGStudentInfo();
```

```
GStudent gstu1("3201028211078161","李四",man,19821107," 北京市长安街2号",
    "08000312","058362");
gstu1.PrintGStudentInfo();                 //输出研究生信息
return 0;
}
```

（4）程序的运行结果如下。

```
构造Person
构造Employee
构造Student
构造GStudent
构造EGStudent
在职学习号:030217
教职工号:06283
研究生号:034189
学号:06000123
身份证号:320102810504161
姓名:张三
性别:男
出生年月日:1981年5月4日
家庭住址:北京市长安街1号
构造Person
构造Student
构造GStudent
研究生号:058362
学号:08000312
身份证号:3201028211078161
姓名:李四
性别:男
出生年月日:1982年11月7日
家庭住址: 北京市长安街2号
析构GStudent
析构Student
析构Person
析构EGStudent
析构GStudent
析构Student
析构Employee
析构Person
```

接下来请读一下下面这个小故事。

一个乞丐敲敲车窗说：给我点儿钱。

司机先生看了下，说：给你抽支烟吧。

乞丐说：我不抽烟，给我点钱。

司机先生说：我车上有啤酒，给你喝瓶酒吧。

乞丐说：我不喝酒，给我点钱。

司机先生说：那这样，我带你到麻将馆，我出钱，你来赌，赢了是你的。

乞丐说：我不赌钱，给我点钱。

司机先生说：我带你去桑拿房享受"一条龙服务"，费用我全包。

乞丐说：我不嫖妓，给我点钱。

司机先生说：那你上车吧，我带你回去，让我老婆看看：一个不抽烟、不喝酒、不赌钱、不嫖妓的好男人能混成啥样。

你看懂这个故事了吗？

面向对象编程的时候，我们设定了很多属性来描写某个事物，或者说某个对象，但是，很可能另外一个完全不是我们设想的对象，也有这些属性。

比如上例，好男人的属性和乞丐的属性，居然完全是一样的呢？

一方面属性不够多，另一方面，方法的描述也很重要。

其实，这里面还有一个抽象继承问题。好男人要逐步细化，最后"一个不抽烟、不喝酒、不赌钱、不嫖妓"才是这个好男人的重要属性。

最后总结一下技术点：本章讲述了类的继承与派生，继承与派生是 C++重要的特性，也是学习的难点，需要不断深入学习和理解。继承可分为公有继承、私有继承和保护继承，如表 24-2 列出了三种不同继承方式的基类特性和派生类特性。

表 24-2　继承方式的基类和派生类特征

继承方式	基类特性	派生类特性
公有继承	public	public
	protected	protected
	private	不可访问
私有继承	public	private
	protected	private
	private	不可访问
保护继承	public	protected
	protected	protected
	private	不可访问

C++支持从多个基类派生出新的类，这种继承结构被称为多重继承。在多重继承中，基类及派生类中的同名成员可能造成对基类成员的访问产生二义性。因此引入了虚拟继承和虚基类来解决这一问题。虚基类的定义可以保证派生类中只有基类的一个复制。

第 25 章
虚函数产生多态性

多态性（Plymorphism）是面向对象程序设计的基本特点。通过继承相关的不同类，多态性可以使它们的对象能够对同一个函数调用做出不同的响应。多态性是通过虚函数（Virtual Function）实现的。虚函数和多态性使程序可以对层次中所有现有类的对象（基类对象）进行一般性处理，使得设计和实现易于扩展的系统成为可能。通过本章的学习，读者可以理解类的虚函数和多态性的特性，掌握类的多态性的运用。

25-1　巧妙适应多种情况，C++的多态性

继承讨论了类与类之间的层次关系。多态则是研究不同层次类中以及一个类的内部的同名函数之间的关系问题。利用多态性可以对类的功能和行为进行进一步抽象。

25-1-1　多态的概念和类型

多态是指在对类的成员函数进行调用时，如果被不同类型的对象接收而产生不同的实现的现象。即调用类的同名成员函数，在对不同类型的对象进行处理时，类能够自动识别对象的特性，从而调用不同的函数实现。

多态特性的运用其实在程序中是很普遍的，最常见的例子是运算符。例如加法运算，它可以实现不同类型数据（如整型数、浮点数等）的加法运算。这里调用的函数即是"+"，处理不同的对象即是整型数、浮点数等数值。当进行运算时，函数"+"会采用不同的实现来进行运算。如果都是整型数值，则采用整型算法进行相加；如果都是浮点数值，则采用浮点算法进行相加；当数据类型不同时，还需要在类型转换后再进行相加。这就是多态现象。

在 C++中，多态可以进行以下分类。

● 专用多态：重载多态、强制多态。

- 通用多态：包含多态、参数多态。

可以看出，C++中有四种多态。

- 重载多态即是前面章节所讲述的函数重载和运算符重载。
- 强制多态是指为了符合某个函数或者操作的要求，而将一个对象的类型加以变化。例如在加法运算中，如果处理的两个操作数类型不同，需要先将两个操作数类型强制统一后再进行相加，这就是强制多态。
- 包含多态是在指类族中，定义在不同类中的同名成员函数的多态行为主要是通过虚函数技术实现。
- 参数多态是类模板具有的特性。在后面的章节将会继续讲述。

25-1-2　多态的实现方式

如果函数或者类成员函数利用多态技术，在程序未编译前，无法确定调用哪个同名函数具体实现。只有在程序编译或者运行期间，根据接收的具体对象类型决定调用相应的实现。编译系统是怎样实现这个在编译期或运行期绑定函数过程的呢？

从实现的角度来看，多态可以划分为两种情况：编译期多态和运行时多态。前者是在编译过程中，确定同名操作的具体操作对象，从而确定同名函数的具体实现；后者是程序运行过程中，动态确定具体的操作对象，从而确定同名函数的具体实现。这种确定操作具体对象的过程称为联编或者联合（也有编联、绑定等称法）。联编就是将一个标识符和一个存储地址联系在一起的过程，是计算机程序自身彼此关联的过程。

从联编进行的不同阶段划分，可以将联编分为静态联编和动态联编。

- 静态联编是指联编工作在程序编译和连接阶段完成的联编过程。静态联编是在程序编译之前进行的，所以也称为早期联编、前联编等。在有的多态类型中，程序在编译、连接的阶段即可确定同名操作的具体操作对象。系统就可以根据类型匹配来确定某一个同名标识调用的具体代码，如对于重载多态、强制多态、参数多态都可以通过静态联编来实现。
- 动态联编则是指联编工作在程序运行阶段完成的联编过程。如果静态联编无法解决联编问题，只能等到程序运行时再进行联编操作。例如，包含多态就是通过动态联编完成的。

25-2　虚函数

虚函数是实现动态联编的基础。当通过基类指针或引用请求使用虚函数时，C++会在与对象关联的派生类中正确地选择重定义的函数。

25-2-1　虚函数的概念和定义

在第 24 章讲述继承与派生的章节里，有一个关于学生类与研究生类继承的例子，下面我们来看一下如何通过虚函数实现计算学生的学费。

【示例 25-1】在学生类与研究生类继承的代码基础上增加计算学生费用的函数（虚函数实现）。

代码如下：

```
//学生类
class CStudent
{
public:
    CStudent(string strStuName = "No Name");
    virtual ~CStudent();
    void AddCourse(               //增加学生已学课程
        int nCrediHour,           //学时
        float Source              //分数
        );                        //增加已修课程
    void ShowStuInfo();           //显示学生信息
protected:
    string m_strName;             //姓名
    int nTotalCourse;             //已修完课程总数
    float fAveSource;             //成绩平均分
    int nTotalCrediHour;          //总学分
};
//研究生类
class CGraduateStu:public CStudent
{
public:
    CGraduateStu(string strName,CTutorial
&tu):CStudent(strName),m_ctTutorial(tu){};
                                      //派生类的构造函数
    virtual ~CGraduateStu();
    CTutorial& GetTutorial(){return m_ctTutorial;};   //返回导师内嵌对象
    void ShowStuInfo();               //输出学生名
protected:
    CTutorial m_ctTutorial;           //导师内嵌对象
};
//导师类
class CTutorial
{
public:
    CTutorial();
    virtual ~CTutorial();
    void SetTutorialName(string strTutorialName); //设置导师名
    void ShowTutorialName();                      //显示导师信息
private:
    string m_strTutorialName;                     //导师姓名
};
```

分析：如果现在需要增加一个计算学生学费的成员函数 calcTuition，因为普通学生和研究生的学费计算方式是不同的，所以在两个类中必须分别设计计算学费的成员函数。

```
class CStudent
{
...
public:
    float CalcTuition(){
```

```
            cout<<"普通学生学费";
            return 4500.0;
        };
    };
class CGraduateStu:public CStudent
{
...
public:
    float CalcTuition(){
        cout<<"研究生学费"<<endl;
        return 2000.0;
    };
};
```

很明显，派生类重载了基类中的成员函数 calcTuition( )。在类 CGraduateStu 中，成员函数 calcTuition 覆盖了基类中的 calcTuition 成员函数。此时如何访问派生类和基类中的同名函数，在前面已经介绍过。但在有的情况下，程序无法确定类的所属情况，会在继承类层次中访问类同名函数出现问题，如下面的函数所示。

```
float getTuition(CStudent& rS){
    return rS.CalcTuition();
};
```

普通学生和研究生都是学生，通过前面所讲的基类和派生类赋值规则的学习可以知道，getTuition( )函数既可以接受基类的引用，也可以接受派生类的引用，下面的代码是合法的。

```
int main(int argc, char* argv[ ])
{
    CStudent  s;
    CTutorial tu;
    CGraduateStu gs("Tom",tu);
    cout<<getTuition(s)<<endl; //计算普通学生的学费
    cout<<getTuition(gs)<<endl;//计算研究生的学费
    return 0;
};
```

程序的运行结果如下。

```
普通学生学费4500
研究生学费2000
```

根据程序的输出结果可以看出，不管传入的是基类的对象还是派生类的对象引用，程序在调用 CalcTuition( )函数时，都调用了基类的成员函数 CalcTuition( )。所以为解决这个问题，就需要函数 getTuition 具备多态性，即根据处理的对象不同，所调用的函数实现不同。解决这个问题就是通过虚函数来实现的。

一般虚函数成员定义的语法格式如下。

```
virtual 函数类型 函数名(形参表)
{
    函数体;
}
```

声明一个虚函数，只需要在成员函数的声明前加上 virtual 关键字限定，并且只需要在类声明的函数原型中进行限定即可，而不需要且不能在函数实现体前加此关键字。在用虚函数来实现运行多态时，需要满足以下三个条件。

- 类之间需要满足赋值兼容规则，一般在派生类和基类之间是满足以下规则。
- 需要声明虚函数，这是显而易见的。
- 由类的成员函数或者通过指针、引用来访问虚函数（当使用对象名来访问虚函数时，则属于静态联编）。

【示例 25-2】利用多态性来实现学生类的学费计算。

程序主文件为 Inherit.cpp，Student.h 为 CStudent 类定义头文件，Student.cpp 为 CStudent 类实现文件，GraduateStu.h 为 CGraduateStu 类定义头文件，GraduateStu.cpp 为 CGraduateStu 类实现文件，Tutorial.h 为 CTutorial 类定义头文件，Tutorial.cpp 为 CTutorial 类实现文件，代码如下。

```cpp
//Student.h
class CStudent                      //学生类
{
public:
    CStudent(string strStuName = "No Name");
    virtual ~CStudent();
    void AddCourse(                 //增加学生已学课程
        int nCrediHour,             //学时
        float Source                //分数
        );                          //增加已修课程
    void ShowStuInfo();             //显示学生信息
    virtual float CalcTuition(){        //将基类中的计算学费的成员函数声明为虚函数
        cout<<"普通学生学费";
        return 4500.0;
    };
protected:
    string m_strName;               //学生姓名
    int nTotalCourse;               //已修完课程总数
    float fAveSource;               //成绩平均分
    int nTotalCrediHour;            //总学分
};
//Student.cpp
CStudent::CStudent(string strStuName)
{
    cout<<"CStudent构造函数"<<endl;
    m_strName = strStuName;         //初始化姓名
    nTotalCrediHour=0;              //总学分置0
    nTotalCourse = 0;               //已修完课程总数置0
    fAveSource=0.0;                 //成绩平均分置0
}

CStudent::~CStudent()
{
}

void CStudent::AddCourse(int nCrediHour,float Source)  //增加已修课程
```

```cpp
{
    nTotalCrediHour+=nCrediHour;//增加总学分
    fAveSource=(fAveSource*nTotalCourse+Source)/(nTotalCourse+1);//计算平均成绩
    nTotalCourse++;                      //增加已修完课程总数
}

void CStudent::ShowStuInfo()
{
    cout<<"学生姓名: "<<m_strName<<endl;
    cout<<"学生总分数:"<<nTotalCrediHour<<endl;
    cout<<"已修完课程总数:"<<nTotalCourse<<endl;
    cout<<"学生平均分:"<<fAveSource<<endl;
}
//GraduateStu.h
class CGraduateStu:public CStudent        //研究生类
{
public:
    CGraduateStu(string strName,CTutorial
&tu):CStudent(strName),m_ctTutorial(tu){ };
                                          //派生类的构造函数
    virtual ~CGraduateStu();
    CTutorial& GetTutorial(){return m_ctTutorial;};        //获得导师实例
    void ShowStuInfo();                   //输出学生信息
    float CalcTuition(){                  //计算研究生学费
        cout<<"研究生学费"<<endl;
        return 2000.0;
    };
protected:
    CTutorial m_ctTutorial;               //存储导师信息
};
//GraduateStu.cpp
void CGraduateStu::ShowStuInfo(){
    this->CStudent::ShowStuInfo();        //调用基类函数进行常规信息显示
    this->GetTutorial().ShowTutorialName();
};
//CTutorial.h
class CTutorial//导师类
{
public:
    CTutorial();
    virtual ~CTutorial();
    void SetTutorialName(string strTutorialName);        //设定导师姓名
    void ShowTutorialName();              //显示导师姓名
private:
    string m_strTutorialName;             //导师姓名
};
class CTutorial                           //导师类
{
public:
    CTutorial();
    virtual ~CTutorial();
    void SetTutorialName(string strTutorialName){m_strTutorialName =
```

```
strTutorialName ;};
                                          //设定导师姓名
    void ShowTutorialName(){cout<<m_strTutorialName<<endl;};   //显示导师姓名
private:
    string m_strTutorialName;          //导师姓名
};

//Inherit.cpp
#include "Student.h"
#include "GraduateStu.h"
#include "Tutorial.h"
float getTuition(CStudent& rS){      //取得学生的学费，注意这里的参数类型
    return rS.CalcTuition();          //计算学生的学费并返回
};

int main(int argc, char* argv[ ])
{
    CStudent s;
    CTutorial tu;
    CGraduateStu gs("Tom",tu);
    cout<<getTuition(s)<<endl;        //计算普通学生的学费
    cout<<getTuition(gs)<<endl;       //计算研究生的学费
    return 0;
}
```

程序的运行结果如下。

```
CStudent构造函数
CStudent构造函数
CGraduateStu构造函数
普通学生学费4500
研究生学费2000
```

分析：将学生类中的计算学费的成员函数 CalcTuition()声明为虚函数后，派生类重载此函数，此时根据派生规则，重载的 CalcTuition()函数也为虚函数。当利用派生类或者基类的引用对虚函数进行访问时，这时多态的特征就显示出其作用。在函数 getTuition()中，当传入的参数 rS 为基类对象引用时，调用基类中的 CalcTuition()函数；当传入的参数 rS 为派生类对象引用时，调用派生类中的 CalcTuition()函数。

这里需要注意的是，当基类中的函数成员声明为虚函数之后，该类所派生所有派生类中，该函数均保持虚函数的特性。当在派生类中定义了一个与该虚函数同名的成员函数，并且该成员函数的参数个数、参数的类型以及函数的返回值类型都和基类中的同名虚函数一样，无论是否使用关键字 virtual 修饰该成员函数，它都成为一个虚函数，换言之，在派生类中重新定义基类中的虚函数时，可以省略关键字 virtual。但是如果虚函数在基类和派生类中出现的仅仅是名字相同，而参数类型或者个数不同，或者返回值不同，即使在派生类中显式声明为虚函数，也不能动态联编，即基类和派生类的虚函数只有在函数名和参数表完全相同的情况下才有效。

当然，还有别的方式实现多态性。比如上述实例中可以通过类的对象不同，直接调用虚函数 CalcTuition()，达到同样的目的。

25-2-2　虚函数的使用规则

将类的成员函数设置为虚函数是有好处的，它只是会增加一些资源上的开销。当然并不是所有的函数都能够设置为虚函数。对于虚函数的运用需要注意以下几点。

- 当在基类中把成员函数定义为虚函数后，在其派生类中定义的虚函数必须与基类中的虚函数同名，参数的类型、顺序、参数的个数必须一一对应，函数的返回值类型也相同。若函数名相同，但参数的个数不同或者类型不同时，属于函数的重载，而不是虚函数。若函数名不同，显然这是不同的成员函数。
- 在虚函数中没有重新定义虚函数时，与一般的成员函数一样，当调用这种派生类对象的虚函数时，调用基类中的虚函数。
- 被声明为虚函数必须是类的成员函数。因为虚函数仅适用于有继承关系的类对象，而不能应用于普通函数。
类的静态函数不能声明为虚函数。因为静态成员不属于某个对象，而是类自身的属性。
- 内联函数不能声明为虚函数。因为内联函数是不能在运行中动态确定其位置，它在编译阶段就已经进行了代码的替换。即使成员函数在类定义体内实现（按照类定义规则，应该默认为内联函数），当声明其为虚函数时，编译时也会将其作为非内联函数对待。
- 构造函数不能声明为虚函数。因为虚函数是针对对象而言的，在未执行构造函数之前，对象还没有生成，所以无法将其声明为虚函数。
- 析构函数可以是虚函数，而且一般都声明为虚函数（利用 Visual C++6.0 的 Class Wizard 工具在生成类时，会自动将类的析构函数声明为虚函数）。如果把析构函数声明为虚函数，由它派生而来的所有派生类的析构函数都是虚函数。析构函数在被设置为虚函数之后，在使用指针或者引用时可以动态联编，实现运行时多态，以保证使用基类的指针或者引用的时候，能够调用适合的析构函数，针对不同的对象进行清理工作。
- 虚函数与一般的成员函数相比，调用时的执行速度要慢一些。为了实现多态性，在每一个派生类中均要保存虚函数的入口地址表，函数的调用机制也是间接实现的。因此除了要编写一些通用的程序并一定要使用虚函数才能完成其功能需求外，通常不必使用虚函数。

25-3　纯虚函数与抽象类

抽象类是一种特殊的类。它是为了抽象和设计目的而建立的，可以为一类族提供统一的操作模式。建立抽象类的目的是为了通过它多态地使用其中的成员函数。抽象类的实现需要带有纯虚函数，所以纯虚函数是抽象类实现的前提。

25-3-1　纯虚函数

纯虚函数是一个在基类中说明的函数，但在基类没有具体的实现，即没有实现体的函数，需要其派生类根据实际需要对其进行实现。纯虚函数声明的一般格式如下。

```
virtual 函数类型 函数名(参数表)=0;
```

从这个声明格式可以看出，其与一般的虚函数声明的不同只是在后面加了一个 "=0" 的说明。声明虚函数之后，基类中是不能给出函数的实现部分的，而只能在派生类中给出其实现体。把函数名赋予 0，本质上是将指向函数体的指针赋为初值 0。所以与定义空函数不同，空函数的函数体为空，即调用该函数时，不执行任何动作。而在没有重新定义纯虚函数之前，不能调用这种函数。

注意：在类中，有的虚函数的实现部分为空，这与纯虚函数是有区别的。纯虚函数不能给出函数体，所以对于虚函数的实现为空的虚函数不是纯虚函数。纯虚函数的特征是在其声明后接 "=0"。

25-3-2　抽象类和抽象基类

如果把类看作一种数据类型，通常认定该类型的对象是要被实例化的。但是，在许多情况下，定义不实例化为任何对象的类是很有用处的，这种类称为 "抽象类"（Abstract Class）。因为抽象类要作为基类被其他类继承，所以通常也把它称为 "抽象基类"（Abstract Base Class）。

抽象类是带有纯虚函数的类。抽象类的作用是为建立类族的共同接口，从而使它们发挥多态性的作用。抽象类声明了一族派生类的共同接口，这些接口在抽象类中定义，但是不做具体实现，必须由其派生类自行定义，即定义纯虚函数的具体实现。

抽象类是不能被实例化的，即不能声明一个抽象类的对象，因为它的虚函数只有声明没有实现。当通过抽象类派生出新类之后，如果在派生类中将基类给出的所有纯虚函数进行实现后，这个派生类即可被实例化，此时这个派生类不再为抽象类；如果这个派生类没有对基类中的所有派生类进行实现（全部或者部分未实现），这个派生类依然是抽象类。虽然派生类不能被实例化，但是可以声明抽象类的指针或者引用，通过这个指针或者引用可以指向并访问派生类对象，从而访问派生类的成员，显然这种访问是带有多态特征的。

抽象类与具体类是相对的，能够建立实例化对象的类称为具体类（Concrete Class）。

【示例 25-3】抽象类的定义和使用：定义一个抽象类，在其派生类中实现虚函数接口 display( )。

程序主文件为 Inherit.cpp，Base.h 为 CBase 类定义头文件，CBase1.h 为 CBase1 类定义头文件，CInheritCls.h 为 CInheritCls 类定义头文件，代码如下。

```
//Base.h
class CBase                    //基类
{
public:
    CBase();
    virtual ~CBase();
    virtual void display()=0;  //纯虚函数接口
};
//Base1.h
#include "Base.h"
class CBase1:public CBase      //继承CBase
{
public:
    CBase1();
    virtual ~CBase1();
    void display(){cout<<"Base1::display()"<<endl;};    //实现虚函数接口
```

```
};
// CInheritCls.h
#include "Base1.h"
class CInheritCls:public CBase1
{
public:
    CInheritCls();
    virtual ~CInheritCls();
    void display(){cout<<"CInheritCls::display()"<<endl;};//重载了基类CBase1的
display()函数
};
//Inherit.cpp
#include "Base.h"
#include "Base1.h"
#include "InheritCls.h
void display(CBase& pBase){      //调用类的display()成员函数
    pBase.display();
};
int main(int argc, char* argv[ ])
{
    CBase1 b1;                //CBase的派生类对象
    CInheritCls i2;           //CBase1的派生类对象
    display(b1);              //调用CBase1的成员函数
    display(i2);              //调用CInheritCls的成员函数
    return 0;
};
```

程序的运行结果如下。

```
CBase1::display()
CInheritCls::display()
```

分析：在上面的程序中，CBase、CBase1 和 CInheritCls 是属于同一个类族的类。CBase 是一个抽象类，CBase1 派生于 CBase，CInheritCls 派生于 CBase1。其中，CBase 为一个抽象类，它为整个类族提供了通用的外部接口，这个接口就是 display( ) 函数。display( ) 函数在 CBase 中是一个纯虚函数，当 CBase1 继承了 CBase 时，实现了此函数，所以 CBase1 不是抽象类，可以实例化。CInheritCls 继承了 CBase1，也是非抽象类。根据赋值兼容规则，抽象类的引用可以被任何一个派生类对象赋值。在主程序中，display(CBase& pBase)函数的 pBase 引用变量可以引用正在被访问的派生类的对象，这样就实现了对同一类族的对象进行统一的多态处理。

说明：在程序中，派生类的成员函数 display( )并没有显式地用 virtual 关键字声明，系统通过与基类的虚函数有相同的名称、参数及返回值自动判断，确定其为虚函数。

25-4　综合实例：按设定规则输出某企业各类员工的人员姓名与相应薪水

本章主要讲述了多态的作用和实现机制。多态是 C++的基本特性之一，是面向对象程序设计的特色，读者应该深入地理解多态性的作用。虚函数和多态性使得设计和实现易于扩展的系统成为可能。在程序开发过程中，不论类是否已经建立，程序员都可以利用虚函数和多态性编写处理这些类对象的程序。不能实例化的类称为抽象类，在一般情况下，定义抽象类是很有用处的。抽象类必须作为基类被其他类继承，所以它通常被称为"抽象基类"。定义抽象类就是在类定义中至少声明一个纯虚函数。纯虚函数只需声明，不用给出具体实现。对于本章的内容，下面给出一个综合示例。

在一个企业中，员工由老板、销售员和生产人员组成。他们的薪水安排如下。

● 老板：不管工作多长时间，他总有固定的周薪。

● 销售员：收入是基本工资加上销售额的一定的百分比。

● 生产人员：可分为计件工和小时工。计件工的收入取决生产的工件数量，小时工的收入以小时计算，再加上加班费。

以下程序工资周期以周（固定工作日 5 天）为单位。

程序主文件为 Test.cpp，Employee.h 为 CEmployee 类定义头文件，Employee.cpp 为 CEmployee 类实现文件，Boss.h 为 CBoss 类定义头文件，Boss.cpp 为 CBoss 类实现文件，Commission.h 为 CCommission 类定义头文件，Commission.cpp 为 CCommission 类实现文件，Piece.h 为 CPiece 类定义头文件，Piece.cpp 为 CPiece 类实现文件，Hourly.h 为 CHourly 类定义头文件，Hourly.cpp 为 CHourly 类实现文件。代码如下。

```
Employee.h：设定人员基类，为后面的继承和多态打好基础
class CEmployee  //员工类
{
public:
    CEmployee( const char *first, const char *last );
    virtual ~CEmployee();
    const char *getFirstName() const;        //员工姓
    const char *getLastName() const;         //员工名字

    virtual double earnings() const = 0;     //纯虚函数接口，用于计算员工收入
    virtual void print() const;              //虚函数，用于输出员工信息
private:
    char *firstName;                         //员工姓
    char *lastName;                          //员工名
};
Employee.cpp:
#include "Employee.h"
#include <assert.h>                          //此头文件提供一个assert的宏定义，用于检测空指针
CEmployee::CEmployee( const char *first, const char *last )
{
    firstName = new char [strlen( first ) + 1 ];
    assert( firstName != 0 );                //如果为空指针，则输出错误信息，中断程序
    strcpy( firstName, first );

    lastName = new char [strlen(last ) + 1] ;
    assert( lastName != 0 );                 //如果为空指针，则输出错误信息，中断程序
    strcpy( lastName, last );
}

CEmployee::~CEmployee()
```

```
{
    delete [ ] firstName;                //释放内存空间
    delete [ ] lastName;                 //释放内存空间
}

const char *CEmployee::getFirstName() const
{
    return firstName;
}

const char *CEmployee::getLastName() const
{
    return lastName;
}

void CEmployee::print() const
{
    cout <<firstName <<' '<<lastName;    //输出员工姓和名字
}
```

Boss.h: 从员工类进化而来的老板类

```
#include "Employee.h"
class CBoss :public CEmployee{           //老板类
public:
    CBoss( const char *, const char *, double = 0.0 );//构造函数
    virtual ~CBoss();
    void setBossSalary (double );        //设定老板的固定工资
    virtual double earnings() const;
    virtual void print() const;
private:
    double bossSalary;
};
```

Boss.cpp:

```
#include "Boss.h"
CBoss::CBoss( const char *first, const char *last, double
s):CEmployee(first,last)
                                         //构造函数并初始化基类
{
    setBossSalary (s );
}
CBoss::~CBoss(){
};

void CBoss::setBossSalary(double s)      //设置老板收入
{
    bossSalary = s >0 ? s : 0;
}

double CBoss::earnings() const           //实现虚函数，返回老板收入
{
    return bossSalary;
}
```

```
void CBoss::print() const              //输出老板的姓名
{
    cout<<endl<<"Boss Name:";
    CEmployee::print();
}
```

Commission.h: 销售员模块，同样是从员工基类进化而来

```
#include "Employee.h"
class CCommission:public CEmployee //销售员类
{
public:
    CCommission(    const char *,
const char *,
double = 0.0,
double = 0.0,
        int= 0 );
    virtual ~CCommission();
   void setSalary( double );
   void setCommission( double );
   void setQuantity( int );
   virtual double earnings() const;
   virtual void print() const;
private:
   double salary;                   //基本工资
   double commission;               //销售一件产品的提成
   int quantity;                    //销售总件数
};
```

Commission.cpp:

```
#include "Commission.h"             //销售员类的实现
CCommission::CCommission(
   const char * first,
   const char *last,
   double s,
   double c,
   int q ):CEmployee( first,last )
{
   setSalary( s );
   setCommission( c );
   setQuantity( q );
}
CCommission::~CCommission(){
};

void CCommission::setSalary( double s )
   { salary = s > 0 ? s : 0; }

void CCommission::setCommission(double c )
{ commission = c > 0 ? c : 0; }

void CCommission::setQuantity( int q )
{
   quantity = q > 0 ? q : 0;
}
```

```cpp
double CCommission::earnings() const
   { return salary + commission * quantity;}     //收入为基本工资加销售提成

void CCommission::print() const
 {
   cout << "\nCommission worker: ";
   CEmployee::print();
 }
```
Piece.h: 工人类模块之一，不过工人复杂一点，这是计件工人的继承类
```cpp
#include "Employee.h"                        //计件工类
class CPiece:public CEmployee                 //从CEmployee继承而来
{
public:
    CPiece( const char *, const char *,
    double = 0.0, int = 0);
    virtual ~CPiece();
    void setWage( double );
    void setQuantity( int );
    virtual double earnings() const;
    virtual void print() const;
private:
    double wagePerPiece;                       //生产一件产品的收入
    int quantity;                             //一个月的生产的数量
};
```
Piece.cpp:
```cpp
#include "Piece.h"
// Constructor for class CPiece
 CPiece::CPiece(const char *first,
    const char *last,
    double w,
    int q):CEmployee( first,last ){
  setWage(w);
  setQuantity(q);
}
CPiece::~CPiece(){
};
void CPiece::setWage(double w)                 //工资生产一件产品的收入
{
   wagePerPiece = w > 0 ? w : 0;
}
void CPiece::setQuantity(int q)                //产品数量设定
{
   quantity = q > 0 ? q : 0;
}

double CPiece::earnings() const                //计算计件工的收入
{
   return quantity*wagePerPiece;
}

void CPiece::print() const                     //输出员工名
```

```
{
    cout << "\n Piece worker: ";
    CEmployee::print();                      //调用基类成员函数输出员工名
}
```
Hourly.h: 工人类模块之二, 这是计时工人的继承类
```
#include "Employee.h"
class CHourly:public CEmployee              //计时工类
{
public:
    CHourly( const char *, const char *,
        double = 0.0, double = 0.0);
    virtual ~CHourly();
    void setWage(double );
    void setHours( double );
    virtual double earnings() const;
    virtual void print () const;
private:
    double wage;  // wage per hour
    double hours;  // hours worked for week
};
```
Hourly.cpp:
```
#include "Hourly.h"
 // Constructor for class Hourly
 CHourly::CHourly(const char *first,
    const char *last,
    double w,
    double h):CEmployee( first, last )
{
    setWage(w);
    setHours(h);
}


CHourly::~CHourly(){
};


void CHourly::setWage( double w )
{
    wage = w > 0 ? w : 0;
 }
 // Set the hours worked
 void CHourly::setHours(double h )
{
    hours = h >= 0 && h < 168 ? h : 0;


}
double CHourly::earnings() const
 {
    if (hours<=40)       /
        return wage*hours;
    else
        return 40*wage+(hours-40)*wage*1.5;
 }
```

```cpp
void CHourly::print() const
{
  cout << "\n  Hourly worker: ";
  CEmployee::print();
};
Test.cpp:
#include <iostream>
#include <iomanip>
#include "Employee.h"
#include "Boss.h"
#include "Commission.h"
#include "Piece.h"
#include "Hourly.h"
using namespace std;
//利用多态的动态绑定技术，定义函数，实现对不同对象的访问
void virtualViaPointer( const CEmployee* baseClassPtr )
{
baseClassPtr->print();
  cout <<"earned $"<<baseClassPtr->earnings();
}
//利用多态的动态绑定技术，定义函数，实现对不同对象的访问
void virtualViaReference( const CEmployee& baseClassRef )
{
  baseClassRef.print();
  cout<<" earned $ "<<baseClassRef.earnings();
}
int main(int argc, char* argv[ ])
{
    cout<<setiosflags(ios::fixed|ios::showpoint)<< setprecision(2);

    CBoss b( "John", "Smith", 800.00 );
    b.print();                      //静态绑定
    cout<<"earned $"<<b.earnings();//静态绑定
    virtualViaPointer(&b);          //动态绑定
    virtualViaReference(b);         //动态绑定

    CCommission c( "Sue", "Jones", 200.0, 3.0, 150 );
    c.print();                      //静态绑定
    cout<<"earned $"<<c.earnings();//静态绑定
    virtualViaPointer(&c);          //动态绑定
    virtualViaReference(c);         //动态绑定

    CPiece p( "Bob", "Lewis", 2.5, 200 );
    p.print();                      //静态绑定
    cout<<"earned $"<<p.earnings();//静态绑定
    virtualViaPointer(&p);          //动态绑定
    virtualViaReference(p);         //动态绑定

    CHourly h( "Karen", "Price", 18.75, 40 );
    h.print();                      //静态绑定
    cout<<"earned $"<<h.earnings();//静态绑定
    virtualViaPointer(&h);          //动态绑定
```

```
        virtualViaReference(h);              //动态绑定
        cout<<endl;
        return 0;
};
```

程序的运行结果如下。

```
Boss: John Smithearned $800.00
Boss: John Smithearned $800.00
Boss: John Smith earned $ 800.00
Commission worker: Sue Jonesearned $650.00
Commission worker: Sue Jonesearned $650.00
Commission worker: Sue Jones earned $ 650.00
Piece worker: Bob Lewisearned $500.00
Piece worker: Bob Lewisearned $500.00
Piece worker: Bob Lewis earned $ 500.00
Hourly worker: Karen Priceearned $750.00
Hourly worker: Karen Priceearned $750.00
Hourly worker: Karen Price earned $ 750.00
```

上述程序分别实现了老板、销售员、计件工和小时工不同姓名和薪水的输出，并且展现了静态和动态两种不同的调用方式。从运行结果可以看出多态性的应用非常易于扩充，程序编码效率也很高。

25-5　面向对象还是面向过程

在本章的最后，我还想给读者再讲下面向对象和面向过程。这其实是两种编程思想方法，请读者看完本章慢慢思考。

我的观点是：

只用 C 语言不一定是面向过程，同样，只用 C++ 不一定是面向对象。程序设计思想和程序设计语言无关。

人们认识事物的过程是发展变化的，当出现软件危机时，有大师级人物提出结构化编程的思想方法，任何程序都可以分解成顺序、选择、循环三种结构，这种方法逐步细化问题，直到完全解决问题，从理论上指出了任何问题都是可程序化的。

但是，30 多年过去了，面向过程思想遇到了挑战。

人们挑战一种理论，喜欢用悖论来攻击它，因为这样形象。比如，有人说素数是无限的，于是有人反问，这无限个素数的乘积加一是不是素数呢？

按照面向过程的软件工程的理论，不论问题大小，只要按照这种思路分解下去，应用程序的复杂程度只和应用程序的长度相关。但实际上，稍微有些编程经验的人都知道，编写 100 行代码的程序和编写 1000 行代码、编写 10000 行代码，等等。区别真的非常大。

同样，面向过程分析问题，还不能解决程序设计中的困难。就是当需求变化了，程序需要进化成新程序时，修改起来很难。通过封装继承还有多态，面向对象程序设计则容易得多。而面向对象分析这种由下向上的分析方法。先设定一些基本类，慢慢地进入代码设计，先设计，后代码，可靠性稳定性也强很多。

面向对象依然不能解决很多问题，可能是现实世界太过复杂，没有一种简单的理论可以完全解释模拟它。有时候，无法对一个系统完全抽象，有时候，分析的对象各不相同，有时候，在不同的系统中，同样一个事物有不同的抽象，比如说人……有时候，不能解决多个对象组合成一个新的对象的问题，更何况量的叠加引起质的变化。

总的来说：

面向过程逐步细化，得到的是一个流程图。面向机器。

面向对象分析各个对象的关系，得到的是一个对象状态转化图，有些像电路设计中的时序电路。更像人类行为。

在本书中，面向对象的基本理论讲了很多。这里不再多说，我们看一下分别用两种方法解决一个 ATM 机应用程序编写的问题。

在万事万物皆对象的时代。我思考最多的是，ATM 机取钱这个程序，用面向对象和面向过程来编写，有何区别。

面向过程：

初始化系统。

显示欢迎界面。

然后读取用户账户和密码。

查询还是取钱，还是退出。

如果取钱，请输入金额。

账户扣除金额，然后退出到查询还是取钱，还是退出。

这是完全按照业务流程来处理的。

面向对象：

我可能会设定几个对象：

（1）ATM 机屏显示对象，用来显示，ATM 机上的内容。

（2）账户对象，用来存储账户的 ID，密码，余额。

（3）用户交互对象，用来记录用户的输入，控制流程。

整个程序的运行如下：

系统初始化。

ATM 机屏幕显示欢迎界面。

根据屏幕返回的用户输入，到账户对象中验证是否有账户。

有，就进入用户操作状态。

根据用户选择，操作：整个系统在显示余额，或者，取钱状态。

然后退回到等待用户操作的状态。

整个系统，就变成了状态触发器。用户的输入，成为触发系统状态改变的关键。而不是固定的流程。

面向对象开发的优势是程序进化中的优势：比如，当系统添加取钱取固定金额（500 或者 1000 元）界面的时候，只需要修改一个状态即可。相对而言，面向过程的编码，改变更大一些。

而且这种基于类和对象的代码写法，使数据的操作和界面显示完全分离，为代码的修改、程序逻辑的简化带来了一定的好处。当代码继续生长时，程序更容易演化和可以控制，方便程序员读/写。

通过上面的案例，亲爱的读者，你能体会到面向对象程序设计思想和面向过程有何不同了吗？你能分别体会到它们的精华吗？

通过类的继承，还有多态性的使用，才可能达到 C++程序设计的第三个台阶，面向对象的程序设计。前两个台阶是基于过程和基于对象。对面向对象程序设计有如下的总结，希望读者在学习和程序开发提高自己水平过程中不断体会。

面向对象技术是目前流行的系统设计开发技术，它包括面向对象分析和面向对象程序设计。面向对象程序设计技术的提出，主要是为解决传统程序设计方法——结构化程序设计所不能解决的代码重用问题。

结构化程序设计从系统的功能入手，按照工程的标准和严格的规范将系统分解为若干功能模块，系统是实现模块功能的函数和过程的集合。由于用户的需求和软、硬件技术的不断发展变化，按照功能划分设计的系统模块必然是易变和不稳定的。这样开发出来的模块可重用性不高。

面向对象程序设计从所处理的数据入手，以数据为中心而不是以服务（功能）为中心来描述系统。它把编程问题视为一个数据集合，数据相对于功能而言，具有更强的稳定性。

面向对象程序设计同结构化程序设计相比最大的区别就在于：前者首先关心的是所要处理的数据，后者首先关心的是功能。

面向对象程序设计是一种围绕真实世界的概念来组织模型的程序设计方法，它采用对象来描述问题空间的实体。关于对象这一概念，目前还没有统一的定义。一般的认为，对象是包含现实世界物体特征的抽象实体，它反映了系统为之保存信息和（或）与它交互的能力。它是一些属性及服务的一个封装体，在程序设计领域，可以用"对象=数据+作用于这些数据上的操作"这一公式来表达。

类是具有相同操作功能和相同的数据格式（属性）的对象的集合。类可以看作抽象数据类型的具体实现。抽象数据类型是数据类型抽象的表示形式。数据类型是指数据的集合和作用于其上操作的集合，而抽象数据类型不关心操作实现的细节。从外部看，类型的行为可以用新定义的操作加以规定。类为对象集合的抽象，它规定了这些对象的公共属性和方法；对象为类的一个实例。苹果是一个类，而放在桌上的那个苹果则是一个对象。对象和类的关系相当于一般的程序设计语言中变量和变量类型的关系。

消息是向某对象请求服务的一种表达方式。对象内有方法和数据，外部的用户或对象对该对象提出服务请求，可以称为向该对象发送消息。合作是指两个对象之间共同承担责任和分工。

面向对象的编程方法有四个基本特征：

1．抽象：抽象就是忽略一个主题中与当前目标无关的那些方面，以便更充分地注意与当前目标有关的方面。抽象并不打算了解全部问题，而只选择其中的一部分，暂时不用部分细节。比如，要设计一个学生成绩管理系统，考查学生这个对象时，只关心他的班级、学号、成绩等，不用去关心他的身高、体重这些信息。抽象包括两个方面，一是过程抽象，二是数据抽象。过程抽象是指任何一个明确定义功能的操作都可被使用者看作单个的实体，尽管这个操作实际上可能由一系列更低级的操作来完成。数据抽象定义了数据类型和施加于该类型对象上的操作，并限定对象的值只能通过使用这些操作修改和观察。

2．继承：继承是一种联结类的层次模型，并且允许和鼓励类的重用，它提供了一种明确表述共性的方法。对象的一个新类可以从现有的类中派生，这个过程称为类继承。新类继承了原始类的特性，新类称为原始类的派生类（子类），而原始类称为新类的基类（父类）。派生类可以从它的基类那里继承方法和实例变量，并且类可以修改或增加新的方法使之更适合特殊的需要。这也体现了大自然中一般与特殊的关系。继承性很好地解决了软件的可重用性问题。比如说，所有 Windows 应用程序都有一个窗口，它们可以看作都是从一个窗口类派生出来的。但是有的应用程序用于文字处理，有的应用程序用于绘图，这是由于派生出了不同的子类，各个子类添加不同的特性。

3．封装：封装是面向对象的特征之一，是对象和类概念的主要特性。封装是把过程和数据包围起来，对数据的访问只能通过已定义的界面。面向对象计算始于这个基本概念，即现实世界可以被描绘成一系列完全自治、封装的对象，这些对象通过一个受保护的接口访问其他对象。一旦定义了一个对象的特性，有必要决定这些特性的可见性，即哪些特性对外部世界是可见的，哪些特性用于表示内部状态。在这个阶段定义对象的接口。通常，应禁止直接访问一个对象的实际表示，通过操作接口访问对象，称为信息隐藏。事实上，信息隐藏是用户对封装性的认识，封装为信息隐藏提供支持。封装保证了模块具有较好的独立性，使得程序维护修改较为容易。对应用程序的修改仅限于类的内部，因而可以将应用程序修改带来的影响降到最低限度。

4．多态性：多态性是指允许不同类的对象对同一消息做出响应。比如同样的加法，把两个时间加在一起和把两个整数加在一起肯定完全不同。又比如，同样的选择编辑—粘贴操作，在字处理程序和绘图程序中有不同的效果。多态性包括参数化多态性和包含多态性。多态性语言具有灵活、抽象、行为共享、代码共享的优势，很好地解决了应用程序函数同名问题。

面向对象程序设计具有许多优点：开发时间短，效率高，可靠性高，所开发的程序更强壮。由于面向对象编程的可重用性，可以在应用程序中大量采用成熟的类库，从而缩短开发时间。应用程序更易于维护、更新和升级。继承和封装使应用程序的修改带来的影响更加局部化。

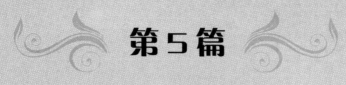

第5篇
以 C++为母语

　　以 C++为母语有两层含义：一个是学习一些其他计算机知识领域，然后能应用，比如你学习了 Windows 内核 API 或 MFC 的相关知识，就能开发出 Windows 的 GUI 程序，甚至能用好 Deiphi，比如你学习网络技术相关知识，就能开发出网络应用工具。另外，你在掌握 C++语言的基础上，还能快速学会和 C++相似度很高的 Java 和 C#，当然了，其他程序设计语言，也很容易上手。

　　本篇分别讲解了一个网络工具的开发过程，还有 C#语言的学习过程，限于本书篇幅，Java、PHP、ASP，大家去找一些资料自己学习！有了本书的基础，相信你会学得很快。

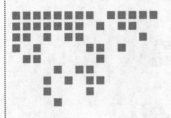

Chapter 26 | 第 26 章

网络工具 Ping 的功能实现

黑客入侵的第一步就是网络扫描探测，以获取到对方操作系统及其版本号，开启了哪些网络应用及版本号，这些系统或应用存在哪些漏洞，并根据这些漏洞进一步发起攻击。那么，如何进行网络探测呢？由于其中的原理较为复杂，我们先从最简单的探测方法入手，这也是本章的主题——ping，它是网络工程师使用频率非常高的命令。本章我们就一起来学习如何使用它，实现原理及如何实现。

26-1 Windows 下命令行：Ping 命令

Ping 的全称是"Packet Internet Groper"（数据包因特网探测器）或者"Packet Inter-Network Groper"（Internet 网络包探测器）。Ping 命令用于检测与某个目标主机之间的网络连接性、可达性和名称解析。它的底层是基于网际控制报文协议 ICMP（Internet Control Message Protocol），通过发送一系列回显请求（echo request）消息给对方主机，然后捕获对方主机返回的相应回显应答（echo reply）来验证与另一台计算机的连接状态和其他辅助功能，并提供关于数据丢失的统计报告。注意，出于网络安全考虑，一些主机关闭了 ICMP 回显应答，这样一台主机的可达性就不能简单通过 Ping 来确定了。

在 Windows 操作系统中，用户在控制台下采取如图 26-1 所示的方式执行 Ping 命令，检测本机与远端主机的连接情况及分析网络速度，图 26-1 中表示本机发送了四个 ICMP 包并收到了远端主机的四个应答，最后的报告统计了收发包数量和丢包率以及整个操作花费的时间情况。

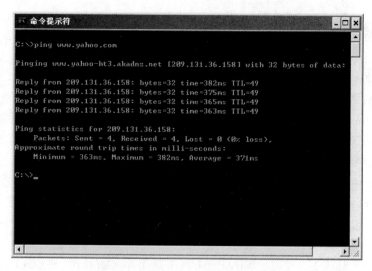

图 26-1　Windows 下执行 Ping 命令

Ping 命令格式如下：

ping [**-t**] [**-a**] [**-n** Count] [**-l** Size] [**-f**] [**-i** TTL] [**-v** TOS] [**-r** Count] [**-s** Count] [{**-j** HostList | **-k** HostList}] [**-w** Timeout] [TargetName]

主要参数功能见表 26-1。

表 26-1　ping 命令主要参数功能

参数名称	功　能
-t	要求 ping 持续发送回显请求信息到目的地直到用户手动中断（CTRL-C）命令执行。中断后会显示统计信息。
-a	设定可以对目的地 IP 地址进行反向名称解析。如果解析成功，执行结果将显示该 IP 相应的主机名。如：ping -a 192.168.1.1。
-n Count	设定 Ping 命令发送回显请求消息的次数。默认值为 4。
-lSize	设定发送消息中"数据"字段的长度（以字节表示）。默认值 32。size 的最大值是 65527。也可以用于测试网络对数据包分片效果。
-f	要求发送的请求带有"不要拆分"标志。这样请求路径上的路由器不能对请求包进行拆分。可用于检测并解决"路径最大传输单位（PMTU）"的故障。
-i TTL	设定发送请求消息的生存时间 TTL（Time To Live）。默认值是主机的默认 TTL值。对于 Windows XP 主机，该值一般是 128。TTL 的最大值是 255。
-w Timeout	指定等待相应回显应答消息响应的时间（以微秒计），如果在超时时间内未接收到回响应答消息，将会显示"请求超时"的错误消息。默认的超时时间为 4000（4 秒）。

其他设置 TOS（Type Of Service），设置路由路径中的主机列表等参数请参考 Microsoft Windows 系统帮助或其网站相关帮助。

Ping 的返回信息有 Request Timed Out、Destination Net Unreachable 和 Bad IP address 还有 Source quench received。

26-2　网络数据翻译官：Wireshark 数据包分析

在介绍 Ping 原理之前，给大家介绍一款网络数据包分析软件 Wireshark，该软件可将捕获到的各种协议的网络二进制数据流翻译为人们容易读懂和理解的文字和图表等形式，以方便读者更好地理解 Ping 的实现。Wireshark 在 Windows 下使用 WinPcap 实现网络发包抓包功能。而 WinPcap 是在驱动层，确切地说是一个 NDIS 的协议层驱动来实现这一功能的。在这里限于篇幅不再介绍更多，如果您需要进一步了解这方面的原理性知识，可以从原始套接字（Raw Socket）入手，在网卡的混杂模式下 sniffer；如果读者对 WinPcap 的驱动感兴趣，可以学习DDK 或 WDK 中的 passthru 的范例程序；如果读者是想发送或嗅探网络数据包，可以直接学习使用 WinPcap，它的 Wpcap.dll 可直接实现读者需要的功能，当然需要安装 WinPcap（开源免费的）。

在安装完 Wireshark 后，启动 Wireshark，选择菜单 Capture → Options...，如图 26-2 所示。

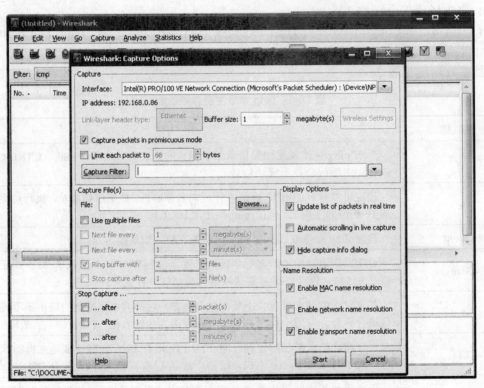

图 26-2　启动 Wireshark

在 Interface 中选择您的网卡，单击"start"按钮开始跟踪。在主界面的"Filter"输入框中输入"icmp"，按回车键后如图 26-3 所示。

在命令行上执行：

```
C:\>ping www.yahoo.com
```

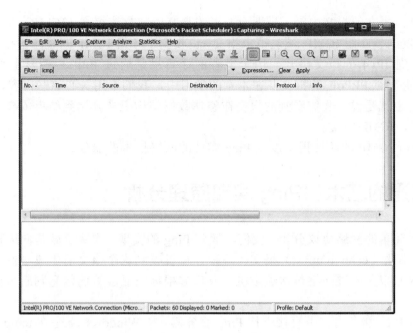

图 26-3　输入"icmp"并回车后界面

注意，我们不要在命令行 ping 127.0.0.1 或本机 IP 地址，因为这些信息都不会传输到 NDIS 驱动层，所以也看不到输出。下面假设您的网络与 Internet 是连通的，可以看到类似图 26-4 所示的内容。

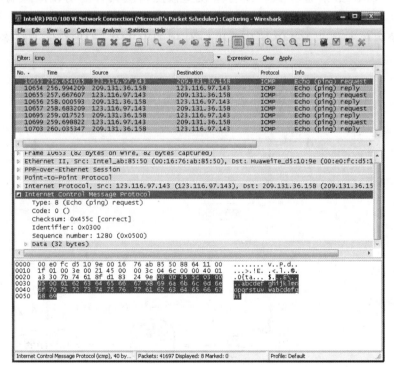

图 26-4　输出信息

在 Info 一栏中可以看到"Echo (ping) request"包就是下面要介绍的 ICMP 回显请求报文，而"Echo (ping) replay"就是 ICMP 回显应答报文。高亮显示部分"Internet Control Message protocol"就是该报文的报文内容，最下面一栏的高亮内容为该报文（ICMP）的具体二进制信息。ping 一共发送了 4 组 ICMP 回显请求报文，也收到了 4 组 ICMP 回显应答报文。从图 26-4 我们也可以看到 IPv4 的报文格式。由于笔者的计算机是通过 PPPoE 拨号上网的，所以在图 26-4 中还能看到 PPPoE 的报文，在本章的学习中，我们不用关心这些内容，忽略 PPPoE 和 PPP 报文。也就是说，我们看到的报文在整体数据结构上从开始到结束依次为：以太网报文，IPv4 报文，ICMP 报文。

下面来分析 ICMP 的两种报文以及 Ping 实现的网络技术的原理。

26-3 沟通的艺术：Ping 实现原理分析

通过 26-2 简单的网络协议分析，我们了解到 Ping 的实现，实际上就是向远程主机发送一份 ICMP 回显请求（echo request）报文，远程计算机收到这个报文后生成一份 ICMP 回显应答（echo reply）报文通过网络传送给主机。发送方根据回显应答的信息判断与目标方的网络状态。

大多数 TCP/IP 都在内核中直接支持 Ping 服务器，在 Windows 下是在 tcpip.sys/tcpip6.sys 中实现的。关于 ICMP 的规范请参考 RFC 792[Posterl 1981b]。

26-3-1 互联网通信原理

Ping 发送的 ICMP 数据通过 TCP/IP 分层模型按照每层具体的协议从源端发送到目的端，数据包在源端从上到下逐级封包，目的端从下到上逐级解包，目的端不是一个软件或用户，而是在目的系统内核实现的 ICMP 服务，Ping 使用的 ICMP 与 IP 都位于网络层，如图 26-5 所示。

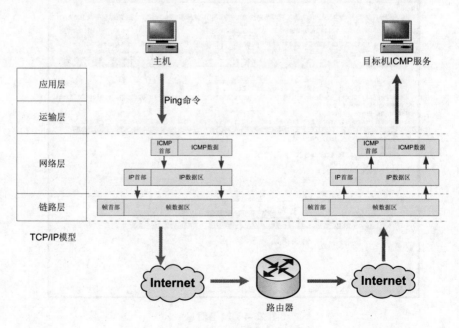

图 26-5 Ping 通信原理

26-3-2　网际控制报文协议介绍

　　Ping 使用的网际控制报文协议 ICMP 是 IP 协议的一部分，ICMP 是一种使不同主机之间能够传递简单信息的协议，协议设计的目的是用于让互联网中的路由器报告一些意外或错误的情况并提供两台终端机器之间的 ICMP 通信。

　　网际控制报文协议除了使 Ping 能够测试目的端的可达性与状态外，还能够用于缓解网络拥塞，优化网络路由以及监测循环或路由过长等问题。

　　ICMP 有多种消息类型，它们的前三个字段是相同的，包括一个 8 比特的整数表示类型（TYPE），一个 8 比特代码（CODE）表示类型的进一步信息，一个 16 比特的检验和（CHECKSUM）字段来保证传输的完成性。图 26-6 是 Ping 主要使用的 ICMP 回显请求和回显应答的数据格式：

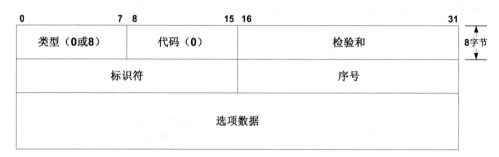

图 26-6　ICMP 消息格式

　　根据上面的格式，我们来看一下上节中抓的包的内容。

　　首先，我们来看一下 ICMP 的回显请求报文，"类型（Type）"字段为 8，表示这是一个回显请求报文；"代码（Code）"为 0；"检验和（Checksum）"为 0x455c [Correct]；"标识符（Identifier）"为 0x300；"序号（Sequence number）"为 1280 (0x500)；"数据（Data）"为 "abcdefghijklmnopqrstuvwabcdefghi" 32 个字符。接下来，我们来看一下该报文的回显应答报文，可以发现，除去"类型（Type）"字段为 0，"检验和（Checksum）"发生变化之外，其他字段没有变化。我们再看一下其他三个回显请求报文，发现只有"检验和（Checksum）"和"序号（Sequence number）"两个字段不一样。

　　通过上面的分析，可知，只要我们构造好回显请求报文，并将这些报文发送到目标主机等待接收回显应答报文即可。那么，我们如何来构造、发送以及接收这些报文呢？在接下来内容中我们就来共同学习 Windows 下的网络编程技术。

26-4　利用系统 API：Windows 网络编程技术

　　Windows 下的网络编程技术主要包括三个方面：传统 API、远程访问服务 RAS（Remote Access Service) API 和套接字（Socket）API。

　　（1）传统 API 主要针对传统的网络接口如 NetBIOS、命名管道等相关技术的编程。

　　（2）远程连接服务 RAS API 是用来开发使用户从一个地点远程连接到另一个网络中的技术，RAS 客户端通常利用连接了电话线的调制解调器通过远程拨号的方式呼叫远程计算机。

　　（3）Ping 程序主要使用了网络编程技术中的套接字 API，因此着重介绍 Windows 套接字编程技术。

套接字 API 为使用者提供了一个与协议无关的通用接口。一个套接字代表通信的一端，是指向传输提供者的句柄。一个正在被使用的套接字都有它的类型和与其相关的进程，在 Windows 上目前主要使用三种套接字，即流套接字，数据报套接字和原始套接字。

- 流套接字提供了双向的、有序的、可靠的、无重复并且无记录边界的数据流服务，主要用于 TCP 协议，流套接字编程方式如图 26-7 所示。
- 数据报套接字支持双向的数据流，但并不保证是可靠、有序、无重复的，也就是说，一个从数据报套接字接收信息的进程有可能发现信息重复了，或者和发出时的顺序不同，主要用于 UDP 协议，数据报套接字编程方式如图 26-8 所示。
- 原始套接字是一种更底层的机制，可以使用户对底层传输机制加以控制对网络包的数据项进行定制，因为会带来系统的安全隐患，所以在 Windows 下只有具有系统管理员权限的用户才能使用。

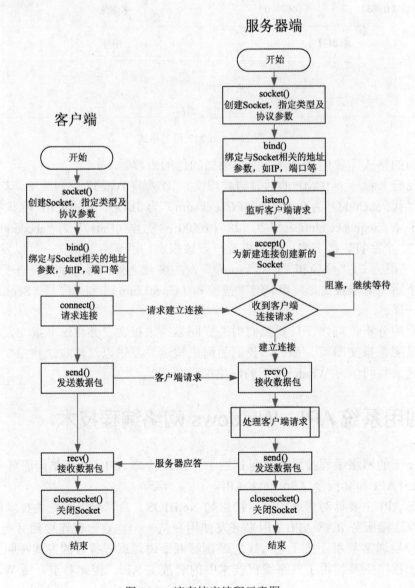

图 26-7　流套接字编程示意图

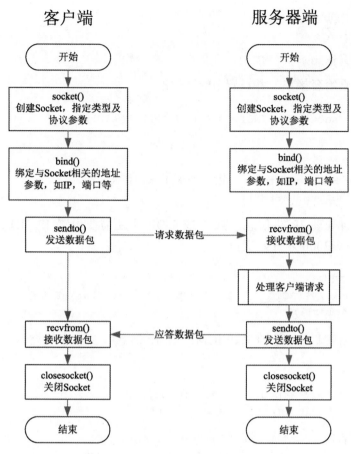

图 26-8　数据报套接字编程示意图

从图 26-5 Ping 通信原理可以看出，Ping 程序使用的 ICMP 协议（位于网络层）属于比 TCP/UDP（位于运输层）更底层的协议，因此必须使用原始套接字来实现。

在 Windows 上通过原始套接字可以接收和发送 ICMP 或 IGMP 包。在网络上，关于原始套接字用途最多的莫过于把网卡设置在混杂模式下进行 sniffer。如果您还使用的是 HUB（集线器）而不是交换机来构建局域网，把网卡设置成混杂模式后将能窃听到基本上所有局域网内的通信信息，这样，作为网管员就可以监控到你的同事（如果和您在连接在同一 HUB 上）当前正在访问那些网站乃至于他和别人的聊天信息。这时如果您回顾笔者前面介绍的 Wireshark，它使用的是 WinPcap 来抓包而不是使用原始套接字，为什么呢？其实，原始套接字工作在网络层，而 NDIS 驱动工作在数据链路层，它能够抓到非 IP 包，比如以太包。反过来，原始套接字只能抓到 IP 报文，对于非 IP 报文，原始套接字就无能为力了。这么说是使用原始套接字的用途就不大了吗？答案当然是否定的，毕竟 NDIS 是写驱动程序，开发难度较大，使用原始套接字是工作在网络层，调试等都非常方便。

使用原始套接字的基本流程与数据报套接字客户端的流程类似，见图 26-8 数据报套接字编程示意图，只是在创建套接字的时候必须指定套接字类型为 SOCK_RAW 并设定相应的协议参数，如：IPPROTO_ICMP 或 IPPROTO_IGMP，IPPROTO_TCP，IPPROTO_RAW。如：

```
m_hMySocket = WSASocket (AF_INET, SOCK_RAW, IPPROTO_ICMP, NULL, 0,
                WSA_FLAG_OVERLAPPED);
```

那么如何使用 Raw Socket 呢？

1. 发送数据

发送数据的一般步骤为：

（1）创建一个原始套接字，并设置 IP 头选项

```
SOCKET sock = socket(AF_INET,SOCK_RAW,IPPROTO_IP);
```

或者

```
SOCKET sock = WSASoccket(AF_INET,SOCK_RAW,IPPROTO_IP,
NULL,0,WSA_FLAG_OVERLAPPED);
```

如果想自己亲自处理 IP 头信息，TCP 或 UDP 头还需要设置 IP_HDRINCL 套接字选项
（Windows 从 Windows2000 才开始支持）

```
BOOL blnFlag=TRUE;
setsockopt(sock, IPPROTO_IP, IP_HDRINCL, (char *)&blnFlag,
    sizeof(blnFlag));
```

（2）构造 IP 头信息，实现 TCP/IP/ICMP/IGMP 信息头及内容填充。

（3）发送数据

```
sendto(sock, (char*)&ipbuf, sizeof(ipbuf), 0,
    (sockaddr*)&addr_in,sizeof(addr_in));
```

（4）关闭套接字

```
    closesocket(sock);
```

2. 接收数据

接收数据的一般步骤为：

（1）创建一个原始套接字，并设置 IP 头选项

```
SOCKET sock = socket(AF_INET,SOCK_RAW,IPPROTO_IP);
```

或者

```
SOCKET sock = WSASoccket(AF_INET,SOCK_RAW,IPPROTO_IP,
NULL,0,WSA_FLAG_OVERLAPPED);
```

如果想接收所有数据 IP 报文，需要设置 SIO_RCVALL

```
DWORD lpvBuffer = 1;
DWORD lpcbBytesReturned = 0 ;
WSAIoctl(sock, SIO_RCVALL, &lpvBuffer, sizeof(lpvBuffer),
NULL, 0, & lpcbBytesReturned, NULL, NULL);
```

（2）接收数据

```
recv(sock, RecvBuf, BUFFER_SIZE, 0); //接收任意数据包
```

或者

```
recvfrom(sock, RecvBuf, BUFFER_SIZE, 0,
(sockaddr*)&addr_in,sizeof(addr_in));
```

（3）解析接收数据

（4）关闭套接字

```
closesocket(sock);
```

注意：使用 windows socket 在程序中不仅需要链接 Ws2_32.lib，还需要初始化，完成后还需要调用 WSACleanup，如下所示：

（1）初始化 Winsock DLL

```
    WSADATA WSAData;
if (WSAStartup(MAKEWORD(2,2), &WSAData)!=0)
{
 printf("WSAStartup 错误!\n");
    return false;
}
```

（2）结束使用 Winsock DLL

```
WSACleanup();
```

26-5　编程模拟实现 Ping 命令

通过前面几节的学习，相信读者已经对 Ping 的功能和实现原理有了初步的认识。在实现程序之前，我们思考一下如何实现 MyPing 呢？

26-5-1　先梳理程序设计思路

为了使程序更为清晰，不妨将程序分为三大块，rawsocket 操作、icmp 协议相关的操作、总体调度。

程序使用 C 实现，主要数据结构包括：

IpHeader 和 IcmpHeader 两个数据类型按照 IP 和 ICMP 协议标准定义了协议头的每个字段，从而使程序可以对协议的字段进行设置，例如设置 ICMP 数据包的类型、包大小等。

IpOption 是 windows 定义的数据结构，用于设置原始套接字的属性，如设置记录路由等，更详尽的使用方法读者可以结合本文附带的源代码参考微软公司的 MSDN 帮助文档。

26-5-2　整体的执行流程

其实，从上文的分析可以看出，整体的执行流程是发送一个 ICMP 回显请求报文，然后等待 ICMP 回显应答报文，如图 26-9 所示。

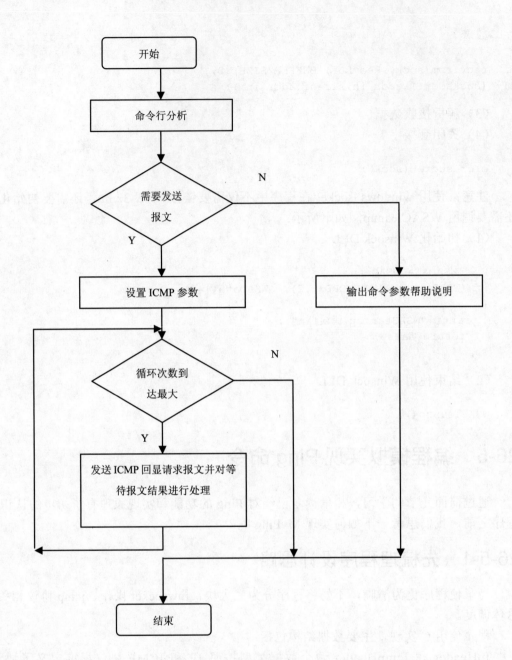

图 26-9　执行流程图

这部分的主要代码如下：

```
    //实例化类CICMPProtocol
CICMPProtocol icmp;
    //初始化参数：pTargetName 为目标地址，bRecordRoute为是否记录路由
    icmp.Init(pTargetName, bRecordRoute);

    //如果需要设置发送ICMP包内容大小，则设置缓存
    if (iSendBufSize > 0)
    {
        icmp.SetSendIcmpBuffSize(iSendBufSize);
    }
```

```
//控制发送ICMP回显请求报文次数
for (int j=0; j<iIcmpNumber; j++)
{
    //发送ICMP回显请求报文并对等待报文结果进行处理
    icmp.SendRecvICMPPacket();
}
```

26-5-3　关键代码的解析

通过上面主要流程的分析以后，我相信大家肯定希望能看到"发送 ICMP 回显请求报文并对等待报文结果进行处理"部分的详细流程，即关键类 CICMPProtocol 的函数 SendRecvICMPPacket，即上文中的：

```
icmp.SendRecvICMPPacket();
```

下面来详细分析该流程，如图 26-10 所示。

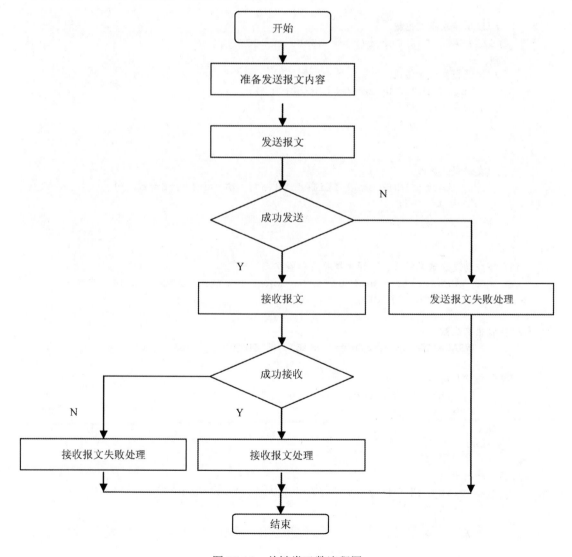

图 26-10　关键类函数流程图

这个流程的确非常简单，下面来共同看一下这部分的代码：

```
//将收发内存清0
memset(m_cpSendBuffer, 0, ICMP_MAX_LENGTH);
memset(m_cpRecvBuffer, 0, ICMP_MAX_LENGTH);

//准备发送报文内容
AssemblePacket();//基本项赋值
IcmpHeader* pHeader = (IcmpHeader*)m_cpSendBuffer;
pHeader->uLTimeStamp = GetTickCount();//时间戳
pHeader->usSeq = m_iSequenceNum++;//序列号
//计算CHECKSUM
pHeader->usChecksum = GetCheckSum((USHORT*)m_cpSendBuffer);
//准备发送报文内容完毕，下面是发送报文部分
int ret = m_pRawSocket->SendBuffer(m_cpSendBuffer,
  ICMP_NORMAL_LENGTH);
if(ret == SOCKET_ERROR)
{
    //发送请求报文出错
    if(WSAGetLastError() == WSAETIMEDOUT)
    {
    //发送报文超时错误
        printf("ICMP send time out\n");
        return -1;
    }
    else
    {
    //发送报文失败
        printf("ICMP send failed %d\n", WSAGetLastError());
        return -2;
    }
}

    //成功发送请求报文，下面去接收应答报文
ret = m_pRawSocket->RecvBuffer(m_cpRecvBuffer, ICMP_MAX_LENGTH);
if(ret == SOCKET_ERROR)
{
//接收报文失败
    if(WSAGetLastError() == WSAETIMEDOUT)
    {
//接收报文超时
        printf("ICMP recv time out\n");
        return -1;
    }
    else
    {
//接收报文失败
        printf("ICMP recv failed %d\n", WSAGetLastError());
        return -2;
    }
}
```

```
    //分析接收到的报文，并输出结果
    ParsePacket(ret);
    Sleep(100);
    return 0;
```

通过上面关键代码的流程及代码分析，我们看到，重要的函数依次有：

```
//准备发送报文内容的基本项填充
int CICMPProtocol::AssemblePacket()
{
    //获取报文指针
    IcmpHeader* pHeader = (IcmpHeader*)m_cpSendBuffer;
    pHeader->Type = ECHO;//类型赋值
    pHeader->Code = 0; //代码赋值
    pHeader->usId = (USHORT)GetCurrentProcessId(); //进程ID赋值
    pHeader->usChecksum = 0; //由于计算checksum需要，初始化为0
    pHeader->usSeq = 0; //默认SN赋值，还会更新

    //ICMP携带的数据内容填充
    char* pData = m_cpSendBuffer + sizeof(IcmpHeader);
    memset(pData, 'X', m_iIcmpPackSize-sizeof(IcmpHeader));
    return 0;
}


//分析接收到的报文
int CICMPProtocol::ParsePacket(int iBufLen)
{
    //获取IP头指针
    IpHeader* pIpHeader = NULL;
    pIpHeader = (IpHeader*)m_cpRecvBuffer;
    unsigned short uIpHeaderLen;
    uIpHeaderLen = pIpHeader->iLen * 4;
    if ((uIpHeaderLen == IP_MAX_LENGTH) && (!m_iIcmpPackCount))
    {
        //选项信息
        IpOption* pIpOption = (IpOption*)(m_cpRecvBuffer + 20);
        IN_ADDR address;
        printf("Record route: ");
        for (int i = 0; i< (pIpOption->cPtr / 4) - 1; i++)
        {
            //选项路由信息
            address.S_un.S_addr = pIpOption->lAddr[i];
            if (i != 0)
            {
                printf("            ");
            }
            printf("(%-15s)\n", inet_ntoa(address));
        }
    }

    if (iBufLen < uIpHeaderLen + ICMP_MIN)
    {
```

```
        //接收到的数据内容过少
            printf("Recv data is too few\n");
        }

        //获取到ICMP头指针
        IcmpHeader* pIcmpHeader = (IcmpHeader*)(m_cpRecvBuffer +
                                  uIpHeaderLen);
        //确认是回显应答报文
        if (pIcmpHeader->Type != ECHOREPLY)
        {
            printf("Recv icmp type error\n");
            return -1;
        }

        //确认是对发送的请求回显应答报文的应答报文
        if (pIcmpHeader->usId != (USHORT) GetCurrentProcessId())
        {
            //这样才能支持多个PING同时运行
            printf("Recv packet id error\n");
            return -2;
        }
        //分析时间戳
        DWORD dwCurrentTime = GetTickCount();
        printf("Reply from %s: bytes=%d time=%dtick ",
            inet_ntoa(m_pRawSocket->GetFromAddress().sin_addr),
            iBufLen,
            dwCurrentTime - pIcmpHeader->uLTimeStamp);
        //输出SN字段
        printf("icmp number=%d\n", pIcmpHeader->usSeq);
        m_iIcmpPackCount++;
        return 0;
    }
```

通过对上面关键代码的解析以后，可以发现，这些流程主要集中在类 CICMPProtocol 中，那么 CICMPProtocol 如何实例化 CRawSocket 的呢？接下来，再从使用 CRawSocket 的角度来分析。

在主要流程分析中注意到以下代码：

```
CICMPProtocol icmp;
icmp.Init(pTargetName, bRecordRoute);
```

这部分代码是完成初始化 CICMPProtocol 动作的。下面先来分析一下这部分代码：

```
int CICMPProtocol::Init(char* cpToAddress, BOOL bIsRecordRoute,
                        int iTimeOut)
{
//处理该函数被多次调用
if(m_cpSendBuffer)HeapFree(GetProcessHeap(), 0, m_cpSendBuffer);
    if(m_cpRecvBuffer)HeapFree(GetProcessHeap(), 0, m_cpRecvBuffer);
if(m_pRawSocket)    delete m_pRawSocket;
m_cpSendBuffer=NULL;
```

```
m_cpRecvBuffer =NULL;
m_pRawSocket =NULL;

    //实例化类CRawSocket
    m_pRawSocket = new CRawSocket();
    if (NULL == m_pRawSocket)
    {
        return -1;
    }
    //初始化CRawSocket
    m_pRawSocket->Init();
    //设置是否记录路由
    m_pRawSocket->SetIsRecordRoute(bIsRecordRoute);
    //设置超时
    m_pRawSocket->SetSocketTimeOut(iTimeOut);
    //设置目的地址
    m_pRawSocket->SetToAddress(cpToAddress);
    //分配发送内存
    m_cpSendBuffer = (char*)HeapAlloc(GetProcessHeap(),
        HEAP_ZERO_MEMORY, ICMP_MAX_LENGTH);
    //分配接收内存
    m_cpRecvBuffer = (char*)HeapAlloc(GetProcessHeap(),
        HEAP_ZERO_MEMORY, ICMP_MAX_LENGTH);
    if (NULL == m_cpSendBuffer || NULL == m_cpRecvBuffer)
    {
        return -1;
    }
    return 0;
}
```

通过这样实例化类 CRawSocket 后,再调用类 CRawSocket 的收发函数来接收和发送 ICMP 报文信息。代码如下:

```
//准备发送报文内容完毕, 下面是发送报文部分
int ret = m_pRawSocket->SendBuffer(m_cpSendBuffer,
    ICMP_NORMAL_LENGTH);

//成功发送请求报文, 下面去接收应答报文
ret = m_pRawSocket->RecvBuffer(m_cpRecvBuffer, ICMP_MAX_LENGTH);
```

使用完成以后, 在最后释放该实例, 代码如下:

```
CICMPProtocol::~CICMPProtocol()
{
//释放分配内存
if(m_cpSendBuffer)HeapFree(GetProcessHeap(), 0, m_cpSendBuffer);
if(m_cpRecvBuffer)HeapFree(GetProcessHeap(), 0, m_cpRecvBuffer);
//释放m_pRawSocket实例
if(m_pRawSocket)    delete m_pRawSocket;
m_cpSendBuffer=NULL;
m_cpRecvBuffer =NULL;
m_pRawSocket =NULL;
```

```
    }
```

通过上面的分析我们知道，最关键的函数有三个，分别是初始化、发送、接收。注意，rawsocket 和 ICMP 是没有任何关系的，它关心的是 IP 报文。

```cpp
//初始化部分
int CRawSocket::Init()
{
    //Winsock初始化，如果您学习了SPI会对此有更深地理解
    WSADATA tmpData;
    if (WSAStartup(MAKEWORD(2, 2), &tmpData) != 0)
    {
        printf("WSAStartup initialize failed with error %d\n",
            WSAGetLastError());
        return -1;
    }
//rawsocket实例化
    m_MyRawSocket = WSASocket (AF_INET, SOCK_RAW, IPPROTO_ICMP, NULL, 0,
                    WSA_FLAG_OVERLAPPED);
    if (INVALID_SOCKET == m_MyRawSocket)
    {
        //错误处理
        printf("WSASocket initialize failed with error %d\n",
            WSAGetLastError());
        return -2;
    }
    return 0;
}


//发送报文部分
int CRawSocket::SendBuffer(char* cpBuffer, int iBufferSize)
{
    //发送IP报文
    int ret = sendto(m_MyRawSocket, cpBuffer, iBufferSize, 0,
                (struct sockaddr*)&m_ToAddress, sizeof(m_ToAddress));
    if (ret == SOCKET_ERROR)
    {
    //错误处理部分
        if (WSAGetLastError() == WSAETIMEDOUT)
        {
            printf("Raw socket send buffer time out\n");
            return -1;
        }
        else
        {
            printf("Raw socket send buffer with error %d\n",
             WSAGetLastError());
            return -2;
        }
    }
    printf("Raw socket send %d bytes ok\n", ret);
    return 0;
```

```
}

//接收报文部分
int CRawSocket::RecvBuffer(char* cpBuffer, int iBufferSize)
{
int len= sizeof(m_FromAddress);
//接收报文
    int ret = recvfrom(m_MyRawSocket, cpBuffer, iBufferSize, 0,
                (struct sockaddr*)&m_FromAddress, &len);
    if (ret == SOCKET_ERROR)
{
    //错误处理部分
        if (WSAGetLastError() == WSAETIMEDOUT)
        {
            printf("Raw socket recv buffer time out\n");
            return -1;
        }
        else
        {
            printf("Raw socket recv buffer with error %d\n",
            WSAGetLastError());
            return -2;
        }
    }
    printf("Raw socket recv %d bytes ok\n", ret);
    return ret;
}
```

可能还会注意到，rawsocket 中需要设置超时、路由等信息，它是怎么实现的呢？其实最关键的 API 函数就是 setsockopt。下面来分析一下这部分代码。

```
//超时选项
int CRawSocket::SetSocketTimeOut(int iTimeOut)
{
//设置接收报文超时
    int ret = setsockopt(m_MyRawSocket, SOL_SOCKET, SO_RCVTIMEO,
            (char*)&iTimeOut, sizeof(iTimeOut));
    if(ret == SOCKET_ERROR)
    {
        printf("Set SO_RCVTIMEO failed with error %d\n",
                WSAGetLastError());
        return ret;
}
//设置发送报文超时
    ret = setsockopt(m_MyRawSocket, SOL_SOCKET, SO_SNDTIMEO,
            (char*)&iTimeOut, sizeof(iTimeOut));
    if(ret == SOCKET_ERROR)
    {
        printf("Set SO_SNDTIMEO failed with error %d\n",
                WSAGetLastError());
        return ret;
    }
```

```
        return 0;
    }

    //设置记录路由选项
    int CRawSocket::SetIsRecordRoute(BOOL bRecordRoute)
    {
        if (!bRecordRoute)
            return 0;
        #define IP_RECORD_ROUTE 0x7
        ZeroMemory(&m_MyOption, sizeof(m_MyOption));
        m_MyOption.cCode = IP_RECORD_ROUTE;
        m_MyOption.cPtr  = 4;
        m_MyOption.cLen  = 39;

        int ret = setsockopt(m_MyRawSocket, IPPROTO_IP, IP_OPTIONS,
                        (char *)&m_MyOption, sizeof(m_MyOption));
        if (ret == SOCKET_ERROR)
        {
            printf("Set IP_OPTIONS failed with error %d\n",
                WSAGetLastError());
            return ret;
        }
        return 0;
    }
```

你看，当我们熟悉系统提供的某个功能的 API 之后，只需要像调用系统库函数一样，按规则输入参数，然后接收系统 API 函数返回的结果，做出相应的动作，就能编写基于 Windows API 的应用程序了，多加练习，自己尝试修改，你就可以慢慢成为 Windows 开发高手了。

26-6　总结和建议读者的练习

本文旨在通过向读者介绍 Windows 中 Ping 的功能，实现原理和 Windows 网络编程技术尤其是原始套接字的编程方法，让读者了解在 Windows 下编写网络程序的基本流程以及网络分层的概念，并结合实例向读者展示如何使用 C 语言面向过程的方法实现网络分层的模型，程序虽然不复杂而且没有实现完整的 ICMP 功能，但其体现的思想需要读者仔细体会并运用到将来的大型网络程序开发中。

读者在理解 MyPing 的基础上可以考虑实现 Windows 下 Traceroute 的功能，在 Windows 中用户可以运行 Tracert.exe 使用它。它提供探测两个主机之间 IP 路由的状态的方法，让用户知道为到达一个主机，数据链路中间途径的路由器及相关信息（IP 地址）。

Traceroute 实现原理是向目标主机发送一个 UDP 数据包，并将该包的 TTL 设置为 1，当包到达第一个路由器后，因为 TTL 为 1，路由器会认为该包超时并向发送者返回一个"超时"数据包，然后 Traceroute 再将 TTL 设置为 2，这样第二个路由器又会返回"超时"数据包，如此重复直到数据包到达目的主机，而发送方可以通过每次返回的"超时"数据包从而得到一个完整的网络路径。TTL 可以从 1 逐步增加到 255 个。

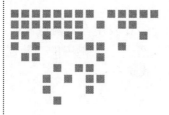

C#探索之旅

我是一个普通程序员，读大学期间才接触计算机，一开始用 Turbo Pascal 编写程序，毕业设计用 Borland C++做了一个几万行代码的项目，稍微得到一点儿提高。毕业后因为工作需要，也是对 Borland 的喜爱，改用 Delphi 编写程序。

最近两年.net 十分流行，找了一些资料阅读后觉得将来很多项目开发还真的不能离开它。于是买了一些书来阅读，不过这些书常常让我糊涂。后来我索性抛开这些书，一边用 C#编写一些小程序一边学习，遇到不明白的地方再带着问题去读书，反而慢慢积累了一些学习 C#编写程序的经验。

27-1　组件，还是组件

可视化 RAD 开发工具出现后，我们变得懒惰了，很多时候编程变成了搭积木。当然，这也是一种进步，当.net 推出的时候，我想它应该吸取了过去众多应用程序的编程框架，提供了最好的组件库和开发方式。

所以，启动 Visual C#后，我迫不及待的期望通过使用新的组件库来编写一个小程序，一方面，通过这个程序，我能了解.net 组件库的情况，另一方面，我可以通过这个程序探索 C#编程的特点。

27-2　C#版本的 microEditor

多年前用 Turbo Pascal 编写了一个 Editor 后，每使用一个新的开发工具就先用它编写一个 Editor 成了我的习惯，学习 C#也是如此。

27-2-1 启动 Visual C#熟悉基本界面

启动 Visual Stdio.net，多年使用各类开发工具的经验让我明白，编写任何一个程序一般要从创建一个项目（Project）开始。很快我就找到了"文件"子菜单中的"新建/项目…"命令。

弹出的"新建项目"对话框中，如图 27-1 所示。我选择：

（1）项目类型：使用 Visual C#作为编程语言；

（2）模板：编写"Windows 应用程序"；

（3）项目名：microEditor。

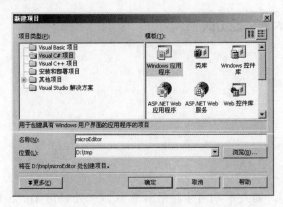

图 27-1　新建项目

确定后进入开发主界面，如图 27-2 所示。和其他 RAD 开发工具相比，我感觉这个界面也很容易熟悉。大型应用程序都有的菜单，工具条和状态条和其他开发工具都差不多。对于可视化开发工具常用的"工具箱"和"设计窗体"布置在最显眼的位置，很容易就明白它们的意图。通过菜单栏的"视图"子菜单项也很容易调出其他设计用工具窗口，对我而言，各类组件的属性窗口是最常用的，所以我把它放在右边，方便设置。

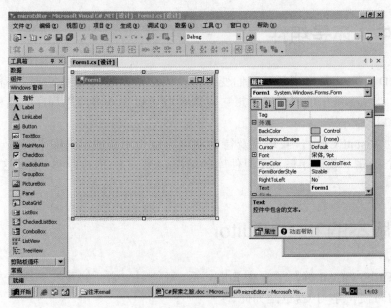

图 27-2　开发文界面

软件沉思

在使用 Visual Studio.net 的过程中我发现 15 英寸的显示器有些小了。在编写和调试程序的时候，常常需要打开好几个窗口，它们不但铺满了显示器，还让有些窗口躲在了后面，调用起来非常麻烦，有些影响效率。但是我又担心，大多数用户还在使用 15 英寸的显示器，开发人员和用户的不一致是否会引起程序易用性问题。

27-2-2　寻找 Editor 组件

我的目的是想通过编写小程序熟悉.net Frameworks 提供的组件，熟悉用 C#编写所谓的 WinFroms 应用程序也就是常规 Windows 应用的特点。然后逐步学习网络应用相关程序的开发特点。所以，我急于通过拖放几个组件到主窗体上，设置它们的属性，编写相关事件的代码，运行调试程序。以前使用其他可视化开发工具的时候不也是这样做的吗？

可是，我找了半天，却没有找到我以前常用的 Memo 组件，甚至到"定制工具箱"对话框中也没有找到，最后我放弃了，把 RichTextBox 组件放到窗体上，作为最主要的文本编辑工具。

当然，这个程序不能没有主菜单，于是我又把主菜单拖放到主窗体上，这个时候，我发现 Visual Studio.net 和 Delphi 的一个区别，窗体上并没有出现主菜单控件，而是跑到了下面，当单击它的时候即可编辑需要的菜单项。如图 27-3 所示。

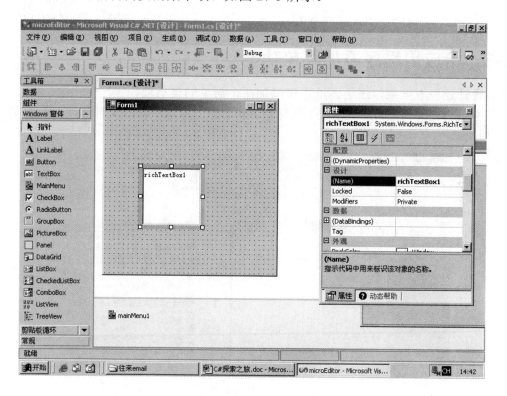

图 27-3　我自定义的主窗体

当然，不能让程序运行的时候编辑器小小的显示在窗体的中间，可以设置 richTextBox1 的属性，改变它的外观，不管是设计时还是运行时。

选中窗体上的 richTextBox1，在属性对话框中就自动显示它的所有属性，如图 27-4 所示。

可以通过设置这几个布局属性来改变 richTextBox1 在窗体中的"位置形象"。要调整 Dock 属性，在属性对话框的下面有解释它的意义，不过你现在可能不明白"容器"是何方神圣，没有关系，阅读本书再加上实践应该即可理解。

单击 Dock 属性项后面的下拉箭头，弹出如图 27-5 所示的对话框。这里用图像的方式选择 richTextBox1 在窗体中的位置，比之前有些开发工具的文字选择，又有一点进步。

图 27-4 rich Text Box1 的所有属性

图 27-5 图像方式选择窗体中的位置

27-2-3 给应用程序添加菜单功能

界面设计还没有结束，还需要给程序添加两个简单的菜单项。

如图 27-6 所示，单击 mainMneu1 图标后，可以依次输入"&F 文件"，"&O 打开…"和"&X 退出"。

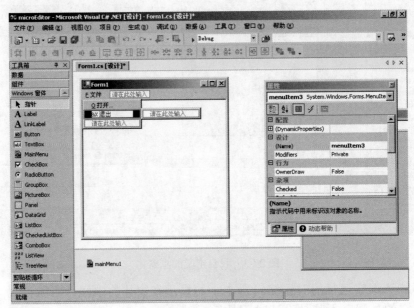

图 27-6 输入界面

　　这个时候，你可以按下【F5】键，执行这个程序。可以发现单击程序菜单项并没有任何反应。当然，还没有给这个菜单的单击事件添加任何代码。

　　解决的方法就是回到设计界面，比如在"退出"菜单项上双击，进入代码编写界面，如图 27-7 所示，在其中输入代码 "Application.exit();" 这样再执行程序，即可发现，至少 "退出" 命令有了反应。

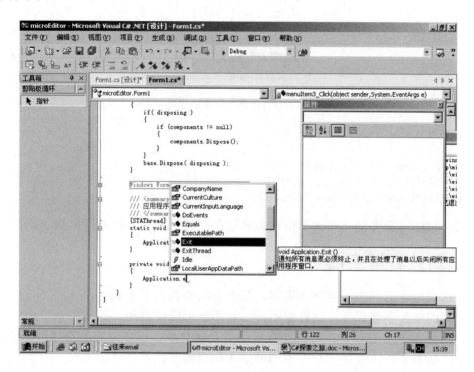

图 27-7　代码编写界面

软件沉思

Visual C#.net 和 Delphi 一样，有了代码自动提示功能，当输入前面的代码到 "Application.e" 时，程序就基本上按字母顺序已经提示出我想书写的代码了。仔细观察图 27-7，Application 对象的属性，事件和方法采用不同的图标表示，更多提示出了想要查找的成员。

27-2-4　调用标准对话框

　　到这个时候，程序还是很"傻"，稍微大一点儿的功能都没有，别着急，程序至少还应该具有打开某个文本文件以供操作者编辑的功能。

　　应用程序打开文件，涉及调用 Windows 标准对话框。所以，首先从工具箱中找到 "OpenFileDialog" 放到窗体上，你会发现它和 MainMenu 一样，出现在窗体界面中，对象名默认为 opneFileDialo1。

　　为菜单项添加代码除了双击之外还有一个办法，在属性对话框中，先选中 menuItem2，也就是显示为"打开…"的菜单项，选择事件按钮，在 Click 项后面双击，表示要为"打开…"菜单编写 Click 事件代码。如图 27-8 所示。

图 27-8　为菜单项添加代码

这里输入的代码也不复杂，一共两行：

```
openFileDialog1.ShowDialog();
richTextBox1.LoadFile(openFileDialog1.FileName,
RichTextBoxStreamType.PlainText);
```

现在运行程序，即可把一些文本格式的应用程序调进来进行查看并编辑了。

27-2-5　别让右键空白

不过，这样简单的程序如何让人满意，至少有两点我还不太满意：

（1）编辑的文件不能保存，这肯定不行，起不到编辑的效果。

（2）使用任何一个编辑软件时我都常常使用右键菜单，这里没有这个功能，不行。完成这两个功能，基本上就可以是一个简单的单文本编辑器了。

我们把这两个功能作为练习提供给读者，提示一下：要保存文件，必须要在打开文件时保存所打开文件的文件名，这样程序必须要添加一个 string 变量；要使用右键菜单，必须使用 ContextMenu 组件。

试试看，挑战一下自己！（注：完整代码，我们放在了封底二维码下载包中）

27-3　前事不忘，后事之师：有经验的程序员也可能做错

在编写前面的代码时，我犯过最大的错误是想写成这样的两行代码：

```
openFileDialog1.execute();
richTextBox1.LoadFile(openFileDialog1.FileName);
```

这两行代码习惯都来自 Delphi，特别是第二行，执行程序时突然中断，要不是我调试程序的经验老到，差点我的 Visual C#就要"沉沙折戟"。第一行我没有找到 execute()方法，只好改用 ShowDialog()方法，第二行及时借助了帮助才编写出来。

多年前，人们学习 Windows 时总结了一句话，没有 DOS 经验的是从零开始，有 DOS 经验的是从负数开始。是不是我以前的经验让我从负数开始了呢？

27-4　解析 C#应用程序结构

虽然可以通过简单拖放编写程序。不过，要开发更大的程序，必须回到代码上来。

对刚刚开始的操作者来说，熟悉 C#的程序结构形式是很有必要的。

如图 27-9 所示，可以看大致的应用程序结构，下面逐一分析。

```
Form1.cs [设计]   Form1.cs
microEditor.Form1                                    richTextBox1
using System;
using System.Drawing;
using System.Collections;
using System.ComponentModel;
using System.Windows.Forms;
using System.Data;

namespace microEditor
{
    public class Form1 : System.Windows.Forms.Form
    {
        private System.Windows.Forms.RichTextBox richTextBox1;
        private System.Windows.Forms.MainMenu mainMenu1;
        private System.Windows.Forms.MenuItem menuItem1;
        private System.Windows.Forms.MenuItem menuItem2;
        private System.Windows.Forms.MenuItem menuItem3;
        private System.Windows.Forms.OpenFileDialog openFileDialog1;
        /**/
        private System.ComponentModel.Container components = null;
        public Form1 ()...
        /**/
        protected override void Dispose( bool disposing )...
        Windows Form Designer generated code

        [STAThread]
        static void Main()
        {
            Application.Run(new Form1());
        }
        private void menuItem3_Click(object sender, System.EventArgs e)
        {
            Application.Exit();
        }
        private void menuItem2_Click(object sender, System.EventArgs e)
        {
            openFileDialog1.ShowDialog();
            richTextBox1.LoadFile(openFileDialog1.FileName, RichTextBoxStreamType.PlainText);
        }
    }
}
```

图 27-9　应用程序结构

27-4-1　using namespace

整个应用程序包含在一个名字为 microEditor 的 namespace 中，这和我们以前碰到的 unit（Delphi），还有 C++的 namespace 都有雷同。所以，一看就明白。

而程序开头的几个 using 字句，和常用的#include 也有差不多的作用。当然还有和 C++中 namespace 雷同的作用：使用上面 namespace 中对象时，不必加很多前缀。

对于这两个关键字，第一次接触了解到这个程度也就足够了。

27-4-2　class、Main 还有 Application

和 Java 相同，C#程序的主要结构是 class。前面所建构的应用程序，都包含在 class Form1 之中。里面所包含的成员和方法基本上也能明白它的意思，毕竟看起来和 Delphi 比较像。

不过*.DFM 是不会有了，Windows Form Designer generated code 中有许多在 Delphi 的窗

体设计文件中才有的内容。

展开代码，一个是 InitializeComponent()成员，完成控件的初始化工作。一开始，我没有在其中发现事件和事件处理器相关联的代码，难道还在另外一个文件中隐藏着？仔细观察，原来在这里：this.menuItem3.Click += new System.EventHandler(this.menuItem3_Click);。

对于我来说，还有一些疑问：

private System.ComponentModel.Container components = null;有什么作用？

base.Dispose(disposing);中的 base 关键字是和功能？和 this 有关系吗？或者说，有什么区别？

还有，下面代码虽然意义一看便知，可[STAThread]的格式我还第一次碰到，我以前都只是碰到没有参数的 run()方法，今天算是开了眼界。

```
[STAThread]
static void Main()
{
    Application.Run(new Form1());
}
```

碰到这样的问题，通过在疑问处按下【F1】键，基本可以通过帮助解决问题，你不妨也试验一下。有时候，IDE 甚至直接在我鼠标停留处给出简单提示，如图 27-10 所示。

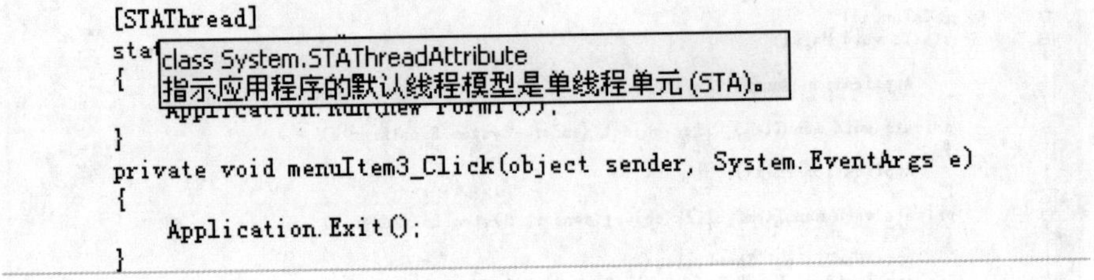

图 27-10　简单提示

27-5　小结：WinForms 组件库使用心得

就编写 Windows Form 应用程序而言，使用 Visual C#和 Delphi.VB 之类没有太大的区别。依然是拖放控件，设置属性，然后编写相关事件的处理代码。一旦编写的程序界面比较多，恐怕编写这些程序也将成为一个体力活，如果这些工作部分能自动化就好了。

老一点的程序员已经接触过 VCL、MFC 等 Application Frameworks，对比之下，.net Frameworks 设计上确属上乘，感觉和 VCL 更接近，也许是我用得久了，感情上的想法吧！发展到今天的.net Frameworks，任何一个组件或者说对象的属性、方法、事件的数量都已经比较客观。虽然大多数使用默认效果就可以。不过，我觉得 Visual C#的属性分类，以及在代码自动完成时给出属性、事件、方法用不同颜色和图像标记，如图 27-11 所示，对于第一次使用C#编写程序的人来讲，还是很好用的。

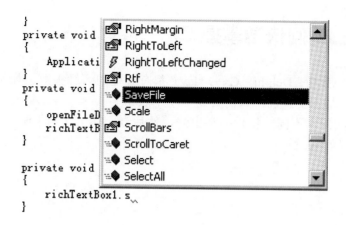

图 27-11　宜人的 Visual C#

27-6　练习：为 microEditor 添加新功能

这个编辑软件太简陋，许多功能都没有，请按照前面"27-2-5 别让右键空白"小节所说添加功能。需要提示的是，要保存文件，必须有前面所打开文件的文件名，不然保存到哪里？所以，应用程序必然要添加一个全局变量。

有经验的程序员也可能做错：

（1）既然是全局变量，就把 private string editFileName 放到 microEditor 命名空间即可，没有想到却出现"编译器错误 CS0116 命名空间并不直接包含诸如字段或方法之类的成员"。一看解释："在 namespace 中，编译器只接受类、结构、联合、枚举、接口和委托。"你犯这个错误了吗？

（2）在窗体设计时，很多地方的布尔设置为"True"或"False"，结果我在编程时，把开始设计时候设置的菜单项的"Enabled"的结果由"False"改为"True"，没有想到程序一直不能通过编译。我记得很多书上说 C#是自定义布尔变量的，为什么不能通过呢？赶紧翻书，原来值应该是"true"，不是"True"。界面设计时是为了满足自然语言逻辑的习惯。

27-7　我一直想弄明白的几个问题

好了，一个简单的编辑软件算是做完了。可是还是有一些问题让我思考：

（1）编译框中的提示是什么意思？

编译的时候，输出对话框会有一些文字，大多数可以理解，但比如："DefaultDomain"：已加载"d:\winnt\microsoft.net\framework\v1.0.3705\mscorlib.dll"，未加载符号。

"microEditor"：已加载"D:\tmp\microEditor\bin\Debug\microEditor.exe"，符号已加载。中的符号是指什么？

（2）为什么 microEditor.exe 只有 8KB？

我到应用程序文件夹下面观察有哪些文件，发现这个可执行文件异常小，居然只有 8KB，聪明的读者，你知道是什么缘故吗？

27-8　思考：如何快速掌握 C#

C#和我们过去使用的 Delphi，C++，Java 都有一定的亲缘关系。如何利用过去的经验，快速地掌握 C#呢，基本上来说，只需要列举一个表格。

把 C++和 C#相同和不同的特性列举出来，然后专门学习 C#的不同之处，加以练习，会大大提高 C#的学习效率。